高等学校新能源系列本科规划教材

太阳能热利用原理与技术

Principles and Technologies of Solar Thermal Applications

饶政华　李玉强　刘江维　廖胜明　编著

化学工业出版社

·北　京·

内 容 提 要

《太阳能热利用原理与技术》全面介绍了太阳能热利用的原理、技术与工程。全书共12章，内容可分为基础知识部分和应用部分。第1章绪论介绍了太阳能热利用的发展现状；第2～4章依次阐述了与太阳能热利用相关的太阳辐射、光学、传热学基础知识；第5章讨论了太阳能集热器的原理与技术；第6～11章分别详细阐述了太阳能热利用的具体应用形式，包括供热水、供暖、制冷和热发电，以及其他主要利用技术（包括工业热过程、海水淡化和热化学）；第12章讲述了太阳能热储存的相关知识。

《太阳能热利用原理与技术》内容丰富、图文并茂，可作为普通高等学校本科新能源科学与工程、能源与动力工程、建筑环境与能源应用工程等专业的课程教材，也适合高等学校能源类相关专业师生阅读参考，还可作为新能源领域研究和工程技术人员的业务参考用书。

图书在版编目（CIP）数据

太阳能热利用原理与技术/饶政华等编著．—北京：化学工业出版社，2020.8（2024.11重印）

高等学校新能源系列本科规划教材

ISBN 978-7-122-36708-2

Ⅰ.①太… Ⅱ.①饶… Ⅲ.①太阳能利用-高等学校-教材 Ⅳ.①TK519

中国版本图书馆CIP数据核字（2020）第082185号

责任编辑：陶艳玲　　　　文字编辑：丁海蓉
责任校对：张雨彤　　　　装帧设计：史利平

出版发行：化学工业出版社（北京市东城区青年湖南街13号　邮政编码100011）
印　　装：北京科印技术咨询服务有限公司数码印刷分部
787mm×1092mm　1/16　印张21　字数517千字　　2024年11月北京第1版第5次印刷

购书咨询：010-64518888　　　　售后服务：010-64518899
网　　址：http://www.cip.com.cn
凡购买本书，如有缺损质量问题，本社销售中心负责调换。

定　　价：69.00元

Preface 前言

太阳能“取之不尽、用之不竭”，是具有特殊优势和广阔应用前景的新能源。太阳能利用已经成为国际社会的重要主题和共同行动，也是科学研究的热点领域。太阳能热利用技术发展较早，近年来太阳能建筑一体化、太阳能热发电和太阳能制氢等方面的技术突破和新业态发展，引发相关研究和工程应用再度兴起。

随着太阳能等新能源产业的迅速发展，新能源相关专业也开始备受社会的关注和高校的青睐，许多高校都在不断地调整专业培养计划和课程设置，甚至增设此类专业。然而，应认识到开办新能源专业是为了满足国家能源可持续发展的重大需求，为国家可再生能源高效开发和利用提供科技理论创新和先进技术基础，并培养新能源领域复合型、应用型高级专门人才。因此，应坚持以课程教学为载体，注重思想方法的传授，培养学生的专业基本能力和探索未知的创新意识。

根据新能源专业发展和教学改革的需要，贯彻求精、求新、求实，突出重点，避免烦琐的教学理念，本书将各方面的碎片予以整合，力求形成完整的知识体系。本书充分涵盖了太阳能热利用所涉及的能源与动力、光学、材料、化学、建筑等多个学科领域知识，从理论上加以阐述，力求融会贯通。为了进一步完善学生的知识结构，强化学生的工程实践能力，提高学生将来在不同岗位上工作的适应能力，本书在现有教学内容的基础上，对太阳能制冷、太阳能热发电等方面的知识点进行了强化，还增加了光伏/光热复合装置、太阳能热化学等内容，并且突出了太阳能工程设计、经济分析与优化方法的应用。同时，本书还引入了太阳能领域最新科研成果，丰富了课程内容和学术前沿知识，并注重了对研究方法的讨论与应用。因此，本书既可作为能源类本科专业，特别是新能源科学与工程专业本科学生的教科书，也可作为研究生或能源领域研究和工程技术人员的科研参考书。

本书编写人员均为中南大学可持续能源研究院从事太阳能热利用、能源系统工程和新能源材料等不同研究方向的教师，对各自承担的编写内容均有长期的教学实践和在科研工作中积累的丰富经验。参加本书编写工作的有：廖胜明（第 1 章）、饶政华（第 1、2 章，第 5～12 章）、李玉强（第 2～4 章）、刘江维（第 5 章、第 8 章、第 9 章）。另有研究生杨雨缘、宋虎潮、谭畅等参与了图表、公式的整理工作。全书由饶政华负责审阅统稿，廖胜明总审定稿。

在本书的编写过程中，作者参阅并引用了国内外近年来发表的相关著作和文献中的一些成果和数据，在此特向各位相关作者致以真挚的谢意！

限于作者的学识水平和能力，书中难免有疏漏和不妥之处，恳请读者批评指正。

廖胜明于长沙岳麓山

2019 年 12 月

Contents

目 录

第3章 太阳能工程聚光原理 33

第4章 太阳能工程的传热学原理 53

第6章 太阳能热水系统 124

第7章 太阳能采暖系统 151

第 8 章 太阳能制冷 172

第 9 章 太阳能热发电的热力学基础 201

第1章

绪　论

1.1　主要背景

1.1.1　全球能源发展概况

能源是人类赖以生存和发展的物质保障，是经济社会持续稳定发展和人民生活质量改善的基础。日常生活和社会生产都离不开能源。人们通常把具有某种形式能量的自然资源以及由它加工或转换得到的产品统称为能源。前者叫自然能源或一次能源，如矿物燃料、植物燃料、太阳能、水能、风能、海洋能、地热能和潮汐能等；后者叫人工能源或二次能源，如电能、蒸汽、煤气、焦炭、各种石油制品和可燃的化工产品等。其中，矿物化石能源（包括煤、石油、天然气等）又被称为常规能源；而常规能源之外的新型能源被称为新能源，包括太阳能、风能、生物质能、核能、地热能、海洋能等。相对于常规能源，新能源普遍资源潜力大，环境污染低，可永续利用，是有利于人与自然和谐发展的重要能源。

进入21世纪以来，经济社会飞速发展，科技创新日新月异，全球人口和经济规模不断增长，能源作为最基本的驱动力得到了更加广泛的使用。随着全球不可再生能源资源日益枯竭预期的强化，能源供需矛盾凸显。同时，能源特别是化石能源开发利用过程中造成的环境污染和生态破坏等问题日趋突出，温室气体排放引起的全球气候变化给人类的生存和经济发展都带来了巨大的挑战。在2002～2012年的10年间，一次能源使用量增长了近1/3，煤炭、石油和天然气约占总能源消耗量的86%。图1-1显示了2012年全球化石能源系统二氧化碳排放的分布情况。其中，直接排放是指最终用途部门使用化石燃料产生的二氧化碳排放量，间接排放是指最终用途部门的上游电力或燃料转换部门产生的二氧化碳排放量。从最终用途部门分布看，工业、建筑、交通是能源消耗的最主要部门。电力部门的排放占全球每年二氧化碳排放量的40%左右，将发电（以及其他能源转换过程）的排放作为间接排放分配给消耗电力的最终用途部门。因此，针对工业和建筑部门，提高用电效率、转变能源利用结构是减少这些部门温室气体排放的重要途径。

大力开发和利用可再生的新能源，对于节约传统能源、保护自然环境、减缓气候变化、促进经济社会可持续发展等都具有极其重大的意义。2014年，全球可再生能源供应量比上一年增长2.7%（按能源当量计算），而一次能源总需求增长1.1%。所有形式的可再生能源（包括传统的生物质能）占全球能源结构的14%（如果不包括传统的生物质

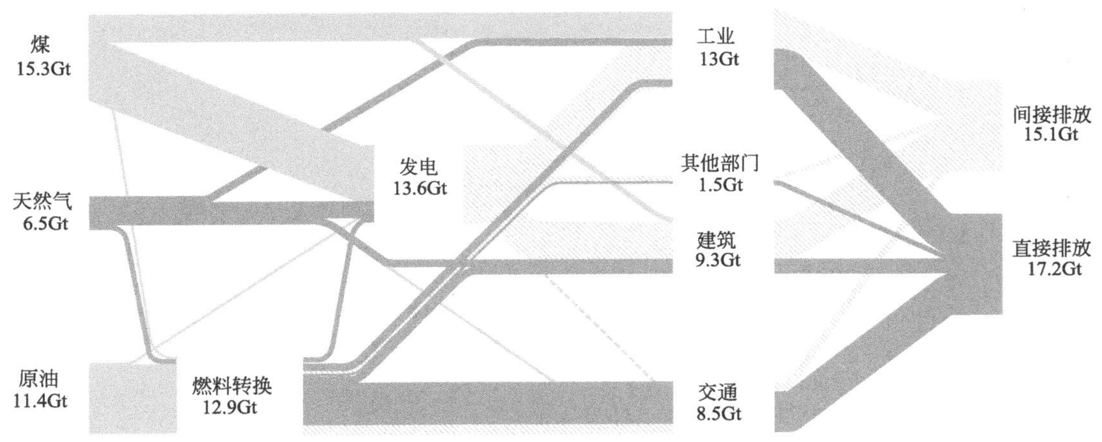

图 1-1　2012 年全球化石能源系统二氧化碳排放的分布情况（ETP2015）

利用形式，则占 8%）。迄今为止，尽管水力发电和生物能源（主要是世界上欠发达地区用于烹饪和取暖的生物质能）是最大的可再生能源供应来源，风能和太阳能光伏发电（PV）引领了近期可再生能源产能的迅速增长。可再生能源是世界上第二大电力供应来源（仅次于煤炭）并且增长迅速，而它们在供热和交通方面的应用尚处于初期阶段，但具有巨大的增长潜力（图 1-2）。在许多情况下，政府目标和扶持政策是可再生能源增长的重要推动力，表明有意增加能源系统中可再生能源的比例和克服障碍的决心。这些政策通常采用许多不同的形式，例如支持技术创新、以定价的方式限制其他燃料的排放等。市场的推动也至关重要，随着新能源行业产能的增长和示范项目的实施，有望在现有市场的标准下实现新能源发展的成本竞争力。

1.1.2　我国能源发展的新形势

21 世纪以来，我国经济的迅猛发展带动了能源需求的快速增长。目前，我国已成为世界上第一大能源生产国和消费国，最大的石油进口国。到 21 世纪中叶，我国要基本实现现代化的目标，势必持续面临重化工业的增长、国际制造业转移以及城市化进程加速的新情况。因此，对能源的依赖度也将不断增大。然而，我国经济发展所依赖的能源资源储量、生产能力和保障程度都面临日益严峻的形势。我国的能源资源储量不容乐观，根据 2019 年 BP 世界能源统计年鉴数据，我国化石能源现有探明经济可开采储量为：石油 35 亿吨、天然气 6.1 万亿立方米、煤 1388.2 亿吨，储产比分别为 18.7 年、37.6 年、38 年。另外，我国长期以来以化石能源特别是煤炭为主的能源消费结构，造成二氧化硫、氮氧化物和烟尘排放等严重的大气污染问题，局部地区酸雨明显加重，城市空气质量恶化。同时，我国近年来在温室气体减排方面也受到越来越大的国际压力。虽然我国人均二氧化碳排放量低，累计排放量不高，但其增长速度较快。因此，如果不能从现在起就采取积极而有效的措施解决上述问题，那么能源和环境问题将成为制约我国经济和社会可持续发展的瓶颈。

大力开发和利用新能源，对于节约传统能源、保护自然环境、减缓气候变化、促进经济社会可持续发展等都具有极其重大的意义。过去开发与节约并重且节约优先的能源发展战略

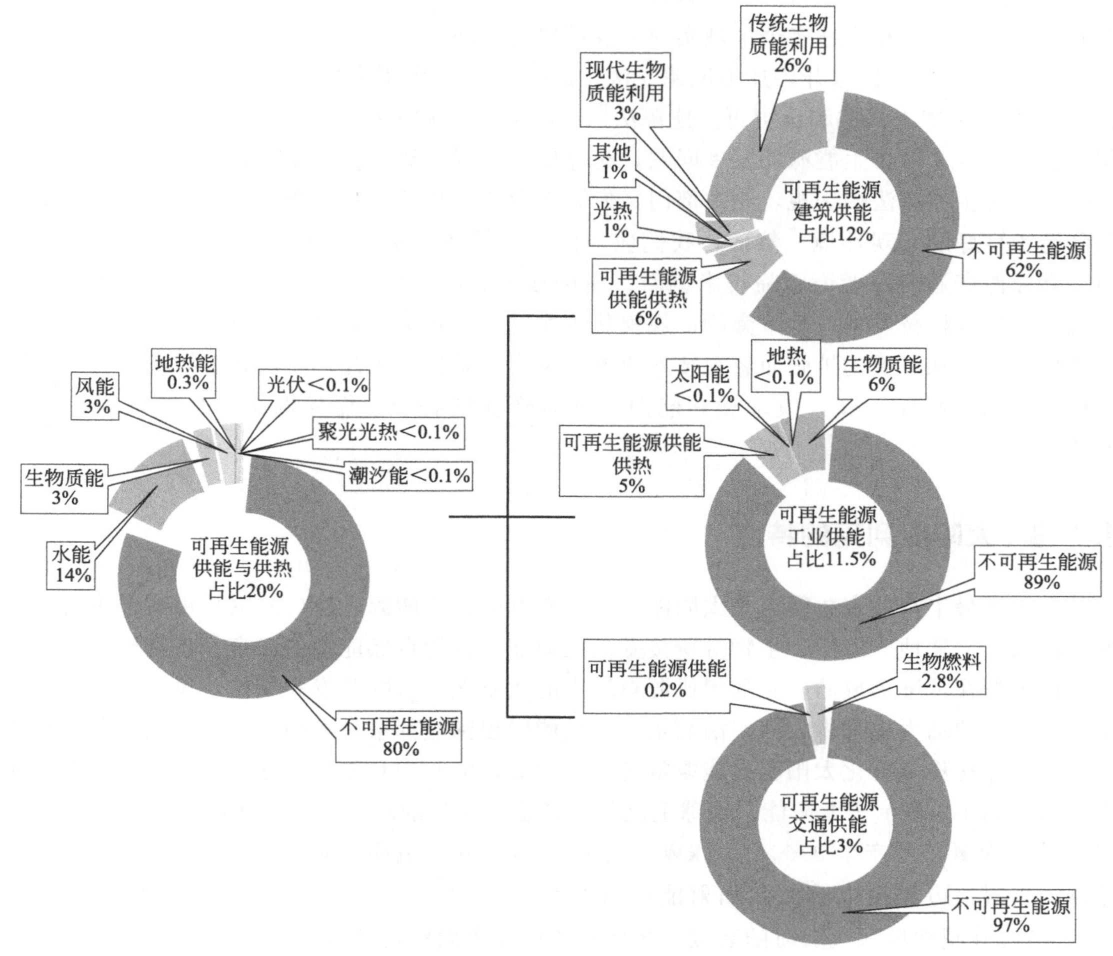

图 1-2 2014 年全世界按行业和类型划分的可再生能源比例（WEO2016）

受到了挑战，在这一历史时期，大力开发和利用新能源，在我国有着重要的意义：

① 是调整能源结构和保证能源安全的需要，也是增加能源供应、填补常规能源尤其是油气等优质能源缺口的重要途径。

② 显著减轻环境污染，是我国应对气候变化和减少温室气体排放的重要措施。

③ 是建设资源节约型和环境友好型社会、全面建设小康社会的需求。

④ 开拓经济新增长点，对调整产业结构、促进经济增长方式转变、扩大就业及推进经济和社会的可持续发展意义重大。

当前，新能源产业的全球格局尚处在形成之中。与化石能源资源争夺战不同的是，新能源的发展有赖于技术和装备的进步，将“取之不尽、用之不竭”的可再生能源转换成可控及可用的能源。因此，科技发展将成为未来新能源开发利用的关键。许多国家都将发展新能源作为应对当前经济危机、增加就业以及提升信心的重要手段，特别是几个主要发达国家都明确地将发展新能源作为抢占能源技术制高点和增加国家竞争力的重要手段。我国是一个发展中国家，发展新能源、建立具有国际竞争力的科技创新和产业体系，将使我国从战略上抢占未来技术发展制高点，从而为新一轮的经济增长积蓄力量并参与规划未来全球产业布局。近年来，新能源技术和产业的发展日新月异，一些技术的经济性得到了显著改善，风能和太阳能光伏发电的市场在全球多个区域实现了规模化的发展。

“十五”后期，国家开始加强能源立法。2002 年的《中华人民共和国清洁生产促进法》、2006 年的《中华人民共和国可再生能源法》、2018 年的《中华人民共和国节约能源法》等法律法规都涉及了可再生能源的发展问题，充分反映了国家对可再生能源发展的重视。为了有效施行可再生能源法律法规，相关部门又先后出台了一系列配套的制度和政策，为发展新能源创造了良好的宏观环境。然而，我们应清醒地认识到发展新能源的艰巨性和长期性。目前，新能源产业的发展仍面临技术创新、电网接入、质量控制等方面的问题，不能过于悲观，需要通过科技发展、政策激励、规模化等途径进行解决。同时，也不能盲目乐观，不能过于倚重产能和规模的扩张而忽视技术研发以及产品质量。因此，发展新能源具有现实的紧迫性和长期的战略意义，应掌握新能源和新兴产业的特点，循序渐进、持之以恒地推动发展。

1.1.3 太阳能利用的特点

世界上最丰富的永久能源是太阳能。几乎所有的自然能源，从广义的角度看都来自太阳能。由大气、陆地、海洋、生物等所接受的太阳能是各种自然能源的源泉。矿物燃料是古生物长期沉积在地下形成的，它的形成源自远古的太阳能。水的蒸发和凝结，风、雨、冰、雪等自然现象的动力也是靠太阳，因而水能、风能归根到底都来自太阳能。生物质能是植物通过光合、光化作用转化太阳辐射能取得的。潮汐能是太阳和月球对地球上海水的吸引作用而产生的。图 1-3 显示了太阳能与地球上其他形式能源储量的对比关系。太阳内部通过核聚变把氢转变为氦，可产生 3.6×10^{23}kW 功率的能量，并以电磁波形式向空间四面八方传播。地球大气层上边界截取的太阳辐射能通量约为 1.73×10^{14}kW，约占上述总功率的 1/(20 亿)。考虑穿越地球大气层时的衰减，最终到达地球表面的功率为 8.5×10^{13}kW。根据 2019 年 BP 世界能源统计数据，全球石油、天然气和煤炭已探明储量可供开采年限分别为 50 年、50.9 年和 132 年；而每年地球接收的太阳能总量约为 0.885×10^{18}kW·h，是全世界年能源消耗总量的 6000 余倍。因此，从这个意义上讲，太阳能是取之不尽、用之不竭的。

太阳能作为一种能源，与煤炭、石油、天然气等化石能源相比较具有特殊的优势，具体可概括为以下几点。

(1) 储量的“无限性”

太阳能是取之不尽的可再生能源，可利用量巨大。太阳的寿命至少尚有 40 亿年，相对于人类历史来说，太阳可源源不断供给地球能源的时间可以说是无限的。相对于常规能源的有限性，太阳能具有储量的“无限性”，取之不尽，用之不竭。这就决定了开发利用太阳能将是人类解决常规能源匮乏、枯竭的最有效途径。

(2) 存在的普遍性

虽然由于纬度的不同、气候条件的差异，地球表面的太阳能辐射分布不均匀，但相对于其他能源来说，太阳能对于地球上绝大多数地区具有存在的普遍性，可就地取用，这就为常规能源缺乏的国家和地区解决能源问题提供了美好前景。

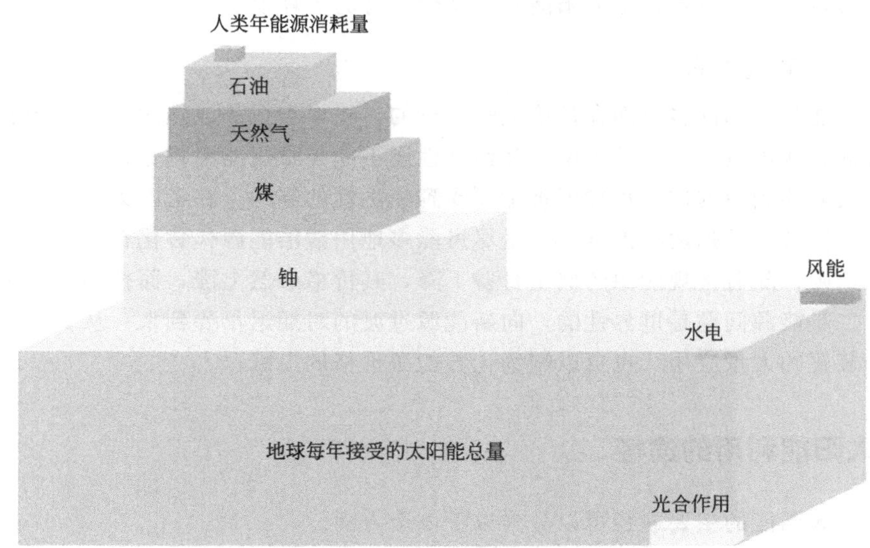

图 1-3 太阳能与地球上其他形式能源储量的对比关系示意图

(3) 利用的清洁性

太阳能开发利用时几乎不产生任何污染，加之其储量的无限性，是人类理想的替代能源。

(4) 利用的经济性

太阳能利用具有优越的经济性，主要体现在以下两个方面：一是太阳能取之不尽，用之不竭，而且在接收太阳能时不征收任何“税”，可以随地取用；二是太阳能利用工程虽然一次性投入较高，但其使用过程中基本不耗能，而传统能源装置在使用时仍需消耗燃料而产生开支，在目前的技术发展水平下，有些太阳能利用形式已具经济性。随着科技的发展以及人类开发利用太阳能技术的突破，利用太阳能的经济性将更加明显。

太阳能资源虽然具有上述几方面常规能源无法比拟的优点，但作为能源利用时，也有以下的缺点。

(1) 分散性

尽管到达地球表面的太阳辐射总量很大，但是能流密度很低。平均说来，北回归线附近，在夏季较为晴朗的天气下，正午时太阳辐射的辐照度最大，在垂直于太阳光方向 $1m^2$ 面积上接收到的太阳能平均有 1000W 左右。但若按全年日夜平均，则只有 200W 左右，而在冬季大致只有 1/2，阴天一般只有 1/5 左右。因此，在利用太阳能时，若要得到一定的转换功率，往往需要面积相当大的一套收集和转换设备，造价较高。

(2) 不稳定性

由于受到昼夜、季节、地理纬度和海拔高度等自然条件的限制以及晴、阴、云、雨等随机因素的影响，到达某一地面的太阳辐照度呈现间歇性及不稳定性，这给太阳能的大规模应用增加了难度。为了使太阳能成为连续、稳定的能源，从而最终成为能够与常规能源相竞争的替代能源，就必须采用储能装置，即把晴朗白天的太阳辐射能尽量储存起来以供夜间或阴雨天使用，但目前储能技术也是太阳能利用中较为薄弱的环节之一。

(3) 效率低和成本高

目前太阳能利用的许多方面在理论上是可行的，技术上也是成熟的，但太阳能利用装置普遍效率偏低、成本较高，总的来说，其经济性还不能与常规能源相竞争。在今后相当长一段时期内，太阳能利用的进一步发展将主要受到经济性的制约。在考虑太阳能利用中的经济性问题时，应注意到下列两种因素：一是尽可能多地用清洁能源代替化石能源，是能源建设应该遵循的原则；随着常规能源的储量日益下降，其价格必然上涨，而控制环境污染也必须增大投资。二是能源问题是世界性的，向新能源过渡的时期迟早要到来；从长远看，太阳能利用技术和装置的大量应用，也可以制约化石能源价格的上涨。

1.1.4 太阳能利用的途径

人类利用太阳能的主要途径可以分为以下 4 个方面。

(1) 光-热转换

光-热转换的基本原理是将太阳辐射能收集起来，通过与物质的相互作用转换成热能并加以利用。这种方式技术水平相对成熟、成本低廉、普及性广、工业化程度较高。目前使用最多的太阳能收集装置主要有平板型集热器、真空管集热器和聚光集热器等。太阳能热利用技术的主要形式见 1.2 节。

(2) 太阳能发电

电能是一种高品位能量，其利用、传输和分配都比较方便。将太阳能转换为电能是大规模利用太阳能的重要技术基础，其转换途径主要有光电直接转换、光热电间接转换等。

① 光-热-电转换，即利用太阳辐射所产生的热能发电。一般是用太阳能集热器将所吸收的热能转换为工质的蒸汽，然后由蒸汽驱动汽轮机带动发电机发电。

② 光-电转换，其基本原理是利用光生伏打效应将太阳辐射能直接转换为电能，它的基本装置是太阳能电池。

(3) 光化学利用

光化学利用基于光化反应，其本质是物质中的分子、原子吸收太阳光子的能量后变成“受激原子”，受激原子中的某些电子的能态发生改变，使某些原子的价链发生改变，当受激原子重新恢复到稳定态时，即产生光化反应。光化反应包括光解反应、光合反应、光敏反应，有时也包括太阳能热化学反应。通过光化学作用转换成电能或制氢也是利用太阳能的一条途径，目前仍处于研究阶段。

(4) 光生物利用

光生物利用即生物通过光合作用收集与储存太阳能。地球上的一切生物都是直接或间接地依赖光合作用获取太阳能，以维持其生存所需要的能量。所谓光合作用，就是绿色植物利用光能，将空气中的 CO_2 和 H_2O 合成有机物与 O_2 的过程。光合作用的理论值可达 5%，实际上小于 1%。近年来在这方面的研究有所增加，人们期盼着出现突破性的进展。

1.1.5 太阳能利用的意义

开发利用太阳能，对于节约常规能源、保护自然环境、缓解气候变化等，都具有极其重大的意义。

（1）可以节约大量使用的化石能源

在当今世界的能源结构中，人类利用的能源主要是石油、天然气和煤炭等化石能源，这些化石能源终将走向枯竭而被新的能源所取代。太阳能资源丰富、分布广泛，取之不尽、用之不竭，包括太阳能在内的可再生能源是人类社会未来能源的基石，必将成为化石能源的替代能源。

（2）可以保护人类赖以生存的自然生态环境

化石能源的大量开发和利用是造成大气和其他类型环境污染与全球气候变化的主要原因之一。包括太阳能在内的可再生能源只有很少的污染物排放，清洁干净，是保护人类赖以生存的自然环境和生态环境的清洁能源。

（3）可以解决无电人口和特殊用途供电问题

迄今为止，世界上部分不发达国家和地区尚未用上电，这些地方往往缺乏常规能源资源，但自然能源资源丰富，人口稀少，并且用电负荷不大，因而发展太阳能发电有时是解决该地区供电问题最可行的办法。另外，有些领域，如海上航标、高山气象站、地震测报台、森林火警监视站、光缆通信中继站、微波通信中继站、边防哨所、输油输气管道、阴极保护站等，在无常规电源等特殊条件下，其供电电源由太阳能等可再生能源提供，不消耗燃料，无人值守，安全可靠，经济实用。

1.2 太阳能热利用技术进展

目前，太阳能热利用系统的应用主要包括以下几类：

① 太阳能低温热利用技术：工作温度 40～80℃，适用于不同规模的供热系统，最常用于太阳能热水、采暖或干燥；

② 太阳能中温热利用技术：工作温度 80～250℃，适用于采用太阳能热驱动的冷却、海水淡化、烹饪、水净化、制冷和工业应用等系统；

③ 太阳能高温热发电技术：工作温度 250～800℃，实现光-热-电的转换过程；

④ 太阳能热化学技术：工作温度 800℃以上，采用太阳能驱动的热化学过程制取太阳能燃料。

1.2.1 太阳能低温热利用关键技术

太阳能低温热利用是可再生能源技术领域商业化程度最高、推广应用最普遍的技术之一，主要涉及太阳能集热器、太阳能热水器、太阳能供热、采暖等技术领域。

低温太阳能集热器主要分为平板集热器和真空管集热器。尽管我国太阳能集热器的瞬时效率截距与国外水平差距不大，但热损失系数和集热器质量水平差距较大。要提高太阳能集热器高温性能，需重点解决选择性吸收涂层的开发，尤其是适合平板集热器涂层的开发，需要提高吸热体吸收比和玻璃的透过率，降低发射率。与真空管相比，平板集热器需要进行防冻设计，但平板集热器在中低温利用中其热性能要优于真空管，运行更可靠、寿命更长，容易达到与建筑的结合。因此，应充分关注平板集热器的升级换代和技术进步，解决存在的问题，实现优化设计和提高建筑适应能力。

太阳能热水器的应用在我国已有很好的基础，技术较成熟。我国太阳能热水器已形成较成熟的产业化，技术不断改进、产品质量不断提高，有关热水器的国家标准也已颁布并开始实施。其中，紧凑式和玻璃真空管式太阳能热水系统约占 80%的市场。但同时应当看到，我国太阳能热水器市场还远未完全开发出来，热水器的户用比例只有 3%，与日本的 20%和以色列的 80%相比相差甚远，因此中国的市场容量还非常巨大。为进一步规范市场和产品质量，必须大幅提高检测技术和性能评价水平，并出台相关标准。除有关政策和市场的原因外，在技术上的主要原因是，太阳能热水系统对建筑外观和房屋使用功能造成不良影响，限制了太阳能热水器的发展。因此，必须进一步研发建筑构件型太阳能集热器，提高太阳能集热器与建筑结合的适应能力。

太阳能供热（热水与采暖）系统的工程应用是指太阳能代替常规能源满足建筑物供热水和供暖功能要求，在欧美等国家已有几十年历史。国际能源署 IEA 的“太阳能取暖与制冷计划（Solar Heating & Cooling Programme）”开展了被动式和主动式太阳能低能耗建筑、太阳能储热、太阳能辅助制冷、太阳能与热泵系统、建筑能耗模拟与测试、光伏-光热复合系统等方面的研究工作。过去研究主要集中在单体建筑的小型系统，包括“太阳能建筑”和“零能建筑”；近 10 余年，包括区域供热在内的大型太阳能供热综合系统“solar combisystem”的研究与应用发展较快。我国太阳能供暖系统，尤其是主动式的，发展一直比较缓慢，尚处在起步阶段。由于我国严寒和寒冷地区冬季必须供暖，夏热冬冷地区对采暖的要求也不断提高，造成这部分能耗比例不断增加。因此，太阳能供热技术对实施建筑节能有重要意义，应加快技术研发和推广应用。

低温热利用的其他方面包括太阳房、太阳灶、太阳能干燥等。我国太阳房开发利用自 20 世纪 80 年代初开始，主要分布在山东、河北、辽宁、内蒙古、甘肃、青海和西藏的农村地区。但发展到目前还存在以下问题：首先，太阳房的设计和建造没有和建筑真正结合起来变成建筑师的设计思想和概念，没有纳入建筑规范和标准，在一定程度上影响了其快速发展和实现商业化；其次，相关的透光隔热材料、带涂层的控光玻璃、节能窗等没有商业化，使太阳房的水平受到限制。我国是太阳灶的最大生产国，主要在甘肃、青海、西藏等西北边远地区和农村应用。太阳灶主要为反射抛物面型，其开口面积约为 $1.6\sim2.5m^2$，每个太阳灶每年可节约 300kg 标准煤。太阳能干燥是热利用的重要方面，主要用于谷物、木材、蔬菜、草药干燥等。

1.2.2 太阳能中温热利用关键技术

太阳能中温热利用主要涉及中温太阳能集热器、太阳能空调、太阳能工业应用和海水淡化等技术领域。

中温太阳能集热器是太阳能中温热利用的关键技术，除平板集热器、真空管集热器之外，还包括复合抛物面（CPC）集热器、小型抛物槽式集热器、线性菲涅尔集热器。注重中温集热器的研发，是获得相应工作温度下系统经济性的重要保障。太阳能中温热利用需要高性能的太阳能集热器，包括提高太阳能集热器的输出温度和光热转换效率、提高太阳能采光效率、提高承压能力，配备合理的常规能源或者其他新能源辅助以及必要的能量储备设施。

太阳能制冷及空调技术应用与季节匹配性好，主要技术途径包括：将太阳能转换为热能（平板、真空管和聚光式集热器），利用热能制冷（如吸收式、吸附式、喷射式、除湿空调等）；将太阳能转化为电能（光伏效应、热发电），利用电能驱动相关设备制冷（蒸气压缩式循环、斯特林循环、热电效应）。目前，仍存在许多问题制约了其发展及广泛应用，主要包括太阳能空调技术投资较高，所需的太阳能集热器面积较大，其推广应用还取决于中、高温太阳能集热器的开发和成本降低。因此，应开发高温、高效、低成本、紧凑式太阳能空调系统以及成熟的定型化产品，实现规模化应用。

国外对太阳能热利用技术在工业领域的应用研究始于20世纪70～80年代。国际能源署-太阳能和化学能组织（IEA-SolarPACES）开展了工业过程太阳能热利用项目（Solar Heat for Industrial Processes，SHIP），对太阳能工业热利用过程的潜力、兼容性和经济性进行了分析。国内太阳能企业与有关大学（如清华大学、上海交大等）合作参与了太阳能工业应用技术的开发。然而，目前太阳能热利用技术在工业领域的应用工程仍较少，许多工业领域的决策者甚至不了解太阳能工业加热系统，成本较高。许多工业过程需要高于传统太阳能热利用的温度，除了厂房采暖和锅炉水预热外，工业领域的许多工艺过程都需要80℃以上的温度，有的甚至需要100～250℃的温度范围。因此，太阳能工业热利用技术的成功主要取决于中温集热器的发展和成本的降低。

1.2.3 太阳能高温热发电关键技术

太阳能热发电是利用聚光集热器汇聚太阳辐射能生成高密度能量，转换成热能并通过热力循环过程进行发电。太阳能热发电可以利用通用的朗肯循环，也可以利用更高效的布雷顿循环和斯特林循环。太阳能热发电主要利用太阳直射辐射资源，在几种聚光方式中：碟式/斯特林系统的发电传热工质采用氢气和氦气，适用于分布式发电，但其核心部件斯特林发电机制造难度大且较难进口；槽式和塔式系统的发电传热工质一般为水，适用于集中式规模化发电，目前仍处于试验示范阶段。另外，还有菲涅尔式和太阳能烟囱等发电方式。太阳能热发电在商业上仍没有得到大规模应用，根本原因是目前太阳能热发电系统的发电成本高。造成太阳能热发电成本高的主要原因包括：①太阳能流密度低，需要大面积的光学反射装置和昂贵的接收装置将太阳能直接转换为热能，这部分投资占总成本的1/2左右；②太阳能热发电系统的发电效率低（年效率一般为11%～25%），增加了聚光集热装置的投资成本；③由于太阳能的不连续、不稳定特点，系统需要增加蓄热装置，大容量的电站需要庞大的蓄热装置和管路系统，造成整个电站系统结构复杂，增加了成本。

欧美等发达国家投入了大量资金和人力对太阳能热发电系统进行了研究，取得了大量科研成果，先后建立了几十座太阳能热电系统。国际能源署-太阳能和化学能组织（IEA-SolarPACES）的热发电系统研究项目（Solar Thermal Electric Systems）关注聚光太阳能热发电系统（CSP）的设计、测试、工程示范、评估和应用等。SolarPACES 的研究指出，太阳能热发电系统在技术层面存在的主要问题包括：太阳能资源的评估、CSP 性能的改进（如提高各部件的光学效率或热效率，提高发电系统的效率，提高运行性能和运行时间）、部件成本的降低（如部件的规模化生产、新材料新技术的使用、设计的改进等）、运行和管理成本的降低（如减少由强风负荷和热应力造成的反射镜的破损情况，降低反射镜的清洁频率）。SolarPACES 2005 年给出三种热发电模式的成本发展前景，碟式发电系统成本下降空间较大，未来塔式、槽式和碟式系统成本分别为 4 美分/(kW・h)、5 美分/(kW・h)、6 美分/(kW・h)。

我国太阳能热发电技术的研究开发工作早在 20 世纪 70 年代末就开始了，但由于工艺、材料、部件及相关技术未得到根本性的解决，加上经费不足，热发电项目先后停止和下马。近年来随着经济的发展和技术进步，在国家项目的支持下，我国开展太阳能热发电技术的研究与项目示范，掌握了一批太阳能热发电的关键技术，如高反射率高精度反射镜、高精密度双轴跟踪控制系统、高热流密度下的传热、太阳能热电转换等。然而，国内对太阳能发电的科研投入及技术积累不足，尚未建立从基础研究、关键技术、装备到产业化的可持续发展的产业支撑体系。此外，仍未制定明确的太阳能热发电产业发展规划，专业技术人才队伍建设滞后，尚未建立行业公共研究与测试认证平台。

太阳能热发电系统在我国实现的技术难点主要包括：聚光集热装置，塔式系统定日镜传动系统的低成本高精度高温吸热器、高温储热材料，槽式系统长期工作真空管制备、高温储热材料，适合与碟式聚光器配合的斯特林机等。按照目前太阳能热发电系统及技术的发展趋势，国际上有关研究热点问题集中在：大规模化、与常规火电厂联合运行、分布式热发电系统、使用气体透平的超高温热发电系统、光伏-光热联合利用系统、新型聚光方法和聚光器、高温传热储热装置及吸热器、热发电系统的集成与运行控制等。

1.2.4 太阳能热化学关键技术

聚光型太阳能集热器把平行的太阳光聚集在很小的面积上，以增加吸热表面上的能量密度，使反应器内获得高温，从而驱动热化学反应，并制取可存储、可运输的燃料。一般来说，可以分为太阳能制取能量载体和太阳能制取工业产品两种应用方式。

太阳能能量载体一般采用氢能。目前国内外广泛研究的热化学制氢反应有：水的直接热分解、烃类材料的太阳能重整和脱碳、热化学循环水分解、太阳能热化学工业化应用等。

1.3 我国太阳能热利用发展状况

1.3.1 我国太阳能资源

太阳能资源一般以太阳总辐射量表示，可直接由辐射仪器观测，也可根据气象资料间接计算。根据国家气象局风能太阳能评估中心划分标准，我国太阳能资源地区分为以下四类：

Ⅰ类地区（资源极富区）：全年辐照量在 6700～8370MJ/m^2。主要包括宁夏北、甘肃西、新疆东南、青海西、西藏西等地。月际最大与最小可利用日数的比值较小，年变化较稳定，是太阳能资源利用条件最佳的地区。

Ⅱ类地区（资源丰富区）：全年辐照量在5400～6700MJ/m^2。主要包括冀西北、京、津、晋北、内蒙古、宁夏南、甘肃中东、青海东、西藏南、新疆南等地。这些区域可利用时数的年变化还比较稳定。

Ⅲ类地区（资源较富区）：全年辐照量在4200～5400MJ/m^2。其中，鲁、豫、冀东南、晋南、新疆北、吉林、辽宁、云南、陕北、甘肃东南、粤南等地区全年辐照量在5000MJ/m^2以上。湘、桂、赣、苏、浙、沪、皖、鄂、闽北、粤北、陕南、黑龙江等地区全年辐照量在5000MJ/m^2以下，这些地区月际最大与最小可利用日数之比值均大于2.0，说明一年中可利用日数出现了明显的年变化，而且其中最小值出现的季节已不利于太阳能的利用。

Ⅳ类地区（资源一般区）：全年辐照量在4200MJ/m^2以下。主要包括川、黔、渝地区，是我国太阳能资源最少的地区。

根据以上对我国太阳能资源的评价，基本结论是：我国幅员辽阔，地形复杂，太阳能资源较丰富的可利用区域占国土面积的96%以上，地域分布趋势为西高东低。目前对太阳总辐射的估算远无法满足太阳能开发利用的需要。增设太阳辐射资源观测点，获得直射辐射和散射辐射数据，特别是太阳能热发电需要直射辐射；研发计算方法，使我国太阳能资源的数据更加准确。

1.3.2 太阳能热利用现状

太阳能热利用的形式主要有：太阳能低温中温热利用、太阳能高温发电。太阳能低温热利用主要是生活热水。2007年，我国太阳能热水器累计使用安装量1.08亿平方米，占世界的51.4%。2007年，世界生产太阳能集热器约2830万平方米，中国生产2300万平方米，约占世界的81.3%。2009年，世界太阳能集热器保有量2.7亿平方米，中国保有量1.45亿平方米，约占世界的53.7%。2009年，中国生产销售了4200万平方米太阳能热水器，年增长35.5%，其中4000万平方米为真空管太阳能集热器，约占95%的市场份额。根据我国现有建筑面积，以100亿平方米屋顶面积计算，如果利用其中20%的面积，则可安装约20亿平方米集热面积的太阳能热水系统，可替代3.2亿吨标准煤。

太阳能高温热利用主要是指太阳能热发电，我国太阳能热发电还处于系统集成和工程示范阶段。“十一五”开始，国家开始制定专门的能源发展规划。这一系列的专项规划，量化了太阳能光热发电的发展目标，明确了太阳能光热发电产业的发展重点。2007年的《可再生能源中长期发展规划》是我国第一部专门针对可再生能源的发展规划。该规划把建设太阳能光热发电站列入了重点发展领域，要求建设大规模的太阳能光伏电站和太阳能光热发电站。此规划中提出，在内蒙古、甘肃、新疆等地选择荒漠、戈壁、荒滩等空闲土地，建设太阳能光热发电示范项目。2014年国务院办公厅印发的《能源发展战略行动计划》提出，要优化能源结构，加快发展太阳能发电。该计划中指出要稳步实施太阳能光热发电示范工程，并将太阳能光热发电列入20个重点创新方向。2015年国家能源局发布《关于组织太阳能热发电示范项目建设的通知》，决定组织一批太阳能光热发电示范项目，以扩大太阳能光热发电产业规模，并培育系统集成商。该通知还指出了示范项目要求、示范项目组织等事项。

2016 年国家能源局正式发布了《国家能源局关于建设太阳能热发电示范项目的通知》，共 20 个项目入选中国首批光热发电示范项目名单，总装机约 1.35GW。《国家发展改革委关于太阳能热发电标杆上网电价政策的通知》中提到，全国统一的太阳能光热发电标杆上网电价为每千瓦时 1.15 元（含税）。同年，国家发改委、国家能源局正式发布《电力发展“十三五”规划》，该规划中指出 2020 年实现太阳能热发电装机 5GW。从国家的“十一五”开始，明确太阳能光热发电产业的发展重点，到“十三五”中太阳能光热发电的示范项目及重点研究专题的出台，可见太阳能光热发电在国家能源战略中的重要性。未来需要出台更多的太阳能热发电相关政策及规划，以指导完善太阳能光热发电产业的发展。

1.4 本书的内容

本书主要涉及太阳能热利用的原理、技术与工程。太阳能热利用工程是将太阳辐射能直接转化为热能以满足人们的需要，是能源科学的一个组成部分，也是能源工程的重要分支。它是着重研究利用热媒介（水、空气、熔盐或其他介质）在集热器中将太阳辐射能转化为热能，再通过储热装置或转换设备输送到用户的工程技术。

全书共 12 章，内容可分为两部分：第 2～4 章为基础知识部分；第 5～12 章为应用部分。第 1 章绪论介绍太阳能热利用的相关背景和发展；第 2 章从地球和太阳相对运动出发，分析太阳辐射性质，得到的公式可用来确定当地的太阳能资源；第 3 章把太阳能热利用中常用的光学知识汇总在一起，重点讨论太阳能聚光系统的光路分析过程；第 4 章把太阳能热利用中所需的传热学知识汇总在一起，已掌握这部分内容的读者可不必细读，供复习查用。集热器是一种特殊的换热装置，是太阳能热利用的核心部件。第 5 章介绍太阳能集热器的原理，用较大篇幅讨论平板集热器的原理和性能，以此基础进而分析了真空管集热器、空气集热器、聚光集热器等，还介绍了光伏装置的热利用与热管理技术。太阳能热利用包括供热水、供暖、制冷、空调、干燥、海水淡化、动力、发电等多种应用形式。第 6、7 章介绍太阳能供热系统，分为热水和采暖两个部分，重点阐述太阳能供热（热水、采暖）最新技术和工程设计方法。第 8 章介绍太阳能制冷的主要技术路径，包括吸收式制冷、吸附式制冷、除湿空调等。第 9、10 章围绕着太阳能热发电技术，就相关的热力学基础、主要技术形式(槽式、塔式、碟式、集成式系统等）的基本原理和关键装置进行详细阐述，最后介绍太阳能热发电工程设计和经济分析的基本方法。第 11 章归纳了其他主要的太阳能热利用技术，包括工业热过程、海水淡化、热化学等太阳能热利用系统形式和性能等内容。第 12 章介绍了太阳能热储存方法，包括显热储存、潜热储存、化学储热。

本书涉及许多门学科，与气象、天文、物理、化学、机械、建筑、材料、经济和计算机科学都有密切联系。求精、求新、求实，突出重点，强调高等工程教育的培养要求，深化学科的综合性，强调理论分析、设计计算和实际应用是本书的显著特点。本书重点要求学生掌握以下内容和能力：

① 太阳能光热转换的基础理论，以及各种太阳能热收集和热应用技术的基本理论和方法；

② 太阳能辐射资源评估、太阳能聚光集热、太阳能建筑一体化、太阳能热发电、工业

热过程、海水淡化、热化学的工作原理和分析方法；

③ 具备太阳能热利用工程研发、设计和管理的能力，熟悉太阳能供热系统、太阳能热发电系统等设计计算和工程经济分析的基本方法；

④ 掌握资料查阅与文献检索方法，了解太阳能热利用技术的最新研究进展，培养创新思维，为从事新能源领域的科研工作奠定扎实基础。

习题

1. 查阅你家乡所在省（市、自治区）的能源统计年鉴，根据行业和燃料类型以及可再生能源使用现状，简述能源消耗的最新状况，并尝试绘制能流图。
2. 提出可行的措施，增加未来可再生能源（尤其是太阳能）在能源供应总量中的占比。
3. 简述太阳能热利用的主要技术类型。

第2章

太阳辐射

设计利用太阳能的装置时，首先必须搞清到达聚光器上太阳辐射量的大小，这与太阳辐射的性质和气候条件紧密相关。太阳辐射的性质取决于太阳的结构和特性，而气候条件则由地球和太阳之间的时间、空间关系所决定。因此，本章首先介绍太阳以及它和地球间的关系，然后讨论地球大气层外、内的辐射性质，太阳入射角和太阳辐射量的计算等内容。

2.1 太　阳

2.1.1 天球坐标

观察者站在地球表面，仰望天空，平视四周所看到的叫作假象球面。按照相对运动原理，太阳似乎在这个球面上自东向西周而复始地运动。以观察者为球心，以任意长度（无限长）为半径，其上分布着所有天体的球面叫作天球。通过天球的中心（即观察者的眼睛）与铅直线相垂直的平面称为地平面；地平面将天球分为上下两个半球；地平面与天球的交线是个大圆，称为地平圈；通过天球的中心的铅直线与天球的交点分别称为天顶和天底。

地球每天绕着它本身的极轴自西向东自转一周；反过来说，假定地球不动，那么天球将每天绕着它本身的轴线自东向西地自转一周，我们称之为周日运动。在周日运动过程中，天球上有两个不动点，叫作南天极和北天极，连接两个天极的直线称为天轴；通过天球的中心（即观察者的眼睛）与天轴相垂直的平面称为天球赤道面；天球赤道面与天球的交线是个大圆，称为天赤道。通过天顶和天极的大圆称为子午圈。

可以在上述这些极和圈（面）的基础上定义几种天球坐标系，以便研究天体在天球上的位置和它们的运动规律。常用的天球坐标有赤道坐标和地平坐标两种。

(1) 赤道坐标系

赤道坐标系是以天赤道 QQ' 为基本圈，以子午圈的交点 Q 为端点的天球坐标系，P、

P'分别为北天极和南天极。由图 2-1 可见，通过PP'的大圆都垂直于天赤道，两者相交于 B 点。

在赤道坐标系中，太阳位置 S_θ 由时角 ω 和赤纬角 δ 两个坐标决定。

① 时角 ω　对于圆弧 QB，从子午圈上的 Q 点算起（即从太阳的中午算起），顺时针方向为正，通常以 ω 表示，它的数值等于离正午的时间（小时）乘以 15°。例如：上午 11 时，$\omega=-15°$；上午 8 时，$\omega=15°\times(8-12)=-60°$；下午 1 时，$\omega=+15°$；下午 3 时，$\omega=15°\times3=45°$。

② 赤纬角 δ　和赤道平面平行的平面与地球的交线称为地球的纬度。通常将太阳直射点的纬度，即太阳中心和地心的连线与赤道平面的夹角称为赤纬角，常以 δ 表示。地球上太阳赤纬角的变化如图 2-2 所示。对于太阳来说，春分日和秋分日的 $\delta=0°$，向北天极由 0°变化到夏至日的+23.45°；向南天极由 0°变化到冬至日的－23.45°。赤纬角是时间的连续函数，其变化率在春分日和秋分日最大，大约是一天变化 0.5°。赤纬角仅仅与一年中的日期有关，而与地点无关，即地球上任何位置的赤纬角都是相同的。

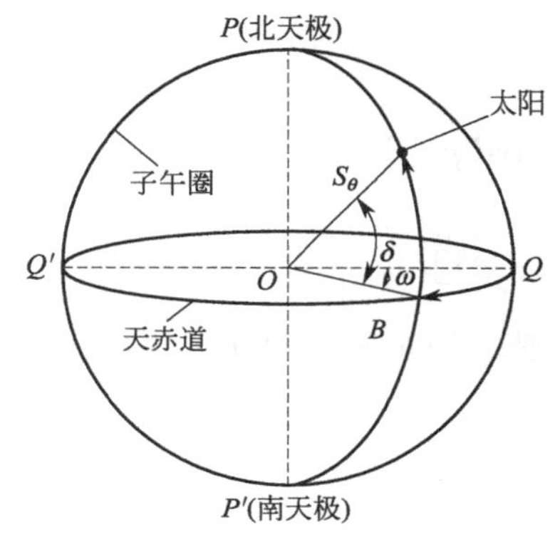

图 2-1　赤道坐标

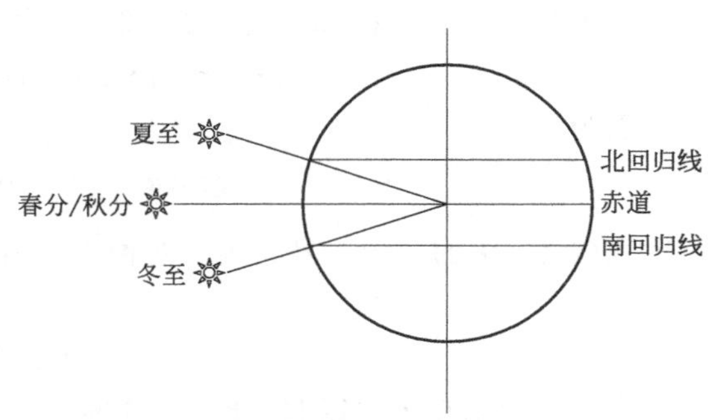

图 2-2　地球上太阳赤纬角的变化

（2）地平坐标系

以天赤道为基本圈，北天极 P 为基本点，天赤道和子午圈在南极点的交点为原点的坐标系叫作地平坐标系。人在地球上观看空中的太阳相对于地平面的位置时，太阳相对地球的位置是相对于地平面而言的，通常用高度角和方位角两个坐标决定，如图 2-3 所示。在某个时刻，由于地球上各处的位置不同，因而各处的高度角和方位角也不相同。

① 天顶角 θ　天顶角就是太阳光线 OP 与地平面法线 QP 之间的夹角。

② 高度角 α　高度角就是太阳光线 OP 与其在地平面上投影线 Pg 之间的夹角，它表示太阳高出水平面的高度。

高度角与天顶角的关系为：

$$\alpha+\theta=90° \tag{2-1}$$

图 2-3　地平坐标系

③ 方位角 γ　方位角是太阳光线在地平面上投影和地平面上正南方向线之间的夹角，它表示太阳光线的水平投影偏离正南方向的角度，取正南方向为起始点（即 0°），向西（顺时针方向）为正，向东（逆时针方向）为负。

2.1.2 太阳位置方程

太阳位置即太阳视位置，是相对于地球表面上的某个观察点。在地平坐标系中，太阳的空间位置决定于两个基本参量：高度角 α 和方位角 γ。不管地球和太阳之间的相对位置如何变化，只要求得了任意瞬间的高度角 α 和方位角 γ，太阳和地球之间的相对位置就被完全确定。对于赤道坐标系，其原理完全一样，太阳的空间位置取决于另外两个基本参量：时角 ω 和赤纬角 δ。这里，只讨论地平坐标系中的太阳位置方程，至于地平坐标系中的太阳位置参数，可通过上述的坐标换算进行计算。

(1) 太阳高度角

太阳高度角定义为地球表面上某点和太阳的连线与地平面之间的夹角，表示为 α，向天顶方向为正，向天底方向为负。计算太阳高度角的表达式为：

$$\sin\alpha=\sin\varphi\sin\delta+\cos\varphi\cos\delta\cos\omega \tag{2-2}$$

式中，φ 为当地地理纬度。

正午时，$\omega=0$，$\cos\omega=1$。式(2-2) 可简化为：

$$\sin\alpha=\sin\varphi\sin\delta+\cos\varphi\cos\delta=\cos(\varphi-\delta) \tag{2-3}$$

因为

$$\cos(\varphi-\delta)=\sin[90°\pm(\varphi-\delta)] \tag{2-4}$$

式(2-4) 中的“±”号，表示两种不同情况下的取值。当正午太阳在天顶以南，即 $\varphi>\delta$ 时：

$$\alpha=90°-\varphi+\delta \tag{2-5}$$

当正午太阳在天顶以北，即 $\varphi<\delta$ 时：

$$\alpha=90°+\varphi-\delta \tag{2-6}$$

正午时，若太阳正对天顶，则 $\varphi=\delta$，从而有 $\alpha=90°$。

(2) 太阳方位角

太阳方位角按下式计算：

$$\cos\gamma=\frac{\sin\alpha\sin\varphi-\sin\delta}{\cos\alpha\cos\varphi} \tag{2-7}$$

也可用下式计算：

$$\sin\gamma=-\frac{\cos\delta\sin\omega}{\cos\alpha} \tag{2-8}$$

若求解式(2-8)，由于 $\sin\gamma=\sin(180°-\gamma)$，对于每一个 γ，可以得到两个可能的解，即上午或下午的值，这就很难选择正确解。所以，建议首先采用下式计算太阳方位角则更为方便：

$$\cot\gamma=\sin\varphi\cot\omega-\cos\varphi\tan\delta\csc\omega \tag{2-9}$$

通常，太阳方位角的数值区域为 $-90°\leqslant\gamma\leqslant+90°$。若计算下午的太阳方位角，这时 $\omega>0$，由式(2-9) 解得 $\gamma<180°$，只要加上一个正切的周期 180°即可；若计算上午的太阳方位角，这时 $\omega<0$，由式(2-9) 解得 $\gamma>180°$，只要减去 180°即可。

(3) 日出与日没

太阳视圆面中心出没地平线的瞬间，称为日出和日没。日出和日没时，太阳高度角 $\alpha=0$。这样，由式(2-2) 可以求得日出和日没的时角为：

$$\cos\omega=-\tan\varphi\tan\delta \tag{2-10}$$

若 $-1\leqslant-\tan\varphi\tan\delta\leqslant+1$，则可由式(2-10) 求解 ω。由于 $\cos\omega=\cos(-\omega)$，所以上式有两个解：

$$\omega_{ss}=\omega \qquad \omega_{sr}=-\omega \tag{2-11}$$

式中，ω_{ss} 为日没时角；ω_{sr} 为日出时角。

同理，令太阳高度角 $\alpha=0$，代入式(2-8)，有：

$$\sin\gamma=-\cos\delta\sin\omega \tag{2-12}$$

由此，即可各自求得日出和日没时的太阳方位角。注意到，由式(2-12) 解得的太阳方位角，对日出和日没分别都有两个解，可按以下方法选得其中的正确解答。对我国广大地区，当赤纬角为正时，日出和日没落入北方象限；当赤纬角为0°时，日出正东，日没正西；当赤纬角为负时，日出和日没落入南方象限，如图2-4所示。

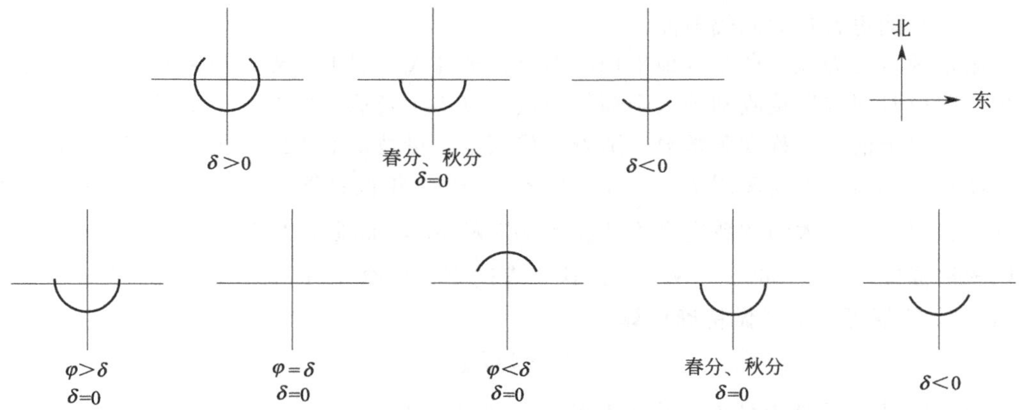

图2-4 太阳方位角示意图

有了日出和日没时角，即可方便地求得一天中可能的日照时间长度 t_0：

$$t_0=\frac{2}{15}\arccos(-\tan\varphi\tan\delta) \tag{2-13}$$

2.1.3 太阳常数与太阳光谱

(1) 辐射度量

辐射能（Q）是以电磁波和粒子形式发射、传播或接收的能量。它的单位与其他形式能量的单位相同。在国际单位制中，辐射能的单位是J或MJ。

辐射通量（Φ）是以辐射形式发射、传播或接收的功率，或者说是单位时间内发射、传播或接收的辐射能，单位是瓦（W），按定义可以写出：

$$\Phi=\frac{\partial Q}{\partial t} \tag{2-14}$$

辐照度（E）是太阳投射到单位面积上的辐射功率（辐射通量），单位是瓦/平方米（W/m^2），按照定义可写出：

$$E=\frac{\partial \Phi}{\partial A} \tag{2-15}$$

在一段时间内（如每小时、日、月、年等），太阳投射到单位面积上的辐射能量称为辐照量（H），亦称曝辐量，单位是千瓦·时/[(米^2·日)(月、年)][$kW \cdot h/(m^2 \cdot d)(m/a)$]。它是辐照度对时间的积分：

$$H=\int E\mathrm{d}t \tag{2-16}$$

（2）太阳常数

太阳本质上是个一刻不停地进行着氢聚变的热核反应堆，每秒将 6.57×10^8t 氢聚变成 5.96×10^8t 氦，由此产生的能量为 3.9×10^{23}kW。与此同时，处于极高温度下的电子，以极高的运动速度不断地相互碰撞振动而产生电磁波。这种电磁波也就是太阳辐射能，以 3×10^5km/s 的速度向太阳以外的太空辐射。地球是太阳系中的一颗行星，自然要接受太阳辐射。当太阳辐射透过地球大气层，入射到地球表面时，人们感受到光和热，就是通常所说的太阳能。太阳能也就是太阳辐射能。

太阳常数定义为地球位于日地平均距离时，地球大气层上边界处与阳光垂直的面上，单位面积、单位时间内所接收到的太阳辐射能量，以 I_{SC} 表示。根据历年来多次探空测定，它几乎是一个恒定值，故称太阳常数。随着近代探空测量技术的不断完善，太阳常数的测定结果也不断逼近真值。以前多用 $I_{SC}=1353W/m^2$，1981 年世界气象组织仪器与观测方法委员会第八届会议上，将太阳常数定义为 $I_{SC}=1367W/m^2$，而地球大气层上边界面处任意时刻的太阳辐射强度 $I_0=(1367\pm7)W/m^2$。这一表述更为切合实际，因为考虑了日地距离的变化因素。I_0 的值可按下式做精确计算：

$$I_0=\xi_0 I_{SC} \tag{2-17}$$

式中，ξ_0 为地球轨道的偏心修正系数，可通过下式计算：

$$\xi_0=\left(\frac{r_0}{r}\right)^2=1+0.033\cos\left(\frac{2\pi d_n}{365}\right) \tag{2-18}$$

式中，r_0 为日地平均距离；r 为观察点的日地距离；d_n 为一年中某一天的顺序数，1 月 1 日为 1，12 月 31 日为 365，以此类推，2 月通常按 28 天计算。

式(2-17) 是 I_0 的精确计算式，工程应用中通常采用下列简化计算式：

$$I_0=I_{SC}\left[1+0.033\cos\left(\frac{360d_n}{370}\right)\right] \tag{2-19}$$

（3）太阳辐射光谱

太阳辐射连续波谱（包括紫外线、可见光和红外线）占据电磁波波谱中 0.3～3μm 的波段，其光谱能量分布如图 2-5 所示。根据科学测定，地球大气层外太空中的太阳辐射在不同波长范围内具有不同的辐射强度和辐射能量，见表 2-1。由此可见，地球大气层外太空中的太阳辐射，其辐射能量主要分布在可见光区和红外区，分别为 46.43%和 45.54%，紫外区只占 8.02%。

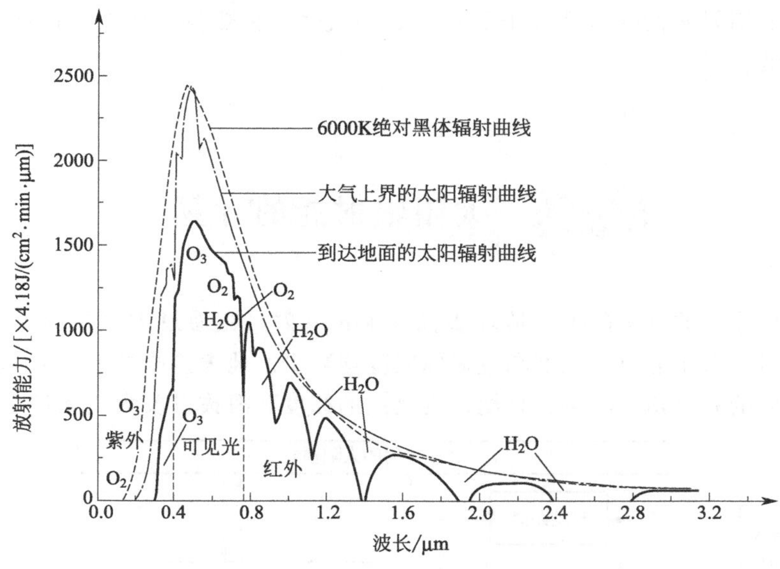

图 2-5 太阳辐射光谱能量分布

表 2-1 太空中的太阳辐射强度和辐射能量百分数随辐射波长的分布

光谱段	波长范围/μm	辐射强度/(W/m²)	占总辐射能的百分数/%	
			分区	总计
紫外线				
紫外线-C	0.20～0.28	7.864×10^6	0.57	8.02
紫外线-B	0.28～0.32	2.122×10^1	1.55	
紫外线-A	0.32～0.40	8.073×10^1	5.90	
可见光				
可见光-A	0.40～0.52	2.240×10^2	16.39	46.43
可见光-B	0.52～0.62	1.827×10^2	13.36	
可见光-C	0.62～0.78	2.280×10^2	16.68	
红外线				
红外线-A	0.78～1.40	4.125×10^2	30.18	45.54
红外线-B	1.40～3.00	1.836×10^2	13.43	
红外线-C	3.00～100.00	2.637×10^1	1.93	

2.1.4 太阳辐射分类

(1) 按方向分类

直射辐射（又称直达辐射或束辐射）：接收到的直接来自太阳而不改变方向的太阳辐射。

散射辐射（又称扩散辐射或天空辐射）：接收到的受大气层散射影响而改变了方向的太阳辐射。

太阳总辐射：接收到的太阳辐射总和，等于直射辐射加散射辐射。总辐射的概念有时用来表示太阳光谱在整个波长范围内的积分值。

(2) 按波长分类

太阳辐射（短波辐射）：由太阳产生的辐射，波长范围为 0.3～3.0μm。它包含直射和散射辐射。

长波辐射：任何物体当其温度高于绝对零度时，都会发射辐射能。当物体温度接近环境温度时，发出的辐射波长一般都大于 3.0μm。如大气、集热器、地面或任何其他常温物体发出的都是长波辐射。

2.2 太阳辐射能的计算

地球大气层厚度的 9% 在距离地球表面 30km 以内。在通过大气层时，太阳辐射被反射、吸收和散射，太阳能总辐照度和直射辐照度均减少。地表接收的太阳辐射强度取决于接收面相对于太阳的方位角、时刻、日期、观测点的纬度和海拔以及大气条件。图 2-6 给出了

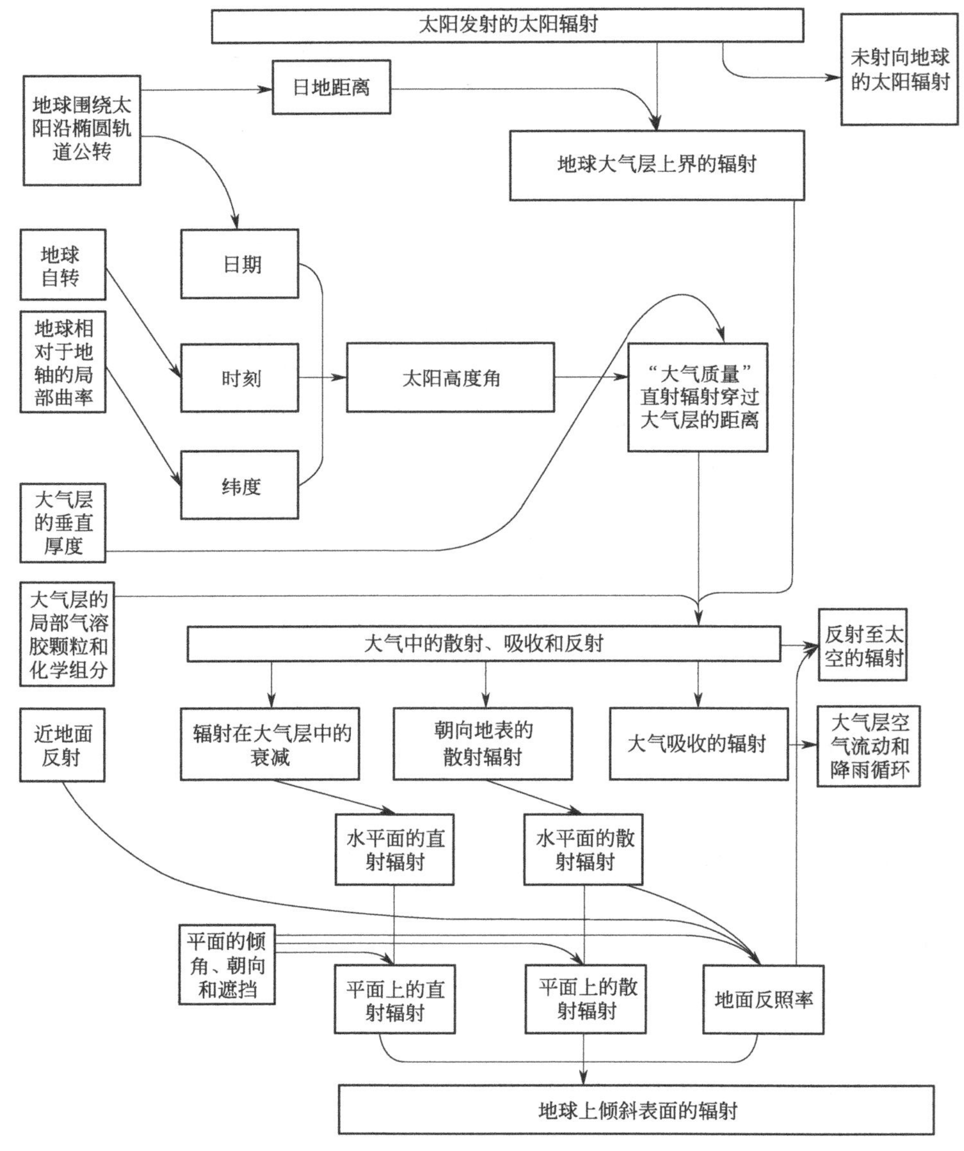

图 2-6　从太阳辐射至地球表面过程中太阳能分配

从太阳入射到地球上某一平面太阳辐射量的关键影响因素。太阳光以约 0.5°的锥形张角入射到地球上。当光线通过带有大量气溶胶成分的浑浊大气时，由于发生前向散射而使得锥角变大。这个变大的锥角被称为环日辐射。在大气清洁的情况下，入射到地球表面的太阳辐射大部分为直射辐射。在多云的情况下，由于直射辐射被云层散射，总太阳辐射中散射辐射成了主要部分。

2.2.1 大气层外的太阳辐射

计算太阳辐射量时，要用到理论上可能的参考辐射量，通常将大气层外、水平面上的辐射量作为参考依据。大气层上界水平面上的太阳辐射量日总量 H_0 可以由下式进行计算：

$$H_0=\frac{24}{\pi}\xi_0 I_{SC}(\omega_\theta \sin\varphi\sin\delta+\cos\varphi\cos\delta\sin\omega_\theta) \tag{2-20}$$

式中，ω_θ 为日出日没时角。

在赤道地区，一年内任何时间有 $\omega_\theta=\pi/2$，$\varphi=0$，式(2-20) 可简化为：

$$H_{0,E}=\frac{24}{\pi}\xi_0 I_{SC}\cos\delta \tag{2-21}$$

式中，下标 E 表示赤道地区。

在极地（北极或南极），$\varphi=\pi/2$。对于北极的夏季（南极的冬季）有 $\omega_\theta=\pi$，由式(2-20) 可得：

$$H_{0,P}=24\xi_0 I_{SC}\sin\delta \tag{2-22}$$

式中，下标 P 表示极地。

用式(2-20) 可以计算任何纬度和各个季节的大气层上界水平面上的太阳辐射日总量。

2.2.2 太阳辐射在地球大气层中的衰减

地球表面能够利用的太阳能，是天空太阳辐射透过地球大气层投射到地球表面上的辐射能量。众所周知，地球大气层是由空气、尘埃和水汽等组成的气体层，包围着整个地球，厚度约为 100km。大气层中不少气体分子是辐射吸收性气体，如氧气和二氧化碳等，所以当天空太阳辐射透过大气层时，受到大气层的强烈衰减，一是受到大气层中空气分子、水汽和尘埃的散射，二是受到氧、臭氧、水蒸气和二氧化碳等的吸收。因此，从天空到达地球表面上的太阳辐射和投射到地球大气层上边界面处的太阳辐射相比，产生了以下三点不小的变化。

① 总辐射强度减弱。

② 投射辐射中产生了一定数量的散射辐射分量。

③ 太阳辐射光谱能量分布曲线上产生众多缺口，表明某些波段受到更为强烈的衰减。

（1）Bouguer-Lambert 定律

当辐射能通过介质时，由于沿途被介质吸收和散射，辐射通量逐渐减弱。Bouguer 通过实验确立，并得到以下关系式：

$$\Phi_\lambda=\Phi_{0,\lambda}\tau_\lambda^L \tag{2-23}$$

式中，$\Phi_{0,\lambda}$ 为初始单色辐射通量；Φ_λ 为通过气体层后的单色辐射通量；L 为气体层相对厚度。

当 $L=1$ 时，由式(2-23)得：

$$\tau_\lambda=\frac{\Phi_\lambda}{\Phi_{0,\lambda}} \tag{2-24}$$

式中，τ_λ 为介质的单色透射系数或单色透过率。

Lambert 对此做了进一步研究，提出辐射通量的相对变化值应与通过介质层的厚度成正比，即：

$$\frac{\mathrm{d}\Phi_\lambda}{\Phi_{0,\lambda}}=-K_\lambda \mathrm{d}L \tag{2-25}$$

式中，K_λ 为单色线性减弱系数，也称单色消光系数。

将式(2-25)积分，经整理得：

$$\Phi_\lambda=\Phi_{0,\lambda}\mathrm{e}^{-K_\lambda L} \tag{2-26}$$

这就是 Bouguer-Lambert 定律。

(2) 均质大气概念的近似

式(2-26)是在均匀介质条件下得到的，而且只适用于单色辐射。实际的地球大气层是非均匀介质层，因其温度、压力以及水汽、气溶胶的含量都随海拔而变化。在非均匀介质层中，几何行程长度这一概念将失去意义，因为光子同气体分子和微粒相碰撞的概率已经不再与几何行程长度成比例，而是与所碰撞到的气体分子和微粒子的数目成比例。这个数目，对非均匀介质层，不同部位有不同的值。因此，在引用式(2-26)研究太阳辐射在地球大气层中的衰减问题时，需要引入均质大气概念，以对地球大气层作某种程度上的近似。

所谓均质大气，即有条件的大气。其定义为，均质大气中空气的密度 ρ 处处均等，其成分和地面气压 p_0 均与实际大气相同。根据这一定义，均质大气在单位面积上垂直气柱内所包含的空气质量与实际大气完全一样，自然气体分子的数目也完全相同。这样，从光子同空气分子的碰撞概率和大气消光作用上看，实际气体完全可以用与之气压相同的均质大气来表征。如此近似，对太阳能工程设计中各种太阳辐射量的计算所带来的误差很小，但却使这种计算大为简化。

(3) 大气光学质量

在太阳辐射测定中，计算辐射行程长度的单位不是普通的长度单位，而采用所谓的大气光学质量，定义为阳光透过地球大气层的实际行程长度与阳光沿天球天顶角方向垂直透过地球大气层的行程长度之比。这里假定，在标准大气压（101325Pa）和气温为 0℃时，海平面上阳光垂直入射时的行程长度为 1 个大气光学质量，即 $m=1$。显然，地球大气层上界面的大气光学质量 $m=0$。应当指出，引用大气光学质量这个术语并不十分贴切，因为从科学概念上来讲，它与通常所说的质量无关。

根据定义，大气光学质量 m 为：

$$m=\frac{\int_{h_z}^{\infty}\rho \mathrm{d}s}{\int_{h_z}^{\infty}\rho \mathrm{d}h_z} \tag{2-27}$$

式中，ρ 为空气密度；$\mathrm{d}s$ 为光行程微元；h_z 为海拔。

由光线方程可知，光的行程受地球曲率和大气折射的影响。在不同的海拔处，大气折射率的数值是不一样的。作为一种近似，这种影响忽略不计，则根据图 2-7 可以直接导出大气光学质量 m 的计算式：

$$m=\sec\theta_z=\frac{1}{\sin\alpha} \tag{2-28}$$

式中，θ_z 为天顶角；α 为太阳高度角。

计算与实际观测结果比较表明：当 $\alpha=30°$时，按式(2-28) 计算得到的大气质量值与观测值非常接近，其误差在 0.01 以下；而当 $\alpha<30°$时，由于地面曲率和折射的影响增大，则式(2-28) 的计算结果误差较大。

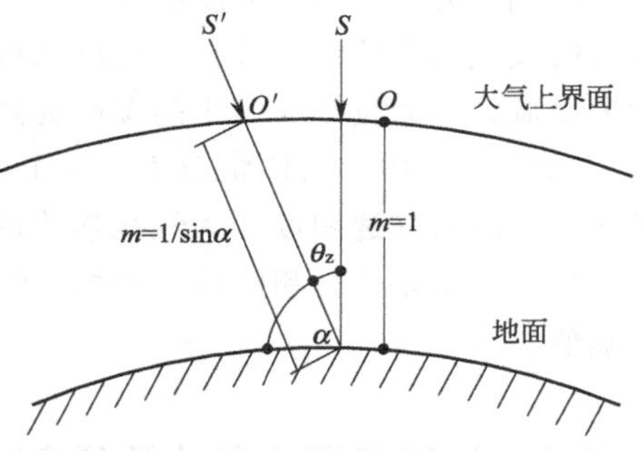

图 2-7 大气光学质量 m 计算式推导图示

Kasten 根据自己的研究结果，推荐以下的经验公式，适用于整个大气层的计算，即：

$$m=\frac{1}{\sin\alpha+0.15(\alpha+3.885)^{-1.253}} \tag{2-29}$$

通常，气温对大气光学质量的影响可以忽略不计，对海拔较高的地区，应对大气压力作修正，即：

$$m(p)=m\ \frac{p}{760} \tag{2-30}$$

式中，p 为观测地点的大气压力，Pa。

(4) 大气透明度

表征太阳辐射通过地球大气层时，衰减程度的参量称为大气透明度，即为 P。根据 Bouguer-Lambert 定律，假定地球大气层上边界面处波长为 λ 的单色太阳辐射强度为 $I_{0,\lambda}$，经过厚度为 dm 的大气层后，强度衰减为 dI_λ，则由式(2-25) 可得：

$$\mathrm{d}I_\lambda=-K_\lambda I_{0,\lambda}\mathrm{d}m \tag{2-31}$$

将式(2-31) 积分，得：

$$I_\lambda=I_{0,\lambda}\mathrm{e}^{-K_\lambda m} \tag{2-32}$$

将上式改写为：

$$I_\lambda=I_{0,\lambda}P_\lambda^m \tag{2-33}$$

$$P_\lambda=\mathrm{e}^{-K_\lambda} \tag{2-34}$$

式中，P_λ 为单色大气透明度。

将式(2-33) 对全波段积分。这里，引进某种近似，即假设太阳辐射全波段范围内的单色大气透明度的平均值为 P，则积分后得：

$$I=P^m\int_0^\infty I_{0,\lambda}\mathrm{d}\lambda=I_0P^m \tag{2-35}$$

式中，I_0 为地球大气层上边界面的太阳辐射强度。

将式(2-17) 代入式(2-35)，有：

$$I=\xi_0 I_{SC}P^m \tag{2-36}$$

于是有：

$$P=\sqrt[m]{\frac{I}{\xi_0 I_{SC}}} \tag{2-37}$$

由此可见，大气透明度和大气光学质量密切相关，并随地区、季节和时刻变化。通常，城市的大气污染要高于农村，所以城市的大气透明度比农村低。一年中，以夏季的大气透明度为最低，因为夏季大气中的湿度远高于其他季节。

式(2-37) 中的太阳常数 I_{SC} 是个已知的恒定值，因此对某一个特定的地区，只要知道了该地区的大气透明度和大气光学质量，就可以计算得该地区的太阳辐射强度的数值，但这种计算的结果是十分粗略的。因为大气透明度受气候因素的影响很大，一般不可能得到它的精确值。

2.2.3 地球表面上的太阳辐射

(1) 晴天地面上的太阳辐射强度

① 水平面上的太阳直射辐射强度　根据图 2-8，可得水平面上的太阳直射辐射强度 I_B 的计算式：

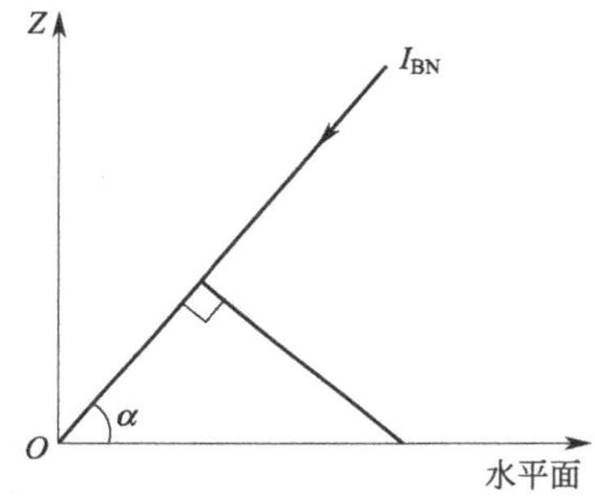

图 2-8　法向太阳辐射强度

$$I_B=I_{BN}\sin\alpha \tag{2-38}$$

式中，I_{BN} 为地面上法向太阳辐射强度，定义为垂直于阳光入射线表面上的太阳直射辐射强度。根据式(2-35)，晴朗天气时，地面上的法向太阳辐射强度可按下式计算：

$$I_{BN}=I_0 P^m \tag{2-39}$$

将式(2-17)、式(2-39) 代入式(2-38)，有：

$$I_B=\xi_0 I_{SC} P^m \sin\alpha \tag{2-40}$$

② 水平面上的太阳散射辐射强度　理论上精确计算到达地球表面上的太阳散射辐射能是十分困难的。但大量的观察资料表明，晴天到达地球表面上的太阳散射辐射能主要取决于太阳高度角和大气透明度，而地面反射对散射的影响可以忽略不计。常用于估算晴天水平面上太阳散射辐射强度 I_D 的经验计算式为：

$$I_D=\frac{1}{2}\xi_0 I_{SC}\left(\frac{1-P^m}{1-1.4\ln P}\right)\sin\alpha \tag{2-41}$$

③ 水平面上的太阳总辐射强度　根据定义，直射辐射与散射辐射之和为总辐射。将式(2-40) 与式(2-41) 相加，有：

$$I_H=I_B+I_D=\xi_0 I_{SC}\left[P^m+\frac{1-P^m}{2(1-1.4\ln P)}\right]\sin\alpha \tag{2-42}$$

(2) 任意倾斜平面上的太阳辐射强度

① 任意平面的倾斜角、方向角和阳光入射角

a. 倾斜角 β。为了能够最大限度地接收太阳辐射能，所有的太阳能利用设备，其采光面都必须朝向太阳设置，且与地平面倾斜某个角度。任意倾斜平面与水平面之间的夹角，称为该平面的倾斜角，简称倾角，如图 2-9 所示。在北半球，平面朝南倾斜，倾斜角为正；在南半球，平面朝北倾斜，倾斜角为负。

b. 方向角 γ_n。任意倾斜平面的法线在水平面上的投影与正南方向线之间的夹角，称为

任意平面的方向角，如图 2-9 所示。对任意平面，若面向正南，$\gamma_n=0$；面偏东，γ_n 为负值；面偏西，γ_n 为正值。

c. 阳光入射角 θ_i。阳光入射线与平面法线之间的夹角，称为阳光入射角。它和平面倾斜角 β、平面方向角 γ_n 之间的几何关系如图 2-9 所示。图中的 OP 表示经过原点 O 的倾斜平面的法线。向量 OP 的高度角是倾斜角 β 的余角 $90°-\beta$，OP 的方位角与倾斜平面的方向角重合。由矢量代数可知，向量 OP 的方向余弦为：

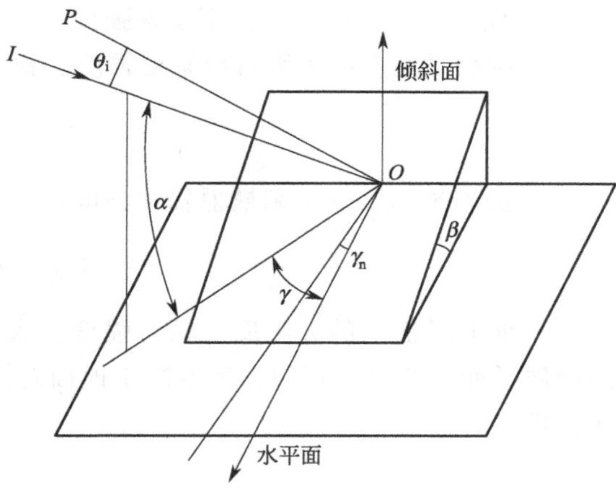

图 2-9 任意倾斜平面的倾斜角、方向角和阳光入射角示意图

$$\begin{cases} l'=\cos(90°-\beta)\cos\gamma_n=\sin\beta\cos\gamma_n \\ m'=\cos(90°-\beta)\cos(90°+\gamma_n)=-\sin\beta\sin\gamma_n \\ n'=\cos\beta \end{cases} \tag{2-43}$$

同理，投射到倾斜平面上的太阳直射辐射的高度角为 α，方位角为 γ，则其方向余弦为：

$$\begin{cases} l=\cos\alpha\cos(180°-\gamma)=-\cos\alpha\cos\gamma \\ m=\cos\alpha\cos(\gamma-90°)=\cos\alpha\sin\gamma \\ n=\cos(90°-\alpha)=\sin\alpha \end{cases} \tag{2-44}$$

同样，由矢量代数运算可知，任意两条相交直线之间的夹角 θ 可由下式求得：

$$\cos\theta=ll'+mm'+nn' \tag{2-45}$$

对这里所讨论的情况，两条相交于原点的直线是倾角平面的法线 OP 和太阳直射辐射的入射方向线，两者之间的夹角即为太阳入射角 θ_i。将式(2-43)、式(2-44) 代入式(2-45)，有：

$$\cos\theta_i=\cos\beta\sin\alpha-\sin\beta\cos\alpha\cos(\gamma-\gamma_n) \tag{2-46}$$

由式(2-46) 可见，倾斜平面上阳光入射角 θ_i 是倾斜面方向角 γ_n、倾斜角 β、太阳高度角 α 和方位角 γ 等变量的函数，而太阳高度角 α 和方位角 γ 则是赤纬角 δ、时角 ω 和地理纬度 φ 的函数。这样最终可由太阳位置参数表示为以下的函数关系：

$$\cos\theta_i=f(\delta,\omega,\varphi,\gamma_n,\beta) \tag{2-47}$$

根据太阳高度角和方位角的关系式，进一步求解式(2-47) 的函数表达式，经整理得：

$$\begin{aligned}\cos\theta_i=&(\sin\varphi\cos\beta-\cos\varphi\cos\gamma_n\sin\beta)\sin\delta \\ &+(\cos\varphi\cos\beta+\sin\varphi\cos\gamma_n\sin\beta)\cos\delta\cos\omega \\ &+(\sin\gamma_n\sin\beta)\cos\delta\sin\omega\end{aligned} \tag{2-48}$$

对于水平面，$\beta=0$，有：

$$\cos\theta_i=\sin\alpha \tag{2-49}$$

对于垂直面，$\beta=90°$，有：

$$\cos\theta_i=\cos\alpha\cos(\gamma-\gamma_n) \tag{2-50}$$

对面向正南的任意倾斜平面，$\gamma_n=0$，有：

$$\cos\theta_i=\sin(\varphi-\beta)\sin\delta+\cos(\varphi-\beta)\cos\delta\cos\omega \tag{2-51}$$

② 任意倾斜平面上的太阳辐射强度

a. 倾斜平面上的太阳直射辐射强度。根据图 2-9，有：

$$I_{BT}=I_B\frac{\cos\theta_i}{\sin\alpha} \tag{2-52}$$

b. 倾斜平面上的太阳散射辐射强度：

$$I_{DT}=I_D\cos^2\frac{\beta}{2} \tag{2-53}$$

c. 倾斜平面上的太阳反射辐射强度。太阳辐射投射到地面上以后，做半球向反射，落到倾斜平面上的反射辐射强度取决于地面对倾斜平面的辐射角系数。假定地面反射辐射为各向同性，有：

$$I_{RT}=\rho I_H(1-\cos^2\frac{\beta}{2}) \tag{2-54}$$

式中，ρ 为地面反射率。

地面的反射辐射情况比较复杂，其反射率的数值取决于地面状态。表 2-2 和表 2-3 列出了地面与水面反射率的数值。在没有具体数值时，一般情况下可取 $\rho=0.2$。

表 2-2　不同地面的反射率

地面类型	反射率	地面类型	反射率	地面类型	反射率
干燥黑土	0.14	森林	0.04～0.10	市区	0.15～0.25
湿黑土	0.08	干沙地	0.18	岩石	0～0.15
干灰色地面	0.25～0.30	湿沙地	0.09	麦地	0.10～0.25
湿灰色地面	0.10～0.12	新雪	0.81	黄沙	0.35
干草地	0.15～0.25	残雪	0.46～0.70	高禾植物区	0.18～0.20
湿草地	0.14～0.26	水田	0.23	海水	0.35～0.50

表 2-3　水面对不同入射角的太阳直射辐射的反射率

入射角/(°)	0	10	20	30	40	50	60	70	80	85	90
反射率	0.02	0.02	0.021	0.021	0.025	0.034	0.06	0.134	0.348	0.584	1.0

d. 倾斜面上的太阳总辐射强度。根据定义，倾斜面上的太阳总辐射强度为直射辐射、散射辐射和反射辐射强度之和，于是有：

$$I_T=I_B\frac{\cos\theta_i}{\sin\alpha}+\rho I_H+(I_D-\rho I_H)\cos^2\frac{\beta}{2} \tag{2-55}$$

2.2.4 月平均日太阳辐射总量的计算

(1) 水平面上月平均日太阳辐射总量的计算

① 月平均日太阳总辐射量　计算月平均日太阳总辐射量的方法很多，目前确认的最佳计算式为：

$$\bar{H}=\bar{H}_0\left(a+b\frac{N}{N_0}\right) \tag{2-56}$$

式中，$\bar{H}$ 为水平面上月平均日太阳总辐射量；$\bar{H}_0$ 为水平面上月平均基础日太阳总辐射量，可有三种不同的选择；a、b 为回归系数，根据实测数据采用最小二乘法求得；N 为月平均实际每天日照小时数；N_0 为同一时期内每天可能的日照小时数。

式(2-56)的计算，关键在于如何确定 $\overline{H}_0$ 的值。气象学上存在三种可能的选择：a. 天文太阳辐射量；b. 晴天太阳辐射量；c. 理想大气中的太阳辐射量。针对我国的具体情况，适合选用理想大气中的太阳总辐射量。

a、b 为常数，根据各地气候和植物生长类型来确定，表2-4给出了适用于我国不同地区的回归系数 a、b 的值。

表2-4 我国不同地区的回归系数 a、b 的值

地区	a	b	地区	a	b
广州	0.16	0.63	沈阳	0.17	0.66
汉口	0.19	0.59	银川	0.21	0.68
上海	0.18	0.61	乌鲁木齐	0.30	0.49
西安	0.17	0.65	拉萨	0.29	0.74

② 月平均日太阳直射辐射总量　根据我国70个太阳辐射测量站20多年的实测数据进行统计，推荐以下计算水平面上月平均日太阳直射辐射总量的最佳计算式：

$$\overline{H}_B=\overline{H}_0P^m\left(a+b\frac{N}{N_0}+cX_t\right) \tag{2-57}$$

式中，X_t 为总云量的百分数，$X_t\leqslant1$。其中，全天无云，$X_t=0$；全天有云，$X_t=1$。a、b、c 为回归系数，按下式计算：

$$a+b=1.011, a+c=-0.039$$

$$a=\begin{cases}0.456 & (Z\geqslant3000)\\0.688-0.00248n & (Z<3000, E_n\leqslant10\text{hPa})\\0.7023-0.01826E_n & (Z<3000, E_n>10\text{hPa})\end{cases} \tag{2-58}$$

式中，Z 为当地海拔，m；n 为当地沙漠和浮尘天数之和；E_n 为当地的年平均绝对湿度。

③ 月平均日太阳散射辐射总量　同样根据我国70个太阳辐射测量站20多年的实测数据进行统计，推荐以下计算水平面上月平均太阳散射辐射总量的最佳计算式：

$$\overline{H}_D=K\overline{H}_0(a+bX_h+cX_c) \tag{2-59}$$

$$K=\frac{4.3}{4+0.3(1+\rho)} \tag{2-60}$$

式中，X_h、X_c 分别为一月中的高云量和低云量，可从当地气象台站资料中查得；ρ 为自然表面对太阳辐射的反射率；a、b、c 为回归系数，按下式计算：

$$\begin{aligned}&a=0.229-0.000026Z && (Z>0)\\&b=0.334-0.0159E_n && (Z>0)\\&c=-0.0586-0.000145Z && (Z<2000)\\&c=-0.2420+0.000111Z && (Z>2000)\end{aligned} \tag{2-61}$$

(2) 任意倾斜面上的月平均日太阳辐射总量的计算

① 倾斜面上的月平均日太阳直射辐射总量：

$$\overline{H}_{BT}=\overline{R}_B\overline{H}_B \tag{2-62}$$

式中，$\overline{R}_B$ 为任意倾斜面上与水平面上的月平均日太阳直射辐射总量之比。假定任意倾斜面的方向角 $\gamma_n=0$，即面向正南放置。根据推导，有：

$$\bar{R}_B=\frac{\cos(\varphi-\beta)\cos\delta\sin\omega_{ST}+\frac{\pi}{180}\omega_{ST}\sin(\varphi-\beta)\sin\delta}{\cos\varphi\cos\delta\sin\omega_S+\frac{\pi}{180}\omega_S\sin\varphi\sin\delta} \tag{2-63}$$

式中，ω_S 为水平面上的日落时角；ω_{ST} 为任意倾斜面上的日落时角，且有：

$$\omega_{ST}=\min\{\arccos(-\tan\varphi\tan\delta),\arccos[-\tan(\varphi-\beta)\tan\delta]\} \tag{2-64}$$

式(2-64) 中的 min $\{a, b\}$ 表示 ω_{ST} 取 a、b 两者中的最小值。

② 倾斜面上的月平均日太阳散射辐射总量　同式(2-53)，有：

$$\bar{H}_{DT}=\bar{H}_D\cos^2\frac{\beta}{2} \tag{2-65}$$

③ 倾斜面上的月平均日地面反射辐射总量　同式(2-54)，有：

$$\bar{H}_{RT}=\rho\bar{H}\left(1-\cos^2\frac{\beta}{2}\right) \tag{2-66}$$

同理，任意倾斜面上的月平均日太阳总辐射量为：

$$\bar{H}_T=\bar{H}_{BT}+\bar{H}_{DT}+\bar{H}_{RT} \tag{2-67}$$

改写式(2-67)，得：

$$\bar{H}_T=\bar{R}\bar{H} \tag{2-68}$$

式中，$\bar{R}$ 定义为倾斜面上月平均日太阳辐射总量与水平面上月平均日太阳辐射总量之比。应用式(2-62)、式(2-65) ～式(2-67)，已知 $\bar{H}=\bar{H}_B+\bar{H}_D$，经简化得：

$$\bar{R}=\left(1-\frac{\bar{H}_D}{\bar{H}}\right)\bar{R}_B+\frac{\bar{H}_D}{2\bar{H}}(1+\cos\beta)+\frac{\rho}{2}(1-\cos\beta) \tag{2-69}$$

一般气象资料中没有月平均日太阳散射辐射总量的数据，需要根据实测的水平面上月平均日太阳总辐射量进行计算。实验研究表明，太阳散射辐射量占太阳总辐射量的百分数 $\bar{H}_D/\bar{H}$ 的值是某参量 $\bar{K}_T$ 的函数，如图 2-10 所示。$\bar{K}_T$ 是月平均的晴空指数，定义为实际的日太阳辐射总量与地球大气层外的日太阳辐射总量之比。应用最小二乘法，求得 $\bar{K}_T$ 的以

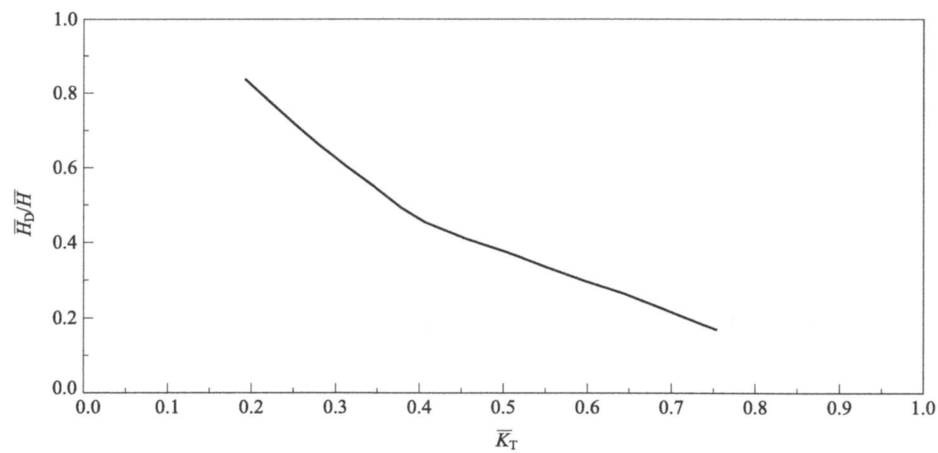

图 2-10　太阳散射辐射量占太阳总辐射量的百分数 $\frac{\bar{H}_D}{\bar{H}}$ 与 $\bar{K}_T$ 的关系曲线

下拟合关系式：

$$\frac{\overline{H}_{\mathrm{D}}}{\overline{H}}=1.39-4.03\overline{K}_{\mathrm{T}}+5.53\overline{K}_{\mathrm{T}}^{2}-3.11\overline{K}_{\mathrm{T}}^{3} \tag{2-70}$$

2.2.5　已知日辐射总量时估算小时辐射量

假定某日是中等天气，即处于晴天和全阴之间。已知总辐射量，要准确推算每小时的辐射量就不容易，因为中等总量可由各种天气情况形成。如一天中曾出现过间歇性的浓云或者是连续的淡云，总量可以相同，但每小时的辐射量可能差别很大。下面介绍的方法是统计了许多气象站的数据，用月平均日的辐射来推算小时辐射量，应当指出，在晴天条件下结果和实际情况比较吻合。

图 2-11 为小时总辐射量与月平均每日水平辐射量之比。与图 2-11 对应的公式是：

$$r_{\mathrm{t}}=\frac{I}{H}=\frac{\pi}{24}(a+b\cos\omega)\frac{\cos\omega-\cos\omega_{\mathrm{s}}}{\sin\omega_{\mathrm{s}}-\left(\dfrac{2\pi\omega_{\mathrm{s}}}{360^{\circ}}\right)\cos\omega_{\mathrm{s}}} \tag{2-71}$$

$$a=0.409+0.5016\sin(\omega_{\mathrm{s}}-60^{\circ})$$

$$b=0.6609-0.4767\sin(\omega_{\mathrm{s}}-60^{\circ})$$

式中，r_{t} 为小时总辐射与全天总辐射之比；ω 为时角；ω_{s} 为日落时角。

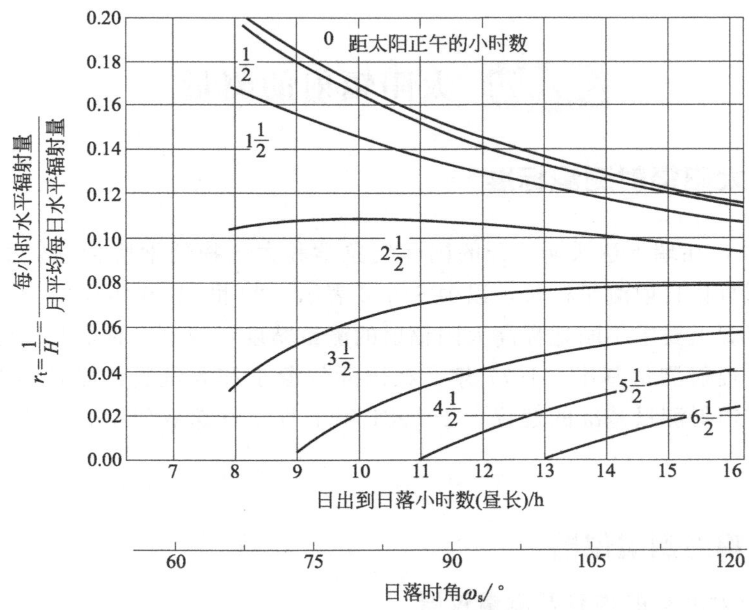

图 2-11　小时总辐射量与月平均每日水平辐射量之比

图 2-12 给出一套确定 r_{d} 的曲线，r_{d} 代表小时散射辐射量与全天散射辐射量之比，它和式(2-71) 类似都是时间和昼长的函数。和图 2-12 相对应的公式是：

$$r_{\mathrm{d}}=\frac{I_{\mathrm{d}}}{H_{\mathrm{d}}}=\frac{\pi}{24}\times\frac{\cos\omega-\cos\omega_{\mathrm{s}}}{\sin\omega_{\mathrm{s}}-\left(\dfrac{2\pi\omega_{\mathrm{s}}}{360^{\circ}}\right)\cos\omega_{\mathrm{s}}} \tag{2-72}$$

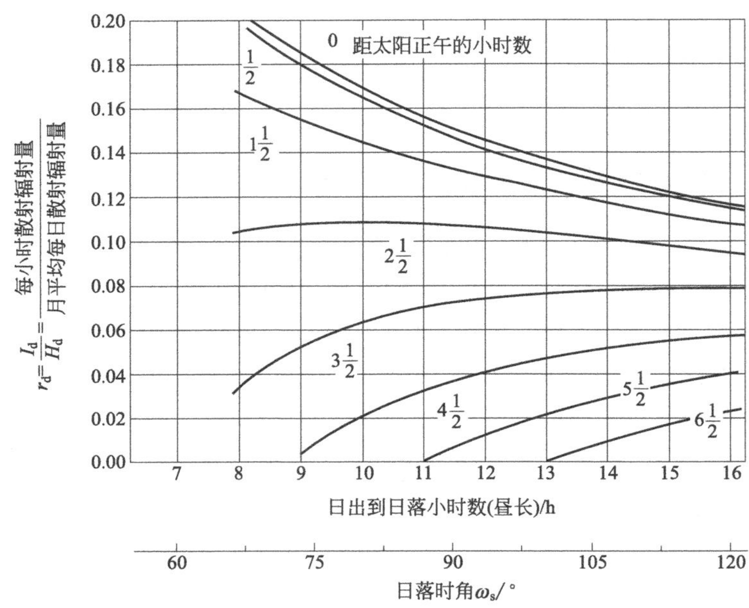

图 2-12 小时散射辐射量与全天散射辐射量之比（水平面上）

2.3 太阳辐射的测量

2.3.1 世界太阳辐射测量标准

1956 年 9 月，在瑞士达沃斯召开的国际气象学和大气物理学协会辐射委员会上，推出了一个国际太阳直接日射测量标尺，以 IPS1956 表示。20 世纪 60 年代以来，随着空间科学的迅猛发展，客观上要求不断地提高太阳辐射的测量精度，建立一种能与国际单位制全辐照度相一致的绝对辐射测量基准。1977 年，在国际气象学和大气物理学协会第 7 届会议上，通过了建立世界辐射测量基准的建议，于 1981 年 1 月 1 日起取代 IPS1956，中国接受了这一国际标准。

2.3.2 太阳辐射测量仪器

(1) 太阳辐射测量的内容及测量仪器

太阳辐射测量的内容，主要包含两个方面，即太阳直射辐射和太阳总辐射。因此，太阳辐射测量仪器也就相应地根据这两个测量内容分为两类，即直接日射表和总日射表，见表 2-5。

表 2-5 太阳辐射测量仪器分类及用途

仪器分类	测量内容	主要用途	视场角、球面度
绝对直接日射表	太阳直射辐射	基准仪器	5×10^{-3}
直接日射表	太阳直射辐射	校准用一级标准、台站用	$5\times10^{-3}\sim2.5\times10^{-2}$
光谱直接日射表	宽光谱波段内太阳直射辐射	台站用	$5\times10^{-3}\sim2.5\times10^{-2}$

续表

仪器分类	测量内容	主要用途	视场角、球面度
太阳光度计	宽光谱波段内太阳直射辐射	校准、台站用	$1\times10^{-3}\sim1\times10^{-2}$
总日射表	总辐射、太空辐射、反射辐射	校准、台站用	2π
分光总日射表	宽光谱波段内总日射	台站用	2π
净总日射表	净总日射	校准、台站用	4π

(2) 太阳辐射测量的一般原理

太阳辐射测量方法的基本概念是，将入射到测量仪器特制受光面上的太阳辐射能全部吸收，使之转换为其他某种形式的能量并进行检测。其主要技术问题集中在以下两点。

① 仪器受光面的太阳辐射吸收率　理论上，要求测量仪器受光面的太阳辐射为完全吸收，实际上这是不可能的。目前，最常用的办法是，在仪器受光面上喷涂一层具有极高阳光吸收率的黑色涂料，如 Parsons 光学黑漆，它的吸收率高达 99%，且不随波长而变化。但涂上光学黑漆的仪器受光面，其太阳辐射吸收率的实际数值还必须由实测确定，这是进行绝对太阳直射辐射测量的难点之一。现代技术不仅采用光学黑涂料，同时利用空腔黑体设计，将入射到仪器受光面上的太阳辐射几乎完全吸收，用以制作绝对太阳直射辐射仪器，这已是一大进步。

② 能量转换方式　入射的太阳辐射为仪器受光面吸收后，需要进一步转换为其他形式的能量，并进行检测。目前，大多采用以下两种检测方法：

a. 根据热平衡检测平衡加热电功率；

b. 根据热电转换检测热电势。

各种电参量均可进行直接测量，且可自动记录，也最为方便。太阳辐射的各种测量仪器都根据这种模式进行设计与测量。

(3) 主要仪器简介

① 直接日射表　直接日射表分绝对仪器和相对仪器两类。绝对直接日射表只作为标准仪器进行设计与制造，具有尽可能完善的设计思想和十分精确的制造工艺，与同类仪器相比，它是具有最高精度的测量仪器。其测量操作比较复杂，不适宜于做日常的测量工作，只作测量标准使用。绝对直接日射表都存放在指定地点，对设置环境有较高的要求。太阳能工程中通常使用的直接日射表都是相对直接日射表，统称直接日射表。图 2-13 为常用的直接日射表和总日射表。

② 总日射表　总日射表是测量太阳总辐射的仪器，根据其安装方式的不同，可以用来测量不同的太阳辐射：水平安装，测量水平面上的太阳总辐射；倾斜安装，测量反射辐射；遮去太阳直射辐射，则测量太阳散射辐射。所以，总日射表的用途十分广泛。

总日射表根据其受感部的设计不同，分为全黑型和黑白型两类。

a. 全黑型。Moll-Gorozynski 总日射表为全黑型，其受感部是一个上面喷涂光学黑漆的 Moll 型热电堆，故称全黑型。它的单体是 Moll 型康铜-锰铜热电偶。每一对热电偶都制成 $(10\times1\times0.005)\mathrm{mm}^3$ 的薄片。14 个热电偶薄片组成一个热电堆，其面积为 $(10\times14)\mathrm{mm}^2$，堆中共有 14 个热接点，冷接点接在仪器金属壳体上。受感部被整体密闭罩在双层玻璃钟罩内。在与受感部表面相同的平面上，安装一个直径为 300mm 的白色圆盘，以防仪器的金属壳体被太阳辐射加热。

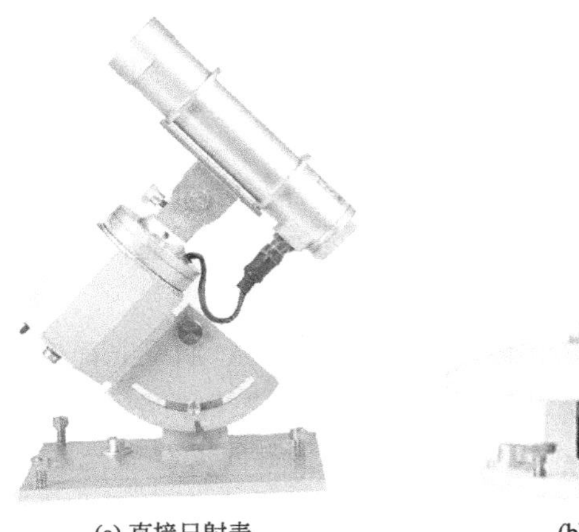

(a) 直接日射表

(b) 总日射表

图 2-13 常用的太阳辐射测量仪

b. 黑白型。Epply 总日射表为黑白型，其受感部是两个同心银制圆环，外环喷涂白色氧化镁，内环喷涂 Parsons 光学黑漆，故称黑白型。当受感部受到阳光照射后，由于吸收太阳辐射而在黑白银环之间产生温差，通过埋设在黑白银环背面的热电偶进行检测。受感部置于玻璃球的中心，球内密封干燥空气，这样既能防止由于环境温度变化在玻璃球内壁上产生露水，又能防止受感部表面的涂料变质。

习题

1. 计算北京（北纬 40°）9 月 15 日当地时间下午 3：30 的太阳高度角，以及当天的日出、日落时间和日照时长。
2. 北京某处的一个平板集热器，倾角 30°，方位角南偏东 10°，计算 3 月 10 日上午 10：30 的太阳入射角。
3. 已知长沙（纬度 28.2°）6 月 11 日水平面上的总辐射量为 18.2MJ/m^2，求下午 2：00—3：00 水平面上的辐照量，其中直射、散射各为多少？
4. 上题中，当方位角 $\gamma=0°$、倾斜角 $\beta=30°$、地面反射率为 0.2 时，求该小时内集热器上的辐照量为多少？
5. 根据图 2-6，简述从“太阳发出的太阳辐射”至“地球上任意斜面的辐射”的能量分配情况及影响因素。

第3章

太阳能工程聚光原理

太阳能的能量密度很低，自然收集时集热工质温度一般较低，导致应用领域受到很大的限制。采用聚光方式，将能量密度很低的太阳辐射能汇聚到很小的接收面上，可以提高投射辐射的能量密度，提高集热工质的温度并降低热损失，扩大太阳能的应用领域。因此，聚光方式的研究和设计是太阳能热利用工程中的一项重要工作。可用于太阳能工程的聚光方式很多，但从光学原理上主要分为反射式聚光和折射式聚光。

3.1 物体表面的光辐射性质

3.1.1 物体的辐射性质

可见光的传播、偏振和反射原理适用于所有射线，当然也包括不可见射线。

如图3-1所示，来自任一表面的一个能量团G，投射到某物体时（有限厚度）将分解成三部分：一般用G_ρ表示反射部分，G_α表示吸收部分，G_τ表示透射部分。该能量团G的能量守恒方程式为：

$$G=G_\rho+G_\alpha+G_\tau \tag{3-1}$$

也可使用相对表达式，我们定义反射率$\rho=G_\rho/G$，吸收率$\alpha=G_\alpha/G$，透射率$\tau=G_\tau/G$，则有：

$$\alpha+\rho+\tau=1 \tag{3-2}$$

实际上，一些具有特定属性的物体可使式(3-2)的某些特征量的值十分接近1或0。为系统化考虑，引入了一些具有辐射极值的理想物体模型。

① 如果物体能够完全吸收投射到它之上的辐射能，即$\alpha=1$，由式(3-2)可知$\rho=\tau=0$，把这种完全吸收体称为绝对黑体（即黑体）。

② 如果一个物体能够完全反射投射来的辐射能，则$\rho=1$，$\alpha=\tau=0$，这种物体称为绝对白体。如果物体表面绝对光滑，反射不是发散的，即入射角和反射角相等（镜面反射），这种物体称为镜体。如果反射是发散的（漫反射），该表面称为粗糙体。

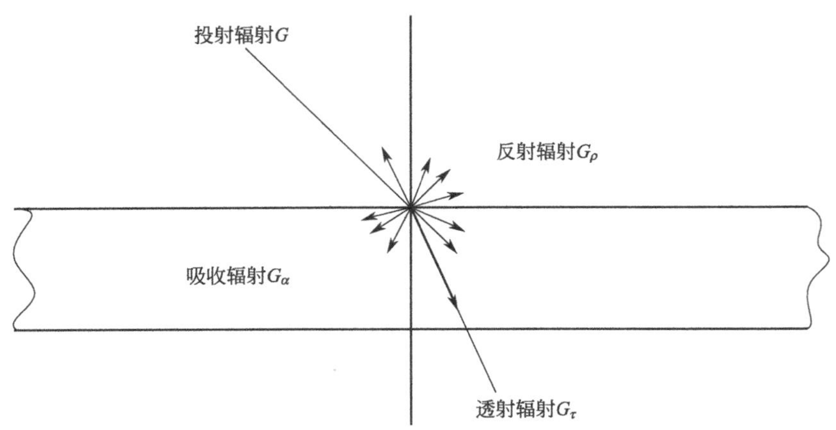

图 3-1　物体对辐射能的吸收、反射和透射

③ 单原子气体（如 He 和 Ar）和双原子气体（如 O_2 和 N_2）可以被辐射完全穿透，这种物体认为是绝对透明体（$\tau=1$），由式(3-2) 可知 $\alpha=\rho=0$。

④ 一些物体只能被一些特定波长的辐射穿透。例如，普通玻璃能透过可见光，却几乎不能透过其他热辐射；石英玻璃也几乎不透过除可见光和紫外线以外的热辐射。

⑤ 固体和液体即使厚度很小也不允许热辐射穿透，它们可以被视为绝对不透明体模型，即 $\tau=0$，则有 $\alpha+\rho=1$。因此，物体的反射性越好，其吸收性就越差，反之亦然。光滑表面和抛光面反射热辐射的能力比粗糙面强很多。

⑥ 把反射率和吸收率与波长无关的物体（α_λ 和 ρ_λ 为常数）称为绝对灰体，则 $\alpha_\lambda+\rho_\lambda=1$。很多物体的 α_λ 不为常数，可以称它们为变色体。在某一特定频率或波长，即一个很窄的频率带 $d\upsilon$ 或 $d\lambda$ 产生的辐射称为单色辐射，在有限频率范围或波长内产生的辐射称为多色辐射。与单色辐射相比，全色辐射意味着与所有波长范围有关，但全色辐射的概念很少使用。

事实上没有物体能够完全满足所讨论模型的假设条件，即使黑色烟灰的吸收率也只有 0.9～0.96，明显小于 1。自然界中并不存在绝对灰体，对于所有的温度和波长，真实物体的吸收能力并不是恒定的。例如，抛光金属（良导体）的反射性很好，并随波长增大而增强，但是，其他一些材料（不良导体）的反射能力对短波很强，对长波很弱。不考虑照射强度，这些材料有很强的吸收辐射的能力。

3.1.2　物体表面的光辐射性质

设辐射能 G 以入射角 θ_1 投射到介质 1 和介质 2 的分界面 AB 上，如图 3-2 所示。由物体的辐射性质可知，入射辐射能中的一部分能量 G_ρ 被反射回原来的介质 1，另一部分 G_τ 则透入介质 2 中。根据菲涅尔方程，可以写得在介质的分界面上，界面的一次反射率 ρ 的计算式：

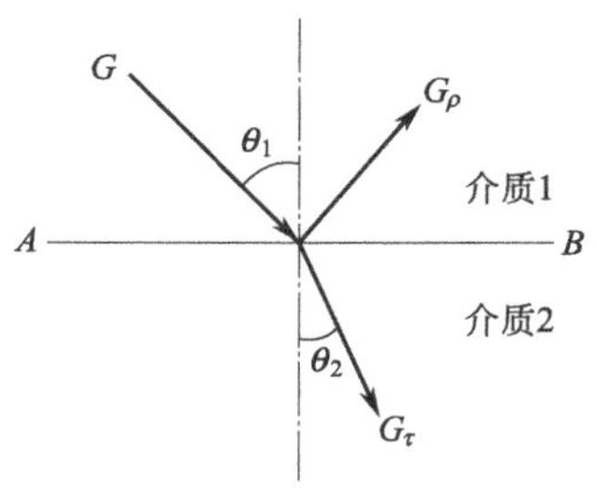

图 3-2　光的折射和反射

$$\rho=\frac{G_\rho}{G}=\frac{1}{2}\left[\frac{\sin^2(\theta_2-\theta_1)}{\sin^2(\theta_2+\theta_1)}+\frac{\tan^2(\theta_2-\theta_1)}{\tan^2(\theta_2+\theta_1)}\right] \tag{3-3}$$

式中，θ_1 为入射角；θ_2 为折射角。

当投射辐射垂直于交界面时，有 $\theta_1=\theta_2=0$。应用光的折射定律，由式(3-3) 可得：

$$\rho=\left(\frac{n_1-n_2}{n_1+n_2}\right)^2 \tag{3-4}$$

式中，n_1 为介质 1 的折射率；n_2 为介质 2 的折射率。

3.2 太阳能聚光的基本原理

太阳能聚光是将能量密度很低的太阳辐射能，通过光线聚焦原理，汇集为能量密度很高的光束，以便能够更广泛、更有效地利用太阳能。

3.2.1 太阳能聚光方式简介

（1）反射式聚光

所谓反射式聚光，即入射阳光经过镜面，按照光反射定律反射到特定的接收器上，如图 3-3 所示。太阳能工程中常用的聚光器，大部分是根据这一原理设计的。

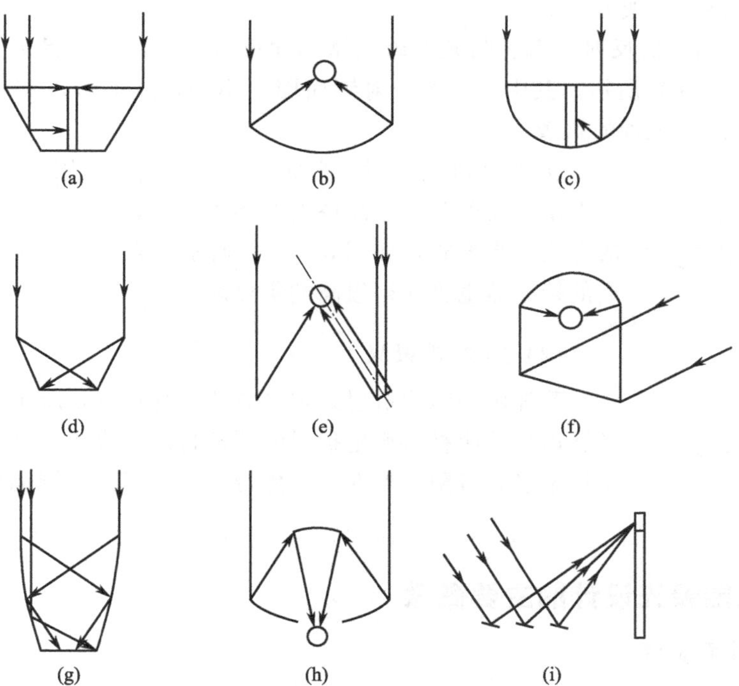

图 3-3 常用的几种反射式聚光方式

① 圆锥面反射　如图 3-3（a）所示，入射阳光经镜面反射汇聚在镜面几何中心深度方向不远的位置上，其长度随镜面对地平面的倾斜角变化。在相同镜面尺寸的条件下，倾斜角越大，其聚焦长度越短，聚光比也越大，而聚光器光孔面积越小，可能收集的阳光也就越少。这种反射式聚光器也可设计为多折圆锥反射，由于镜面多折，所以可提高聚光比。

② 槽形抛物面和圆形抛物面反射　如图 3-3（b）所示，这类聚光方式是利用槽式或碟式抛物面将入射阳光聚焦到一条线或一点。其聚光比变化范围很大，可以适应配置不同工作温度的太阳能热动力发电系统或热利用系统。

③ 球面反射　如图 3-3（c）所示，球面反射式为一半圆球将入射阳光反射到一条焦线上。其聚光比较高，因此接收器可以达到更高的集热温度。

④ 斗式槽形平面反射　如图 3-3（d）所示，这种聚光方式为两侧平面反射和底部平面接收，能利用太阳辐射中的部分散射辐射能量。其聚光比 $C\leqslant4$，增加两侧反射面的面积，可以增大聚光比。

⑤ 条形面反射　如图 3-3（e）所示，条形面反射式是将分段的条形反射面中心轴按抛物线或水平线排列，将阳光汇聚到接收器上。各反射面可绕自身的中心轴旋转，调整到所需要的倾角。它不需要精确地跟踪太阳视位置，但反射面之间可能产生一定的遮挡。

⑥ 平面和抛物面混合反射　这种聚光方式将阳光经过两次反射，首先是一组平面镜将阳光反射到抛物面上，再经抛物面聚焦到接收器，故称混合反射，如图 3-3（f）所示。这样可以有效提高聚光比。抛物面的光轴可以水平或垂直放置，并且固定不动。

⑦ 复合抛物面反射　复合抛物面由两片对称配置的槽形抛物面组成，如图 3-3（g）所示。入射阳光经过两侧抛物面一次或多次反射，到达放置于反射面底部的接收器。这种聚光方式的聚光比不高，一般 $C\approx3$。

⑧ 碟式抛物面二次反射　入射阳光经碟式抛物面反射后，再经放置于其光轴上的反射面聚焦，如图 3-3（h）所示。其中，二次反射镜面固定不动，从而可以将接收器与聚光器分开，大为减轻跟踪装置的负载。

⑨ 平面阵列反射　平面阵列反射式是利用大量的平面定日镜，将太阳光反射到位于高塔上的接收器上，是塔式太阳能热动力发电的专用聚光方式，如图 3-3（i）所示。它可达到很高的聚光比，相应的接收器也将获得很高的集热温度。

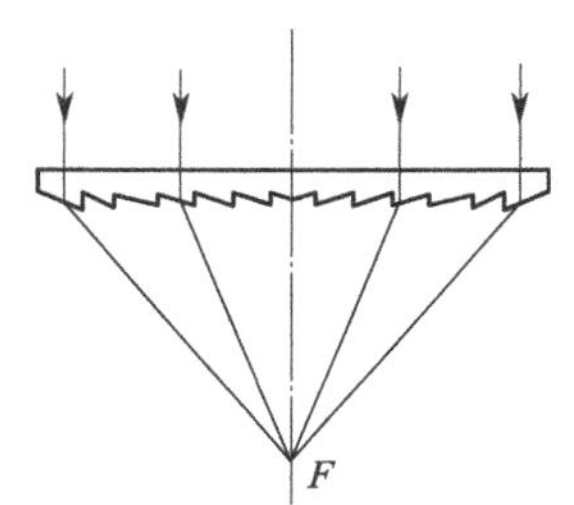

图 3-4　折射式聚光方式

(2) 折射式聚光

菲涅尔透镜为折射式聚光方式，如图 3-4 所示。它是利用入射光线透过透明材料产生折射的原理将阳光聚焦。这种聚光方式可以用长条镜，将阳光聚在一条焦带上；也可以用圆面镜，将阳光聚焦在一个圆盘面上。

3.2.2　太阳能聚光设计的主要概念

(1) 太阳圆面张角

太阳的直径为 1.39×10^6 km，尽管日地距离很远，但对地球来说太阳并非一个点光源。地球上的任意一点与入射的太阳光线之间都具有一个很小的夹角 $2\delta_s$，通常称为太阳圆面张角，如图 3-5 所示。根据图示几何关系，有 $\sin\delta_s=6.95\times10^5/1.5\times10^8=0.00476$，于是求得太阳圆面半张角为 $\delta_s=16'$。

太阳圆面张角是设计一切太阳能聚光系统的重要物理参量。它说明太阳光并非平行光，而是以 $32'$的太阳圆面张角入射到地球表面。

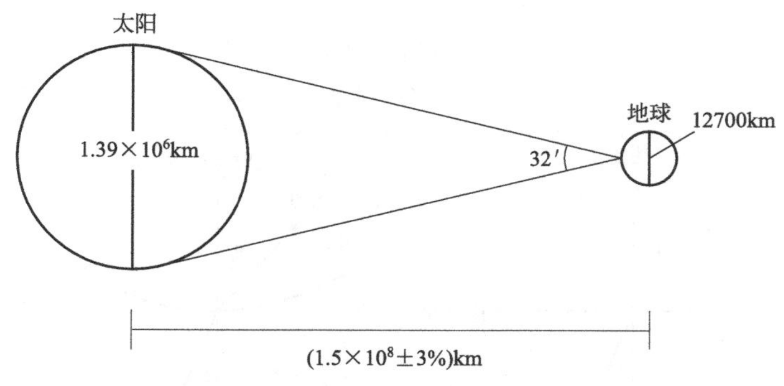

图 3-5　太阳圆面张角的几何关系

(2) 几何光学的几个基本定律

在太阳能聚光设计中，主要涉及光的直线传播现象（包括反射和折射成像等问题），如果不用波长和位相等波动概念，代之以光线和波面的概念，采用纯几何学的方法来研究，则更为方便。不过这仅适用于波面线度远大于波长的情况。太阳能工程中诸多平面系统和球面系统的聚光设计，都仅限于研究近轴区域的成像，因此完全符合于几何光学的应用条件。

几何光学的主要定律包括光的直线传播定律、反射定率和折射定律。它们是设计几乎所有太阳能工程光学系统时必须采用的几何光学基本定律。

① 直线传播定律　在均匀介质中，光沿直线传播，即光线为一条直线。

② 反射定律　任意一束光线入射到光滑镜面时，入射线和镜面法线构成的入射角 θ_1，等于反射线和镜面法线构成的反射角 θ_3，入射线和反射线分别位于反射面法线的两侧，且三条直线处在同一平面内，即三线共面，如图 3-6 所示。于是有：

$$\theta_1=\theta_3 \tag{3-5}$$

光反射定律同样适用于平滑镜面和曲面镜面。在曲面镜面中，入射点的法线是该点切线的垂直线。

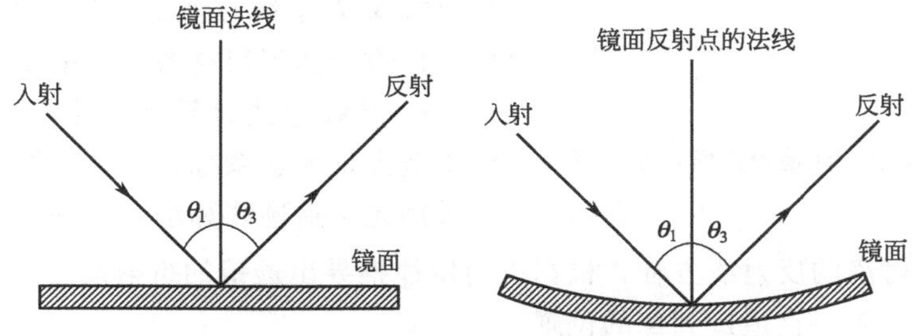

图 3-6　两种不同边界面的入射与反射的关系

③ 折射定律　折射是当光线通过两个不同介质的边界面时所产生的一种光的物理现象。这是在不同介质中光的传播速度不同所引起的。设光在真空中传播速度为 c，在介质中的传播速度为 v，则有：

$$\frac{c}{v}=n \tag{3-6}$$

式中，n 为介质的折射率。由于光在真空中传播速度最高，所以总是有 $n>1$。

对于曲面边界，则入射点的法线是该点切线的垂直线。设光的折射角为 θ_2，如图 3-7 所示，则有：

$$\frac{\sin\theta_1}{\sin\theta_2}=\frac{n_2}{n_1} \tag{3-7}$$

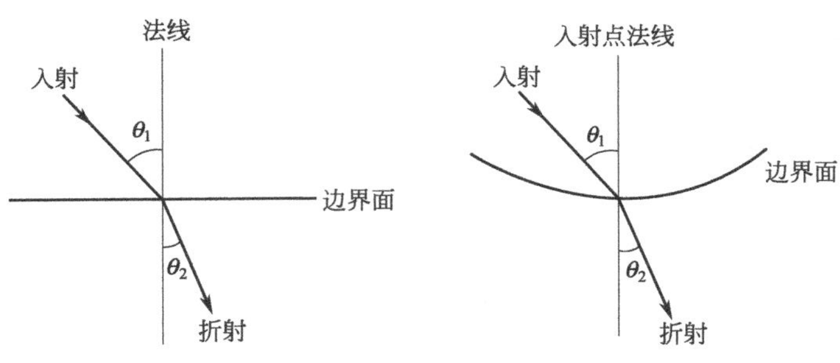

图 3-7　两种不同边界面的光折射关系

式(3-7) 称为光的折射定律。这就是说，光入射角的正弦与折射角的正弦之比为常数。光入射线与折射线分居于边界面法线的两侧，三线同在一个平面内，即三线共面。

④ 光线追迹法　光线追迹法是设计者对所设计的光学系统，选出若干条通过全系统而又具有代表性的光线（包括傍轴的和倾斜的），对其从光源一直追迹到像的位置，从而求出它们的准确路径。

a. 光线追迹图解法。设一条光线，通过 Q 点以入射角 θ_1 投射到平面反射镜 AB，如图 3-8 所示。以入射角 θ_1 之余角从 Q 对镜面 AB 作直线，交 AB 于 O。从 Q 对 AB 作垂线，交 AB 于 G。在 QG 的延伸线上，量取 QG 的等长线段，得 Q'。连接 $Q'O$ 并向前延伸，即为反射线，得到像 Q''。反射线 OQ'' 必然满足反射定律。若反射面为曲面，则 AB 为该曲面入射点 O 的切线。同理，可以采用上述方法，依据折射定律对折射式聚光系统作图。一般图解法既直观又方便，但难于达到很高的设计精度。

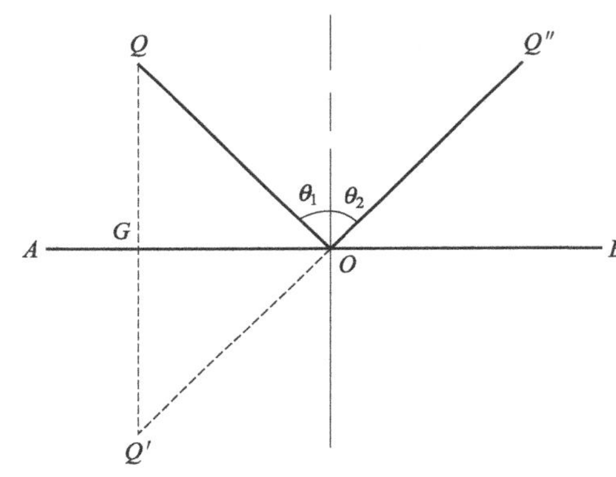

图 3-8　平面反射光线追迹图解法示意图

b. 光线追迹计算法。当上述光线追迹图解法不能满足光学系统设计精度要求时，需要进一步采用光学追迹计算法。其基本做法是，根据反射定律推导出反射镜的反射线方程，根据折射定律推导出透镜的折射线方程，然后对这些方程进行计算，从光源一直追迹到像的位置。

（3）太阳成像原理

在太阳能工程中，基于上述的太阳圆面张角、几何光学定律，利用光线追迹法，进行有关聚光器的光学设计。这里所谓的太阳成像，指的是聚光器有焦点，而非成像是指聚光器无焦点。

具有 32′太阳圆面张角的阳光，入射到反射镜面上的某一点，根据反射定律，以该入射点与镜面焦点的连线为光轴，按相同的 32′张角向焦点反射。因此，由任何光学系统所产生的理想太阳像，总是一个有限的尺寸，它取决于太阳圆面张角和系统的几何形状。这一点可以用图 3-9 来说明，图中 W'或 W 为由聚光器任何部位所形成的理想太阳像的尺寸。由图示几何关系，可得宽度 W' 为：

$$W'=\frac{2R\tan16'}{\cos\phi} \tag{3-8}$$

式中，ϕ 为聚光器采光半角，$\phi=0\sim\phi_{\max}$，$\phi_{\max}$ 为聚光器边缘角；R 为反射镜面上的一点与镜面焦点之间的距离。

假定光学系统为抛物面聚光器，已知抛物线方程为：

$$x^2=4fy \tag{3-9}$$

于是求得：

$$R=\frac{2f}{1+\cos\phi} \tag{3-10}$$

式中，f 为抛物线的焦距。

注意到，由于 ϕ 和 R 的值都是变化的，由式(3-8) 的计算可知，理想太阳像的尺寸也将从 $R=f$ 时为 W 增大到 $R=R_{\max}$ 时为 W'。这就是理想太阳像产生了扩大，根本原因就在于太阳光线本身是具有 32′太阳圆面张角的非平行光。所以，即使是光学上绝对精密且在理想系统所形成的太阳像，通常也不是非常清晰。

(4) 几何聚光比和能量聚光比

① 几何聚光比　不同的聚光方式下，聚光器结构形式不同。图 3-10 为表明聚光设计原理的聚光器示意图。它表示入射太阳辐射经光孔进入聚光器，由反射面将其聚集到底面接收器上。这样自然阳光经过聚光器聚光后落在接收器上，其辐射能量密度得到很大的提高。其提高倍率可以表示为：

$$C_G=\frac{A_a}{A_r} \tag{3-11}$$

式中，C_G 为太阳能聚光器的几何聚光比，通称聚光比 C，定义为聚光器光孔面积 A_a 和接收器面积 A_r 之比。

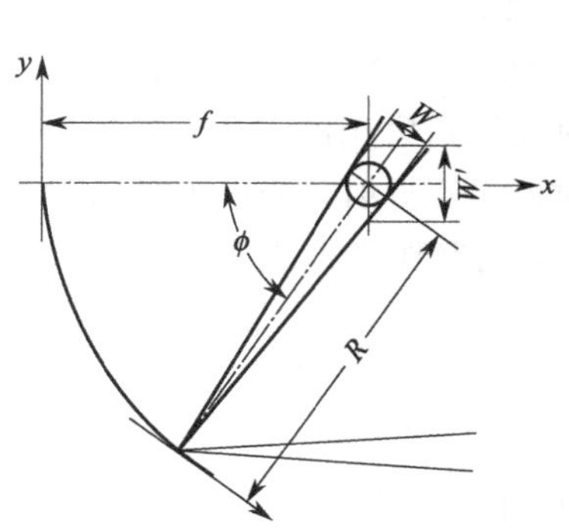

图 3-9　理想抛物面聚光器所形成的理想太阳像

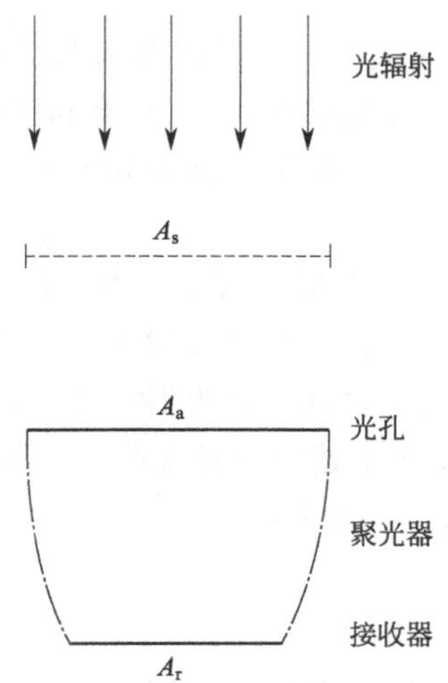

图 3-10　表明聚光设计原理的聚光器示意图

对任何一种聚光集热器，总有 $C_G>1$。由此说明聚光集热器的接收器向环境的散热面积总是小于聚光器的光孔面积，显然有利于降低集热器的热损失。一般来说，聚光器的聚光比越高，则聚焦中心可能达到的最高温度 T_{max} 也越高，如图 3-11 所示。

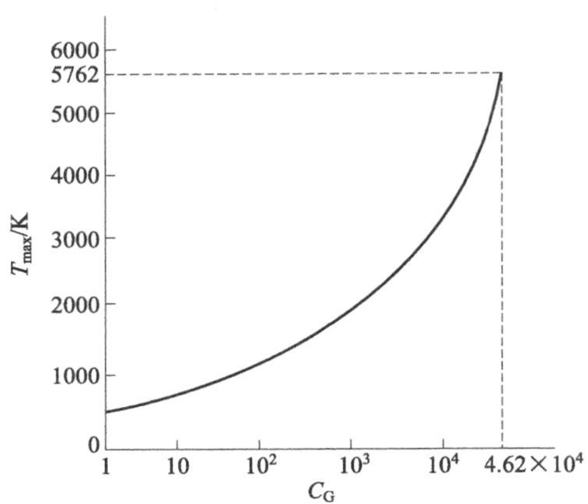

图 3-11 聚光比 C_G 与聚焦中心可能达到的最高温度 T_{max} 之间的关系

② 能量聚光比 聚光比 C［式(3-11)］是聚光器几何尺寸的特征量，可以用于初步估计聚光集热器可能达到的最高温度以及聚光器的生产成本，但不可简单地直接用于接收器的传热计算。这是因为任何聚光器在实际加工中都存在镜面误差，由此产生一定的光学散射损失。

a. 镜面误差。所谓镜面误差即镜面的"粗糙度"。镜面粗糙将造成一定的光学损失，如图 3-12 (a) 所示。设镜面误差角为 Δ_1，则由镜面误差所引起的反射误差角 ψ_1 为：

$$\psi_1=2\delta_s\pm\Delta_1 \tag{3-12}$$

镜面误差角定义为曲面名义尺寸某点的切线和该点实际切线之间的夹角。根据经验，研磨镜面 $\Delta_1=8'\sim20'$，普通热弯镜面 $\Delta_1=30'\sim60'$。

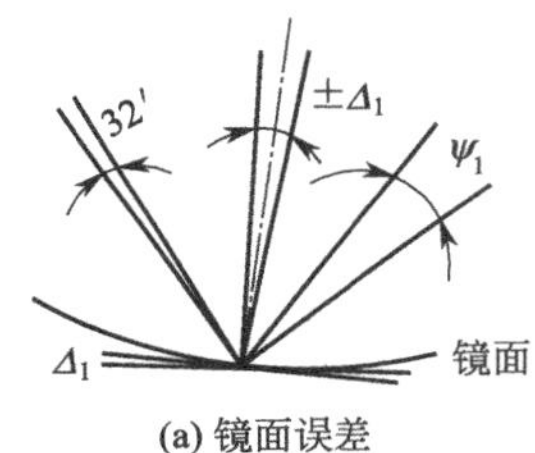

(a) 镜面误差

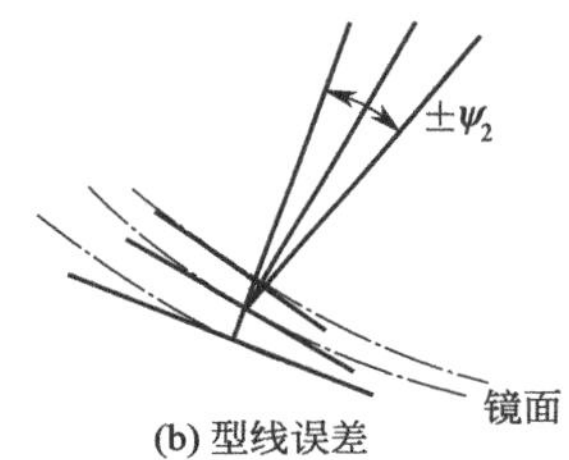

(b) 型线误差

图 3-12 由镜面误差和型线误差各自引起的反射误差角

b. 型线误差。型线误差即名义尺寸和实际尺寸之间的误差，如图 3-12 (b) 所示。同理，由于法线偏移角 Δ_2，产生的反射误差角 ψ_2，同样可用式(3-12) 进行计算。这样，对镜面上的任一点，由上述两种误差所产生的综合反射误差角 ψ 为两者的代数和，即：

$$\psi=\psi_1+\psi_2=4\delta_s\pm\Delta_1\pm\Delta_2 \tag{3-13}$$

c. 光学散射损失因子。由式(3-13) 可以看到，两种反射误差角可能增益，也可能部分相互抵消。但只要综合反射误差角不为零，其结果将使投射到聚光器光孔上的入射太阳辐射不能全部经反射到达接收器，这就产生了反射能量的损失。若投射到光孔上的入射太阳辐射能为 I，由于上述的两种实际存在的误差，导致最终可能汇聚到接收器上的平均太阳辐射能降低为 I_R，于是有：

$$C_E=\frac{I_R}{I} \tag{3-14}$$

式中，C_E 为能量聚光比，定义为聚焦到接收器上的平均太阳辐射能对入射太阳辐射能之比。在一切情况下，总有 $C_G>C_E$。只有理想聚光器，才有 $C_G=C_E$。能量聚光比可用于太阳能聚光集热器的传热分析，一般有：

$$C_E=\eta_0C_G \tag{3-15}$$

式中，η_0 为聚光器的加工光学散射损失因子，表示聚光器的加工光学性能。

3.3 反射式聚光设计

3.3.1 槽形抛物面聚光

由理论可知，抛物线是唯一可能将平行光聚于一点的型线。所以，太阳能工程中经常采用抛物线制作各种形式的聚光器，如碟式点聚焦聚光器、槽形线聚焦聚光器，都属于抛物面反射式聚光器，通称抛物面聚光器。

图 3-13 为圆形接收器槽形抛物面聚光器的光路分析，阳光经过光孔进入聚光器。槽形抛物面的光孔也就是开口宽度，表示为 b，其大小决定了聚光器的输入总能量。抛物线的焦距 f 决定了太阳像的大小。因此在聚光系统的焦平面上，像的能量密度显然和光孔 b、焦距 f 密切相关。这里，引进一个新的物理量，定义为：

$$m \equiv \frac{b}{f} \tag{3-16}$$

式中，m 为聚光器的相对光孔。

由分析可知，抛物面聚光器的聚光比主要取决于相对光孔，并与接收器的形状也有一定的关系。以下分别对两种不同形状的接收器分析其聚光性能。

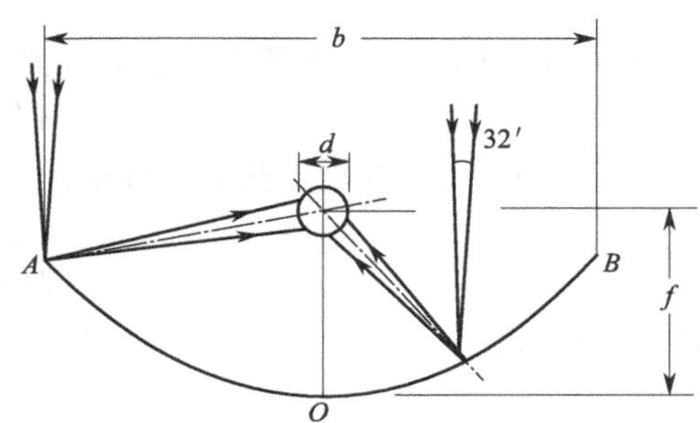

图 3-13　圆形接收器槽形抛物面聚光器的光路分析

(1) 圆管接收器

槽形抛物面聚光集热器的接收器通常为圆管、空腔圆管或平板。对圆管接收器，根据定义，聚光器的聚光比 C 为：

$$C = \frac{b}{\pi d} \tag{3-17}$$

式中，d 为集热管直径。

聚光器反射的太阳辐射可能全部落到集热管上的条件为：

$$d \geqslant 2R\tan\delta_s \tag{3-18}$$

如此，求得集热管的最小直径为：

$$d_{\min} = 2\left(f + \frac{b^2}{16f}\right)\tan\delta_s \tag{3-19}$$

将式(3-16)、式(3-19) 代入式(3-17)，求得理想槽形抛物面聚光器聚光比 C 的实用计算式为：

$$C = \frac{mf}{\pi\left[f\left(1+\frac{m^2}{16}\right)2\tan\delta_s\right]} = \frac{107.3m}{\pi\left(1+\frac{m^2}{16}\right)} \tag{3-20}$$

当 $m \leqslant 1$ 时，式(3-20) 简化为：

$$C=34.2m \tag{3-21}$$

将式(3-19) 代入式(3-17)，得接收器为圆管时的槽形抛物面聚光器的最大聚光比为：

$$C_{max}=\frac{b}{\pi d_{min}}=\frac{1}{2\pi\sin\delta_s}\times\frac{1}{1/m+m/16} \tag{3-22}$$

并求得相应的最大采光半角 ϕ_{max} 为：

$$\phi_{max}=\arccos\frac{16-m^2}{16+m^2} \tag{3-23}$$

由式(3-22) 可见，聚光器的最大聚光比 C_{max} 为其相对光孔 m 的函数。若以 m 为自变量，将式(3-22) 对 m 求导，并令 $dC/dm=0$，解得 $m=4$，$\phi_{max}=90°$。这时抛物面的焦点在光孔面上，其聚光比取最大值。于是由式(3-22) 得：

$$C_{max}=\frac{1}{\pi\sin\delta_s}=68.4 \tag{3-24}$$

以上是接收器为圆管时求得的结果。对接收器为圆球的点聚焦抛物面聚光器，沿用以上讲述的相同道理进行分析，可得 $m=4$，$\phi_{max}=90°$时，聚光比取最大值，$C_{max}=11550$。

(2) 平面接收器

对平面接收器，同样根据定义，其聚光比 C 为：

$$C=\frac{A_a}{A_r}=\frac{b}{D} \tag{3-25}$$

根据相同的道理，参照图 3-14，聚光器反射的太阳辐射能够全部落到平面上的条件为：

$$W'\geqslant 2R_n\tan\delta_s \tag{3-26}$$

在△ABC 中，根据正弦定理可得：

$$\frac{D}{2\sin B}=\frac{W'}{2\sin C} \tag{3-27}$$

移项整理，得：

$$D=\frac{W'\sin B}{\sin C} \tag{3-28}$$

对△ABC，有$\angle C=180°-\angle B-\angle A$。由图 3-14 所示的几何关系可知，$\angle B=90°+16'$。图中△$OAE$ 和△BAC 的两对顶角的边相互垂直，因此$\angle A=\phi$，于是有$\angle C=180°-90°-16'-\phi=90°-(\phi+16')$，代入式(3-28)，并应用平面三角形的和角公式展开，经整理得：

$$D=\frac{W'\cos\delta_s}{\cos\delta_s\cos\phi-\sin\delta_s\sin\phi} \tag{3-29}$$

由于 $\cos\delta_s\approx 1$，$\sin\delta_s\approx 0$，于是式(3-29) 可以简化为：

$$D=\frac{W'}{\cos\phi} \tag{3-30}$$

取抛物线顶点为坐标原点 O，已知抛物线方程为 $x^2=4fy$，于是有

$$R_n=\sqrt{(f-y_n)^2+4fy}=f+y_n \tag{3-31}$$

已知 $x_n=b/2$，$m=b/f=2x_n/f$，代入式(3-31)，经整理得：

$$R_n=f\left(1+\frac{m^2}{16}\right) \tag{3-32}$$

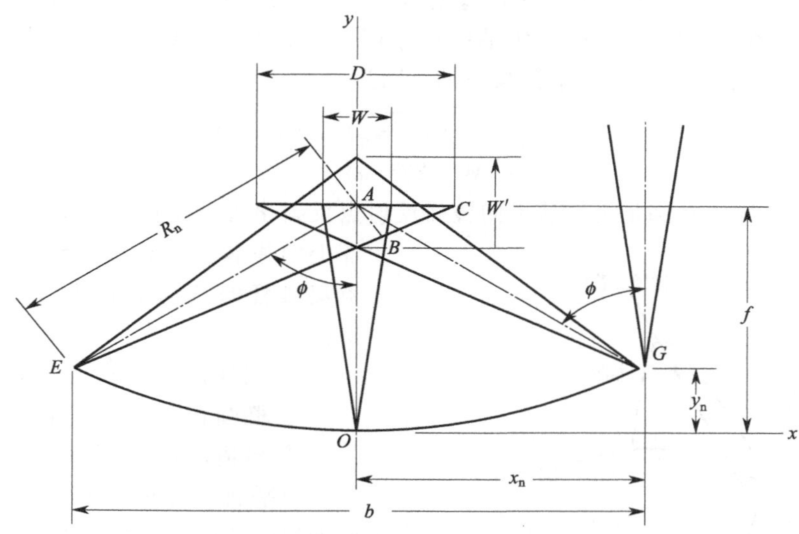

图 3-14 平面接收器槽形抛物面反射面的光路分析

由抛物线方程可得：

$$y_n=\frac{x_n^2}{4f}=\left(\frac{mf}{2}\right)^2\frac{1}{4f}=\frac{m^2f}{16} \tag{3-33}$$

由图 3-14 所示几何关系，有：

$$\cos\phi_n=\frac{f-y_n}{R_n}=\frac{f-m^2f/16}{f(1+m^2/16)}=\frac{16-m^2}{16+m^2} \tag{3-34}$$

将式(3-26)、式(3-30)、式(3-33) 代入式(3-25)，经整理，求得平面接收器槽形抛物面聚光器的聚光比为：

$$C=\frac{m(1-m^2/16)}{2\tan\delta_s(1+m^2/16)^2}\approx\frac{107.3m(1-m^2/16)}{(1+m^2/16)^2} \tag{3-35}$$

若 $m\ll1$，则有 $C\approx107.3m$。将式(3-35) 对 m 求导，并令 $\mathrm{d}C/\mathrm{d}m=0$，得 $m=1.65$，$\phi_{max}=51.7°$，此时聚光器具有最大几何聚光比 $C_{max}\approx107.3$。

以上分析为线聚焦槽形抛物面聚光器，若为点聚焦盘形抛物面聚光器，根据定义其聚光比 C 为：

$$C=\frac{A_a}{A_r}=\left(\frac{b}{D}\right)^2 \tag{3-36}$$

于是将式(3-35) 代入式(3-36)，经整理得：

$$C\approx\frac{11550m^2\left(1-\frac{m^2}{16}\right)^2}{\left(1+\frac{m^2}{16}\right)^4} \tag{3-37}$$

同理，若 $m\ll1$，则有 $C\approx11550m^2$。取式(3-38) 对 m 求导，并令 $\mathrm{d}C/\mathrm{d}m=0$，得 $m=1.65$，此时聚光器具有最大几何聚光比 $C_{max}=11550$。

(3) 接收器的最佳几何参数

对槽形抛物面聚光器，根据图 3-14 所示的几何关系以及前述，已知太阳辐射从镜面顶点和镜面边缘点（x_n，y_n）反射出去的反射辐射，到达焦点处的尺寸分别为 W 和 W'。可以认为，若接收器长轴尺寸为 W'，短轴尺寸为 W，则从镜面顶点至边缘点的全部镜面的反射辐射均可落到接收器上。于是求得长短轴分别为：

$$W'=2\sqrt{x_n^2+(f-y_n)^2}\tan\delta_s/\sin\theta \tag{3-38}$$

$$W=2f\tan\delta_s \tag{3-39}$$

显然有 $W'>W$。在满足上述从不同镜面反射点反射出去的太阳辐射恰好完全落在接收器上的基本条件下，槽形抛物面聚光集热器集热管的截面形状可有以下几种设计选择：

① 圆管，W'为直径。

② 椭圆管，W'为长轴，W 为短轴。

③ 橄榄形管，W'为长轴，W 为短轴。

由平面几何学可知，以上三种截面形状的接收器中，以圆管的外围轮廓尺寸最大，其次为椭圆管，而橄榄形管最小。根据聚光比 C 的定义，三者的聚光比自然会有所不同，如图 3-15 所示。

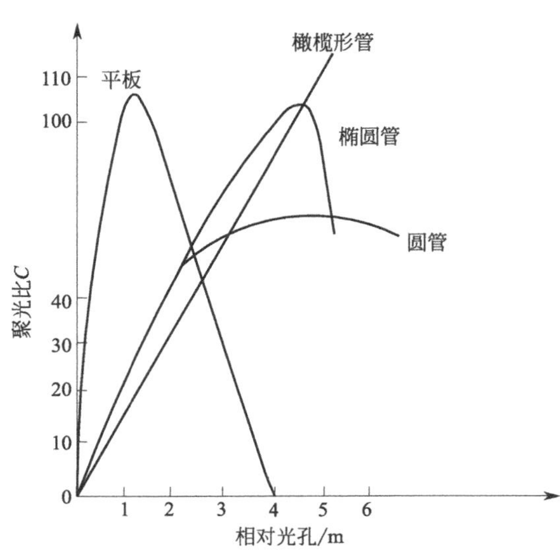

图 3-15　不同截面形状接收器的槽形抛物面聚光集热器的聚光比与相对光孔的关系

3.3.2　旋转抛物面聚光

以抛物线方程为母线方程，绕轴线旋转一周，即为旋转抛物面，构成碟式点聚焦聚光器。旋转抛物面和槽形抛物面的母线方程均为抛物线方程，所以它们的聚光特性有很多相同和相近之处。

（1）聚光区域方程

设旋转抛物面的母线方程为 $x^2=2py$，焦点 F（0，$p/2$），若焦距为 f，则有 $p=2f$，如图 3-16 所示。为了研究其聚光特性，过焦点 F 作一垂直于镜面轴线的法平面，与镜面相交于 M，将抛物面剖分为上下两部分，并将法平面以上的镜面称为镜上部，而法平面以下的镜面称为镜底部。

① 镜底部焦斑方程　设 Q 为镜底部母线上的任意一点。由抛物线的基本特性可知，当太阳辐射投射到镜面上 Q 点时，反射光必然落到焦点 F。显然，A、B 点的几何位置是 Q 点的函数。当 Q 点在母线上移动时，A、B 点的位置也随之作相应的变化。A、B 点运动轨迹所包括的范围即为抛物面的聚光区域，也称焦斑，即太阳像。根据图 3-16（a）所示的几何关系，可得：

$$AF=QF\tan\delta_s \tag{3-40}$$

$$QF=\sqrt{\left(\frac{p}{2}-y\right)^2+x^2}=y+\frac{p}{2} \tag{3-41}$$

将式(3-41) 代入式(3-40)，经整理得焦斑直径 d 为：

$$d=AB=2AF=2\left(y+\frac{p}{2}\right)\tan\delta_s \tag{3-42}$$

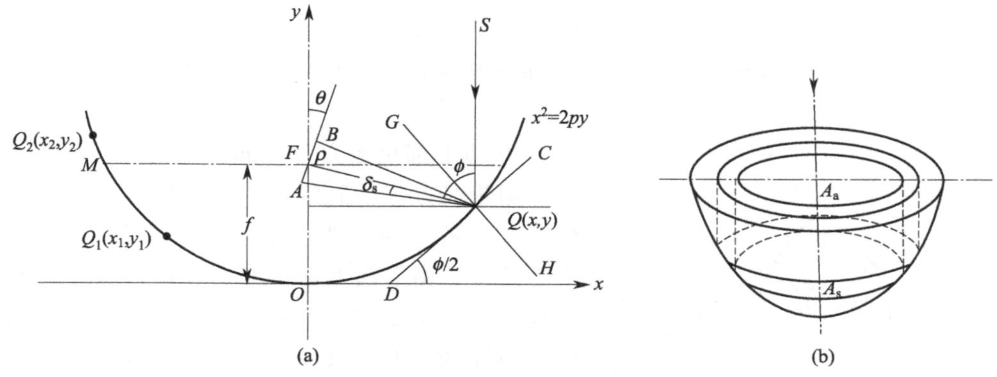

图 3-16　旋转抛物面的光路分析

在抛物线的顶点，$y=0$，这时焦斑直径取最小值，有：

$$d_{\min}=p\tan\delta_s=2f\tan16' \tag{3-43}$$

在抛物线的焦点边缘截面上，$y=p/2=f$，这时焦斑直径取最大值，有：

$$d_{\max}=2p\tan\delta_s=4f\tan16' \tag{3-44}$$

为了求得 A、B 两点的运动轨迹方程，以 F 为极点，以 FA 为极轴，建立极坐标系，见图 3-16（a)。设 A 点的极坐标为 A（ρ，θ），CD 为过抛物面 Q 点的切线，与 x 轴相交的夹角为$\angle CDX$。根据光的反射定律，$\angle SQG=\angle GQF=\phi/2$，于是有 $\theta=90°-\phi$。过镜面上一点 Q 的切线 CD 的斜率为：

$$\tan\alpha=\frac{x}{p} \tag{3-45}$$

应用以上诸关系式和三角函数关系，得：

$$\tan\theta=\tan(90°-\phi)=\frac{p-2y}{2\sqrt{2py}} \tag{3-46}$$

于是求得 A、B 点在极坐标中的运动轨迹方程为：

$$\begin{cases}\rho=\pm\left(y+\dfrac{p}{2}\right)\tan\delta_s\\ \theta=\arctan\dfrac{p-2y}{2\sqrt{2py}}\end{cases} \tag{3-47}$$

同理，若 Q 在抛物面的左半支上移动时，则 A'、B'点的位置作相同规律的变化，其运动轨迹方程为：

$$\begin{cases}\rho=\mp\left(y+\dfrac{p}{2}\right)\tan\delta_s\\ \theta=-\arctan\dfrac{p-2y}{2\sqrt{2py}}\end{cases} \tag{3-48}$$

综合式(3-47)、式(3-48)，消去各式中的 y，即可得到旋转抛物面聚光区域的统一方程，即：

$$\rho=\frac{p\tan\delta_s}{1\pm\sin\theta} \tag{3-49}$$

$$|\theta| \leqslant \arctan\left|\frac{p-2f}{2\sqrt{pf}}\right| \tag{3-50}$$

旋转抛物面的聚光区域为图 3-17 所示焦斑轨迹旋转一周所得的体积，形似橄榄，长轴与镜面主轴重合。

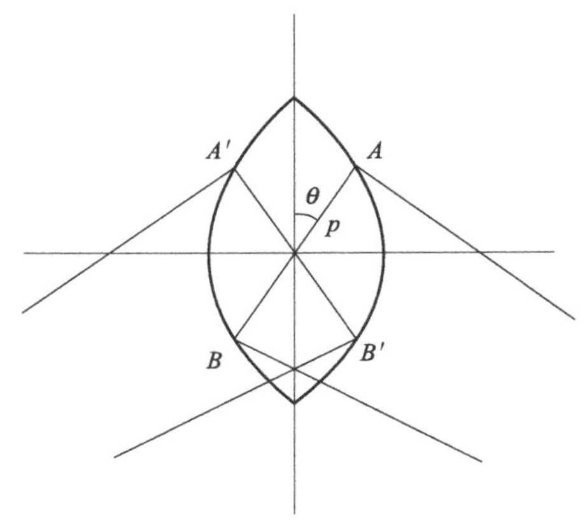

图 3-17　焦斑轨迹示意图

② 镜上部焦斑方程　同理，可以方便地求得镜上部的焦斑方程，其结果与镜底部具有完全相同的形式，只是 y 的定义域有所不同，以过焦点的法平面为分界。由于镜上部镜面上任意一点 Q 到焦点的距离 QF，都大于镜底部镜面上任意一点 Q 到焦点的距离，所以聚光域更大，其最大焦斑直径 d_{max} 为：

$$d_{max}=2(y_m+f)\tan\delta_s \tag{3-51}$$

式中，y_m 为旋转抛物面边缘点上的坐标 $Q_m(x_m, y_m)$。

(2) 镜面利用系数

对于旋转抛物面聚光器，由图 3-16 (b) 所示的几何关系可知，不同深度镜面的切线与镜面主轴具有不同的倾斜角，因此对于垂直入射到聚光器光孔平面上的太阳辐射，其不同深度部位的镜面所能接受到太阳辐射的强度也就不一样。也就是说，镜面的不同部位对聚光所起的作用不一样。

镜面利用系数定义为聚光器光孔面积 A_a 与镜面面积 A_s 之比，即：

$$\zeta=\frac{A_a}{A_s} \tag{3-52}$$

设将旋转抛物面聚光器按 $p/2$、p、$3p/2$……，垂直于 y 轴剖分成若干环面 A_{a1}、A_{a2}、A_{a3}……，相应地，它们在光孔平面的投影面积为 A_{a1}、A_{a2}、A_{a3}……。对于图 3-16 (b) 所示旋转抛物面聚光器，镜面面积可按下式计算：

$$A_s=2\pi\int_a^b x\sqrt{1+x'^2}\,dy \tag{3-53}$$

这里，$x=\sqrt{2py}$，$x'=\frac{1}{2}\sqrt{\frac{2p}{y}}$，$a$、$b$ 的值取决于所待求的镜面。于是有：

$$\sqrt{1+x'^2}=\sqrt{1+\frac{p}{2y}}=\frac{\sqrt{p(2y+p)}}{x} \tag{3-54}$$

将式(3-54) 代入式(3-53)，得：

$$A_s=2\pi\int_a^b x\frac{\sqrt{p(2y+p)}}{x}dy=2\pi\sqrt{p}\int_a^b\sqrt{2y+p}\,dy \tag{3-55}$$

已知 $\int\sqrt{2y+p}\,dy=\frac{1}{3}(2y+p)^{3/2}$，将其代入式(3-55)，得：

$$A_s=\frac{2}{3}\pi\sqrt{p}(2y+p)^{3/2}\Big|_a^b \tag{3-56}$$

对待求的镜面，由式(3-56) 代入其上下限 a、b 的值，即可求得该镜面的面积，于是有：

$$\begin{cases} A_{s1}=\dfrac{2}{3}\pi\sqrt{p}\,(2y+p)^{3/2}\Big|_{0}^{p/2}\approx 1.22\pi p^2 \\ A_{s2}=\dfrac{2}{3}\pi\sqrt{p}\,(2y+p)^{3/2}\Big|_{p/2}^{p}\approx 1.59\pi p^2 \\ A_{s3}=\dfrac{2}{3}\pi\sqrt{p}\,(2y+p)^{3/2}\Big|_{p}^{3p/2}\approx 1.87\pi p^2 \\ \cdots \end{cases} \tag{3-57}$$

相应的光孔平面上的环面积为：

$$A_{a1}=A_{a2}=A_{a3}=\cdots=\pi p^2 \tag{3-58}$$

这样，根据式(3-52)，求得不同镜面部分的利用系数为：

$$\zeta_{b1}=A_{a1}/A_{s1}=0.82,\zeta_{b2}=A_{a2}/A_{s2}=0.63,\zeta_{b3}=A_{a3}/A_{s3}=0.53,\cdots$$

依同理，可以计算不同高度旋转抛物面聚光器的总镜面利用系数。聚光器的总镜面面积为：

$$\begin{cases} A_{st1}=A_{s1}\approx 1.22\pi p^2 \\ A_{st2}=\dfrac{2}{3}\pi\sqrt{p}\,(2y+p)^{3/2}\Big|_{0}^{p}\approx 2.80\pi p^2 \\ A_{st3}=\dfrac{2}{3}\pi\sqrt{p}\,(2y+p)^{3/2}\Big|_{0}^{3p/2}\approx 4.67\pi p^2 \\ \cdots \end{cases} \tag{3-59}$$

相应光孔平面的面积为：

$$A_{at1}=\pi p^2,A_{at2}=2\pi p^2,A_{at3}=3\pi p^2,\cdots \tag{3-60}$$

这样，聚光器的镜面利用系数分别为：

$$\zeta_{t1}=A_{at1}/A_{st1}=0.82,\zeta_{t2}=A_{at2}/A_{st2}=0.71,\zeta_{t3}=A_{at3}/A_{st3}=0.64,\cdots \tag{3-61}$$

由以上计算结果可以看到，越接近聚光器光孔边缘处的镜面，其利用系数越低，所以在设计碟式点聚光器时，需要考虑聚光器的镜面利用系数。

(3) 几个主要光学参数的设计选择

① 由理论可知，对旋转抛物面聚光器，当母线方程中的 p 值确定后，其焦斑区域的尺寸和位置也随之确定。通常镜深越大，则焦斑区域的能量密度越大，但与此同时，镜面利用系数越低。为了兼顾利用系数，降低聚光器成本，通常镜深不大于焦距。

② 聚光接收器的设计尺寸，可根据式(3-49) 进行计算，最后参照效率和成本做综合选择。

3.3.3 平面阵列反射

(1) 定日镜镜面的运动

塔式聚光系统中，定日镜的功能是保证将随时变化的入射太阳辐射，准确地反射到高置于塔顶的接收器上。定日镜在镜场中的位置是固定的，所以每台定日镜的中心点与塔顶接收器之间的相对位置也是固定的。这就是说，镜场中的每台定日镜对塔顶接收器的反射光路各自固定不变。这种跟踪太阳视位置的方式，称为定点跟踪，于是就有了定日镜之称。

研究定日镜镜面法线的运动规律，就是要确定定日镜镜面跟踪太阳视位置的控制规律，使其反射太阳辐射始终沿着不变的光路投射到塔顶的接收器。假设一单位矢量 $\boldsymbol{S}$ 表示太阳视位置，单位矢量 $\boldsymbol{T}$ 表示镜面相对于塔顶接收器的位置，而单位矢量 $\boldsymbol{N}$ 表示镜面法线的方向，如

图 3-18 所示。

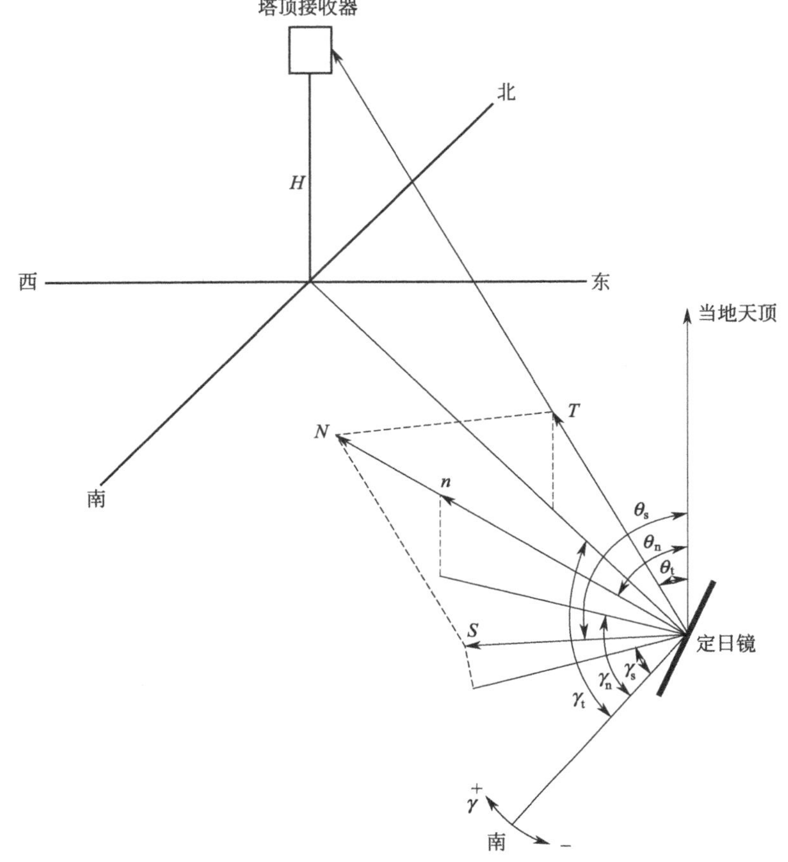

图 3-18　用单位矢量 $\boldsymbol{S}$、$\boldsymbol{T}$、$\boldsymbol{N}$ 表示的太阳、塔和定日镜镜面相对位置的几何关系

由光的反射定律可知，$\boldsymbol{S}$、$\boldsymbol{T}$、$\boldsymbol{N}$ 必定在同一平面内，且入射角等于反射角，于是有：

$$\boldsymbol{N}=\boldsymbol{S}+\boldsymbol{T} \tag{3-62}$$

$$\boldsymbol{N}\cdot\boldsymbol{S}=\boldsymbol{N}\cdot\boldsymbol{T} \tag{3-63}$$

下面应用矢量代数运算做矢量分析，解析定日镜镜面的运动规律。假设 i、j、k 分别指东、北和当地天顶方向，则下标 i、j、k 分别表示 $\boldsymbol{S}$、$\boldsymbol{T}$、$\boldsymbol{N}$ 在直角坐标系中的分量。根据图 3-18 所示几何关系，有：

$$\begin{cases}\boldsymbol{S}_i=-\sin\theta_s\sin\gamma_s\\ \boldsymbol{S}_j=-\sin\theta_s\cos\gamma_s\\ \boldsymbol{S}_k=\cos\theta_s\end{cases} \tag{3-64}$$

$$\begin{cases}\boldsymbol{T}_i=-\sin\theta_t\sin\gamma_t\\ \boldsymbol{T}_j=-\sin\theta_t\cos\gamma_t\\ \boldsymbol{T}_k=\cos\theta_t\end{cases} \tag{3-65}$$

$$\begin{cases}\boldsymbol{N}_i=-\sin\theta_n\sin\gamma_n\\ \boldsymbol{N}_j=-\sin\theta_n\cos\gamma_n\\ \boldsymbol{N}_k=\cos\theta_n\end{cases} \tag{3-66}$$

式中，θ_s、θ_t、θ_n 分别为太阳、塔和镜面法线的天顶角；γ_s、γ_t、γ_n 分别为太阳、塔和镜面法线的方位角。

根据式(3-62)，按矢量代数运算法则，有

$$\begin{cases} \boldsymbol{N}_i = \boldsymbol{S}_i + \boldsymbol{T}_i \\ \boldsymbol{N}_j = \boldsymbol{S}_j + \boldsymbol{T}_j \\ \boldsymbol{N}_k = \boldsymbol{S}_k + \boldsymbol{T}_k \end{cases} \tag{3-67}$$

根据余弦定律，合矢量 $\boldsymbol{N}$ 的量值为：

$$\begin{aligned} |\boldsymbol{N}| = N &= \sqrt{2(1+S_iT_i+S_jT_j+S_kT_k)} \\ &= \sqrt{2[1+\cos\theta_s\cos\theta_t+\cos\theta_s\cos\theta_t\cos(\gamma_t-\gamma_s)]} \end{aligned} \tag{3-68}$$

于是求得定日镜镜面法线天顶角 θ_n 和方位角 γ_n 的运动方程为：

$$\cos\theta_n = \frac{\cos\theta_s + \cos\theta_t}{\sqrt{2[1+\cos\theta_s\cos\theta_t+\sin\theta_s\sin\theta_t\cos(\gamma_t-\gamma_s)]}} \tag{3-69}$$

$$\tan\gamma_n = \frac{\sin\theta_s\sin\gamma_s+\sin\theta_t\sin\gamma_t}{\sin\theta_s\cos\gamma_s+\sin\theta_t\cos\gamma_t} \tag{3-70}$$

若以各自的高度角表示，即 $\alpha=90-\theta_0$。

代入式(3-69)、式(3-70)，由三角函数关系得：

$$\sin\alpha_n = \frac{\sin\alpha_s+\sin\alpha_t}{\sqrt{2[1+\sin\alpha_s\sin\alpha_t+\cos\alpha_s\cos\alpha_t\cos(\gamma_t-\gamma_s)]}} \tag{3-71}$$

$$\tan\gamma_n = \frac{\cos\alpha_s\sin\gamma_s+\cos\alpha_t\sin\gamma_t}{\cos\alpha_s\cos\gamma_s+\cos\alpha_t\cos\gamma_t} \tag{3-72}$$

这样，对镜场中的任意一面定日镜，用式(3-71)、式(3-72) 可计算出它在任意天、任一时刻镜面法线的位置，是定日镜跟踪设计的基本方程式。

(2) 光学效率极限

由镜场分析可知，定日镜阵列的遮挡取决于太阳视位置，因此它们对镜场参数的影响是时间参数。接收器的光学效率定义为投射到塔顶接收器上的功率 P 与镜面反射太阳辐射功率之比，有：

$$\eta_{\text{opt}} = \frac{P}{A_r I_b} \tag{3-73}$$

式中，A_r 为镜场的有效反射面积，有 $A_r=K_0A_g$，A_g 为镜场面积，K_0 为镜场总面积利用系数。

光学效率的最大极限值为：

$$\eta_{\text{opt,max}}(\theta) = \frac{\displaystyle\int_0^{\theta_{ou}} \frac{\sin\theta}{\cos^2\theta}\mathrm{d}\theta}{\displaystyle\int_0^{\theta_{ou}} \frac{\sin\theta}{\cos^2\theta\cos(\theta/2)}\mathrm{d}\theta} \tag{3-74}$$

研究表明，恰当地选择镜场中定日镜的分布密度，可以得到较高的光学效率。这种恰当选择，大致是离中央动力塔最近处定日镜分布最密；随着离开中央动力塔的距离越远，定日镜的分布逐渐变疏。

3.4 折射式聚光设计

3.4.1 菲涅尔透镜的演化由来

平凸透镜是人类很早就使用的一种折射式聚光镜。通常透镜越厚，则其聚光倍率越高。为了减小平凸透镜的厚度，人们将其凸面做成同心阶梯球面，同样可以达到很好的聚光效果。阶梯球面在制作工艺上较为复杂，发展为将每个阶梯球面近似地用平面代替，这样一来，每个阶梯平面即类似于一个棱镜，从而透镜就变成近似地由多个阶梯棱镜构成。这种阶梯棱镜首先由菲涅尔等人设计并制成，故称菲涅尔透镜。所以说菲涅尔透镜是由平凸透镜演变而来，如图 3-19 所示。

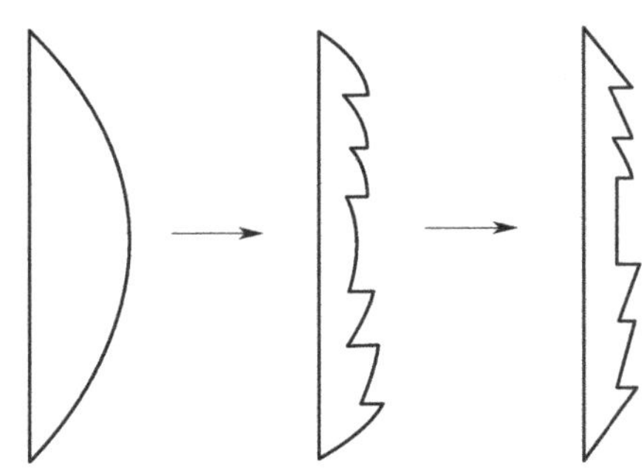

图 3-19 平凸透镜演化为菲涅尔透镜

3.4.2 菲涅尔透镜的基本设计公式

如图 3-20 所示，假设入射光由 P 点发出，经过透镜折射后汇聚于 Q 点，透镜折射率为 n，则由光的折射定律可知：

$$\frac{\sin i_1}{\sin i_2}=\frac{\sin i_4}{\sin i_3}=n \tag{3-75}$$

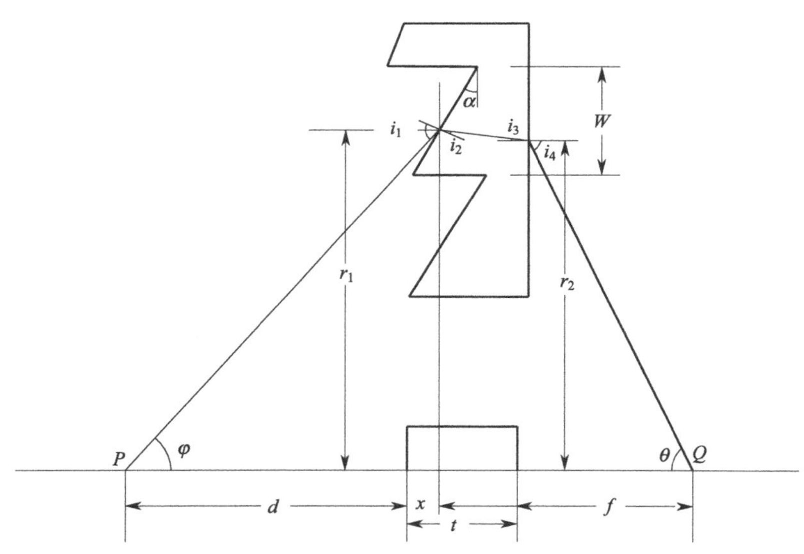

图 3-20 菲涅尔透镜成像原理

这里，假定空气的折射率近似为 1。i_1、i_2、i_3、i_4 分别为棱镜两个界面上光的入射角和折射角。由平面几何可知，两条平行线的内错角相等，以及三角形顶角两边垂直则顶角相等的定理，有：

$$i_1=\varphi+\alpha \tag{3-76}$$

$$\alpha=i_2+i_3 \tag{3-77}$$

式中，α 为菲涅尔透镜的棱角；φ 为入射光与菲涅尔透镜光轴的夹角。

将式(3-76)、式(3-77) 代入式(3-75)，有：

$$\sin(\varphi+\alpha)=n\sin(\alpha-i_3) \tag{3-78}$$

将式(3-78) 两边三角函数展开，并整理得：

$$\sin\alpha(n\cos i_3-\cos\varphi)=\cos\alpha(n\sin i_3+\sin\varphi) \tag{3-79}$$

于是有：

$$\tan\alpha=\frac{n\sin i_3+\sin\varphi}{n\cos i_3-\cos\varphi} \tag{3-80}$$

设折射光与菲涅尔透镜光轴之间的夹角为 θ，显然 $\theta=i_4$，这样由式(3-78) 可写为：

$$\sin i_3=\frac{\sin\theta}{n} \tag{3-81}$$

$$\cos i_3=\frac{\sqrt{n^2-\sin^2\theta}}{n} \tag{3-82}$$

将式(3-81)、式(3-82) 代入式(3-80)，有：

$$\tan\alpha=\frac{\sin\theta+\sin\varphi}{\sqrt{n^2-\sin^2\theta}-\cos\varphi} \tag{3-83}$$

由图 3-20 所示几何关系，可以求得：

$$\sin\varphi=\frac{r_1}{\sqrt{\left(d+\frac{w}{2}\tan\alpha\right)^2+r_1^2}} \tag{3-84}$$

$$\cos\varphi=\frac{d+\frac{w}{2}\tan\alpha}{\sqrt{\left(d+\frac{w}{2}\tan\alpha\right)^2+r_1^2}} \tag{3-85}$$

$$\sin\theta=\frac{r_2}{\sqrt{f^2+r_2^2}} \tag{3-86}$$

式中，d 为光轴上入射光点至透镜的距离；w 为小棱镜宽度；f 为透镜焦距。

式(3-83) 是菲涅尔透镜设计计算的一般公式。式中参量均为菲涅尔透镜的几何尺寸，因此可用作具体的设计计算。对于不同用途的菲涅尔透镜，则可代入特定条件，将式(3-83) 简化，即可进行具体的设计计算，十分方便。

3.4.3 太阳能工程用菲涅尔透镜

(1) 平行光垂直入射到菲涅尔透镜的平面一侧

太阳辐射近似为平行光，从透镜的平面侧入射，根据光路可逆性原理，则太阳在 P 点成像。这种情况时，$f=\infty$，$\theta=0$。于是由式(3-83) 有：

$$\tan\alpha=\frac{\sin\varphi}{n-\cos\varphi} \tag{3-87}$$

具体设计时，可以有以下两种选择：

① 以透镜总半宽度 r_1 为定值　考虑到 $w\ll d$，将式(3-84)、式(3-85) 代入式(3-87)，

经整理得：

$$\tan\alpha=\frac{r_1}{n\sqrt{\left(d+\frac{w}{2}\tan\alpha\right)^2+r_1^2}-\left(d+\frac{w}{2}\tan\alpha\right)} \tag{3-88}$$

② 以棱角 α 为定值　同样考虑到 $w\ll d$，由式(3-87) 有：

$$r_1=\left(d+\frac{w}{2}\tan\alpha\right)\left\{\frac{1}{\left[\left(n\cos\alpha+\sqrt{1-n^2\sin^2\alpha}\right)\sin\alpha\right]^2}-1\right\}^{-1/2} \tag{3-89}$$

(2) 平行光垂直入射到菲涅尔透镜的曲折面一侧

这种情况时，$d=\infty$，$\varphi=0$，于是由式(3-83) 有：

$$\tan\alpha=\frac{\sin\theta}{\sqrt{n^2-\sin^2\theta}-1} \tag{3-90}$$

① 以透镜总半宽度 r_1 为定值　考虑到 $w\ll f$，将式(3-86) 代入式(3-90)，有：

$$\cot\alpha=\sqrt{\frac{n^2\left(f+t-\frac{w}{2}\tan\alpha\right)^2}{r_2^2}+n^2-1}-\sqrt{\frac{\left(f+t-\frac{w}{2}\tan\alpha\right)^2}{r_2^2}+1} \tag{3-91}$$

式中，t 为透镜厚度。

② 以棱角 α 为定值　由式(3-90)，经推导得：

$$\frac{r_2}{\sqrt{\left(f+t-\frac{w}{2}\tan\alpha\right)^2+r_2^2}}=\left(\sqrt{n^2-\sin^2\alpha}-\cos\alpha\right)\sin\alpha \tag{3-92}$$

将式(3-92) 等号两侧平方，再经整理，得：

$$r_2=\left(f+t-\frac{w}{2}\tan\alpha\right)\left\{\frac{1}{\left[\left(\sqrt{n^2-\sin^2\alpha}-\cos\alpha\right)\sin\alpha\right]^2}-1\right\}^{-1/2} \tag{3-93}$$

常用的几种菲涅尔透镜，均可根据式(3-93) 进行设计。

习题

1. 简述太阳能聚光的主要方式及其特点。
2. 简述几何聚光比和能量聚光比的区别。
3. 按照本章内容，推导槽形抛物面聚光分析的计算过程。
4. 按照本章内容，推导旋转抛物面聚光分析的计算过程。
5. 按照本章内容，推导平面阵列反射分析的计算过程。
6. 按照本章内容，推导菲涅尔透镜聚光分析的计算过程。

第4章

太阳能工程的传热学原理

传热问题普遍存在于不同的太阳能热利用技术中。太阳能工程的传热分析的主要目的是强化传热设计和降低装置热损失。因此，传热学是太阳能热利用技术中最主要、使用最广泛的基础知识，而热传递主要是通过导热、对流和辐射三种基本方式实现的。

4.1 导　热

导热（又称热传导）是指热量从物体中温度较高的部分传递到温度较低的部分，或者从温度较高的物体传递到与之接触的温度较低的另一物体的过程。

单纯导热过程是由于物体内部分子、原子和电子等微观粒子的运动，将能量从高温区域传递到低温区域，而组成物体的物质并不发生宏观位移，故物体的各部分之间不发生相对位移。导热在固体、液体和气体之间均可以发生。

在热量传递过程中常用到热流和热流密度这两个概念。这里，热流是单位时间通过某给定面积的热量，常用 Q 表示。热流密度是单位时间通过单位面积的热量，用 q 表示，单位是 W/m^2。

4.1.1 导热所遵循的规律

导热基本定律是傅里叶热传导定律，它指出热流密度的大小与导热两端的温度差成正比，与热量经过的路程的长短（两端间的距离，也就是物体的厚度）成反比，即：

$$q=k\Delta t/\delta \tag{4-1}$$

式中，Δt 为高温端温度 t_1 与低温端温度 t_2 之差，即 $\Delta t=t_1-t_2$；δ 为物体厚度；k 为比例系数，与物体材料的性质有关，称为热导率（导热系数）。

物质的热导率在数值上具有下述特点：

① 对于同一种物质，固态的热导率值最大，气态的热导率值最小；

② 一般金属的热导率大于非金属的热导率；

③ 导电性能好的金属，其导热性能也好；

④ 纯金属的热导率大于它的合金；

⑤ 对于各向异性物体，热导率的数值与方向有关；

⑥ 对于同一种物质，晶体的热导率要大于非定形态物体的热导率。

热导率数值的影响因素较多，主要取决于物质的种类、物质结构与物理状态。此外，温度、密度、湿度等因素对热导率也有较大的影响，其中温度对热导率的影响尤为重要。表4-1是几种常见材料的热导率简表。

表 4-1　几种常见材料的热导率简表

材料名称	热导率/[W/(m·℃)]	材料名称	热导率/[W/(m·℃)]
铜	349～407	水垢	0.58～2.33
纯铝	237	平板玻璃	0.76
钢、铸铁	46.5～53.1	玻璃钢	0.50
红砖	0.46～0.70	玻璃棉	0.054
石棉	0.15～0.23	岩棉	0.036
耐火黏土砖	0.71～0.85	聚苯乙烯	0.027

4.1.2　单层平壁导热

有一单层平壁，其厚度 δ 远小于表面尺寸，平壁两侧面温度分别为 T_{w1} 与 T_{w2}，且不随时间变化，如图 4-1 所示。单位时间内从表面 1 传导到表面 2 的热流量可按下式计算：

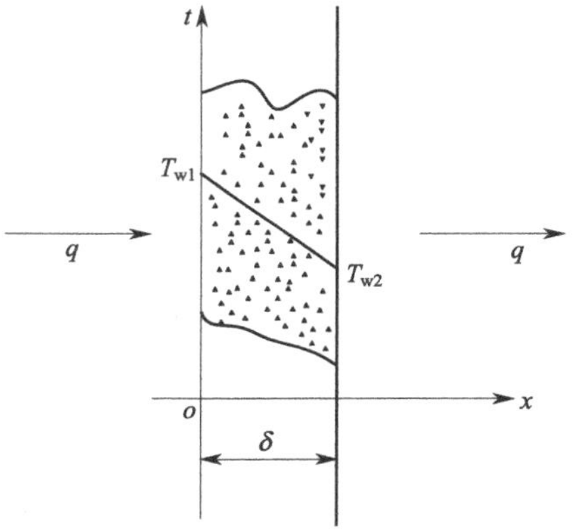

$$q=\frac{T_{w1}-T_{w2}}{\delta/k} \tag{4-2}$$

图 4-1　单层平壁导热

可用电学中的网络法表示导热规律，即温差相当于电位差，热阻相当于电阻，热流相当于电流，如图 4-2 所示。

4.1.3　多层平壁导热

图 4-3 所示为由 3 种不同材料组成的 3 层平壁，3 层面积相等 $A_1=A_2=A_3$，壁厚分别为 δ_1、δ_2 和 δ_3，热导率分别为 k_1、k_2 和 k_3。最外表面的温度为 T_1 和 T_4，且 $T_1>T_4$。各层之间接触良好，从而保证中间层直接接触的两表面有相同的温度，其他两面的温度分别为 T_2 和 T_3，且 $T_2>T_3$。

在稳定工作条件下，各表层温度均保持不变，则通过每一层的热流量是相等的，3 层平

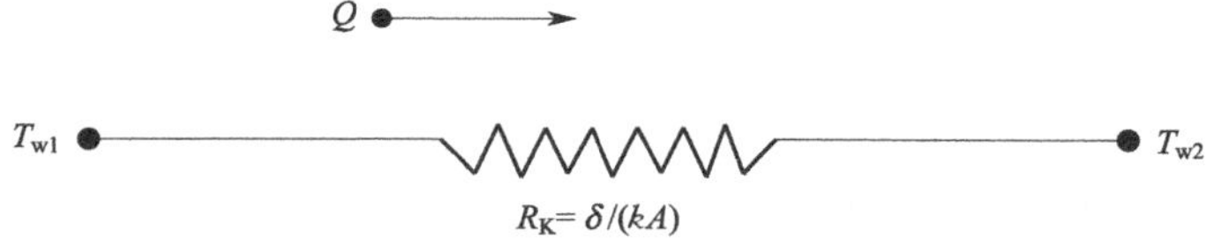

图 4-2　通过单层平壁导热的网络图

壁稳态导热的总导热热阻为各层导热热阻之和，由单层平壁稳态导热的计算公式可得：

$$q=\frac{T_1-T_4}{\dfrac{\delta_1}{k_1A}+\dfrac{\delta_2}{k_2A}+\dfrac{\delta_3}{k_3A}} \tag{4-3}$$

经数学推导，对于 n 层的多层平壁热传导，其热流量计算公式为：

$$q=\frac{T_1-T_{n+1}}{\dfrac{\delta_1}{k_1A}+\dfrac{\delta_2}{k_2A}+\cdots+\dfrac{\delta_n}{k_nA}} \tag{4-4}$$

由此可见，多层平壁的热流量与总温度降成正比，与各层热阻之和（可称为总热阻）成反比。

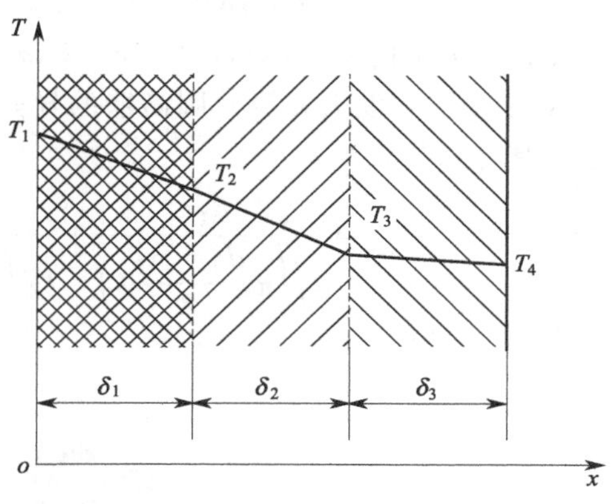

图 4-3　多层平壁导热

4.1.4　圆筒壁导热

圆筒形导管、容器等制造方便、受力均匀、节省材料，常应用于太阳能热利用工程中，如太阳能传热工质输送管道、各类换热管、储热罐等。

圆筒壁热传导计算公式比较复杂，工程上常用类似的平壁热传导计算公式来计算圆筒壁热流量，圆筒壁相应用平均直径来计算传热面积。但应指出，只有在直径较大而圆筒壁较薄的情况下，才能使用简化公式。

图 4-4（a）所示为单层圆筒壁导热分析图。设其长度为 l，内外壁直径分别为 d_1、d_2（半径为 r_1、r_2），壁的热导率为 k，内外表面温度分别为 T_1 和 T_2（假设 $T_1>T_2$）。则单层圆筒壁热导率以平均面积按照式(4-3) 近似简化为：

$$q=\frac{T_1-T_2}{\dfrac{\delta}{k\pi d_{\mathrm{av}}l}}=\frac{T_1-T_2}{R} \tag{4-5}$$

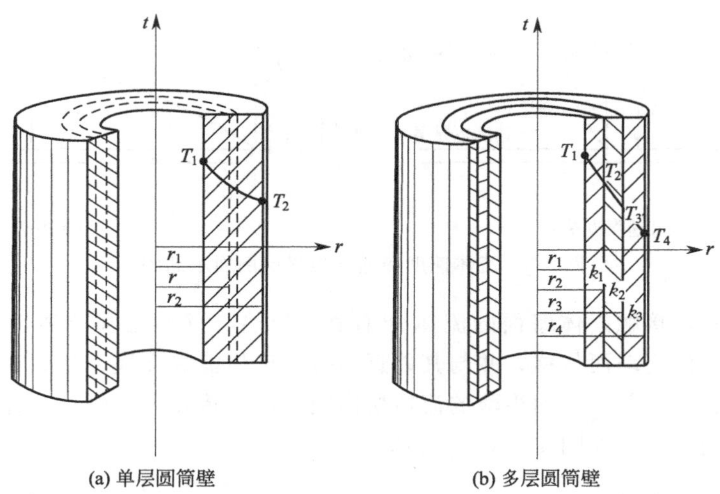

图 4-4　圆筒壁导热分析图

式中，δ 为圆筒壁的厚度，$\delta=(d_2-d_1)/2$；d_{av} 为圆筒壁的平均直径，$d_{av}=(d_2+d_1)/2$；R 为圆筒壁的热阻，$R=\delta/(k\pi d_{av}l)$。

对于多层（设为 n 层）圆筒壁的导热，式(4-5) 中 R 即为多（n）层圆筒壁的总热阻 R_{tot}，其计算公式为：

$$R_{tot}=\frac{\delta_1}{k_1\left(\pi\frac{d_1+d_2}{2}l\right)}+\frac{\delta_2}{k_2\left(\pi\frac{d_2+d_3}{2}l\right)}+\cdots+\frac{\delta_n}{k_n\left(\pi\frac{d_n+d_{n+1}}{2}l\right)} \tag{4-6}$$

4.2 对流换热

4.2.1 对流与对流换热的物理基础

(1) 流动与能量传输

运动的流体和所接触的固体表面之间的换热过程，称为对流换热。对流换热实质上是处于运动状态下的流体与固体表面之间的导热。对流换热的基本计算式是牛顿冷却定律，即：

$$Q=Ah(T_w-T_f) \tag{4-7}$$

式中，h 为对流换热系数；T_w 为物体壁面温度；T_f 为流体温度；A 为换热面积。

(2) 速度与温度边界层

流体以一定的速度掠过固体壁面时，由于流体的黏性以及固体壁面存在粗糙度，相互之间产生摩擦，使得流体速度沿垂直于壁面的方向逐渐降低，并在固体壁面上完全滞止，速度为零。实验观察表明，这一过程发生在一个极薄的贴近表面的流体层内，流体力学上将这流体薄层称为速度边界层，如图 4-5(a) 所示。速度边界层的实质是将固体壁面附近的速度场划分为两个区域：在边界层内，流体的速度梯度大，黏滞力也大；在边界层外，流体的速度为主流速度，其黏性的影响可以忽略不计。速度边界层的这一基本物理概念同样适用于研究流体的温度场和浓度场。

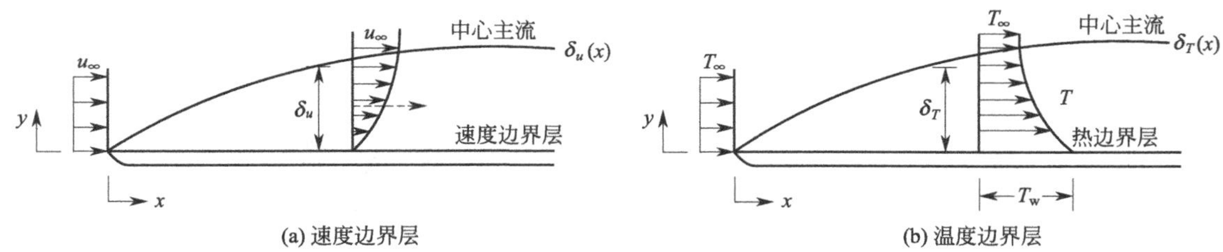

图 4-5 流体速度和温度边界层剖面示意图

在对流过程中，接触固体壁面的流体分子由于导热与壁面之间产生热量传递。与此同时，这些分子随整体流动而位移，并与其邻近的分子产生能量交换，从而在流体内形成温度梯度，这一过程也是在贴近壁面很薄的流体层内完成的。传热学中将这一存在温度梯度的流体薄层称为温度边界层，如图 4-5（b）所示。

(3) 层流与湍流流动

由实验研究可知，流体的流动状态在很大程度上取决于它的速度。流速很低时，流体的运动十分规则，并在整个流道内具有清晰而确定的流线，这种具有薄层运动特征的流动状态称为层流。随着流速增大，流体质点原先的那种有规则的定向运动逐渐被破坏，在定向运动上加上了具有混合作用的无规则扰动，这种运动状态称为湍流。由此可见，流体的运动状态随其流速的增大从层流过渡到湍流。

① 受迫对流　受迫对流产生于外力作用，流动状态的过渡主要取决于雷诺准数 Re，简称雷诺数，即：

$$Re \equiv \frac{u_\infty l_c}{\nu} \tag{4-8}$$

式中，u_∞ 为来流速度；l_c 为特征尺度；ν 为运动黏度。

雷诺数 Re 达到某个临界值时，流体的流动状态发生过渡，这时的雷诺数称为临界雷诺数。对于平板，临界雷诺数多取 5×10^5。实际上临界雷诺数的值还与物体表面粗糙度、来流的湍动度以及沿表面的压力变化特性有很大关系。所以说，临界雷诺数的值是个量值范围，正常情况下为 $5\times10^5 \sim 10^6$。实验观察表明，增加来流湍动度和物体表面粗糙度，都将降低产生边界层转换的临界雷诺数的值。

② 自然对流　自然对流产生于流体内的浮升力，流动状态的过渡主要取决于瑞利准数，即：

$$Ra = Gr \cdot Pr \tag{4-9}$$

当 $Ra<10^8$ 时，边界层为层流状态；$10^8<Ra<10^{10}$ 为过渡区；$Ra>10^{10}$ 为湍流状态。这里，Gr 为格拉晓夫数，Pr 为普朗特数，分别有：

$$Gr \equiv \frac{g\beta(T_w - T_\infty) l_c^3}{\nu^2} \tag{4-10}$$

$$Pr \equiv \frac{\mu C_p}{k} \tag{4-11}$$

式中，β 为流体的体积膨胀系数，按 T_w 和 T_∞ 的平均值进行计算；ν 为运动黏度；g 为重力加速度；μ 为动力黏度；C_p 为比热容；k 为热导率。

从物理意义上讲，格拉晓夫数表示作用在流体上的浮升力与黏滞力之比，普朗特数表示动量扩散率与热扩散率之比。

(4) 努塞尔数

整个对流换热的研究，最根本的任务就是确定某一特定条件下传热表面的对流换热系数。由边界层的理论分析可知，在固体壁面上流体已完全滞止，速度 $u=0$，流体与壁面之间依靠导热产生能量传输。这样，由式(4-1)、式(4-7)，经过简单推演，求得对流换热系数 h 为：

$$h = \frac{-k_f \left.\frac{\partial T}{\partial y}\right|_{y=0}}{T_w - T_\infty} \tag{4-12}$$

式中，k_f 为流体的热导率；T_w 为固体壁面温度；T_∞ 为中心主流温度。

式(4-12) 为对流换热系数的定义式，表明了对流换热与流体流动特征密切相关。将表征传热表面形状的特征尺度引入式(4-12)，并进行无量纲化，有：

$$\frac{hl_c}{k_f} = -\left.\frac{\partial\left(\frac{T-T_w}{T_w-T_\infty}\right)}{\partial\left(\frac{y}{l_c}\right)}\right|_{\frac{y}{l_c}=0} \tag{4-13}$$

$\frac{hl_c}{k_f}$是一个无量纲数，即无量纲换热系数，称为努塞尔数，有：

$$Nu=\frac{hl_c}{k_f} \tag{4-14}$$

从物理意义上讲，努塞尔数 Nu 表示流体的导热热阻与对流换热热阻之比，其值越大，表明对流换热过程越依靠对流作用。

4.2.2 对流换热问题的分类

对流换热问题十分复杂，不同的流动形式决定了对流换热问题的不同类别，各自求解的方法截然不同。因此，在太阳能工程中遇到某个具体的对流传热问题时，首先应识别它所属的类型，然后才能提出可行的解决方法，由此选用最为切合实际的计算式。

(1) 受迫对流换热和自然对流换热

根据流动起因的不同，对流换热区分为受迫对流换热和自然对流换热。自然对流是由流体自身温度场的不均匀性产生的流动，也就是由自身的温差所产生的浮升力。受迫对流是由外部动力产生的流动，浮升力的影响可以忽略不计。

(2) 管内对流换热和外掠对流换热

不同的换热面的几何形状和布置方式，将产生不同类别的流动。管内流动属管内对流换热，而外掠平板和管外绕流属外掠对流换热。

(3) 层流换热和湍流换热

根据流动状态的不同，对流换热可分为层流换热和湍流换热。但在对流换热中，不管是受迫对流还是自然对流，也不管是管内流动还是外掠流动，都将归结区分为层流流动或湍流流动。层流流动为层流对流换热，湍流流动为湍流对流换热，两者的换热规律截然不同，有不同的求解方法。

4.2.3 对流换热问题的求解

对流换热问题求解的基本任务是计算待求问题的对流换热系数。决定对流换热最本质特征的物理基础是流动状态，即层流或湍流。

(1) 层流对流换热

黏性流体的一般动力学方程组十分复杂，难于解析求解。普朗特认为，流体的黏滞性起作用的区域只局限于贴近壁面的边界层，而在边界层以外黏滞性不起作用，可以使用理想流体的已知解。在边界层内，运用数量级分析的方法，将动量方程作实质性的简化，从而求得常物性、无内热源二维定常不可压缩黏性流体的边界层连续方程、动量方程和能量方程为：

$$\frac{\partial u}{\partial x}+\frac{\partial v}{\partial y}=0 \tag{4-15}$$

$$u\frac{\partial u}{\partial x}+v\frac{\partial u}{\partial y}=g_x-\frac{1}{\rho}\frac{\mathrm{d}p}{\mathrm{d}x}+v\frac{\partial^2 u}{\partial y^2} \tag{4-16}$$

$$u\frac{\partial T}{\partial x}+v\frac{\partial T}{\partial y}=a\frac{\partial^2 T}{\partial y^2} \tag{4-17}$$

式中，u、v 分别为边界层的 x 和 y 方向的速度分量；p 为压力；g_x 为重力加速度 x 方向的分量；ρ 为密度；a 为热扩散率。

不管对流换热问题属于哪种组合方式，受迫对流或自然对流，内流或外流，只要是层流对流换热，都可在具体问题的定解条件下，通过解析或数值分析方法，联立求解由式(4-15)～式(4-17) 组成的层流边界层微分方程组，即可求得其解析解或数值解。但必须指出的是，层流边界层微分方程组只在少数几种规则边界条件下，才有可能求得问题的解析解。对复杂的边界条件，只可采用数值计算方法求解问题的数值解。层流对流换热过程，实际上只出现在某些流体运动速度很慢的自然对流中，或者受迫对流的一个很短的入口区内。

(2) 湍流对流换热

通常的对流换热都带有湍动的特征，而湍流对流换热机理至今远还没有了解清楚，更说不上求解微分方程组的解析解。因此，很多实际工程中的对流换热问题，不得不借助于实验进行研究。那就是通过实验的测量结果，综合成规律性的关联式，明确规定其应用范围。目前并行着两种综合理论，即相似理论和量纲分析，都可求得有用的结果。它们通过对边界层微分方程式(4-16)、式(4-17) 的无量纲化，可以得到对流换热系数的以下准则方程（也称实验关联式）。

受迫对流换热，有：

$$Nu=CRe^n Pr^m \tag{4-18}$$

自然对流换热，有：

$$Nu=CRa^n \tag{4-19}$$

式(4-18) 和式(4-19) 中的 C、n 和 m 都是由实验确定的常数。

4.2.4 管内对流换热

(1) 管内自然对流层流换热

大多数的平板集热，由于太阳辐射能量密度低，因此集热管上的热流密度很小，管内的工质依靠浮升力产生自然对流，其流动速度很低，所以发生在集热管内的传热过程通常为层流对流换热。推荐采用由 Seder 和 Tate 基于大量实验提出的下列实验关联式(应用范围为 $RePr\frac{d}{l}\geqslant 7.17$)：

$$Nu=1.86\left(Re\cdot Pr\frac{d}{l}\right)^{1/3}\left(\frac{\mu}{\mu_w}\right)^{0.14} \tag{4-20}$$

式中，d 和 l 分别为管径和管长；μ 和 μ_w 分别为以流体平均温度和管壁温度为定性温度计算的流体动力黏度。流体的物性都按流体平均温度 T_m 取值。

$$T_m=\frac{1}{2}(T_{f,i}+T_{f,o}) \tag{4-21}$$

式中，$T_{f,i}$ 和 $T_{f,o}$ 分别为集热管的流体入口和出口平均温度。

若超过应用范围，可以认为沿管长方向的绝大部分处于流动充分发展区，推荐采用下式计算：

$$Nu=3.66 \tag{4-22}$$

若沿工质流动方向管壁的热流密度恒定，对充分发展的管内层流换热，则推荐采用下式计算：

$$Nu=4.36 \tag{4-23}$$

(2) 管内受迫对流湍流换热

对管内对流换热，当 $Re>6000$ 时，流动状态从层流过渡到湍流，这时发生在管内的传热过程即为管内受迫对流湍流换热。从传热计算上看，这里应该区分为以下两种情况：

① 单相流体　这种情况，管内湍流换热计算的实验关联式很多，使用最广泛的为：

$$Nu=0.023Re^{0.8}Pr^{m} \tag{4-24}$$

应用范围为 $Re=10^{4}\sim1.2\times10^{5}$，$Pr=0.7\sim120$，$l/d>60$。

式(4-24) 适用于流体与壁面具有中等以下换热温差的情况。一般来说，对气体不超过50℃，对水不超过20～30℃，对黏性系数大的油类不超过10℃。加热流体时 $m=0.4$，冷却流体时 $m=0.3$。定性温度为流体进出口平均温度的平均值，特征尺寸为管内直径。当温差较大时，流体物性将有明显的变化。此时式(4-24) 中取 $m=0.4$，并乘以温度修正系数 $\left(\frac{\mu_f}{\mu_w}\right)^n$ 或 $\left(\frac{T_f}{T_w}\right)^n$。

对于液体，选取 $\left(\frac{\mu_f}{\mu_w}\right)^n$，加热时取 $n=0.11$，冷却时取 $n=0.25$。

对于气体，选取 $\left(\frac{T_f}{T_w}\right)^n$，加热时取 $n=0.55$，冷却时取 $n=0$。

对管内湍流换热计算，有实用价值、针对性强的实验关联式很多。针对性强了，计算结果的偏差必然可以缩小，但公式的可应用范围也缩小。计算要求精确时，建议采用针对性强的专用关联式。

② 管内沸腾换热　在太阳能蒸汽发生器中，伴随着管内的沸腾换热，传热工质将发生相变。这一换热过程是，单相液体受迫流经集热管时不断被加热并开始沸腾，经过核态沸腾区和两相受迫对流区，最后变成完全干涸的过热蒸汽。

a. 核态沸腾区。管内受迫对流核态沸腾区可分为局部过冷核态沸腾区和饱和核态沸腾区。局部过冷核态沸腾时产生的气泡很少，热量传递过程主要服从单相液体受迫对流传热规律，因此有关单相对流换热的各种理论分析仍可使用。随着液体温度的升高并达到饱和状态，传热过程过渡到饱和核态沸腾。确定饱和核态沸腾区的主要特征是流体主流温度达到饱和温度。由实验观察可知，饱和核态沸腾的传热模型本质上和局部过冷核态沸腾一样。当液体平均温度等于饱和温度时，所有用于局部过冷核态沸腾区中综合整理实验数据的方法和计算式，仍可适用于饱和核态沸腾区。由于饱和核态沸腾区中平均温度保持为常数，故其换热系数也为常数。

b. 两相受迫对流区。两相受迫对流区内，热量通过液膜的导热和对流换热传给气液界面，使得在界面上连续地产生蒸汽。其换热系数的计算推荐采用以下实验关联式：

$$\frac{h_T}{h_l}=f\left(\frac{1}{X_{tt}}\right) \tag{4-25}$$

$$X_{tt}=\left(\frac{1-x}{x}\right)^{0.9}\left(\frac{\mu_l}{\mu_v}\right)^{0.1}\left(\frac{\rho_v}{\rho_l}\right)^{0.5} \tag{4-26}$$

式中，h_T 为两相受迫对流换热系数；h_1 为假定竖管中为完全单相液体时，按单相液体受迫对流换热系数实验关联式计算得到的换热系数；X_{tt} 为说明流动特征的马蒂内利参数；x 为质量含汽率；μ_1 和 ρ_1 分别为液体液相的动力黏度和密度；μ_v 和 ρ_v 分别为液体气相的动力黏度和密度。

(3) 影响管流换热的几个因素

① 入口效应　入口效应是指管子入口段的流体流动与换热情况对管流平均换热系数的影响。层流时，具有入口效应的管流换热入口段长度为：

$$\frac{l}{d}\approx 0.05 Re \cdot Pr \tag{4-27}$$

对湍流，如管长与管内直径之比 $l/d>60$，则可不计入口效应。一般太阳能工程中所用管道基本符合 $l/d>60$。对 $l/d<60$ 的管道，要考虑入口效应的影响。这时，需将实验关联式求得的结果乘以表 4-2 中所列修正系数 c_1 的值。

表 4-2　管流入口效应修正系数 c_1

l/d	1	2	5	10	15	20	30	40	50
c_1	1.90	1.70	1.44	1.28	1.18	1.13	1.05	1.02	1.0

② 非圆管　对非圆管管流的换热计算，通常求取其当量直径 d_e 作管流的特征尺度，即：

$$d_e=\frac{4A}{L_{wt}} \tag{4-28}$$

式中，A 为非圆管横截面积；L_{wt} 为湿周长度。

对非圆管，仍然在 $Re>2300$ 时产生湍流。非圆管湍流换热计算，对 $Pr>0.7$ 的情况，以上所讨论的关于管内湍流换热的计算式可以参照使用。表 4-3 列出管内充分发展流的 Nu 值。

表 4-3　管内充分发展流的 Nu 值 ($Nu=hd_e/k$)

通道横截面	$\frac{b}{a}$	Nu		通道横截面	$\frac{b}{a}$	Nu	
		恒定热流	恒定壁温			恒定热流	恒定壁温
○		4.36	3.66	▭	3.0	4.77	—
△		3.00	2.35	▭	4.0	5.35	4.44
□	1.0	3.63	2.98	▭	8.0	6.60	5.95
▭	1.4	3.78	—	▭	∞	8.23	7.54

③ 弯管修正　流体流过弯管或螺旋管时，将引起二次环流而强化传热。根据不同流体，可分别按下式进行修正：

对于气体：　$C_R=1+1.77(d/R)$

对于液体：　$C_R=1+10.3(d/R)^3$

式中，R 为弯道的曲率半径。

4.2.5　单根圆管横向绕流换热

单根管壁面与环境的换热模型，在有风时为横向绕流混合对流换热，在无风时为横向绕流自然对流换热。其横向绕流管外的平均换热系数，Hilpert 等推荐采用下列实验关联式进行计算：

$$Nu_m = CRe_m^n Pr_m^{1/3} \tag{4-29}$$

式中，系数 C 和 n 的值列于表 4-4。特征尺度为管外直径 d，定性温度 $T_m=(T_w+T_f)/2$，特征速度为主流速度 u_∞。式(4-29) 可用于空气和烟气。

表 4-4 式(4-29) 中 C 和 n 值

Re	C	n
0.4～4	0.989	0.330
4～40	0.911	0.385
40～4000	0.683	0.466
4000～40000	0.193	0.618
40000～400000	0.0266	0.805

近年来，Churchill 等推荐下列应用范围更广的综合实验关联式，用于计算空气、水和液钠的单根圆管横向绕流换热的平均换热系数（应用范围为 $RePr<0.2$）：

$$Nu_m = 0.3 + \frac{0.62Re_d^{1/2}Pr^{1/3}}{[1+(0.4/Pr)^{2/3}]^{1/4}}\left[1+\left(\frac{Re_d}{28200}\right)^{n_1}\right]^{n_2} \tag{4-30}$$

式(4-30) 中的常系数 n_1 和 n_2 的值列于表 4-5。

表 4-5 式(4-30) 中 n_1 和 n_2 值

Re_d	n_1	n_2
$<10^4$	0	0
2×10^4～4×10^5	1/2	1
4×10^5～5×10^6	5/8	4/5

4.2.6 平板夹层有限空间自然对流换热

在太阳能工程中，平板集热器吸收板和玻璃盖板之间以及太阳房的双层玻璃窗之间的空气夹层等，均为平板夹层有限空间自然对流换热。有限夹层空间内的流体流动状态，主要取决于以夹层厚度 δ 为特征尺度的格拉晓夫数，即：

$$Gr_\delta = \frac{g\beta\Delta T\delta^3}{\nu^2} \tag{4-31}$$

若夹层两壁之间的温差很小，不引起流体不稳定，这时 Gr_δ 的数值很小，夹层传热为夹层导热。随着温差加大，Gr_δ 的数值增大，夹层中出现向层流特征过渡的环流，直到湍流特征的流动。夹层的纵横比对夹层中的换热过程具有一定的影响。

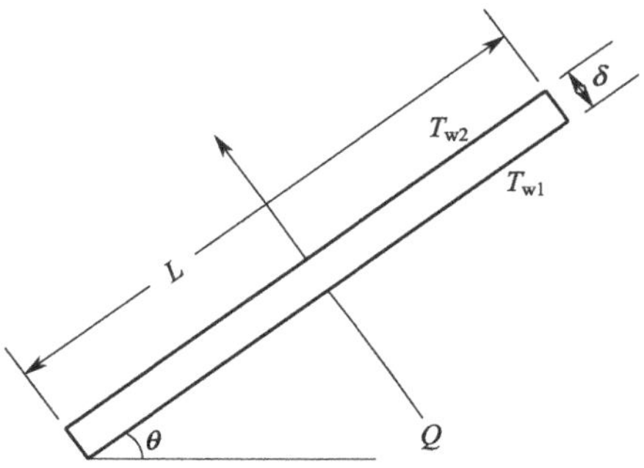

图 4-6 倾斜有限空间夹层

(1) 倾斜有限空间夹层

如图 4-6 所示，对 $L/\delta>10$ 的倾斜空气夹层，不同学者提出了不同的计算平均努塞尔数的实验关联式。

① $0°\leqslant\theta<60°$时，有（应用范围 $0<Ra_\delta<10^5$）：

$$Nu_m = 1 + 1.44\left(1 - \frac{1708}{Ra_\delta \cos\theta}\right)\left[1 - \frac{1708(\sin 1.8\theta)^{1.6}}{Ra_\delta \cos\theta}\right] + \left[\left(\frac{Ra_\delta \cos\theta}{5830}\right)^{1/3} - 1\right] \tag{4-32}$$

$$Ra_\delta = \frac{g\beta(T_{w1} - T_{w2})\delta^3}{\nu a} \tag{4-33}$$

注意，若式(4-32) 中$\frac{1708(\sin 1.8\theta)^{1.6}}{Ra_\delta \cos\theta}$或$\left(\frac{Ra_\delta \cos\theta}{5830}\right)^{1/3}$ 的值为负，则必须令其值为零。

② $\theta=60°$时，有（应用范围 $0<Ra_\delta<10^7$）：

$$Nu_{m,60°} = \max\{Nu_1, Nu_2\} \tag{4-34}$$

$$Nu_1 = \left\{1 + \left[\frac{0.0936 Ra_\delta^{0.314}}{1 + \{0.5/[1 + (Ra_\delta/3160)^{20.6}]^{0.1}\}}\right]^7\right\}^{1/7}$$

$$Nu_2 = \left(0.104 + \frac{0.175}{L/d}\right) Ra_\delta^{0.283} \tag{4-35}$$

③ $60°<\theta<90°$时，有：

$$Nu_m = \left(\frac{90° - \theta}{30°}\right) Nu_{m,60°} + \left(\frac{\theta - 60°}{30°}\right) Nu_{m,90°} \tag{4-36}$$

④ $\theta=90°$时，有（应用范围 $10^3<Ra_\delta<10^7$，对于 $Ra_\delta \leqslant 10^3$，有 $Nu_{m,90°} \approx 1$）：

$$Nu_{m,90°} = \max\{Nu_1, Nu_2, Nu_3\} \tag{4-37}$$

$$Nu_1 = 0.0605 Ra_\delta^{1/3}$$

$$Nu_2 = \left\{1 + \left[\frac{0.104 Ra_\delta^{0.293}}{1 + (6310/Ra_\delta)^{1.36}}\right]^3\right\}^{1/3}$$

$$Nu_3 = 0.242\left(\frac{Ra_\delta}{L/\delta}\right)^{0.272} \tag{4-38}$$

(2) 竖直有限空间夹层

对竖直狭窄空间夹层，设壁高为 L，两壁间间隔为 δ，两端绝热。对普朗特数为任意值的流体，Berkovsky 等得到下列计算平均努赛尔数的实验关联式：

① $2<L/\delta<10$ 时，有（应用范围 $Ra_\delta<10^{10}$）：

$$Nu_m = 0.22\left(\frac{Pr}{0.2 + Pr} Ra_\delta\right)^{0.28}\left(\frac{L}{\delta}\right)^{-1/4} \tag{4-39}$$

② $1<L/\delta<2$ 时，有｛应用范围 $10^3<[Pr/(0.2+Pr)]Ra_\delta$｝：

$$Nu_m = 0.18\left(\frac{Pr}{0.2 + Pr} Ra_\delta\right)^{0.29} \tag{4-40}$$

这样，根据牛顿冷却定律，求得通过该夹层空间传递的热流密度为：

$$q = Nu_m \frac{k}{\delta}(T_{w1} - T_{w2}) \tag{4-41}$$

式中，k 为夹层空间内流体的热导率。

由此可知：

$$Nu_m k \equiv k_e \tag{4-42}$$

这里，k_e 定义为夹层空间的等值视在热导率。这表明间隔为 δ 的夹层空间的自然对流换热，相当于热导率为 k_e 的固体导热。根据这一概念，对有限空间自然对流换热的计算，在求得其等值视在热导率后，其传热量即可方便地按照有关导热公式进行计算。

(3) 水平有限空间夹层

研究发现，当$Gr_\delta<1700$时，水平两板之间的换热主要是导热，且有$Nu_m=1$。随着温差的加大，两板之间开始出现对流，形成六边形蜂窝状图案，称为贝纳德蜂窝，大约维持在$1700<Gr_\delta<50000$围内。当$Gr_\delta>50000$时，开始形成湍流，同时蜂窝状图案遭到破坏，其等值视在热导率k_e为：

① $10^4<Gr_\delta<4\times10^5$时，有：

$$\frac{k_e}{k}=0.195Gr_\delta^{1/4} \tag{4-43}$$

② $4\times10^5<Gr_\delta$时，有：

$$\frac{k_e}{k}=0.068Gr_\delta^{1/3} \tag{4-44}$$

4.2.7 平板外掠受迫对流换热

空气以一定的速度流过平板集热器的盖板、太阳能电池组件面板以及建筑物屋面和墙壁，均为平板外掠受迫对流换热。对集热器为热损耗，希望越小越好；对太阳能电池组件为散热，降低电池工作温度，改善其工作特性，希望越大越好。两者要求显然不同，但作为传热问题却完全一样。下面给出平板外掠受迫对流换热过程计算平均努塞尔数Nu_m和局部努塞尔数Nu_x的实验关联式。假定不考虑流体黏性摩擦热，特征尺度为从平板前沿起的距离，定性温度为平板壁面温度和主流温度的平均值。

(1) 层流换热

① $Pr\leqslant0.6$：

$$Nu_x=0.564(Re_x\cdot Pr)^{0.5},Nu_m=1.13(Re\cdot Pr)^{0.5} \tag{4-45}$$

② $0.6<Pr\leqslant15$：

$$Nu_x=0.332Re_x^{0.5}Pr^{1/3},Nu_m=0.664Re^{0.5}Pr^{1/3} \tag{4-46}$$

③ $Pr>15$：

$$Nu_x=0.339Re_x^{0.5}Pr^{1/3},Nu_m=0.678Re^{0.5}Pr^{1/3} \tag{4-47}$$

考虑到壁面温度T_w比主流温度T_f高或低时，壁面附近的流体速度分布有变化，可在公式中引进普朗特数修正项$(Pr_f/Pr_w)^{0.25}$。

(2) 湍流换热

$$Nu_x=0.0294Re_x^{0.8}Pr^{1/3},Nu_m=0.037Re^{0.8}Pr^{1/3} \tag{4-48}$$

目前在实际应用中，对平板外掠受迫对流换热系数h，大多采用以下近似公式计算：

$$h=5.7+3.8v \tag{4-49}$$

式中，v为风速，m/s。

4.2.8 堆积床中的对流换热

所谓的堆积床是指任意填满了固体石块的容器。研究堆积床中石块和空气之间对流换热的工作较少，所得结果也很不一致。这里列出在实验空气容积流率 $G_V=0.4\sim2.0\text{m}^3/\text{s}$ 条件下得到的实验关联式，可供计算堆积床的容积对流换热系数，即：

$$h_V=700\left(\frac{G}{D_e}\right)^{0.76} \tag{4-50}$$

式中，h_V 为堆积床容积对流换热系数，$\text{W}/(\text{m}^2\cdot℃)$；$G$ 为单位截面积的空气质量流率，$\text{kg}/(\text{m}^2\cdot\text{s})$；$D_e$ 为石块的当量直径，m。

4.3 辐射换热

4.3.1 热辐射的基本概念

(1) 热辐射的物理本质

物体以电磁波的形式向外发射能量的过程称为辐射。物体会因各种原因发射辐射能，其中因自身的热能引起向外发送辐射能的过程称为热辐射。

一切物体都在不停地向外发射辐射能，同时又不断地吸收来自其他物体的辐射能，并把它转变为热能。但高温物体发出的辐射能比吸收的多，而低温物体吸收的多于发射的，从而使热量由高温物体传向低温物体，形成辐射换热。辐射换热的特点是：不仅有能量的传递，而且有能量形式的转换，即从热能转换为辐射能，或从辐射能转换为热能。此外，它可不必借助于中间介质，在真空中也能进行。因此，辐射换热不同于导热和对流换热，它是另一种形式的热传递过程。

电磁波辐射种类很多，详见图 4-7。热辐射是其中的一种，无论哪一种，它的传递速率都是光速（$3\times10^{10}\text{cm/s}$），例如：

① 波长在 $10^{-4}\sim10^{-2}\mu\text{m}$ 范围内为 X 光辐射；

② 波长在 $10^{-2}\sim0.38\mu\text{m}$ 范围内为紫外线；

③ 波长在 $0.38\sim0.78\mu\text{m}$ 范围内为可见光；

④ 波长在 $0.78\sim100\mu\text{m}$ 范围内为红外线；

⑤ 波长在 $0.1\sim100\mu\text{m}$ 范围内为热辐射。

太阳辐射波长大约在 $0.3\sim3\mu\text{m}$（从紫外线到红外线，其中包括可见光范围），人眼在明视条件下最敏感的波长为 555nm（黄绿光），暗视条件下最敏感的波长大约为 507nm（绿蓝光）。太阳看起来带些黄色，而不是波长更短的蓝色。太阳能热利用的本质在于将太阳辐射能转化为热能，因而对辐射的研究显得特别重要。

(2) 辐射能的吸收、反射和透射

辐射能入射到一个均匀介质物体表面上，会有反射、吸收和穿透等现象发生。入射辐射是指周围物体在单位时间里到达所示表面单位面积上的辐射能，并以 G（W/m^2）表示。以 α、ρ、τ 分别表示物体的吸收率、反射率和透射率，按能量守恒定律有：

$$\begin{gathered}\alpha G+\rho G+\tau G=G\\ \alpha+\rho+\tau=1\end{gathered} \tag{4-51}$$

实践证明，气体对辐射能几乎没有反射能力，可认为反射率 $\rho=0$，上式简化为：

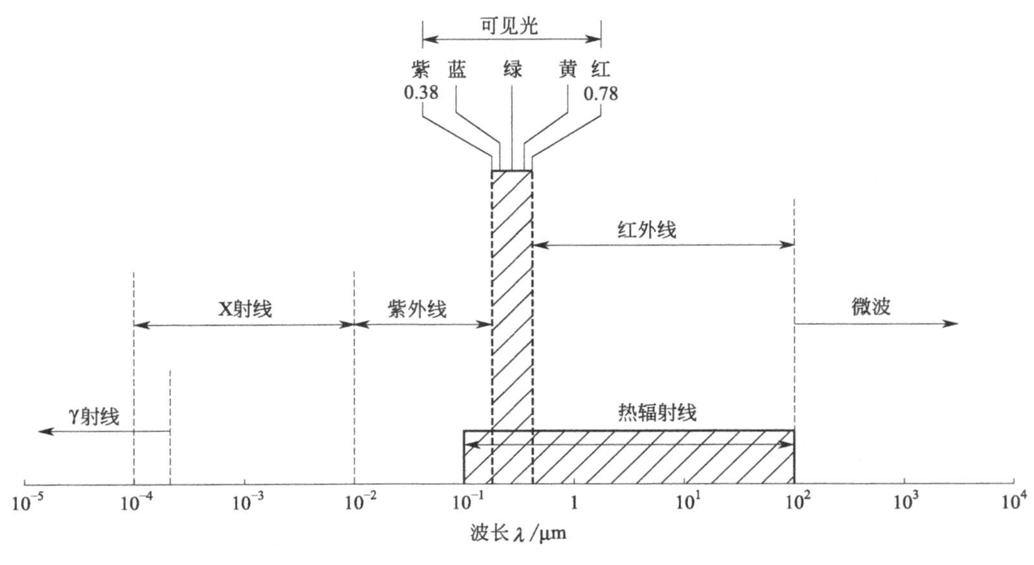

图 4-7 电磁波的波谱

$$\alpha + \tau = 1 \tag{4-52}$$

可以看出，吸收率大的气体，其透射率就小。

在辐射能进入固体或液体表面后，在一个极短的距离内就被完全吸收。对于金属导体，该距离仅为 1μm 的数量级；对于大多数非导电体材料，这一距离亦小于 1mm。实用工程材料的厚度一般都大于这个数值，因此可认为固体和液体不允许辐射穿透，即透射率 $\tau=0$，式(4-51) 可简化成：

$$\alpha + \rho = 1 \tag{4-53}$$

当物体表面较光滑，如高度磨光的金属板，其粗糙不平的尺度小于射线的波长时，物体表面对投射辐射呈镜面反射，入射角与反射角相等。当表面粗糙不平的尺度大于射线的波长时，如一般工程材料的表面，将得到扩散反射，这时表面吸收率比镜面材料的大。对工业高温下的热辐射来说，对射线的吸收和反射有重大影响的是表面粗糙度，而不是表面的颜色。例如白色表面对太阳辐射的吸收率很低，黑色表面则相反。然而，白色表面和黑色表面对工业高温下的热辐射几乎有相同的吸收率，如雪的吸收率竟达 0.985。

4.3.2 黑体、黑体辐射的基本定律

(1) 黑体辐射的定义

吸收率 $\alpha=1$ 的物体称为黑体，它是辐射的完全吸收体。这意味着，无论入射到黑体上辐射的波长和方向如何变化，所有辐射都将被完全吸收。从能量平衡的角度又可将黑体定义为完全的发射体。黑体是一个理想概念，因为所有实际物质都能反射部分辐射，也能透过部分辐射。

自然界并不存在真正的黑体，但某些材料接近于黑体。例如，一层很厚的炭黑能吸收入射热辐射的 99%左右。由于它不反射辐射，因此起名为黑体。肉眼能看到黑体，因为它呈黑色。然而，肉眼不是一种鉴别材料吸收辐射能力的良好指示器，因为肉眼只对热辐射波长范围内的小部分波长敏感。白漆对可见光是良好的反射体，但对红外辐射则是良好的吸收

体。设想的简单实验表明：若一个物体是辐射的完全发射体，它必定也是辐射的完全吸收体。若将一块很小的黑体和很小的实际物体同时置于一个很大的抽成真空的包壳内，包壳用黑体材料制作。倘若包壳与外界绝热，那么黑体、实际物体和包壳总会在某一时间达到同一平衡温度。按定义，此刻黑体必定能吸收所有入射在它上面的辐射，同时，为了保持温度不变，它也必须发射相同数量的能量。在包壳内实际物体吸收的入射辐射必定比黑体的要少，它所发射的能量也比黑体的要少。这说明黑体既能最大限度地发射辐射又能最大限度地吸收辐射。

（2）辐射能力和单色辐射能力

为了表示物体向外界发射辐射能量的数量，即物体发射辐射能本领的大小，需要引入辐射能力 E 的概念。

辐射能力 E 是指物体在单位时间、单位表面积向半球空间所有方向发射的全部波长（即 0～∞）范围内辐射能的总量，单位是 W/m^2。

在热辐射的整个波谱内，不同波长发射出的辐射能是不同的。图 4-8 表示不同波长发出辐射能的变化情况。每条曲线下的面积表示相应温度下的辐射能力。对特定波长来说，从波长 λ 到 $\lambda+d\lambda$ 区间发射的能量，可用微元面积来表示，即 $E_\lambda d\lambda$。此处 E_λ 为图的纵坐标，称为单色辐射能力。单色辐射能力的单位是 W/m^3。

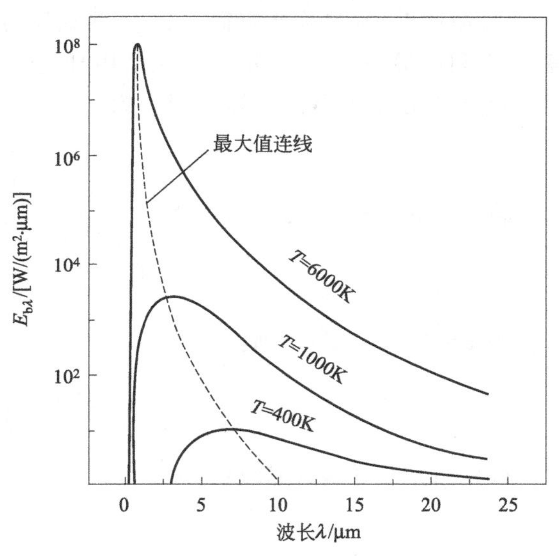

图 4-8　黑体的 $E_{b\lambda}$ 随 λ 和 T 的变化关系

辐射能力与单色辐射能力之间存在以下关系：

$$E=\int_0^\infty E_\lambda d\lambda \tag{4-54}$$

凡属黑体的一切物理量，都将标明下角码 b。例如黑体的辐射能力为 E_b，黑体的单色辐射能力为 $E_{b\lambda}$。

（3）黑体辐射的基本规律

黑体辐射的基本规律，可以用四个定律来归纳。

① 普朗克分布定律和维恩位移定律　普朗克根据电磁波的量子理论，揭示了真空中黑体在不同温度下的单色辐射能力 $E_{b\lambda}$ 随波长 λ 的分布规律，用公式表示为：

$$E_{b\lambda}=\frac{C_1}{\lambda^5\left[e^{C_2/(\lambda T)}-1\right]} \tag{4-55}$$

式中，λ 为波长，m；T 为辐射表面的热力学温度，K；C_1、C_2 为常数，$C_1=3.743\times10^{-16}$ W·m^2，$C_2=1.4387\times10^{-2}$ m·K。

由式（4-55）可看出，当波长 λ 很大和很小时，黑体的单色辐射能力都趋近于零。$E_{b\lambda}$ 与 T 和 λ 的函数关系表示在图 4-8 上。

图 4-8 表明，黑体辐射能力的波谱是连续的，对任一波长来说，温度愈高，单色辐射能

力愈强，同时单色辐射能力的峰值移向短波区域。曲线还表明，只有当黑体的热力学温度大于 800K 时，其辐射能中才明显地具有波长范围为 0.4～0.7μm 能为肉眼所见的可见光射线。随着温度的升高，可见光射线增加。当温度约为 6000K 时，$E_{b\lambda}$ 的峰值才位于可见光范围。根据计算，太阳所发射的辐射能中，46%左右在可见光范围内。

对式（4-55）求极值，可得对应于单色辐射能力为极值 $(E_{b\lambda})_{max}$ 时的波长 λ_{max} 与温度 T 间的关系，即维恩位移定律：

$$\lambda_{max}T=2.8976\times10^{-3}(\mathrm{m}\cdot\mathrm{K})=2898(\mu\mathrm{m}\cdot\mathrm{K}) \tag{4-56}$$

图 4-8 中的虚线即为上述所描述的点的轨迹。

利用光学仪器测量某黑体表面最大单色辐射能力的波长 λ_{max} 后，就可用维恩位移定律估算出该表面的热力学温度。例如，测得太阳辐射的 $\lambda_{max}=0.5\mu$m，利用上式，即可求出太阳表面的热力学温度约为 5796K。

② 斯蒂芬-玻尔兹曼定律　1879 年斯蒂芬实验确定了黑体的辐射能力 E_b 与热力学温度 T 之间的关系，1884 年玻尔兹曼用理论论证了这种关系。将 $E_{b\lambda}$ 在 0～∞波长范围内对 λ 进行积分，可得黑体辐射能力为：

$$E_b=\int_0^{\infty}E_{b\lambda}\mathrm{d}\lambda \tag{4-57}$$

将式（4-55）代入式（4-57）：

$$E_b=\int_0^{\infty}\frac{C_1\lambda^5}{\mathrm{e}^{C_2/(\lambda T)}-1}\mathrm{d}\lambda \tag{4-58}$$

令 $z=C_2/(\lambda T)$，则：

$$E_b=\frac{C_1T^4}{C_2^4}\int_0^{\infty}\frac{z^3}{\mathrm{e}^z-1}\mathrm{d}z \tag{4-59}$$

$(\mathrm{e}^z-1)^{-1}$ 可展开成级数：

$$(\mathrm{e}^z-1)^{-1}=\mathrm{e}^{-z}+\mathrm{e}^{-2z}+\mathrm{e}^{-3z}+\cdots+\mathrm{e}^{-nz} \tag{4-60}$$

因而：

$$\int_0^{\infty}\frac{z^3}{\mathrm{e}^z-1}\mathrm{d}z=\int_0^{\infty}\mathrm{e}^{-z}z^3\mathrm{d}z+\int_0^{\infty}\mathrm{e}^{-2z}z^3\mathrm{d}z+\cdots\approx\frac{\pi^4}{15} \tag{4-61}$$

令 $\sigma=\frac{\pi^4}{15}\times\frac{C_1}{C_2^4}=5.669\times10^{-8}\mathrm{W/(m^2\cdot K^4)}$

就可以得到著名的斯蒂芬-玻尔兹曼定律：

$$E_b=\sigma T^4\quad(\mathrm{W/m^2}) \tag{4-62}$$

它说明黑体的辐射能力与其热力学温度的四次方成正比，σ 为斯特潘-玻尔兹曼常数［约为 $5.670\times10^{-8}\mathrm{W/(m^2\cdot K^4)}$］。公式表明，只要温度超过绝对零度，黑体就有辐射的能力，而且当温度不同时，辐射能力会有明显的差别。

在工程应用中，有时需要确定某一特定波长范围内的辐射能量。黑体在波长 λ_1～λ_2 范围内所发射的辐射能为：

$$\Delta E_b=\int_{\lambda_1}^{\lambda_2}E_{b\lambda}\mathrm{d}\lambda \tag{4-63}$$

这部分能量可用在波长 λ_1～λ_2 之间有关温度曲线下的面积来表示。通常把它表示成同温度下黑体辐射能力（λ 从 0 到∞整个波谱的辐射能）的百分数，记为 $F_b(\lambda_1\sim\lambda_2)$，于是：

$$F_b(\lambda_1 \sim \lambda_2)=\frac{\int_{\lambda_1}^{\lambda_2} E_{b\lambda}\,d\lambda}{\int_0^{\infty} E_{b\lambda}\,d\lambda}=\frac{1}{\sigma T^4}\int_{\lambda_1}^{\lambda_2} E_{b\lambda}\,d\lambda$$
$$=\frac{1}{\sigma T^4}\left(\int_0^{\lambda_2} E_{b\lambda}\,d\lambda-\int_0^{\lambda_1} E_{b\lambda}\,d\lambda\right)=F_b(0 \sim \lambda_2)-F_b(0 \sim \lambda_1) \tag{4-64}$$

式中，$F_b(0\sim\lambda_2)$ 和 $F_b(0\sim\lambda_1)$ 分别为波长从 0 至 λ_2 和 0 至 λ_1 的部分黑体辐射能力占同温度下黑体辐射能力的百分数。能量份额 F_b（$0\sim\lambda$）可以表示为单一变量 λT 的函数，即：

$$F_b(0 \sim \lambda)=f(\lambda T)=\frac{E_b(0 \sim \lambda)}{\sigma T^4}=\int_0^{\lambda T}\frac{C_1 d(\lambda T)}{\sigma(\lambda T)^5\left[e^{C_2/(\lambda T)}-1\right]} \tag{4-65}$$

③ 兰贝特定律　下面讨论黑体辐射按空间方向的分布规律。前面定义的辐射能力 E，是指在单位时间内发射体单位表面积射入发射体所面对着的半球空间的总能量。

为了说明辐射能量在空间不同方向上的分布规律，必须引入立体角概念，因为在相同立体角的基础上才能比较不同方向上的能量大小。

立体角是一个空间角度，它的度量方法与平面角的相类似。以立体角的角端为中心，作一个半径 r 的半球，把半球表面上被立体角切割的微元面积 dA'除以半径的平方 r^2，即可确定微元立体角的大小：

$$d\omega=\frac{dA'}{r^2}(sr)(\text{球面度}) \tag{4-66}$$

参看图 4-9，如取整个半球面积，它所对应的立体角为 2π(sr)。

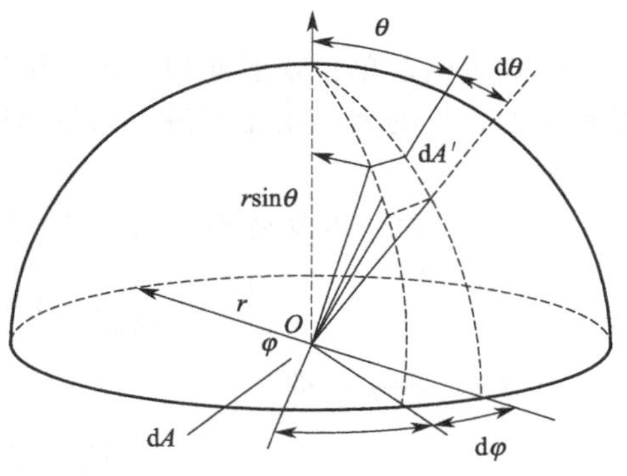

图 4-9　立体角定义图

dA'（见图 4-10）用球坐标中的微元极角 $d\theta$ 和微元方位角 $d\varphi$ 表示为：

$$dA'=r\,d\theta\times r\sin\theta\,d\varphi \tag{4-67}$$

将它代入式（4-66）可得：

$$d\omega=\sin\theta\,d\theta\,d\varphi \tag{4-68}$$

任意微元表面在空间指定方向上发射出的辐射能量的强弱，除了考虑立体角外，还要在相同的可见辐射面积基础上才能进行比较。微元面积 dA 位于球心底面上（见图 4-11），在任意方向上可见辐射面积不是 dA，而是 $dA\cos\theta$。将单位时间、单位可见辐射面积、单位立体角内的辐射能量称为定向辐射强度 I。于是与辐射面法向成 θ 角方向上的定向辐射强度 I_θ 为：

$$I_\theta=\frac{dQ_\theta}{dA\cos\theta\,d\omega}\ [W/(m^2\cdot sr)] \tag{4-69}$$

对于各向同性的辐射（即漫辐射或扩散辐射），如黑体表面沿半球空间任何方向上的定向辐射强度是相同的，即：

$$I_\theta=I_n\cdots=I \tag{4-70}$$

定向辐射强度与方向无关的规律称兰贝特定律，黑体辐射遵循兰贝特定律。

由上面两式得到：

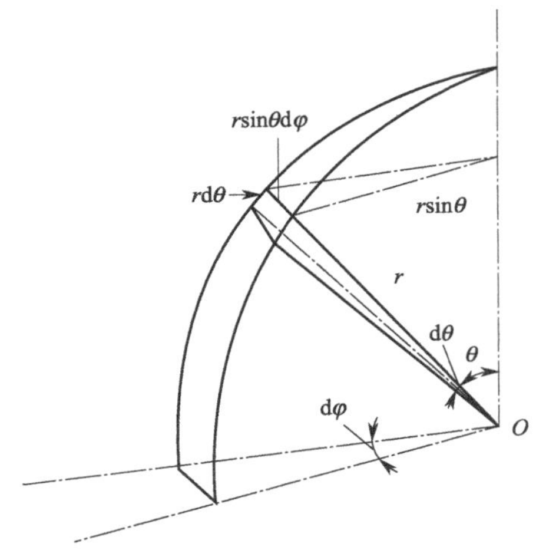

图 4-10 微元立体角的几何关系图

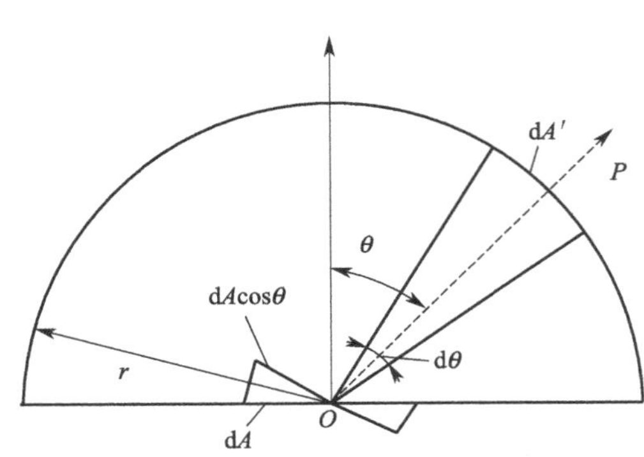

图 4-11 定向辐射强度示意图

$$\frac{dQ_\theta}{dA\,d\omega}=I\cos\theta \tag{4-71}$$

公式表明，单位辐射面积发出的辐射能，落到空间不同方向单位立体角内的能量数值是不相等的，它的大小正比于该方向与辐射面法线方向夹角的余弦，所以又称兰贝特定律为余弦定律。

将式（4-71）两端各乘以 $d\omega$，然后在整个半球上积分，即：

$$E_b=\int_{\omega=2\pi}\frac{dQ_\theta}{dA}=I\int_{\omega=2\pi}\cos\theta d\omega=I\int_{\omega=2\pi}\cos\theta\sin\theta d\theta d\varphi \tag{4-72}$$

若令 $\cos\theta=\mu$，即：

$$E_b=I_b\int_0^{2\pi}\int_0^1\mu d\mu d\varphi=I_b\pi \tag{4-73}$$

可以看出，服从兰贝特定律的辐射，其辐射能力在数值上等于定向辐射强度的 π 倍。上式是总辐射形式，但也适用于单色辐射，即：

$$E_{b\lambda}=I_{b\lambda}\pi \tag{4-74}$$

4.3.3 实际物体的辐射特性

不透明材料的表面辐射特性，如金属吸热板对太阳辐射的吸收率以及本身红外发射率是太阳能工作者特别感兴趣的。前面已讨论过反映物体辐射能量大小的辐射力和辐射强度，它们与波长及辐射在空间的方向有关。对于黑体辐射，能量按波长的分布服从普朗克定律；按空间方向分布服从兰贝特定律。因此，黑体的全辐射能力 E_b 应当是单位时间内单位表面积向各个方向发射全波谱的总能量。黑体的发射和吸收能力都最大。下面讨论实际物体的发射率和吸收率以及它们之间的相互关系，即克希荷夫定律。

(1) 发射率

实际物体表面上发射的辐射能与在同温度下黑体表面发射的辐射能之比称为发射率（或称黑度——接近黑体的程度）。根据辐射能与方向和波长有关，可引伸出四种不同含义的发射率。

① 单色方向发射率——方向为 μ，ϕ（μ 是极角 θ 的余弦，ϕ 是方位角）的单色辐射强度与同温度下黑体发射的单色辐射强度之比。

$$\varepsilon_\lambda(\mu,\phi)=\frac{I_\lambda(\mu,\phi)}{I_{b\lambda}} \tag{4-75}$$

② 方向发射率——在 μ，ϕ 方向发射的全波长辐射强度与同温度下黑体发射的全波长辐射强度之比。

$$\varepsilon(\mu,\phi)=\frac{\int_0^\infty I_\lambda(\mu,\phi)\,\mathrm{d}\lambda}{\int_0^\infty I_{b\lambda}\,\mathrm{d}\lambda}=\frac{\int_0^\infty \varepsilon_\lambda(\mu,\phi)I_{b\lambda}\,\mathrm{d}\lambda}{\int_0^\infty I_{b\lambda}\,\mathrm{d}\lambda}=\frac{1}{I_b}\int_0^\infty \varepsilon_\lambda(\mu,\phi)I_{b\lambda}\,\mathrm{d}\lambda \tag{4-76}$$

③ 单色半球发射率——波长一定，在整个半球面上的辐射强度与同温度下黑体全方向的辐射强度之比。

$$\begin{aligned}\varepsilon_\lambda&=\frac{\int_0^{2\pi}\int_0^1 I_\lambda(\mu,\phi)\mu\,\mathrm{d}\mu\,\mathrm{d}\phi}{\int_0^{2\pi}\int_0^1 I_{b\lambda}\mu\,\mathrm{d}\mu\,\mathrm{d}\phi}\\&=\frac{\int_0^{2\pi}\int_0^1 \varepsilon_\lambda(\mu,\phi)I_{b\lambda}\mu\,\mathrm{d}\mu\,\mathrm{d}\phi}{\int_0^{2\pi}\int_0^1 I_{b\lambda}\mu\,\mathrm{d}\mu\,\mathrm{d}\phi}\\&=\frac{1}{\pi}\int_0^{2\pi}\int_0^1 \varepsilon_\lambda(\mu,\phi)\mu\,\mathrm{d}\mu\,\mathrm{d}\phi\end{aligned} \tag{4-77}$$

④ 半球发射率（可简称发射率）——在整个半球面上，全波长范围内的总辐射强度与同温度下黑体总辐射强度之比。对式（4-77）在整个波长范围内积分，可求得：

$$\varepsilon=\frac{\int_0^\infty\int_0^{2\pi}\int_0^1 \varepsilon_\lambda(\mu,\phi)I_{b\lambda}\mu\,\mathrm{d}\mu\,\mathrm{d}\phi\,\mathrm{d}\lambda}{\int_0^\infty\int_0^{2\pi}\int_0^1 I_{b\lambda}\mu\,\mathrm{d}\mu\,\mathrm{d}\phi\,\mathrm{d}\lambda}=\frac{1}{E_b}\int_0^\infty \varepsilon_\lambda E_{b\lambda}\,\mathrm{d}\lambda=\frac{E}{E_b} \tag{4-78}$$

（2）吸收率

表面吸收率涉及入射的辐射情况，它的定义是入射的辐射能被表面所吸收的百分率，基于辐射能的特点，可定义四种吸收率。

① 单色方向吸收率——表面在特定方向（μ，ϕ）上入射的单色辐射强度被表面所吸收的百分率。

$$\alpha_\lambda(\mu,\phi)=\frac{I_{\lambda,\alpha}(\mu,\phi)}{I_{\lambda,i}(\mu,\phi)} \tag{4-79}$$

式中，下标 α 表示吸收，下标 i 表示入射。

② 方向吸收率——来自 μ，ϕ 方向全波长范围内的辐射强度被表面吸收的百分率。

$$\alpha(\mu,\phi)=\frac{\int_0^\infty \alpha_\lambda(\mu,\phi)I_{\lambda,i}(\mu,\phi)\,\mathrm{d}\lambda}{\int_0^\infty I_{\lambda,i}(\mu,\phi)\,\mathrm{d}\lambda}=\frac{1}{I_i(\mu,\phi)}\int_0^\infty \alpha_\lambda(\mu,\phi)I_{\lambda,i}(\mu,\phi)\,\mathrm{d}\lambda \tag{4-80}$$

③ 单色半球吸收率——来自半球各方向单色辐射能被表面吸收的百分率。

$$\alpha_{\lambda}=\frac{\int_{0}^{2\pi}\int_{0}^{1}\alpha_{\lambda}(\mu,\phi)I_{\lambda,\mathrm{i}}(\mu,\phi)\mu\mathrm{d}\mu\mathrm{d}\phi}{\int_{0}^{2\pi}\int_{0}^{1}I_{\lambda,\mathrm{i}}\mu\mathrm{d}\mu\mathrm{d}\phi} \tag{4-81}$$

④ 半球吸收率（简称吸收率）——整个半球面上全波长范围内入射的辐射能被表面吸收的百分率。对式（4-81）在全波长范围内积分可得：

$$\alpha=\frac{\int_{0}^{\infty}\int_{0}^{2\pi}\int_{0}^{1}\alpha_{\lambda}(\mu,\phi)I_{\lambda,\mathrm{i}}(\mu,\phi)\mu\mathrm{d}\mu\mathrm{d}\phi\mathrm{d}\lambda}{\int_{0}^{\infty}\int_{0}^{2\pi}\int_{0}^{1}I_{\lambda,\mathrm{i}}\mu\mathrm{d}\mu\mathrm{d}\phi\mathrm{d}\lambda} \tag{4-82}$$

假如单色方向吸收率与方向无关，即 α_{λ}（μ，ϕ）$=\alpha_{\lambda}$。上式可简化成：

$$\alpha=\frac{\int_{0}^{\infty}\alpha_{\lambda}q_{\lambda,\mathrm{i}}\mathrm{d}\lambda}{\int_{0}^{\infty}q_{\lambda,\mathrm{i}}\mathrm{d}\lambda} \tag{4-83}$$

式中，$q_{\lambda,\mathrm{i}}$ 是入射的单色辐射能。

假如入射辐射能来自太阳，它的辐射光谱是已知的，代入上式就可得到表面对太阳辐射的吸收率。

与发射率有关的 $\varepsilon_{\lambda}(\mu,\phi)$，$\varepsilon(\mu,\phi)$，$\varepsilon_{\lambda}$，$\varepsilon$ 四个量中都与黑体单色辐射强度（$I_{\mathrm{b}\lambda}$）有关，当表面温度已知时它是确定的，与外界无关，所以它们都是物体的表面特性。

与吸收率有关的四个量都与入射辐射的单色方向辐射强度 $I_{\lambda,\mathrm{i}}(\mu,\phi)$ 有关，对吸收面来说，它是外界条件，而且 $\alpha(\mu,\phi)$，α_{λ} 和 α 三个公式中的 $I_{\lambda,\mathrm{i}}(\mu,\phi)$ 都包含在积分号内，要积分必须知道它的具体函数形式。这三个量与外界条件有关，因而不是物体的表面特性。$\alpha_{\lambda}(\mu,\phi)$ 也和单色方向辐射强度有关，但与它的分布函数无关，所以吸收率中只有单色方向吸收率 $\alpha_{\lambda}(\mu,\phi)$ 是表面特性。强调一下，与入射的辐射强度有关的量，涉及外界条件，因而不是表面特性。特别要注意，这八个量都是表面状态和温度、粗糙度、清洁度等的函数。

（3）克希荷夫定律

给出发射率和吸收率的定义后，就可讨论它们的相互关系，即克希荷夫定律。

假设有一个理想的封闭空间，它由等温包壳组成，与周围环境绝热，包壳内的辐射场均匀并且各向同性，这样包壳和包壳内的物体必然处于热力学平衡状态。将一任意物体放入上述包壳内，该物体吸收的能量必定和发射的相等，假如不等就会破坏系统的热平衡。物体单位表面积上的能量平衡式为：

$$\alpha q=\varepsilon E_{\mathrm{b}} \tag{4-84}$$

现在改放另一个表面性质不同的物体于包壳内，能量平衡关系仍然适用，比值 q/E_{b} 保持常值。

$$\frac{q}{E_{\mathrm{b}}}=\frac{\varepsilon_1}{\alpha_1}=\frac{\varepsilon_2}{\alpha_2} \tag{4-85}$$

无疑上式也适用于黑体。因此，在热平衡条件下，任何物体的 ε 与 α 的比值等于1，即：

$$\varepsilon=\alpha \tag{4-86}$$

吸收率 α 和入射辐射有关（取决于外界条件），它不是物体特性，只有在热平衡条件下

它才等于发射率 ε。例如，太阳能集热器中，入射辐射来自太阳，吸热板是涂黑的金属材料。入射源是太阳，发射源是吸热后温度升高的金属材料，两个热源温度差别如此之大，热平衡条件不成立。因此，对吸热板表面来说，该式并不适用。

公式（4-86）是克希荷夫定律的一种表达形式。它在太阳能利用范畴内的局限性，可由更具有普遍性的表达形式来克服。关于理想的封闭空间的假设条件和前面介绍的相同。在包壳内部一个表面上的吸收率由式（4-82）确定，并可将式中的 $I_{\lambda,i}$（μ，ϕ）用 $I_{b\lambda}$ 来代替，而该表面的发射率可用式（4-78）计算。在热平衡条件下，半球吸收率和半球发射率相等，利用两式相等可得：

$$\int_0^{\infty} I_{b\lambda} \int_0^{2\pi} \int_0^1 [\alpha_\lambda(\mu,\phi) - \varepsilon_\lambda(\mu,\phi)] \mu \mathrm{d}\mu \mathrm{d}\phi \mathrm{d}\lambda = 0 \tag{4-87}$$

从数学角度看，α_λ（μ，ϕ）不等于 ε_λ（μ，ϕ）时，上式也可能成立，由于一些物质的单色方向吸收率 α_λ（μ，ϕ）变化很不规则，出现上述情况的可能性很小。因此，要使上式成立，只有单色方向的吸收率和发射率相等，即：

$$\alpha_\lambda(\mu,\phi) = \varepsilon_\lambda(\mu,\phi) \tag{4-88}$$

上述结论是由热平衡导出的，但是它不仅适用于热平衡条件，而且对任何其他情况都适用。因为 α_λ（μ，ϕ）和 ε_λ（μ，ϕ）两者都是物体表面的特性，不取决于外界条件而只和表面本身的特性有关，这就是更具有普遍性的克希荷夫定律。现对它作一小结：

① 方程式（4-88）的适用条件很宽，无论是否处于热平衡，也无论入射辐射是否来自黑体，它都成立，因为它仅取决于表面特性。

② 确切地说，克希荷夫定律只适用于每个偏振分量，即单色、定向的吸收率和发射率相等，而代表两个分量总和的半球发射率并不相等。

③ 当表面特性和方位角无关时，公式变成 $\alpha_\lambda(\mu)=\varepsilon_\lambda(\mu)$；又当表面特性和波长无关时，则 $\alpha=\varepsilon$，这个结果和由热平衡条件得到的式（4-86）相同。灰体的定义就是表面特性和波长无关，因而可以得出结论：灰体在任何情况下，吸收率都等于发射率。

④ 在许多工业热辐射实际应用中，式（4-86）和式（4-88）的差别并不很大，但是在太阳能利用中，差别会十分显著，这点要特别注意。只有充分理解公式（4-88），才能掌握选择性涂层的原理。

4.3.4　灰体表面间的辐射换热

分析系统内只有两灰体表面参与辐射换热的情况（例如在封闭空间里其内表面与物体表面间或两无限大平行表面间的辐射换热等），并假设两灰体表面间的辐射换热仅通过扩散辐射和反射来实现。这种情况与两黑体表面间的辐射换热的差别在于要考虑表面间互相多次吸收和反射的现象，因为灰体表面只吸收一部分辐射，其余部分被反射出去。采用有效辐射的概念，会使问题得到简化。

有效辐射 J 是指单位时间内离开灰体单位表面积上的总能量，即发射能，它包括灰体本身辐射（辐射能力 E）和反射辐射 ρH 两部分。

$$J = E + \rho H = (\varepsilon E_b + \rho H) \tag{4-89}$$

式中，ρ 为灰体表面的反射率；H 为单位时间入射到灰体单位表面积上的辐射能，即入射能。

根据灰体表面 $\alpha=\varepsilon$，可得：

$$\rho=1-\alpha=1-\varepsilon \tag{4-90}$$

因此：

$$J=\varepsilon E_b+(1-\varepsilon)H \tag{4-91}$$

离开灰体表面的净能量为发射能与入射能之差，即：

$$\frac{Q}{A}=J-H=\varepsilon E_b+(1-\varepsilon)H-H \tag{4-92}$$

联立式（4-91）和式（4-92）得：

$$Q=\frac{\varepsilon A}{1-\varepsilon}(E_b-J)=\frac{E_b-J}{\dfrac{1-\varepsilon}{\varepsilon A}} \tag{4-93}$$

式中，分母为辐射换热的表面热阻，分子为热位差；Q 为热流。

上式的电网络模拟如图 4-12 所示。

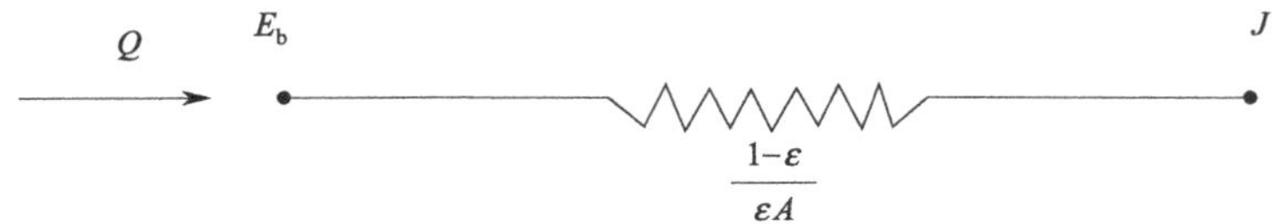

图 4-12　辐射的表面热阻示意图

由于 J 为未知数，还是无法直接从上式求出 Q。现在讨论面与面之间的换热，由面 1 发射到达面 2 的能量为：

$$Q_{1\to2}=J_1A_1F_{12} \tag{4-94}$$

由面 2 发射到达面 1 的能量为：

$$Q_{2\to1}=J_2A_2F_{21} \tag{4-95}$$

式中，F_{12} 和 F_{21} 为角系数。

面 1 和面 2 之间的换热量为：

$$Q_{12}=Q_{1\to2}-Q_{2\to1}=J_1A_1F_{12}-J_2A_2F_{21} \tag{4-96}$$

由角系数的相对性可得 $A_1F_{12}=A_2F_{21}$，则：

$$Q_{12}=\frac{J_1-J_2}{\dfrac{1}{A_1F_{12}}}=\frac{J_1-J_2}{\dfrac{1}{A_2F_{21}}} \tag{4-97}$$

式中，$1/(A_1F_{12})$ 或 $1/(A_2F_{21})$ 为辐射换热的空间热阻，也可用网络图表示，见图 4-13。

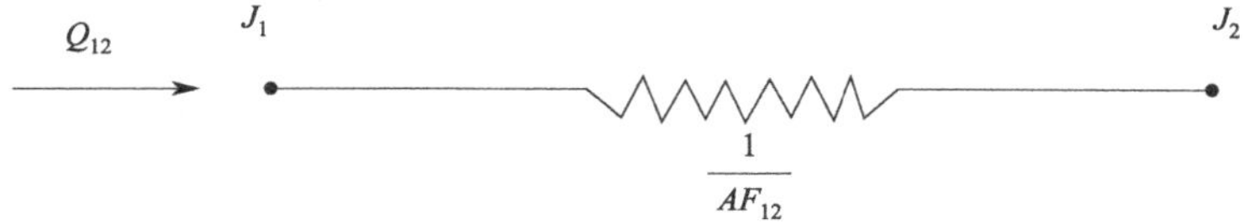

图 4-13　辐射的空间热阻示意图

若两个面本身“看”不到自己，即 $F_{11}=0$，$F_{22}=0$ 时，两个面的全部净换热量如图 4-14 所示。

仿照电学的欧姆定律，净热量 Q_{net} 为：

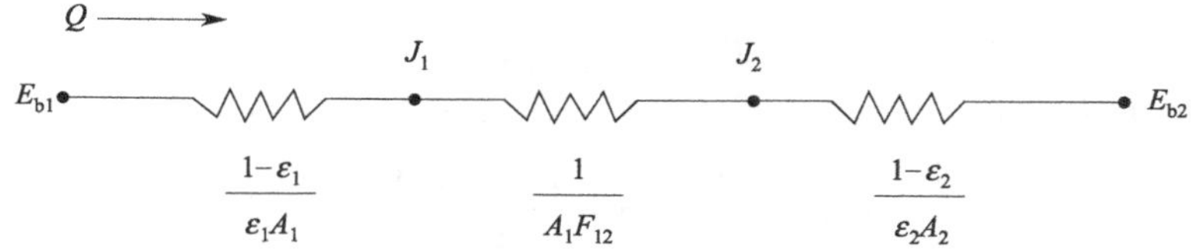

图 4-14　两个灰体表面间的辐射换热网络图

$$Q_{net}=\frac{E_{b1}-E_{b2}}{\dfrac{1-\varepsilon_1}{\varepsilon_1 A_1}+\dfrac{1}{A_1F_{12}}+\dfrac{1-\varepsilon_2}{\varepsilon_2 A_2}}=\frac{\sigma(T_1^4-T_2^4)}{\dfrac{1-\varepsilon_1}{\varepsilon_1 A_1}+\dfrac{1}{A_1F_{12}}+\dfrac{1-\varepsilon_2}{\varepsilon_2 A_2}} \tag{4-98}$$

或由式（4-94）求出 J_1 及 J_2，并代入式（4-98），利用 $Q_1=Q_2=Q_{12}=Q_{net}$，也能得到式（4-98）。此式代表两面之间为“真空”，如果两面间有气体，因气体具有透射、反射和吸收等性质，由面 1 发射到达面 2 的能量会发生变化，应是 $J_1A_1F_{12}$，其详细解法可参阅有关书籍。

若两个面积相当大的平行表面，则 $F_{12}=1$，于是式（4-97）可写为：

$$\frac{Q_{net}}{A}=\frac{\sigma(T_1^4-T_2^4)}{\dfrac{1}{\varepsilon_1}+\dfrac{1}{\varepsilon_2}-1} \tag{4-99}$$

若两个同心圆柱面做辐射换热时，$F_{12}=1$，则：

$$\frac{Q_{net}}{A_1}=\frac{\sigma(T_1^4-T_2^4)}{\dfrac{1}{\varepsilon_1}+\dfrac{A_1}{A_2}\left(\dfrac{1}{\varepsilon_2}-1\right)} \tag{4-100}$$

若 $A_1/A_2\rightarrow 0$ 时，则：

$$Q_{net}=\sigma A_1\varepsilon_1(T_1^4-T_2^4) \tag{4-101}$$

以上公式在太阳能热利用中相当重要。例如，因太阳能吸收面面积 A_1 比天空面积 A_2 要小得多，因此由吸收面到天空辐射的热损失可用式（4-101）进行计算，或者将天空看成黑体，将 $\varepsilon_2=1$ 代入式（4-100）可得式（4-101）。

4.3.5　天空辐射

为了预测太阳能集热器的性能，必须计算集热器表面与天空间的辐射换热。通常在离地面某个高度，某个天空温度下，可把天空看成黑体，因此面朝天空的太阳能平板集热器表面与天空之间的辐射换热量可按式（4-102）计算：

$$Q=\varepsilon A\sigma(T_{sky}^4-T^4) \tag{4-102}$$

式中，A 为集热器表面积；ε 为发射率；T_{sky} 为天空温度；T 为表面温度。

1963 年，Swinbank 给出当地空气温度与天空温度的关系为：

$$T_{sky}=0.0552T_a^{1.5} \tag{4-103}$$

式中，T_a 为当地的空气温度；T_{sky} 为天空温度。

Whillier 给出更简洁的公式：

夏季可用：

$$T_{sky}=T_a-6℃ \tag{4-104}$$

冬季可用：

$$T_{sky}=T_a-20℃ \tag{4-105}$$

还可用下式计算：

$$T_{sky}=T_a\left[0.8+\frac{T_{dp}-273}{250}\right]^{1/4} \tag{4-106}$$

式中，T_{dp} 为露点温度。

当相对湿度为 25% 时，用式（4-103）和式（4-106）计算的结果十分接近。用式（4-106）计算的结果表明：热而潮湿的天气，气温与天空温度之间的差别在 10℃左右；冷而干燥的天气，两者之差约为 30℃。实践证明用这些不同的公式计算设计，对最后集热器的性能影响很小。

4.3.6 辐射换热系数

工程上为了计算方便，常把辐射换热量形式上转化成对流换热量的处理方法，于是可将两个任意表面间辐射换热的计算公式（4-98）表示成牛顿冷却公式的形式：

$$Q=A_1h_r(T_2-T_1) \tag{4-107}$$

显然上式中：

$$h_r=\frac{\sigma(T_2^2+T_1^2)(T_2+T_1)}{\dfrac{1-\varepsilon_1}{\varepsilon_1}+\dfrac{1}{F_{12}}+\dfrac{(1-\varepsilon_2)A_1}{\varepsilon_2A_2}} \tag{4-108}$$

若面积 A_1 和 A_2 不等，则 h_r 的数值取决于计算所用的面积 A_1 和 A_2。

习题

1. 求出两个平行板之间的对流传热系数。板间相隔 25mm，倾角 45°，下板温度为 70℃，上板温度为 50℃。
2. 太阳能集热器的集热管直径为 10mm 且间距为 100mm，求管内对流传热系数。该集热器宽 1.5m，长 3m，水的总流量为 0.075kg/s，水温为 80℃。
3. 确定宽 1m、长 2m 的通道中气流的对流传热系数。通道高度为 15mm，空气流量为 0.03kg/s，平均气温为 35℃。如果通道厚度减半，传热系数是多少？如果流量减半，传热系数是多少？
4. 假设太阳在 5777K 下是黑体，出现最大单色发射功率的波长是多少？在电磁频谱的可见光部分（0.38～0.78μm）的能量所占的比例为多少？
5. 平板集热器的吸热板和玻璃盖板面积较大，两者平行且相隔 25mm。吸热板的发射率为 0.15，温度为 70℃；盖板的发射率为 0.88，温度为 50℃。计算这两个面之间的辐射热流和辐射传热系数。

第5章

太阳能集热器

5.1 概　述

太阳能集热器是将太阳辐射能转换为热能的装置，是太阳能热利用系统的关键部件。事实上，它是一种将吸收的太阳辐射能转换为集热工质内能的特殊换热器，常使用的集热工质包括水、防冻液、空气或导热油等。

按照入射光线是否改变方向，太阳能集热器可分为非聚光型和聚光型。非聚光型集热器不改变入射光线的方向，截获和吸收的太阳辐射具有相同的面积；聚光型太阳能集热器则是利用光线的反射或折射，截获和汇集太阳的直射辐射到较小的接收面积，以提高辐射通量。

按照运动方式，太阳能集热器可分为固定式、单轴追踪式和双轴追踪式。

开展太阳能集热器的技术研发，主要涉及以下 2 个方面的关键问题。

(1) 如何高效地收集太阳能，主要技术内容有：

① 集热系统的光学设计；

② 集热体的热结构设计；

③ 集热体的材料性能分析与选择；

④ 选择性表面技术；

⑤ 装置的机械结构设计。

(2) 如何将收集的太阳能高效地转换为有用能量收益，主要技术内容有：

① 尽可能降低能量转换过程中的各种热损失；

② 优化系统设计。

5.2 平板集热器

5.2.1 基本构造和工作原理

(1) 基本构造

典型的平板集热器如图 5-1 所示。主要组成部分有：

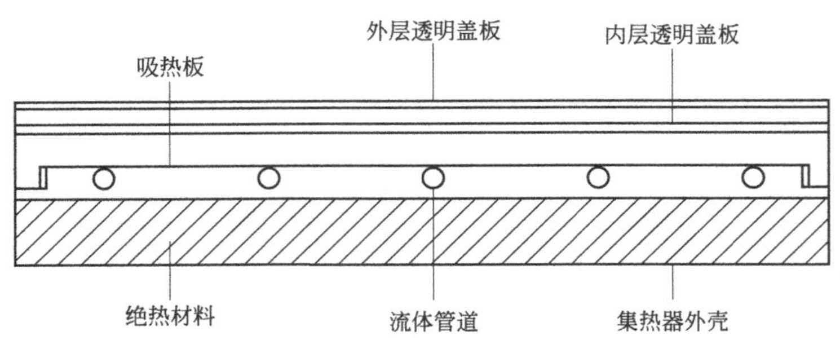

图 5-1　典型平板集热器示意图

① 透明盖板　通常用玻璃或塑料制成，其作用是让太阳辐射透过并减少吸热板的对流和辐射损失。盖板性能决定温室效应的强弱。

② 吸热板　可由各种金属或非金属材料制造，表面经处理后能充分吸收入射的太阳辐射能，并转换为热能传递给通过其中的集热工质。

③ 外壳　对盖板及吸热板起支承固定作用，为减小热损失通常在吸热板背部以及侧面加装绝热材料。

(2) 工作原理

太阳能平板集热器的能量平衡关系如图 5-2 所示。投射到集热器上的太阳辐射能，大部分透过透明盖板入射到集热板上，小部分被盖板吸收和反射回天空。到达集热板上的太阳辐射能，大部分被集热板所吸收并转化为热能，传向通流管，小部分为集热板反射向透明盖板。这样，从集热器入口端来的集热工质流经通流管时，被传向通流管的热能所加热，温度逐渐升高，加热后的集热工质带着有用能量从集热器出口端流出。如此循环，将投射的太阳辐射能逐渐转换为有用能量收益，供给用户使用。与此同时，透明盖板和外壳向环境散失热量，构成集热器的热损失。这样的换热循环过程，一直维持到当集热温度达到某个平衡点时为止。这就是整个太阳能平板集热器的基本工作原理。

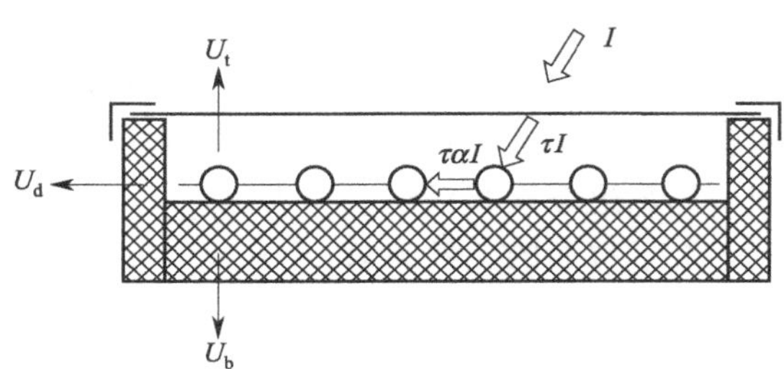

图 5-2　太阳能平板集热器的能量平衡关系

太阳能集热器的热性能，可由能量平衡方程来描述。由分析可知，投射到平板集热器上的入射太阳辐射总能量 Q_A，大部分被集热工质所吸收，构成集热器的有用能量收益 Q_u，其余为集热器向环境的散热损失 Q_L 和集热器本身的储能 Q_s。由此，可得集热器的能量平衡方程为：

$$Q_A = Q_u + Q_L + Q_s \tag{5-1}$$

① 入射太阳辐射总能量 Q_A：

$$Q_A = A_c S = A_c (\tau\alpha)_e I_T \tag{5-2}$$

式中，A_c 为集热器采光面积；S 为吸热板吸收的太阳辐射强度；I_T 为集热器采光面上的入射太阳总辐射强度；$(\tau\alpha)_e$ 为透明盖板-吸热板系统的有效透过率-吸收率乘积。

平板集热器总是倾斜安装，根据式（2-52）～式（2-54）可计算得到倾斜面上的太阳直

射辐射强度 I_{BT}、散射辐射强度 I_{DT} 和反射辐射强度 I_{RT}。这样，集热器采光面上的入射太阳总辐射强度 I_T 为：

$$(\tau\alpha)_e I_T=(\tau\alpha)_b I_{BT}+(\tau\alpha)_d I_{DT}+(\tau\alpha)_r I_{RT} \tag{5-3}$$

式中，$(\tau\alpha)_b$、$(\tau\alpha)_d$ 和 $(\tau\alpha)_r$ 分别为透明盖板-吸热板系统对直射辐射、散射辐射和反射辐射的有效透过率-吸收率乘积。

② 有用能量收益 Q_u：

$$Q_u=A_c C_p G(T_{f,o}-T_{f,i}) \tag{5-4}$$

式中，$T_{f,i}$、$T_{f,o}$ 分别为集热工质的入口和出口温度；G 为集热工质的单位面积质量流量；C_p 为集热工质的比定压热容。

③ 集热器的总散热损失 Q_L：

$$Q_L=A_c U_L(T_p-T_a) \tag{5-5}$$

式中，U_L 为集热器的总热损失系数；T_p 为吸热板温度；T_a 为环境温度。

④ 集热器本身的储能 Q_s：

$$Q_s=(MC)\frac{dT}{dt} \tag{5-6}$$

式中，(MC) 为集热器的热容量；T 为集热器温度；t 为时间。稳态工况时，$Q_s=0$。非稳态工况时，如：早晨太阳升起，吸热板温度升高，集热器各部位将不断地吸热储能；相反，傍晚太阳落山，吸热板温度下降，集热器本身各部位将不断地释放热能。

5.2.2 透明盖板-吸热板系统的性能

盖板是收集太阳能的窗口。它的作用是让光谱范围为 0.3～3μm 的太阳总辐射进入，透射率越高越好，尽量不让吸热板发出的长波辐射（波长范围为 3.0μm 以上）出去，这样就形成进多出少的温室效应。盖板还能减小吸热板与外界换热引起的热损失。

盖板材料的选择对集热器的性能会有明显的影响。盖板材料通常有玻璃和塑料两种。大多数透明材料对光线的透射能力与入射辐射的波长有关。

图 5-3 给出玻璃透射率的光谱分布。透射率与 Fe_2O_3 含量紧密相关，含铁量高的玻璃侧面看上去呈绿色，透射率较低；含铁量低，侧面呈水白色，透射率高而且与波长无关。对于大于 3μm 的长波辐射，玻璃基本上是不透明的。玻璃在不同波长范围内光学特性有明显变化的现象称为选择性。它正好适合高性能集热器的需要，加上抗紫外线能力好、强度适中、容易除尘等，玻璃无疑是一种合适的盖板材料。

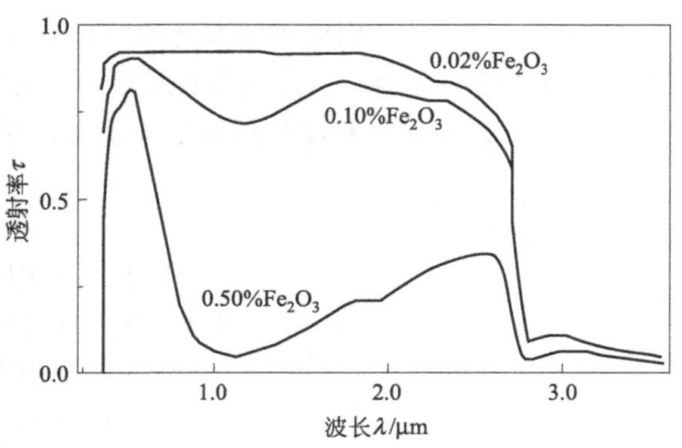

图 5-3 玻璃透射率的光谱分布（玻璃厚度为 6mm）

图 5-4 给出了氟塑料薄膜透射率的光谱分布。它对太阳辐射和长波辐射的透射率都较高，作为盖板使用时其热性能就较差，还存在抗紫外线能力弱、容易老化变质等问题。由于成本较低，广泛运用在性能要求不高的地方（如农用塑料大棚等）。随着高分子材

料的深入研究与性能不断改进，塑料作为集热器盖板的前景也会更加乐观。

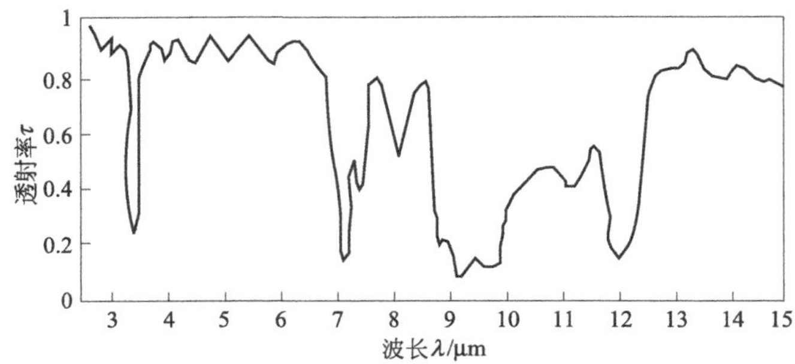

图 5-4　氟塑料薄膜透射率的光谱分布

(1) 反射率

透明材料会反射和吸收掉部分太阳辐射，剩下的才透射进入集热器。影响反射和吸收的主要因素有辐射的入射角、透明材料的折射率、厚度以及消光系数等。以下将从基本的光学定理出发，解释这些物理量的相互关系。

由物理学可知，太阳辐射是非偏振光。当它在两种介质的分界面上反射和折射时，反射光和折射光都将成为部分偏振光；当入射角达到某一特定值时，反射光有可能成为完全偏振光。因而，必须对太阳辐射的反射和折射做偏振处理。

Fresnel 推导了直射辐射经介质 1（折射率为 n_1）到介质 2（折射率为 n_2）在光滑界面上反射率 r 的计算公式，这是两个相互垂直的偏振分量（$r_{\perp}$ 和 $r_{//}$）的平均值。

$$r_{\perp}=\frac{\sin^2(\theta_2-\theta_1)}{\sin^2(\theta_2+\theta_1)} \tag{5-7}$$

$$r_{//}=\frac{\tan^2(\theta_2-\theta_1)}{\tan^2(\theta_2+\theta_1)} \tag{5-8}$$

$$r=\frac{I_r}{I_i}=\frac{r_{\perp}+r_{//}}{2} \tag{5-9}$$

式中，$r_{\perp}$ 和 $r_{//}$ 分别代表偏振光的垂直分量和平行分量，方向由入射光线与界面法线组成的平面来判断；θ_1 和 θ_2 分别为入射角和折射角，如图 5-5 所示；I_r 和 I_i 分别为反射辐射强度和入射辐射强度。角度和折射率关系由斯涅尔定律确定，即：

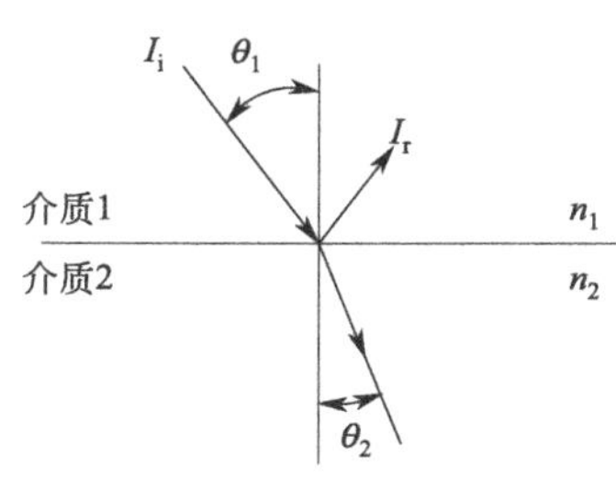

图 5-5　角度和折射率关系

$$\frac{n_1}{n_2}=\frac{\sin\theta_2}{\sin\theta_1} \tag{5-10}$$

上述公式表明，只要知道折射率（n_1 和 n_2）以及入射角（θ_1），就能计算直射辐射在界面上的反射率 r。

若入射辐射与界面垂直（证明时可近似假设 $\theta_1\approx0°$ 和 $\theta_2\approx0°$，由等价无穷小有 $\sin\theta\approx\theta$，$\tan\theta\approx\theta$），式（5-9）成为：

$$r(0°)=\left(\frac{n_1-n_2}{n_1+n_2}\right)^2 \tag{5-11}$$

若一种介质是空气（折射率近似为 1.0），式（5-11）变成：

$$r(0°)=\left(\frac{n-1}{n+1}\right) \tag{5-12}$$

（2）由反射引起的透射率

式（5-9）是求界面上的反射率。实际玻璃有一定厚度，存在两个界面，对入射辐射都要进行反射。假设玻璃没有吸收作用，只考虑一层盖板由反射损失引起的透射率，参见图 5-6。应当强调，经第一界面反射和折射的辐射都是部分偏振量，两个分量大小在通常情况下又各不相同，因而必须分别对它们做处理。

利用光线追迹法求解该问题。先讨论界面上偏振反射率为 $r_\perp$ 的情况。直射辐射经第一界面到达第二界面的份额为 $(1-r_\perp)$，其中有 $(1-r_\perp)^2$ 透射出第二界面。由此，第二界面反射回第一界面的份额是 $(1-r_\perp)r_\perp$。按此思路，可以得到透射率垂直偏振分量的表达式，即：

$$\tau_\perp=(1-r_\perp)^2\sum_{n=0}^{\infty}r_\perp^{2n}=\frac{(1-r_\perp)^2}{(1-r_\perp^2)}=\frac{1-r_\perp}{1+r_\perp} \tag{5-13}$$

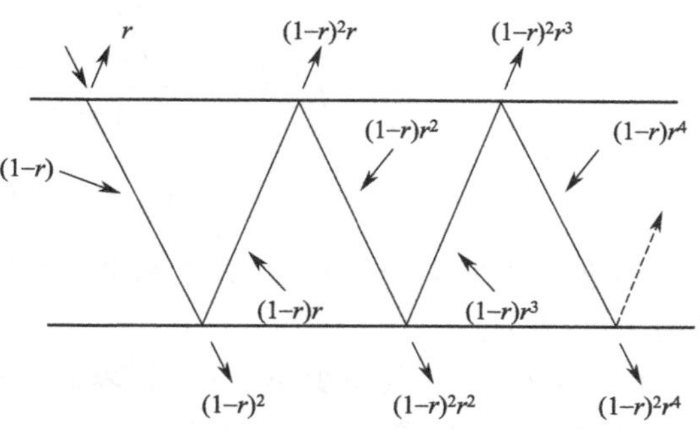

图 5-6　一层盖板的透射率（不考虑吸收）

$r_{//}$的表达形式与上式完全相同，只是大小不同。非偏振的太阳辐射在实际玻璃上的透射率是两个偏振透射率的平均值，即：

$$\tau_r=\frac{1}{2}\left(\frac{1-r_{//}}{1+r_{//}}+\frac{1-r_\perp}{1+r_\perp}\right) \tag{5-14}$$

式中，角标 r 强调只考虑反射率而不考虑吸收率引起的透射率。

若盖板由相同性质的 N 层玻璃组成，类似分析可以得到：

$$\tau_{r,N}=\frac{1}{2}\left[\frac{1-r_\perp}{1+(2N-1)r_\perp}+\frac{1-r_{//}}{1+(2N-1)r_{//}}\right] \tag{5-15}$$

入射角与玻璃盖板层数对透射率的影响（不考虑吸收）如图 5-7 所示。可见，透射率随着入射角的增大而减小，随着玻璃盖板层数的增加而减小。

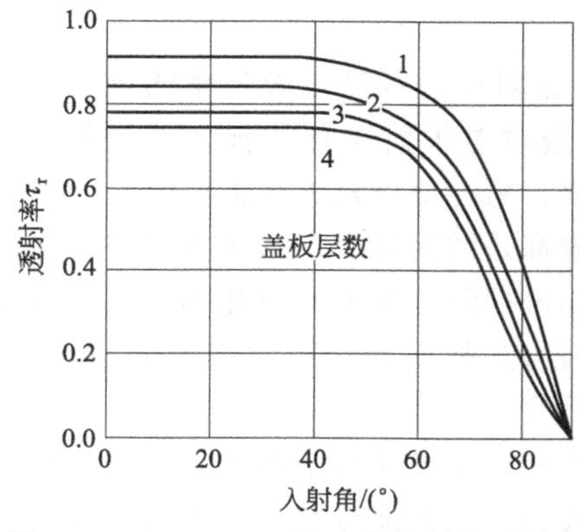

图 5-7　1、2、3、4 层玻璃盖板的透射率 τ_r（$n=1.562$，不考虑吸收）

（3）由吸收引起的透射率

透明材料除了有反射损失外，还存在吸收损失，即材料吸收部分辐射而使透过的能量降低，称为由吸收引起的透射率。被吸收的辐射量与介质中的局部辐射量和辐射经过介质的距离成正比，即：

$$dI=-IK\,dx \tag{5-16}$$

式中，K 为消光系数，在太阳光谱内假设为常数。透明材料厚度为 L，沿着介质中的实际路径积分（从 0 到 $L/\cos\theta_2$）得到：

$$\tau_a=\frac{I_\tau}{I_0}=e^{-KL/\cos\theta_2} \tag{5-17}$$

式中，角标 a 强调单纯吸收作用引起的透射率；

θ_2 为折射角；含铁量低的水白玻璃 $K=4$（m^{-1}），绿边玻璃 $K=32$（m^{-1}）；I_τ 为透射辐射强度；I_0 为入射处的辐射强度。

采用相同性质的多层盖板时，只要把各层的厚度加起来代入上式即可。

(4) 由反射、吸收引起的透射率

同时考虑反射和吸收两种损失，可以得到盖板的实际性能。采用光线追迹法，得到一层盖板的透射率、反射率和吸收率计算公式，其平行偏振分量 $\tau_{//}$，$\rho_{//}$ 和 $\alpha_{//}$ 分别为：

$$\tau_{//}=\frac{\tau_a(1-r_{//})^2}{1-(r_{//}\tau_a)^2}=\tau_a\left(\frac{1-r_{//}}{1+r_{//}}\right)\left[\frac{1-r_{//}^2}{1-(r_{//}\tau_a)^2}\right] \tag{5-18}$$

$$\rho_{//}=r_{//}+\frac{(1-r_{//})^2\tau_a^2 r_{//}}{1-(r_{//}\tau_a)^2}=r_{//}(1+\tau_a\tau_{//}) \tag{5-19}$$

$$\alpha_{//}=(1-\tau_a)\left(\frac{1-r_{//}}{1-r_{//}\tau_a}\right) \tag{5-20}$$

相应的垂直偏振分量，形式上和平行分量完全一样，取两者的平均值可求出一层盖板实际的 τ、ρ 和 α。

由于盖板的 τ_a 值很少小于 0.9，界面反射率 r 数量级为 0.1，因而式（5-18）中最后一项近似为 1，它变成 $\tau_{//}\approx\tau_a$（$1-r_{//})/(1+r_{//}$），于是一层盖板实际透射率的公式可简化为：

$$\tau\approx\tau_a\tau_r \tag{5-21}$$

类似地，式（5-20）中最后一项也近似为 1，吸收率 α 的计算公式可简化为：

$$\alpha\approx 1-\tau_a \tag{5-22}$$

尽管上式省略项比式（5-18）的省略项来得大，由于吸收率数值上比透射率小许多，两个近似式的总精度基本相同。

运用 $\tau+\rho+\alpha=1$，可得到反射率的近似式：

$$\rho\approx\tau_a(1-\tau_r)=\tau_a-\tau \tag{5-23}$$

用精确公式时，涉及各个偏振分量。近似公式的优点在于，只要对 τ_r 一项作偏振计算。应当指出，上述近似公式是由一层盖板推导得出的。只要采用的材料相同，对于多层盖板仍然适用。这时 τ_r 用式（5-15）求得，τ_a 用式（5-17）求得，应注意把各层厚度加起来。

(5) 透射率和吸收率的乘积

由式（5-2）可知，太阳能集热器的性能取决于盖板透射率和吸热板吸收率的乘积，即（$\tau\alpha$）项。透过盖板射在吸热板上的辐射，一部分被吸收，另一部分被吸热板反射。反射后的辐射一般都是散射辐射，为了计算方便，假设它仍是非偏振的。这种反射并不一定造成能量损失，因为盖板底部会将它反射回吸热板，如图 5-8 所示。

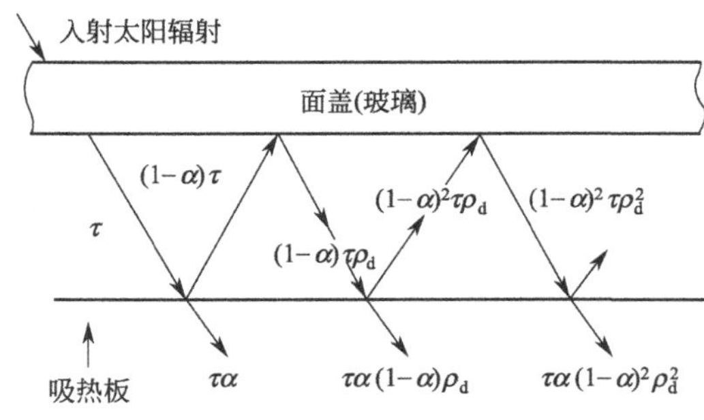

图 5-8　太阳辐射经盖板到吸热板的往复透过、吸收和反射情况

图 5-8 中 τ 是盖板系统的透射率，α 是吸热板的吸收率。入射能量中被吸热板吸收的份额是 $\tau\alpha$；由吸热板反射的份额是 τ-$\tau\alpha=\tau(1-\alpha)$，这部分已是散射辐射，因而被盖板底部再

反射回吸热板的份额应是 $\tau(1-\alpha)\rho_d$，其中 ρ_d 是盖板对散射辐射的反射率。如此吸收、反射继续下去，将吸收面上所有各项加起来，可以得到：

$$(\tau\alpha)=\tau\alpha\sum_{n=0}^{\infty}[(1-\alpha)\rho_0]^n=\frac{\tau\alpha}{1-(1-\alpha)\rho_d} \tag{5-24}$$

应当指出，吸热板吸收的绝大部分都是散射辐射，吸收率通常与入射辐射的角度有关，因为对最终结果影响甚小，可假设整个吸热板上的吸收率为常数。

反射率的计算公式（5-19）和式（5-23）都只适用于直射辐射。然而，理论和实验都表明，散射辐射只要符合各向同性的假设，在太阳能集热器实际使用范围内，散射辐射的反射率和直射辐射在入射角为 60°时的反射率相等。利用 60°的当量角，就可把散射当作直射辐射处理，即可用公式（5-23）求出 ρ_d。表 5-1 给出入射角 $\theta_1=60°$时，三种不同玻璃以及盖板层数为 1、2、3、4 层时的 ρ_d 计算值。

表 5-1 三种玻璃，不同盖板层数的 ρ_d 值

层数	ρ_d		
	$KL=0.0125$	$KL=0.0370$	$KL=0.0524$
1	0.15	0.15	0.15
2	0.23	0.22	0.21
3	0.28	0.25	0.24
4	0.31	0.27	0.25

利用式（5-24）计算（$\tau\alpha$）项时，考虑了玻璃吸收和反射对 τ 的影响。实际上，玻璃吸收的能量对集热器整体来说并没损失掉，它提高了盖板温度，从而减小了由吸热板到盖板的热损失，其效果和提高盖板的透射率相当。因此，可以定义为有效透射率-吸收率乘积，简称有效乘积，用符号（$\tau\alpha$）$_e$ 表示，对于相同材料 n 层盖板有：

$$(\tau\alpha)_e=\tau\alpha+(1-\tau_a)\sum_{i=1}^{n}(a_i\prod_{m=1}^{n-1}\tau_m) \tag{5-25}$$

式中，τ_a 与 τ 都是指最上一层盖板的透射率；a_i 是顶部损失系数 U_t 与第 i 层盖板到外界热损系数之比，即 $a_i=U_t/U_{e,i-a}$。a_i 值由表 5-2 给出，它与吸热板温度、环境温度、吸热板发射率（ε_p）以及风速等有关。表中数据是在板温 100℃，环境温度 10℃，$h_w=24\text{W}/(\text{m}^2\cdot℃)$ 条件下计算得到的，它受风速影响较大，对温度不太敏感。

表 5-2 公式（5-25）中的常数

盖板层数	a_i	$\varepsilon_p=0.95$	$\varepsilon_p=0.50$	$\varepsilon_p=0.10$
1	a_1	0.27	0.21	0.13
2	a_1	0.15	0.12	0.09
	a_2	0.62	0.53	0.40
3	a_1	0.14	0.08	0.06
	a_2	0.45	0.40	0.31
	a_3	0.75	0.67	0.53

有了有效乘积（$\tau\alpha$）$_e$，考虑光学损失，并代入公式（2-55），则吸热板实际接收到的太阳辐射能 S 为：

$$S=I_T(\tau\alpha)_e=\left[I_B\frac{\cos\theta_i}{\sin\alpha}+I_D\left(\frac{1+\cos\beta}{2}\right)+(I_B+I_D)\rho\left(\frac{1-\cos\beta}{2}\right)\right](\tau\alpha)_e \tag{5-26}$$

5.2.3 集热器热损失系数

图 5-1 所示的集热器，运行时实际吸收的太阳能为 S，其中一部分转变成集热器的有用能量收益 Q_u，另一部分变成热损失 Q_2。本节主要讨论热损失的计算。集热器的热损失由顶部、底部和侧面三个部分组成。利用总损失系数，可使集热器的计算得到简化。导出总损失系数的表达式，通常的叙述方法步骤比较冗长，这里将利用热网络图进行求解。图 5-9 给出有两层玻璃盖板的集热器的热网络图，T_p 是吸热板温度，T_{ci} 代表第 i 层的玻璃温度，图 5-9（a）上标出的所有热阻都是单位面积上的热阻，图 5-9（b）上各个 R 是两面之间的热阻，图 5-9 的（a）和（b）完全对应。

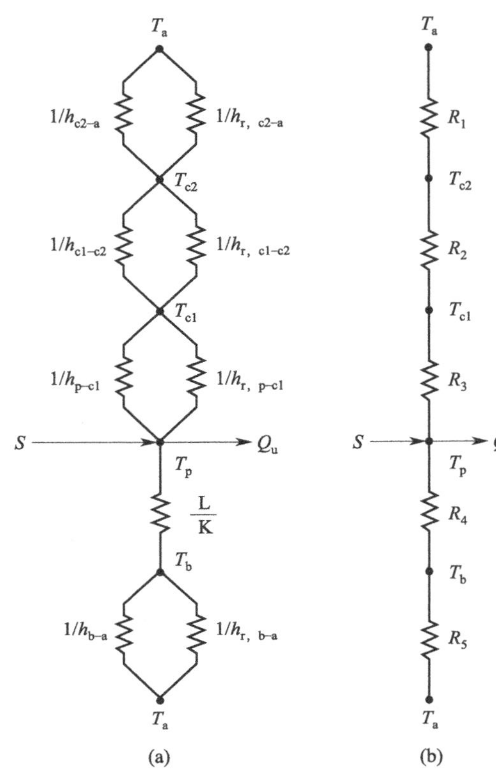

图 5-9 两层盖板集热器的热网络图

吸热板与第一层（内层）玻璃之间有对流换热和辐射换热，它们的热阻由图 5-9（a）给出，对流热阻为 $1/h_{p-c1}$，辐射热阻为 $1/h_{r,p-c1}$，和这两个并联电阻等效的是图 5-9（b）中所示的 R_3。

$$R_3=\frac{1}{1/\left(\dfrac{1}{h_{p-c1}}\right)+1/\left(\dfrac{1}{h_{r,p-c1}}\right)}=\frac{1}{h_{p-c1}+h_{r,p-c1}} \tag{5-27}$$

第二层玻璃（外层）与天空间的换热与上面类似，这时对流换热由风引起，用 h_{c2-a} 表示，玻璃对天空的辐射换热系数是 $h_{r,c2-a}$。外层玻璃对周围环境的换热热阻为：

$$R_1=\frac{1}{h_{c2-a}+h_{r,c2-a}} \tag{5-28}$$

从图 5-9（b）可以看出，集热板到环境的热阻等于 $R_1+R_2+R_3$，顶部热损失 $q_{L,t}$ 可用下式计算，采用顶部损失系数 U_t 使公式更简单：

$$q_{L,t}=\frac{T_p-T_a}{R_1+R_2+R_3}=U_t(T_p-T_a) \tag{5-29}$$

$$U_t=\frac{1}{R_1+R_2+R_3} \tag{5-30}$$

假如集热器只有一层盖板（$R_2=0$），则：

$$U_t=\left(\frac{1}{h_{p-c}+h_{r,p-c}}+\frac{1}{h_{c-a}+h_{r,c-a}}\right)^{-1} \tag{5-31}$$

其中，吸热板到玻璃的辐射换热系数为：

$$h_{r,p-c}=\frac{\sigma(T_p^2+T_c^2)(T_p+T_c)}{\dfrac{1}{\varepsilon_p}+\dfrac{1}{\varepsilon_c}-1} \tag{5-32}$$

从玻璃到天空的辐射换热系数为：

$$h_{r,c-a}=\frac{\varepsilon_c\sigma(T_c^4-T_{sky}^4)}{T_p-T_a} \tag{5-33}$$

式中，h_{p-c} 为两平行平板间的对流换热系数；h_{c-a} 为风引起的对流换热系数。应用以上公式求顶部损失系数 U_t 时，还得知道玻璃盖板温度 T_c。

在热平衡条件下，集热器两平面间的热交换必须和顶部热损失相等。对一层盖板的集热器，吸热板传给玻璃的能量和玻璃传给环境的相等，并且也等于吸热板到环境的顶部热损失。对两层盖板组成的系统，吸热板与内层玻璃的换热量和两玻璃间以及外层玻璃传给环境的能量相等，也必须和顶部热损失相等。因此，第 j 块板的温度可由第 i 块板的温度求出。

$$T_j=T_i-\frac{U_t(T_p-T_a)}{h_{i-j}+h_{r,i-j}} \tag{5-34}$$

上式对吸热板和玻璃之间，或者玻璃之间都成立。对吸热板和玻璃之间，公式变成：

$$T_c=T_p-\frac{U_t(T_p-T_a)}{h_{p-c}+h_{r,p-c}} \tag{5-35}$$

这是玻璃温度 T_c 的计算公式，只有先知道 U_t 才能最后确定它，因而求 U_t 时要用到迭代过程。

图 5-10 给出 U_t 与板间距离（平板与玻璃之间的高度）的关系，图 5-11 表示集热器倾斜角对 U_t 的影响。

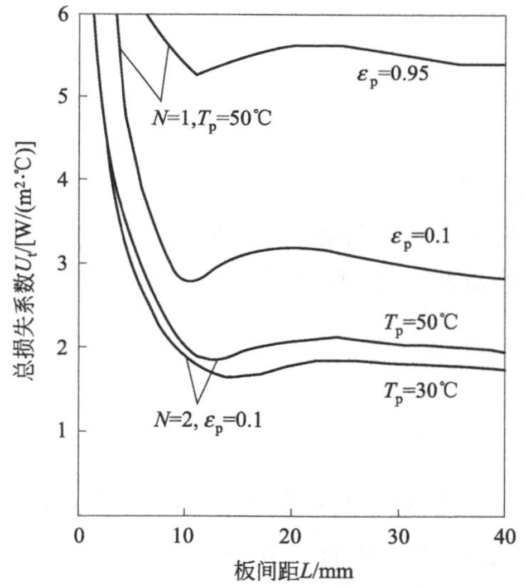

图 5-10　U_t 与板间距离的关系（倾斜角 β 为 45°）

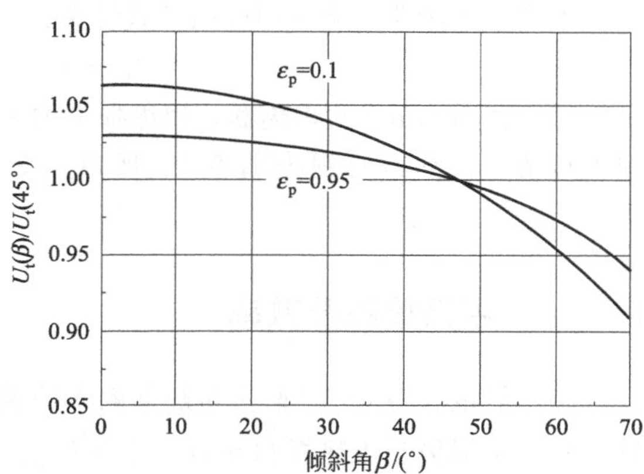

图 5-11　倾斜角 β 对 U_t 的影响

为实用起见，Klein（1979）提出如下计算公式：

$$U_t=\left[\frac{N}{\dfrac{c}{T_{p,m}}\left(\dfrac{T_{p,m}-T_a}{N+f}\right)^e}+\frac{1}{h_w}\right]^{-1}+\frac{\sigma(T_{p,m}+T_a)(T_{p,m}^2+T_a^2)}{(\varepsilon_p+0.00591Nh_w)^{-1}+\dfrac{2N+f-1+0.133\varepsilon_p}{\varepsilon_c}-N} \tag{5-36}$$

式中，N 为玻璃层数；f 为集热器有、无透明盖板时的热阻之比，计算式如下：

$$f=(1+0.0892h_w-0.1166h_w\varepsilon_p)(1+0.07866N) \tag{5-37}$$

当 $0°<\beta<70°$时，$c=520(1-0.000051\beta^2)$；当 $70°<\beta<90°$时，c 用$\beta=70°$计算；$e=0.43(1-100/T_{p,m})$；β 为集热器倾斜角，（°）；ε_c 为玻璃发射率，0.88；ε_p 为平板发射率；T_a 为环境温度，K；$T_{p,m}$ 为平板平均温度，K；h_w 为风的对流换热系数，W/(m^2·℃)。

用式（5-36）计算 U_t，必须知道吸热板的平均温度 $T_{p,m}$，平均板温在环境温度和200℃之间，上式的误差在±0.3W/（m^2·℃）以内。

集热器除了顶部热损失外还有底部损失，可用图 5-9（b）中两个串联热阻 R_4 和 R_5 表示。R_4 是底部绝热材料引起的导热热阻，R_5 是底部对环境的对流和辐射换热热阻，由于底部温度比顶部的低，R_5 比 R_4 小得多，可忽略不计。

$$U_b=\frac{1}{R_4}=\frac{k}{L} \tag{5-38}$$

式中，k 为底部绝热材料的热导率；L 为底部绝热层厚度。

集热器边缘损失系数可用下式近似估算：

$$U_e=\left(\frac{k}{L}\right)_e\left(\frac{A_e}{A_c}\right) \tag{5-39}$$

式中，$(k/L)_e$ 为边缘绝热材料热导率与厚度之比；（A_e/A_c）为集热器四个侧壁总面积与集热器面积之比。当比值很小时，U_e 可忽略。

集热器总的损失系数由下式计算：

$$U_L=U_t+U_b+U_e \tag{5-40}$$

于是，集热器的热量损失由下式计算：

$$Q_L=A_cU_L(T_{p,m}-T_a) \tag{5-41}$$

对面积为 30m^2 的集热器，边缘损失约占总损失的 1%；假如集热器面积为 2m^2，边缘损失将增大，约占总损失的 5%。所以总装时应尽量将集热器紧挨着，这样可减少边缘损失。

5.2.4 平板集热器效率

有用能量收益 Q_u 是衡量集热器效率的重要指标，式（5-1）中的 Q_A 和 Q_L 至此已会计算，其中热损失与吸热板和环境温差（$T_{p,m}-T_a$）成正比。然而，由于 $T_{p,m}$ 不易确定，式（5-41）实用性受到限制。若引入集热器效率因子 F'，热损失将与流体局部温度 T_f 和环境温度 T_a 之差（T_f-T_a）成正比，计算公式变成 $Q_u=A_cF'[S-U_L(T_f-T_a)]$。如何得到有用能量收益的上述表达式是讨论的重点，本节还将涉及各类平板集热器的性能。

（1）集热器的效率因子 F'

以管板结构集热器（见图 5-12）为例，求解沿 x 方向的温度分布。首先假设流体为一元流动，即流动方向的温度梯度可忽略，吸热板通常采用薄金属板，板厚方向的温度梯度也可忽略。管距为 W，管子内外径分别为 D_i 和 D_o，板厚 δ，管板结合处温度为 T_b。管内流体温度为 T_f，管距中点温度处于极值状态即温度最高且 $(dT/dx)|_{x=0}=0$。这样，从管

板结合处（称管基）到管距中点就是传热学上的典型肋片问题，图 5-13 给出肋片上的能量分布。

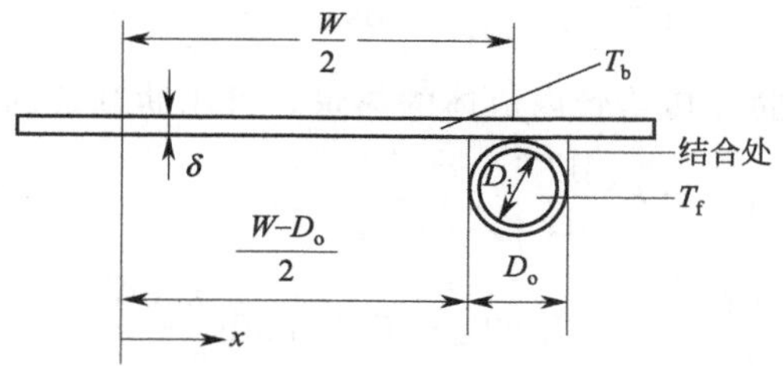

图 5-12　管板结构集热器

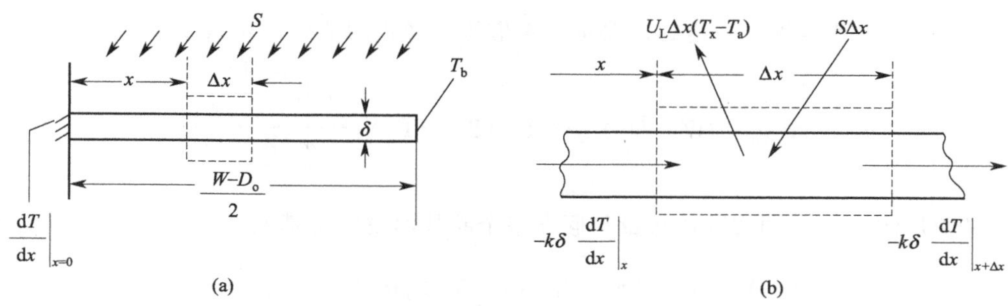

图 5-13　肋片上的能量分布

肋片长度为 $(W-D_o)/2$，取出宽度为 Δx、流动方向为单位长度的微元体，其能量平衡方程为：

$$S\Delta x-U_L\Delta x(T-T_a)+\left(-k\delta\frac{dT}{dx}\right)\bigg|_x-\left(-k\delta\frac{dT}{dx}\right)\bigg|_{x+\Delta x}=0 \tag{5-42}$$

由泰勒级数得：

$$\left(-k\delta\frac{dT}{dx}\right)\bigg|_{x+\Delta x}=-k\delta\frac{dT}{dx}-k\delta\frac{d^2T}{dx^2}dx \tag{5-43}$$

取两项整理后得：

$$\frac{d^2T}{dx^2}=\frac{U_L}{k\delta}\left(T-T_a-\frac{S}{U_L}\right) \tag{5-44}$$

这是二阶微分方程，边界条件为：$\frac{dT}{dx}\bigg|_{x=0}=0$，$T\big|_{x=\frac{W-D_o}{2}}=T_b$

令

$$m^2=\frac{U_L}{k\delta}\text{和}\ \phi=T-T_a-\frac{S}{U_L} \tag{5-45}$$

式（5-44）成为：

$$\frac{d^2\phi}{dx^2}-m^2\phi=0 \tag{5-46}$$

边界条件为：$\frac{d\phi}{dx}\bigg|_{x=0}=0$ 和 $\phi\big|_{x=\frac{W-D_o}{2}}=T_b-T_a-\frac{S}{U_L}$

可解得：

$$\frac{T-T_a-\dfrac{S}{U_L}}{T_b-T_a-\dfrac{S}{U_L}}=\frac{\cosh(mx)}{\cosh\dfrac{m(W-D_o)}{2}} \tag{5-47}$$

流动方向单位长度上肋片传给管内流体的热量，可用肋基处的傅里叶定律计算：

$$\begin{aligned} q'_{bb}&=-k\delta\left.\frac{\mathrm{d}T}{\mathrm{d}x}\right|_{x=\frac{W-D_o}{2}} \\ &=\frac{k\delta m}{U_L}[S-U_L(T_b-T_a)]\tanh\frac{m(W-D_o)}{2} \\ &=\frac{1}{m}[S-U_L(T_b-T_a)]\tanh\frac{m(W-D_o)}{2} \end{aligned} \tag{5-48}$$

式（5-48）只代表管子一边的传热量，考虑管子两边的情况，乘以 2 即可：

$$q'_b=2q'_{bb}=(W-D_o)[S-U_L(T_b-T_a)]\frac{\tanh\dfrac{m(W-D_o)}{2}}{\dfrac{m(W-D_o)}{2}} \tag{5-49}$$

定义肋片效率 η_f，即实际传热量与假设整个肋片温度为肋基温度 T_b 时的传热量之比：

$$\begin{aligned} \eta_f&=\frac{(W-D_o)[S-U_L(T_b-T_a)]\tanh\dfrac{m(W-D_o)}{2}}{[S-U_L(T_b-T_a)](W-D_o)\dfrac{m(W-D_o)}{2}} \\ &=\frac{\tanh\dfrac{m(W-D_o)}{2}}{\dfrac{m(W-D_o)}{2}}=\frac{2}{n}\tanh\frac{n}{2} \end{aligned} \tag{5-50}$$

式中，$n=(W-D_o)\sqrt{\dfrac{U_L}{k\delta}}$，图 5-14 给出管板集热器的肋片效率。

为在普通计算器上求 η_f，给出肋片效率的近似公式：

$$\eta_f=1-\frac{n^2}{12}+\frac{n^4}{120}-\frac{n^6}{1186} \tag{5-51}$$

n 的适用范围是小于$\dfrac{\pi}{2}$，此范围内上式误差小于 0.003。

引用式（5-50），则式（5-49）变为：

$$q'_b=(W-D_o)\eta_f[S-U_L(T_b-T_a)] \tag{5-52}$$

上式代表平板部分（$W-D_o$）上获取的有用能，管子上的有用能为：

$$q'_t=D_o[S-U_L(T_b-T_a)] \tag{5-53}$$

集热器在流动方向单位长度上的有用能量收益，应为上面两部分之和：

$$q'_u=[(W-D_o)\eta_f+D_o][S-U_L(T_b-T_a)] \tag{5-54}$$

有用能量收益必须和传给管内流体的热量相等，遇到的热阻有结合处的导热热阻及管壁与流体间的对流热阻。用这两个串联热阻，可将获得的有用能量收益表示为：

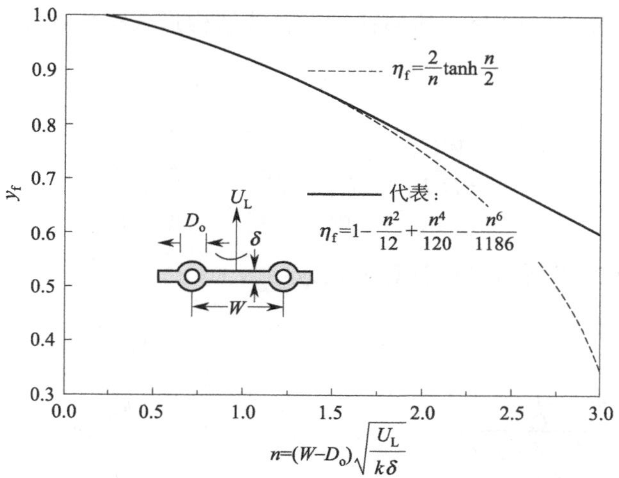

图 5-14 管板集热器的肋片效率

$$q'_u=\frac{T_b-T_f}{\frac{1}{c_b}+\frac{1}{\pi D_i h_{f,i}}} \tag{5-55}$$

式中，$h_{f,i}$ 为管壁与流体间的对流换热系数，由第 4 章查出；c_b 为结合处热导率 D_i 为管子内径。

从式（5-55）中解出 T_b 并代入式（5-54），经整理得：

$$q'_u=WF'[S-U_L(T_f-T_a)] \tag{5-56}$$

集热器效率因子 F'的表达式为：

$$F'=\frac{\frac{1}{U_L}}{W\left\{\frac{1}{U_L[D_o+(W-D_o)\eta_f]}+\frac{1}{c_b}+\frac{1}{\pi D_i h_{f,i}}\right\}} \tag{5-57}$$

由式（5-56）可以看出，引入 F'后，有用能量收益中的热损失项不再与（$T_{p,m}-T_a$）成正比，而与（T_f-T_a）成正比，吸热板平均温度 $T_{p,m}$ 永远高于局部流体温度 T_f，这样估计的损失项自然变小，从而放大了有用能量收益的获得值。于是，F'的第一个物理解释就是集热器保持实际有用能量收益的修正系数。另一种物理解释，可把式（5-50）中的分母项看成管内流体对外界大气的热阻，用 $1/U_o$ 表示，它由结合热阻、流体与管壁间热阻、顶部及底部热阻组成，则：

$$F'=\frac{U_o}{U_L} \tag{5-58}$$

于是，效率因子 F'代表流体对环境的传热系数与吸热板对环境传热系数之比。

F'是管子外径 D_o、内径 D_i、管距 W、板厚 δ、结合材料热导率 c_b、损失系数 U_L、集热板热导率 k、管内流动的对流换热系数 $h_{f,i}$8 个变量的函数。现有研究表明，效率因子随管距增大而减小，随吸热板厚度及其热导率增大而增加，总损失系数增大会使 F'变小，对流换热系数增大却使 F' 变大。

以上讨论，是针对图 5-12 所示的那种结构。若结构形式稍作改变如图 5-15 所示，效率因子 F' 计算公式为：

$$F'=\frac{1}{\dfrac{WU_L}{\pi D_i h_{f,i}}+\dfrac{1}{\dfrac{D_o}{W}}+\dfrac{1}{\dfrac{WU_L}{c_b}+\dfrac{W}{(W-D_o)}}} \tag{5-59}$$

若结构形式如图 5-16 所示，F' 计算公式为：

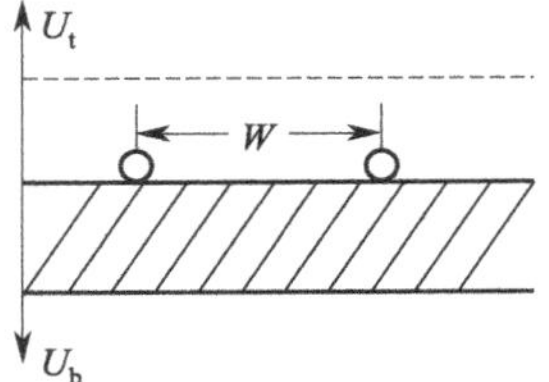

图 5-15 管板结合形式（Ⅰ）

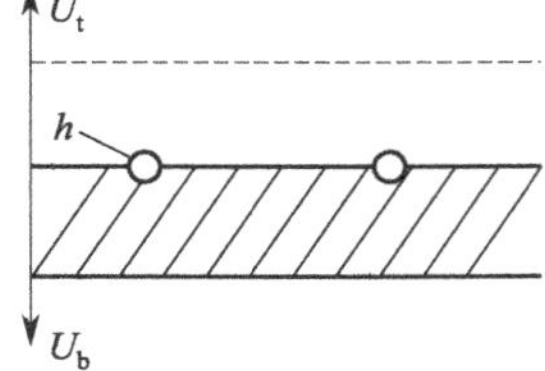

图 5-16 管板结合形式（Ⅱ）

$$F'=\frac{1}{\dfrac{WU_L}{\pi D_i h_{f,i}}+\dfrac{W}{D_o+(W-D_o)\eta_f}} \tag{5-60}$$

U_L，η_f，$h_{f,i}$ 的计算公式没有变化。应当指出，若结合处材料的热导率 c_b 很大（$1/c_b\approx0$），三种结构形式的效率因子相同，可用式（5-60）计算。

（2）集热器的热转移因子 F_R 和流动因子 F''

引入效率因子 F'，可用局部流体温度 T_f 计算有用能量收益。进入集热器的流体温度 $T_{f,i}$ 最容易测定，若以它作基准，使用起来十分方便。与式（5-56）相类似，引入热转移因子 F_R，有用能量收益表示成：

$$Q_u=A_cF_R[S-U_L(T_{f,i}-T_a)] \tag{5-61}$$

这部分能量供给流体使其出口温度增加：

$$Q_u=\dot{m}C_p(T_{f,o}-T_{f,i}) \tag{5-62}$$

于是，热转移因子的数学表达式为：

$$F_R=\frac{\dot{m}C_p(T_{f,o}-T_{f,i})}{A_c[S-U_L(T_{f,i}-T_a)]} \tag{5-63}$$

稍作变化，将它改成：

$$\frac{\dot{m}C_p}{A_cU_L}\left[\frac{\left(T_{f,o}-T_a-\dfrac{S}{U_L}\right)-\left(T_{f,i}-T_a-\dfrac{S}{U_L}\right)}{\dfrac{S}{U_L}-(T_{f,i}-T_a)}\right]=\frac{\dot{m}C_p}{A_cU_L}\left[1-\frac{\dfrac{S}{U_L}-(T_{f,o}-T_a)}{\dfrac{S}{U_L}-(T_{f,i}-T_a)}\right] \tag{5-64}$$

流体进口温度为 $T_{f,i}$，到出口时温度提高到 $T_{f,o}$，根据流体在流动方向上的温度变化规律，将括号项转化为实用形式。集热器单根管子中，微元长度 Δy 上的能量分布如图 5-17 所示。

$$\left(\frac{\dot{m}}{N}\right)C_p T_f\bigg|_y - \left(\frac{\dot{m}}{N}\right)C_p T_f\bigg|_{y+\Delta y} + q'_u \Delta y = 0 \tag{5-65}$$

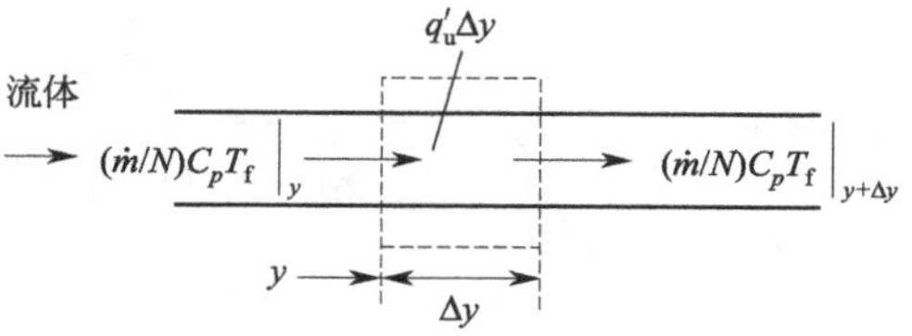

图 5-17　流体流动方向上的能量分布

式中，N 为集热器排管数目。将式（5-56）代入此式，当 Δy 趋近于零时，其极限为：

$$\dot{m}C_p \frac{dT_f}{dy} - NWF'[S - U_L(T_f - T_a)] = 0 \tag{5-66}$$

$$\frac{dT_f}{dy} + \left(\frac{NWF'U_L}{mC_p}\right)T_f = \frac{NWF'}{mC_p}(S + U_L T_a) \tag{5-67}$$

这是一阶线性常微分方程，若集热器流动方向上长度为 L，流体出口温度为 $T_{f,o}$，边界条件为当 $y=0$ 时，$T_f = T_{f,i}$，当 $y=L$ 时，$T_f = T_{f,o}$，并假定 F' 与 F_R 不随 y 变化。它的解为：

$$\frac{T_f - T_a - \frac{S}{U_L}}{T_{f.i} - T_a - \frac{S}{U_L}} = e^{-[U_L NWF' y/(\dot{m}C_p)]} \tag{5-68}$$

考虑到 NWL 是集热器面积 A_c，上式成为：

$$\frac{T_{f,o} - T_a - \frac{S}{U_L}}{T_{f,i} - T_a - \frac{S}{U_L}} = e^{-[A_c U_L F'/(\dot{m}C_p)]} \tag{5-69}$$

将它代入式（5-64）得到：

$$F_R = \frac{\dot{m}C_p}{A_c U_L}\{1 - e^{-[A_c U_L F'/(\dot{m}C_p)]}\} \tag{5-70}$$

前面已指出 F' 是集热器几何参数和传热特性等 8 个设计变量的函数，加上质量流率 $\dot{m}$、流比定压热容 C_p 和集热器面积 A_c、热转移因子 F_R，总共与 11 个变量有关。

为给出求 F_R 的图线，把 F_R 与 F' 之比定义为集热器的流动因子，以符号 F'' 表示：

$$F'' = \frac{F_R}{F'} = \frac{\dot{m}C_p}{A_c U_L F'}\{1 - e^{-[A_c U_L F'/(\dot{m}C_p)]}\} \tag{5-71}$$

上式表明，F' 在数值上总大于 F_R，而且仅是无量纲量 $\frac{\dot{m}C_p}{A_c U_L F'}$ 的单值函数，如图 5-18 所示。根据集热器 F'，再用 $\frac{\dot{m}C_p}{A_c U_L F'}$ 在图 5-18 中查 F''，两者的乘积就是 F_R，能清楚地看到集热器各设计变量对 F'、F'' 和 F_R 的影响。

F_R 和常规换热器效能的定义相当，即为实际换热量与最大可能换热量之比。假设整个集热器温度和流体进口温度相等，这时集热器的热损失最小，算出的有用能量收益是最大可能值。集热器热转移因子和最大可能有用能量收益的乘积为实际有用能量收益，也可把 F_R

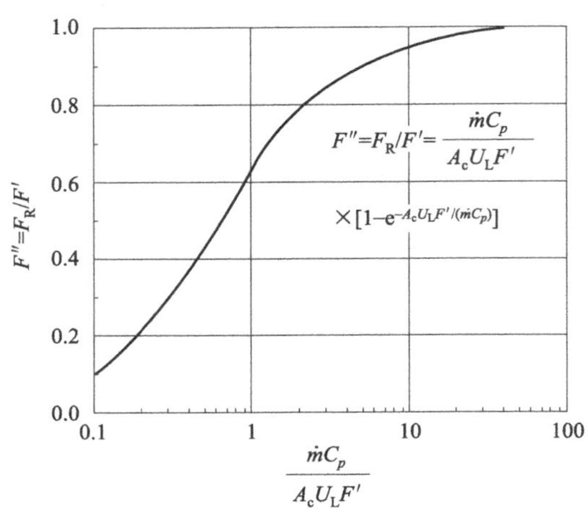

图 5-18 F''与 $\dot{m}C_p/(A_cU_LF')$ 的关系曲线

看成修正系数。

式（5-71）适用于多种平板型太阳能集热器的分析计算，以容易测得的流体进口温度为依据，使用起来更加方便。值得注意，尽管 F'和 F_R 都是修正系数，局部流体温度 T_f 总是不小于进口流体温度 $T_{f,i}$，所以 F'不小于 F_R。

(3) 吸热板和流体平均温度的计算

据前面分析，为了评估太阳能平板集热器的热性能，必须首先知道集热器的总热损失系数 U_L。由于 $U_L \approx U_t$，由式（5-36）和式（5-40）可知，U_L 是集热板温度 T_p 的函数，而 T_p 的值不是一个事先确切可知的恒定参数，所以要用上述公式计算集热器的总热损失系数，必须采用迭代法。

根据定义，工质平均温度为：

$$T_{f,m}=\frac{1}{L}\int_0^L T_{f,y}\mathrm{d}y \tag{5-72}$$

式中，L 为集热器管子长度，求平均温度变成对式（5-68）进行积分。将式（5-78）代入式（5-68），经整理得到 $T_{f,y}=f(y)$ 的具体形式为：

$$T_{f,y}=T_{f,i}+\frac{Q_u/A_c}{F_RU_L}[1-e^{-U_LNWF'y/(\dot{m}C_p)}] \tag{5-73}$$

令 $T_{f,i}=A$，$\frac{Q_u/A_c}{F_RU_L}=B$，$\frac{U_LNWF'}{\dot{m}C_p}=C$。它们都是常数，并注意 $LC=\frac{A_cU_LF'}{\dot{m}C_p}$，这样上式变成：

$$T_{f,y}=A+B(1-e^{-Cy}) \tag{5-74}$$

$$\begin{aligned}T_{f,m}&=\frac{1}{L}\int_0^L T_{f,y}\mathrm{d}y=A+B\left(1-\frac{1-e^{-Cy}}{LC}\right)\\&=T_{f,i}+\frac{Q_u/A_c}{F_BU_L}\left[1-\frac{\dot{m}C_p}{A_cU_LF'}(1-e^{-A_cU_LF'\dot{m}C_p})\right]\\&=T_{f,i}+\frac{Q_u/A_s}{F_RU_L}(1-F'')\end{aligned} \tag{5-75}$$

吸热板的平均温度总是高于其集热工质的平均温度。这个温差相当于热量从吸热板向集热工质传递过程中由其间的热阻所产生的温降。集热器的热损失沿工质流动方向是变化的，自然吸热板与工质之间的温差沿流动方向也是变化的。用吸热板平均温度计算有用能量收益的公式为：

$$Q_u=A_c[S-U_L(T_{p,m}-T_a)] \tag{5-76}$$

用流体进口温度计算有用能量收益的公式为：

$$Q_u=A_cF_R[S-U_L(T_{f,i}-T_a)] \tag{5-77}$$

由式（5-77）可得：

$$T_a+\frac{S}{U_L}=T_{f,i}+\frac{Q_u/A_c}{F_R U_L} \tag{5-78}$$

整理式（5-76）至式（5-78），求出 $T_{p,m}$ 为：

$$T_{p,m}=T_{f,i}+\frac{Q_u/A_c}{F_R U_L}(1-F_R) \tag{5-79}$$

吸热板平均温度 $T_{p,m}$ 与流体平均温度 $T_{f,m}$ 的公式形式上很类似，差别只是括号中一个减去 F_R，另一个减去 F''，由于 F'' 的数值大于 F_R，这样 $T_{p,m}$ 必然大于 $T_{f,m}$。严格地讲，应将式（5-71）。式（5-75）和式（5-31）以迭代方法联立求解，因为 U_L，F_R，F'' 和 Q_u 都与 $T_{p,m}$ 有关。设一个初始平均温度，求出近似的 U_L、F_R、F'' 和 Q_u 值，代入式（5-79）得到新的 $T_{p,m}$，用它求新的顶部损失系数，再用新的 U_L 精化 F_R，F'' 和 Q_u 值。采用迭代法求出吸热板平均温度。

（4）平板集热器的瞬时效率

集热器稳态条件下的热性能由式（5-61）给出，也可通过测量集热器的质量流率和进出口流体温差求出。

$$Q_u=A_c F_R[G_T(\tau\alpha)_e-U_L(T_{f,i}-T_a)]=\dot{m}C_p(T_{f,o}-T_{f,i}) \tag{5-80}$$

集热器在规定时间内按集热器倾斜面上瞬时辐射量定义的瞬时效率为：

$$y=\frac{Q_u}{A_c I_T}=F_R(\tau\alpha)_e-F_R U_L\left(\frac{T_{f,i}-T_a}{I_T}\right) \tag{5-81}$$

$$\eta_i=\frac{\dot{m}C_p(T_{f,o}-T_{f,i})}{A_c I_T} \tag{5-82}$$

应当指出，式（5-81）也适用于真空管集热器，只是截距和斜率的具体数值与平板集热器有所不同。将集热器效率方程如式（5-81）在直角坐标中以图形表示，得到的曲线称为集热器效率曲线，或称为集热器瞬时效率曲线。在直角坐标系中，纵坐标 y 轴表示集热器效率 η，横坐标 x 轴表示集热器工作温度（或吸热板温度、集热器平均温度、集热器进口温度）和环境温度的差值与太阳辐照度之比，有时也称为归一化温差，用 T' 表示。所以，集热器效率曲线实际上就是集热器效率 η 与归一化温差 T' 的关系曲线。若假定 U_L 为常数，则集热器效率曲线为一条直线。

上述三种形式的集热器效率方程可得到三种形式的集热器效率曲线，如图 5-19 所示。

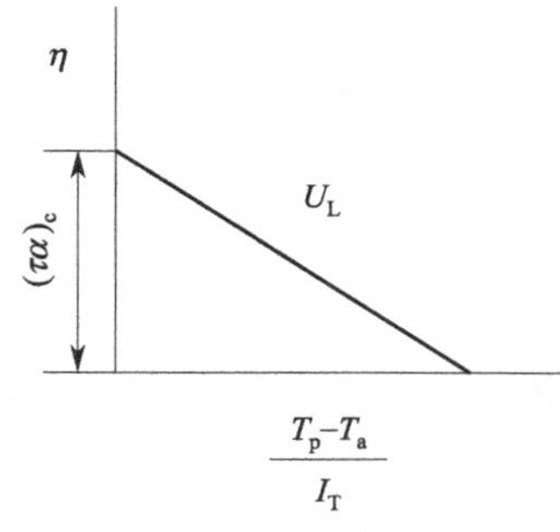

(a) 集热器工作温度为吸热板温度

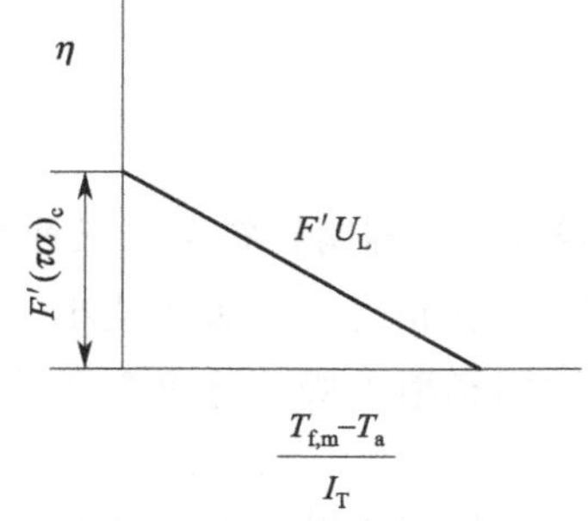

(b) 集热器工作温度为流体平均温度

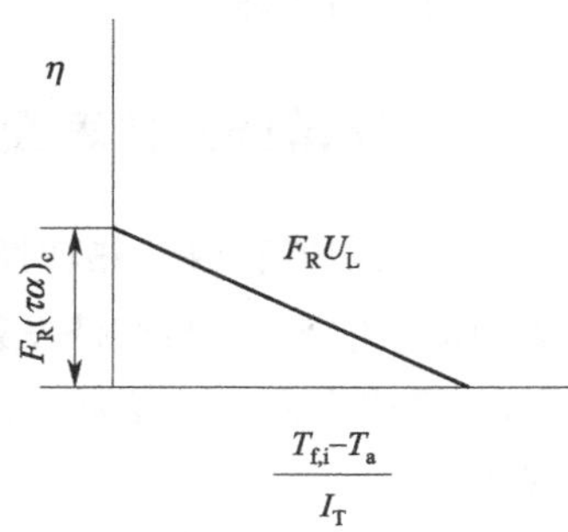

(c) 集热器工作温度为流体进口温度

图 5-19　三种形式的集热器效率曲线

由图 5-19 可以得出如下几点规律。

① 集热器效率不是常数而是变数。集热器效率与集热器工作温度、环境温度和太阳辐照度都有关系。集热器工作温度越低或环境温度越高，集热器效率越高；反之，集热器工作温度越高或环境温度越低，集热器效率越低。因此，同一台集热器在夏季具有较高的效率，而在冬季的效率则偏低。因此，在满足使用要求的前提下，应尽量降低集热器工作温度，以获得较高的效率。

② 效率曲线在 y 轴上的截距值表示集热器可获得的最大效率。当归一化温差为零时，集热器的散热损失为零，此时集热器达到最大效率，也可称为零损失集热器效率，常用 η_0 表示。在这种情况下，效率曲线与 y 轴相交，η_0 就代表效率曲线在 y 轴上的截距值。在图 5-19 中，η_0 值分别为 $(\tau\alpha)_e$、$F'(\tau\alpha)_e$、$F_R(\tau\alpha)_e$。由于 $1>F'>F_R$，故 $(\tau\alpha)_e>F'(\tau\alpha)_e>F_R(\tau\alpha)_e$。

③ 效率曲线的斜率值表示集热器总热损系数的大小。效率曲线的斜率值与集热器总热损系数有直接关系。斜率值越大，即效率曲线越陡峭，集热器总热损系数就越大；反之，斜率值越小，即效率曲线越平坦，集热器总热损系数就越小。在图 5-19 中，效率曲线的斜率值分别为 U_L、$F'U_L$、F_RU_L。同样由于 $1>F'>F_R$，故 $U_L>F'U_L>F_RU_L$。

④ 效率曲线在 x 轴上的交点值表示集热器可达到的最高温度。当集热器的散热损失达到最大时，集热器效率为零，此时集热器达到最高温度，也称为滞止温度或闷晒温度。将 $\eta=0$ 代入三种形式的集热器效率方程后，有：

$$\frac{T_p-T_a}{I_T}=\frac{T_{f,m}-T_a}{I_T}=\frac{T_{f,i}-T_a}{I_T}=\frac{(\tau\alpha)_e}{U_L} \tag{5-83}$$

这说明此时的吸热板温度、流体平均温度、流体进口温度都相同。在图 5-19 中，三条效率曲线在 x 轴上有相同的交点。

假如 U_L、F_R 和 $(\tau\alpha)_e$ 是常数，由式（5-81）可以看出，以 y 为纵坐标、$(T_{f,i}-T_a)/I_T$ 为横坐标的效率曲线将是直线，其截距等于 $F_R(\tau\alpha)_e$，斜率等于 $-F_RU_L$。事实上，U_L 是温度和风速的函数并随着盖板层数的增加而变小，F_R 是 U_L 的弱函数，$(\tau\alpha)_e$ 随着入射角和气象条件的变化而改变。因此，在实际运行条件下，数据的离散是必然的，典型的试验数据由图 5-20、图 5-21 给出。尽管这样，用直线代表瞬时效率曲线，对许多集热器来说仍是一种很好的近似表示方法。这样可方便地用截距 $F_R(\tau\alpha)_e$ 和斜率 F_RU_L 值去估算太阳能集热系统的长期性能。

5.2.5 光谱选择性表面

根据太阳能吸收与热转换的需要，不透明材料存在三种不同类型的选择性表面，它们可按太阳能吸收率 α_s 与红外发射率 ε 的比值等于、大于或小于 1 来区分：

① 黑体表面（$\alpha_s/\varepsilon=1$）：对太阳辐射的吸收率和红外发射率相等，以涂黑漆的吸热板为代表；

② 选择性吸热涂层（$\alpha_s/\varepsilon>1$）：尽可能提高太阳能吸收率，同时降低红外发射率；

③ 选择性放热涂层（$\alpha_s/\varepsilon<1$）：吸收率低而发射率高，以白漆表面为例。

本节主要研究 α_s/ε 大于 1 的光谱选择性表面的原理。

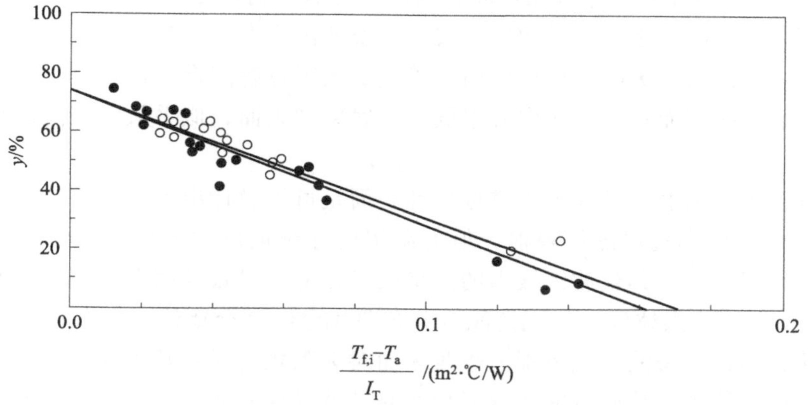

图 5-20 平板集热器的瞬时效率曲线

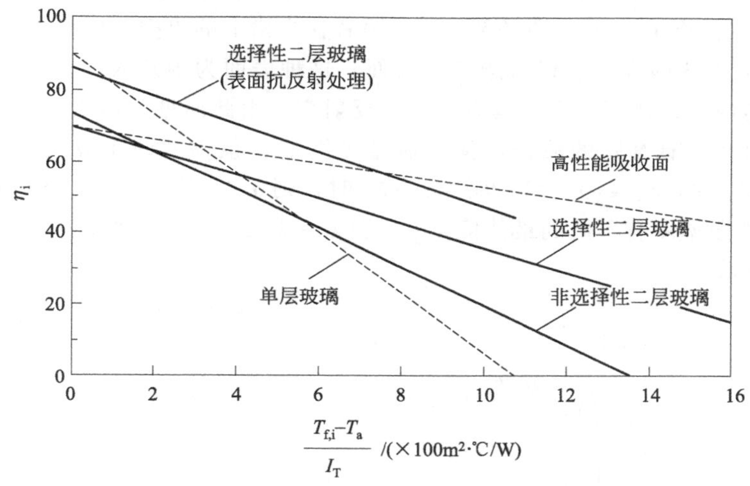

图 5-21 各类平板集热器的瞬时效率曲线

(1) 光谱选择性表面的工作原理

光学特性之间的数量关系由两个公式决定。一是等式 $\alpha+\rho+\tau=1$，对于不透明材料有关系式 $\alpha=1-\rho$，考虑与波长有关则有 $\alpha_\lambda=1-\rho_\lambda$；二是克希荷夫定律，揭示了吸收率和发射率之间的关系，即 $\alpha_\lambda=\varepsilon_\lambda$。两式联立，不透明材料的辐射有以下特性：

$$\varepsilon_\lambda=\alpha_\lambda=1-\rho_\lambda \tag{5-84}$$

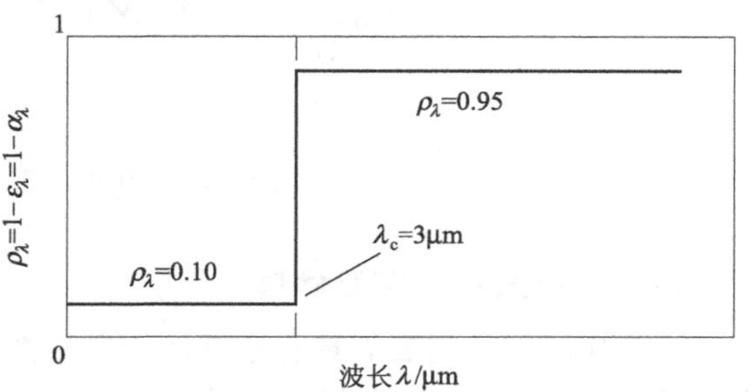

图 5-22 理想选择性表面概念

对太阳能热利用来说，希望可以有效地吸收太阳能并减小受热后自身长波发射造成的热损失，从而获得高性能集热器的吸热板。图 5-22 给出反射率随波长的变化曲线，是理想化的选择性表面的概念。其中，小于临界波长的 $\rho_\lambda=0.10$，相应的 $\alpha_\lambda=0.9$；大于临界波长时，反射率几乎接近 1，由公式 (5-84) 可知此范围内的发射率

ε 很低。由普朗克黑体辐射定律可知，高温黑体辐射的光谱能量分布曲线总是位于低温黑体辐射的光谱能量分布曲线之上。因此这种表面在长波区内由于辐射率低而减少的热损失，总是小于同波长区域内由于吸收率也降低而少吸收的太阳辐射能量，这就得不偿失。上述在短波区内有很高的吸收率而在长波区内有很低的辐射率的表面，似乎从总的能量平衡上来看并不有利。

然而，对于太阳辐射，这样的光谱选择性表面是可以设计出来的。这是因为太阳辐射尽管认为是接近 6000K 的高温黑体辐射，但太阳辐射穿越地球大气层时，受到严重衰减，到达地球表面的太阳辐射，其长波区域内的能量已经很低，以致地面上太阳辐射的光谱能量分布曲线和 500K 以下的黑体辐射的光谱能量分布曲线已经完全错位，分布在不同的光谱区域范围内。因此，不存在长波区域范围内吸收表面对太阳辐射吸收减少的问题，自然也就不存在上述的所谓得不偿失，从而可能实现通称的光谱选择性表面，就是在不同的光谱区域内实现不同的辐射换热特性。这种特性按光谱分区，故称为光谱选择性。太阳表面的有效温度约为 6000K，其热辐射波长大于 3.0μm 的不到 2%，而大多数平板集热器吸热板温度低于 200℃，热辐射波长小于 3.0μm 的不到 1%。两者在光谱上的重叠范围很少。

图 5-23 中的虚线即表示理想的选择性表面。这种表面为半灰表面，太阳光谱范围内是灰面，红外光谱内也是灰面，只是具有不同的反射率。由此而见，理论上应该存在着光学特性（这里指反射率）有突跃的波长，称为临界波长 λ_c，也称“截止波长”，如图上的 $\lambda_c=2.0\mu m$。当 $\lambda \leqslant \lambda_c$ 时，$\alpha_\lambda(\varepsilon_\lambda)=1$；而当 $\lambda > \lambda_c$ 时，则 $\alpha_\lambda(\varepsilon_\lambda)=0$。由分析可知，截止波长 λ_c 对不同的吸收面温度有不同的最佳值 λ_{opt}；当 $\lambda_c=\lambda_{opt}$ 时，选择性表面使集热器在该温度下具有最大的净收益。

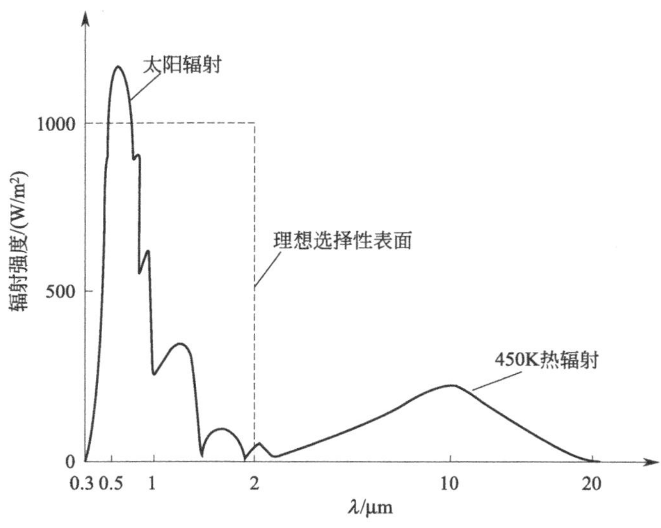

图 5-23　太阳能光谱选择性概念的示意图

（2）光谱选择性表面材料

一些实际物体的表面具有选择性，参见图 5-24 和图 5-25。这些物体选择性表面没有一个突跃的临界波长，在短波和长波范围内的辐射特性也不很均匀。这时发射率的大小对表面温度的依赖程度，比理想半灰面要大。

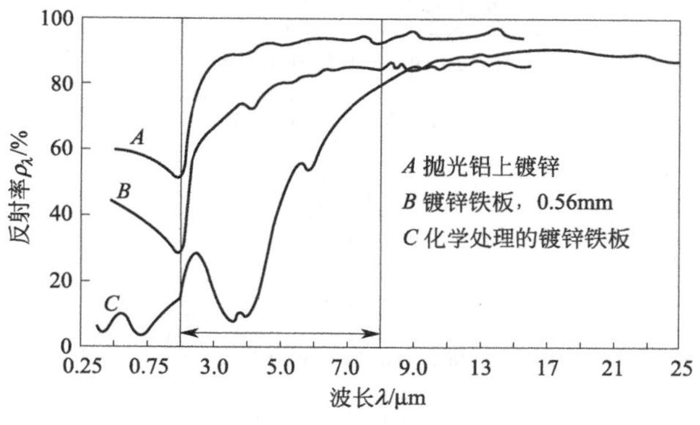

图 5-24　实际表面特性

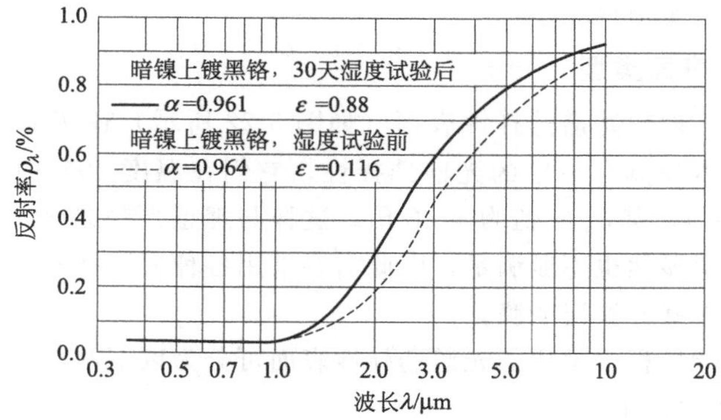

图 5-25　黑铬选择性表面（湿度试验前后性能对比）

吸热板通常选用金属材料制成，在板的表面上制备厚度很薄（微米级）的涂层（一层或多层）使吸收率（发射率）具有明显的选择性（α_s/ε 值较高），这样的涂层叫吸热型选择性涂层。选择性材料和基体材料的辐射特性有一定的联系，某些常用材料的辐射特性在表 5-3 中给出。可以看出，大部分光洁的金属表面的红外发射率都比较低，太阳能吸收率也不高，使用涂层的目的是既要大幅度提高 α_s，又要保持原先的低红外发射率。

表 5-3　某些常用材料的辐射特性

材料	发射率/温度/K^{-1}		吸收率(法向太阳能吸收率)/%
纯铝	*H*	0.102/573，0.130/773，0.113/873	9～10
阳极化铝	*H*	0.842/296，0.72/484，0.669/574	12 ～16
铝上有 SiO_2 涂层	*H*	0.366/263，0.384/293，0.378/324	11
铬	*N*	0.290/722，0.355/905，0.435/1072	45
抛光的铅	*H*	0.041/338，0.036/463，0.039/803	35
金	*H*	0.025/275，0.040/468，0.048/668	20 ～23
铁	*H*	0.071/199，0.110/408，0.175/668	44

续表

材料		发射率/温度/K^{-1}	吸收率(法向太阳能吸收率)/%
镍	H	0.10/310, 0.10/468, 0.12/668	36 ～43
氧化镁	H	0.73/380, 0.68/491, 0.53/755	14
油漆类			
炭黑在丙烯酸树脂中	H	0.83/278	94
炭黑在环氧树脂中	N	0.89/298	96
铅基黑漆	H	0.981/240, 0.981/462	98
丙烯酸类树脂白漆	H	0.98/298	26
白漆(ZnO)		0.929/295, 0.926/478, 0.889/646	12 ～ 18

注：H 为总半球发射率；N 为法向总发射率。

(3) 光谱选择性表面类型

由上述分析可知，理想光谱选择性表面（如图 5-22 所示）在实际中并不存在。大多数光洁的纯金属表面，本身具有一定的光谱选择性，它们在温度 40℃时的辐射率约为 0.05，阳光吸收率为 0.2～0.4，其 α_s/ε 值为 4～8 倍。这样与理想光谱选择性吸收表面特性相距较远，对太阳能利用来说显然也不能满足，因此需要采用各种表面技术，对吸热面进行表面处理，以得到各种光谱选择性涂层或膜。

根据用途，太阳能工程中常用的光谱选择性表面可分为以下两类。

① 光谱选择性吸收表面

a. 吸收-反射组合型。一般纯金属光洁表面的发射率都很低。若在这类金属表面上涂覆一层对太阳辐射吸收率很高且长波热辐射透过率也很高的涂层，那么这种涂层与光洁纯金属表面的组合即为吸收-反射组合型光谱选择性吸收表面。这里，所谓的吸收是指涂在金属表面上的涂层强烈地吸收太阳辐射，而反射是指金属基体表面对长波热辐射具有很强的反射能力。因此，这种组合下的表面辐射率很低。这里有两层含义，存在两个不同的物理过程，分别由涂层和金属表面完成。

吸收-反射组合型表面是太阳能光热、光电转换中普遍使用的一种光谱选择性表面。原则上，几乎所有的金属都可用作基体表面，目前的太阳能工程中使用最多的是铜、镍和不锈钢等。

金属氧化物和硫化物是目前在太阳能光热转换中普遍使用的一种光谱选择性涂层。由实验可知，0.2～2μm 厚的薄层黑铜、黑镍，它们都具有很高的太阳辐射吸收率和长波热辐射透过率。

半导体硅和锗可以吸收太阳辐射中能量大于其禁带宽度的光子，同时可以透过长波辐射。将这种材料与金属基体表面组合在一起，就可得到光谱选择性吸收表面。但硅表面的太阳反射率较高，一般为 0.3～0.4。因此，若采用这种组合型选择性表面，还需要加涂一层减反射膜以降低对太阳辐射的反射损失。如此组合使得其造价增加，因此在太阳能光热转换中很少采用。

b. 反射-吸收组合型。如果某种材料对长波热辐射具有很高的反射率，则将这种材料制成 0.2～1μm 厚的极薄涂层，则能很好地透过太阳辐射。一般，将具有这种特殊辐射性能的极薄层称为热镜，即对长波热辐射它像镜面那样具有很高的反射率。将热镜和黑色基体表面组合在一起，就得到反射-吸收组合型光谱选择性吸收表面。

反射-吸收组合型表面的工作原理是，太阳辐射首先透过热镜，然后再由黑色基体表面强烈吸收。黑色基体表面本身没有选择性，它同样具有很高的发射率。但这些长波热辐射被加涂在该表面上的热镜反射回基体，最终达到光谱选择性吸收的目的。这里也具有两层含义，存在着两个不同的物理过程，分别由涂层和黑色基体表面完成。一些高掺杂的半导体材料具有热镜的性质，如氧化锡和氧化铟。

② 光谱选择性透过表面　光谱选择性吸收涂层也可以通过改变对表面太阳辐射的透射特性而实现。在集热器透明盖板上，加涂一层选择性透过材料，使它对太阳辐射具有很高的透过率，而对长波热辐射具有很高的反射率。这种构成的光谱选择性透过表面称为透明热镜。

5.3 真空管集热器

太阳能平板集热器的结构特点造成其散热损失较大，尤其是透明盖板与吸热板之间存在较大的对流换热，因此其工作温度大多在 60℃以下。借助真空技术和光谱选择性吸收涂层的实际应用，采用抽真空的双层管方式，可以制作高效率的太阳能集热器。目前，市场上开发了很多形式的真空集热管，最常用的有全玻璃真空集热管、热管式真空集热管、U 形金属管真空集热管等。虽然集热管形式不同，但真空管集热的基本原理则是完全一样的。

全玻璃真空集热管由玻璃外管、玻璃内管、选择性吸收涂层、固定卡、吸气膜、吸气剂碟六部分组成，如图 5-26 所示。玻璃内、外管之间抽真空，内、外管的一端封接，另一端采用固定卡将内管与外管固紧。利用磁控溅射镀膜的方式，在内管的外壁镀一层选择性吸收膜。

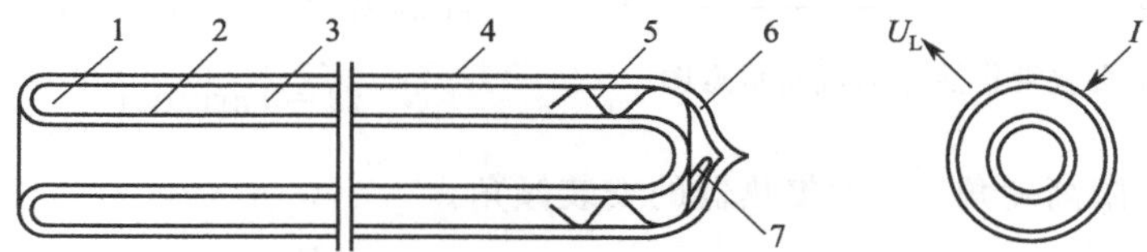

图 5-26　全玻璃真空集热管原理结构和能量平衡关系示意图

1—玻璃内管；2—选择性吸收涂层；3—真空间隙；4—玻璃外管；5—固定卡；6—吸气膜；7—吸气剂碟

5.3.1　全玻璃真空集热管的能量方程

全玻璃真空集热管的工作原理和平板集热器大致相同。真空集热管的玻璃外管相当于平板集热器的透明盖板，而其玻璃内管则相当于平板集热器的吸热板。取单根集热管，如图 5-26 所示，根据能量平衡原理，集热管的能量方程为：

$$Q_A = Q_u + Q_L + Q_s \tag{5-85}$$

式中，Q_A 为投射到集热管上的入射太阳辐射能；Q_u 为集热管的有用能量收益；Q_L 为集热管向环境的热损失；Q_s 为集热管自身的储能。

5.3.2 投射到真空集热管上的入射太阳辐射总能量

投射到集热管上的入射太阳辐射总能量，由以下四部分组成。

(1) 入射太阳直射辐射

$$I_{BT} = (\tau\alpha)_e C(\Omega) I_{BN} \cos\theta_i \tag{5-86}$$

式中，I_{BN} 为法线直射辐射强度；θ_i 为直射辐射对集热管的入射角，即阳光入射线在集热管横截面上的投影与阳光入射线之间的夹角；$C(\Omega)$ 为屏遮系数，即考虑相邻集热管之间对入射阳光的遮挡。

阳光入射角 θ_i 的计算与集热管的布置方式密切相关。若集热管南北向布置，有：

$$\cos\theta_i = \{1 - [\sin(\beta - \phi)\cos\delta\cos\omega + \cos(\beta - \phi)\sin\delta]^2\}^{1/2} \tag{5-87}$$

若集热管为东西向布置，则有：

$$\sin\theta_i = |\cos\delta\sin\omega|$$

入射阳光屏遮系数 $C(\Omega)$ 取决于屏遮角 Ω。如图 5-27 所示，屏遮角 Ω 定义为阳光入射线在集热管横截面上的投影与集热器板面法线方向的夹角。随着阳光入射角的增大，当 $\Omega > \Omega_0$ 时，相邻集热管之间开始产生入射阳光的遮挡，Ω_0 称为临界屏遮角，有：

$$|\Omega_0| = \arccos\left(\frac{D_1 + D_2}{2B}\right) \tag{5-88}$$

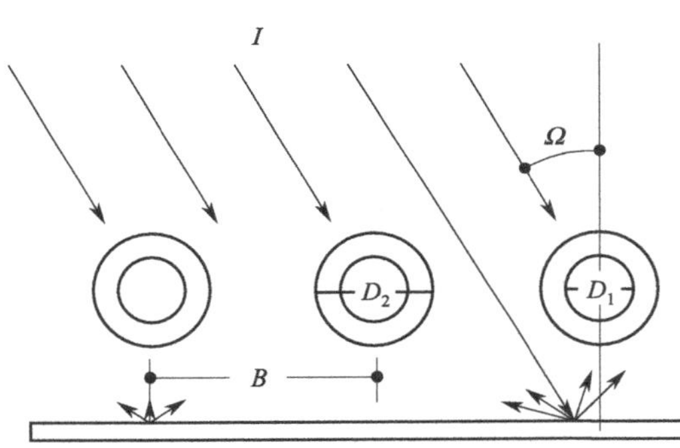

图 5-27 全玻璃真空管集热器横截面示意图

由分析可知，Ω 的计算也与集热管的布置方式密切相关。若集热管南北向布置，有：

$$\Omega = \arccos\left(\frac{\cos\theta_c}{\cos\theta_i}\right) \tag{5-89}$$

式中，θ_c 为太阳直射辐射对集热器板面的入射角。

若集热管东西向布置，则有：

$$\Omega = \left|\arccos\left(\frac{\sin\alpha}{\cos\theta_i}\right) - \beta\right| \tag{5-90}$$

式中，α 为太阳高度角；β 为集热器的安装倾角。

当 $|\Omega| \leqslant |\Omega_0|$ 时，$C(\Omega) = 1$；当 $|\Omega| > |\Omega_0|$ 时，$C(\Omega) = \frac{B}{D_1}\cos\Omega + \frac{1}{2}\left(1 - \frac{D_2}{D_1}\right)$。

$(\tau\alpha)_e$ 表示阳光入射角为 θ_i 时集热管的透过率与吸收率的乘积。全玻璃真空集热管的玻璃平面法向透过率 $\tau_n = 0.91$ (AM2)，光谱选择性吸收涂层的法向吸收率 $\alpha_n = 0.92$ (AM2)。当外管表面上投射太阳辐射的入射角在 45°以内时，阳光近似按直射入射内管表面处理；当阳光入射在 45°～ 90°之间时，光谱选择性吸收涂层的吸收率需要乘以 0.9 的减弱系数，即 $\alpha_t = 0.9\alpha_n$。

(2) 直射辐射的反射辐射

太阳直射辐射从管隙间投射到集热器底面漫反射板上，再经反射到达集热管上的太阳辐射，有：

$$I_{BR,t}=(\tau\alpha)_{60°}\frac{W}{D_2}\rho_d F_{d,t} I_{BN}\cos\theta_c \tag{5-91}$$

式中，$(\tau\alpha)_{60°}$ 为散射辐射的平均入射角取 60°时的（$\tau\alpha$）值；$F_{d,t}$ 为光带对集热管的角系数，当 $B=2D_2$ 时，$F_{d,t}=0.6\sim0.7$；ρ_d 为集热器底面漫反射的反射率，$\rho_d=0.85$；W 为太阳直射辐射通过集热管间隙入射到反射板上的光带宽度，且有：

$$W=B-\frac{D_2}{\cos\Omega} \tag{5-92}$$

(3) 散射辐射

集热管上表面接收到的散射辐射强度为：

$$I_{D,t}=\pi(\tau\alpha)_{60°}F_{t,s}I_D \tag{5-93}$$

式中，$F_{t,s}$ 为集热管对天空的角系数，当 $B=2D_2$ 时，$F_{t,s}\approx0.43$；I_D 为太阳散射辐射强度。

(4) 散射辐射的反射辐射

太阳散射辐射从管隙间投射到集热器底面漫反射板上，再经反射到达集热管上的太阳散射辐射，并有：

$$I_{DR,t}=\pi(\tau\alpha)_{60°}\rho_d F_{t,s}F_{d,t}I_D \tag{5-94}$$

式中，$F_{d,t}$ 为太阳散射辐射光带对集热管的角系数，当 $B=2D_2$ 时，$F_{d,t}\approx0.34$。

这样，投射到集热管上的入射太阳总辐射强度为以上四部分辐射能之和，即：

$$I_{te}=(\tau\alpha)_e C(\Omega)I_{BN}\cos\theta_i+\left[\frac{W}{D_2}\rho_d F_{d,t}I_{BN}\cos\theta_c+\pi F_{t,s}(1+\rho_d F_{d,s})I_D\right](\tau\alpha)_{60°} \tag{5-95}$$

所以，投射到单根集热管上的太阳辐射总能量为：

$$Q_A=D_1 L I_{te} \tag{5-96}$$

这里，L 为集热管长度。

5.3.3 单根集热管的热损失系数

(1) 集热管内、外管之间的辐射换热

假定其换热面为灰表面，若以集热管外管为计算面积，则内外管间的净辐射换热为：

$$Q_{1,2}=\frac{\pi D_2 L\sigma_0(T_{1,2}^4-T_{2,1}^4)}{\frac{1}{\varepsilon_1}+\frac{D_1}{D_2}\left(\frac{1}{\varepsilon_2}-1\right)}=\frac{T_{1,2}-T_{2,1}}{R_r} \tag{5-97}$$

式中，$T_{1,2}$、$T_{2,1}$ 分别为集热管内管外壁、外管内壁的温度；ε_1、ε_2 分别为集热管内、外管表面的发射率；R_r 为集热管内外管之间的辐射换热热阻，有：

$$R_r=[\pi D_2 L\sigma_0(T_{1,2}^2+T_{2,1}^2)(T_{1,2}+T_{2,1})]^{-1}\left[\frac{1}{\varepsilon_1}+\frac{D_1}{D_2}\left(\frac{1}{\varepsilon_2}-1\right)\right] \tag{5-98}$$

(2) 集热管外管向天空的对流与辐射换热

外管通过对流和辐射换热向环境的散热量为：

$$Q_{2,a}=\pi D_2 L\left[h_w(T_{2,2}-T_a)+\sigma_0\varepsilon_2(T_{2,2}^4-T_a^4)\right]=\frac{T_{2,2}-T_a}{R_c} \tag{5-99}$$

$$R_c=\left[\pi D_2 L\left(h_w+\sigma_0\varepsilon_2(T_{2,2}^2+T_a^2)(T_{2,2}+T_a)\right)\right]^{-1} \tag{5-100}$$

式中，D_2、$T_{2,2}$ 分别为玻璃外管外径和外表面温度；T_a 为环境温度；h_w 为集热管对环境的对流换热系数。

(3) 集热管外管的导热

$$Q_g=\frac{2\pi LK_g(T_{2,1}-T_{2,2})}{\ln[D_2/(D_2-2\delta_g)]}=\frac{T_{2,1}-T_{2,2}}{R_g} \tag{5-101}$$

$$R_g=\frac{\ln[D_2/(D_2-2\delta_g)]}{2\pi Lk_g} \tag{5-102}$$

式中，δ_g、k_g 为玻璃外管的厚度和热导率。

这就是说，对单根集热管，从内管外壁经过 3 个串联热阻 R_r、R_c、R_g 向环境散热，于是有：

$$Q_L=\frac{T_{1,2}-T_a}{R_r+R_c+R_g} \tag{5-103}$$

同理，单根集热管热损失的一般计算式为：

$$Q_L=\pi D_1 LU_L(T_{1,2}-T_a) \tag{5-104}$$

将式（5-103）代入式（5-104），可得单根全玻璃真空集热管的热损失系数计算式为：

$$U_L=\left[\pi D_1 L(R_r+R_c+R_g)\right]^{-1} \tag{5-105}$$

5.3.4 集热管的有用能量收益

前面求得了集热管的入射太阳辐射能量 Q_A 以及热损失 Q_L，可得集热管稳态运行情况下的有用能量收益 Q_u 为：

$$Q_u=Q_A-Q_L=D_1 L\left[I_{te}-\pi U_L(T_1-T_a)\right] \tag{5-106}$$

5.3.5 玻璃真空管集热器的效率方程

集热器效率为集热器的有用能量收益与入射太阳总辐射能之比，对于真空管集热器则有：

$$\eta=\frac{Q_u}{BLI}=\frac{D_1}{B}\times\frac{I_{te}}{I}-\frac{\pi D_1 U_L}{B}\times\frac{T_1-T_a}{I} \tag{5-107}$$

式中，B 为玻璃真空管集热器中集热管的节距。

式（5-107）等号右边的第一项为集热器的光学效率，第二项为集热器的热效率。全玻璃真空集热管组装为真空管集热器时，理论上集热管可以东西向布置，也可以南北向布置。由于布置方式的不同，在一天中不同的时区，集热管对入射太阳辐射的吸收显然有很大的不同。

5.4 空气集热器

5.4.1 概述

(1) 空气集热器特点

“太阳能空气集热器”是用空气作为传热介质的太阳能集热器，也称为“太阳能空气加热器”。其总体结构与平板太阳能集热器类似，包括吸热板、透明盖板、隔热材料和外壳四部分。其中，太阳能空气集热器的透明盖板、隔热材料和外壳的具体设计与要求，与平板太阳能集热器相同。两者的吸热板结构则存在较大差异，这是由所使用的工作介质不同造成的。

太阳能空气集热器与以液体为传热介质的太阳能集热器相比，具有以下主要优点：

① 不存在冬季的结冰问题；

② 微小的渗漏不会严重影响空气集热器的工作和性能；

③ 空气集热器承受的压力很小，可以利用较薄的金属板制造；

④ 不必考虑材料的防腐问题；

⑤ 经过加热的空气可以直接用于干燥或者房屋取暖，不需要增加中间热交换器。

当然，与液体太阳能集热器相比，太阳能空气集热器也存在不足之处：

① 由于空气的热导率很小（只有水的 1/25～1/20），因而其对流换热系数远远小于液体的对流换热系数，所以在相同的条件下，空气集热器的效率较低；

② 由于空气的密度比液体小得多（只有水的 1/300 左右），因而在加热量相同的情况下，空气的体积流量更大，需要消耗较大的风机输送功率；

③ 由于空气的比热容较小（只有水的 1/4 左右），因而在空气集热系统的储热装置中常需使用岩石等蓄热材料；而当以水作为传热介质时，则可以用水兼作蓄热介质。

空气集热器的主要应用范围是太阳能干燥和太阳能采暖。

(2) 太阳能干燥

由空气集热器与干燥室组合而成的集热器型太阳能干燥器，是太阳能干燥器中的一种。集热器型太阳能干燥器具有如下一些特点：

① 由于使用空气集热器，将空气加热到 60～70℃，因而可提高物料的干燥温度，而且可以根据物料的干燥特性调节热空气温度；

② 由于使用风机，强化热空气与物料的对流换热，因而可增进干燥效果，保证干燥质量。

空气集热器型太阳能干燥器的适用范围是：

① 要求干燥温度较高的物料；

② 不能接受阳光暴晒的物料。

应用集热器型太阳能干燥器进行干燥的物料主要有多种农副产品和中药材，此外还有木材、橡胶、陶瓷泥胎等多种工业原料和产品。

(3) 建筑物采暖

由空气集热器组成的空气太阳能采暖系统，是以空气作为集热器回路中循环的传热介质，以岩石堆积床作为蓄热介质，热空气经由管道输送到建筑物内进行采暖的系统。

空气太阳能采暖系统的优点是：

① 无需防冻措施；

② 腐蚀问题不严重；

③ 系统没有过热汽化的危险；

④ 热风采暖控制使用方便。

空气太阳能采暖系统的缺点是：

① 所需用管道投资大；

② 风机电力消耗大；

③ 蓄热体积大；

④ 不易和太阳能制冷系统配合使用。

5.4.2 空气集热器的类型

太阳能空气集热器根据吸热板结构的不同，主要可分为两大类：非渗透型空气集热器和渗透型空气集热器。

(1) 非渗透型空气集热器

非渗透型空气集热器，也称为“无孔吸热板型空气集热器”，是指在空气集热器中，空气流不能穿过吸热板，而是在吸热板的正面和（或）背面流动，并与经过太阳能加热后的吸热板进行热交换。根据空气流动的情况，非渗透型空气集热器又可分为以下三种形式：

① 空气只在吸热板的正面流动；

② 空气在吸热板的正、背两面流动；

③ 空气只在吸热板的背面流动。

与③形式相比，①和②形式的应用有限，这是因为空气在吸热板的正面流过时会增加与透明盖板之间的对流换热损失，因此常见的设计是让空气在吸热板的背面流动。

图 5-28 显示了非渗透型空气集热器的各种结构设计。对于空气在吸热板背面流动的形式，可以采用以下方法来提高非渗透型空气集热器的性能：

① 将吸热板的背面加工为粗糙表面，以增加气流扰动，提高对流传热系数；

② 在吸热板的背面加上翅片或采用 V 形波纹板和其他形状波纹板等结构形式，以增加传热面积，并相应地增加气流的扰动，从而改善空气流与吸热板的传热状况，实现强化对流传热。

a. 背面有翅片。吸热板背面加上翅片，在强化传热的同时也会引起额外的压损。因此，采用翅片的数目和高度存在某个最佳点，超过这个最佳点，就会导致所需风机的功率增加，无法达到改善空气集热器热性能的目的。

b. V 形波纹板。采用 V 形波纹吸热板，可以增加空气流有效传热面积和吸热板有效吸收比。如果 V 形接收角保持在 60°以内，则大部分太阳辐射能在经过 V 形波纹板两侧多次反射后被吸收。此外，还可以采用带有选择性吸收涂层的 V 形波纹板，这样不仅增大了吸热板的传热面积，而且大大降低了吸热板长波辐射产生的热损失。尽管 V 形波纹板正面与玻璃盖板之间的自然对流大于平面吸热板，但由于 V 形波纹板背面与空气流之间的对流传热

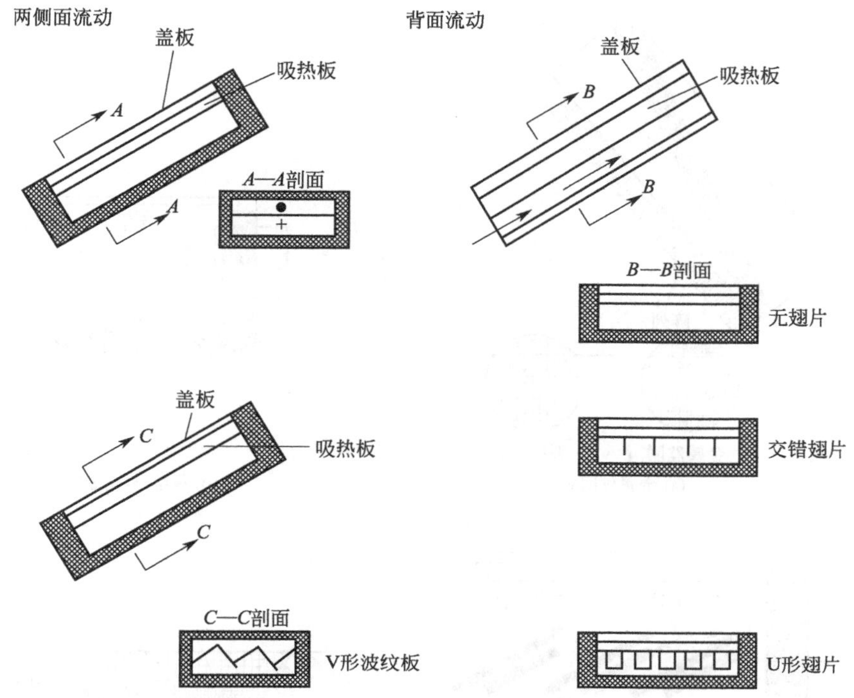

图 5-28 非渗透型空气集热器的各种结构设计

系数大于平面吸热板，因而背面空气流增加的传热量可以弥补正面增加的热损失，从而提供净增加的得热量。

总之，非渗透型空气集热器的优点是结构简单、成本低廉；缺点是空气流和吸热板之间的热交换不能充分进行，因而集热效率难以有很大的改进。另外，为了减少吸热板的辐射热损失，需要采用选择性吸收涂层，这也会增加空气集热器的成本。

(2) 渗透型空气集热器

渗透型空气集热器是针对上述非渗透型空气集热器缺点而提出的一种改进设计，也称为“多孔吸热板型空气集热器”。渗透型空气集热器可在以下两个方面克服非渗透型空气集热器的缺点：

① 更有效地传热 太阳辐射可更深地穿透到多孔吸热板之中，提高吸热板的太阳吸收比。同时，冷空气流从多孔吸热板表面进入，首先被较低温度的上层加热，无数小孔增加了吸热板和空气流之间的接触面积，因而可以进行更为有效的传热。当然，多孔吸热板的孔隙形状、大小和厚度存在一定的最佳数值，因此进行恰当的选择十分重要。

② 减小压力降 由于渗透型空气集热器多孔吸热板每单位横截面上流通的空气量要比背面流动的非渗透型空气集热器低得多，因此使得渗透型空气集热器的压力损失降低。

渗透型空气集热器有多种形式，如金属丝网式、狭缝/多孔金属网板式、重叠玻璃板式、碎玻璃多孔床式、蜂窝结构式等，其大体结构如图 5-29 和图 5-30 所示。

① 金属丝网式 大多数渗透型空气集热器都采用多层重叠的金属丝网，如图 5-29 (a) 所示。太阳辐射能首先被金属丝网吸收并转换为热能使金属丝网的温度升高，然后通过对流加热穿过金属丝网的空气。

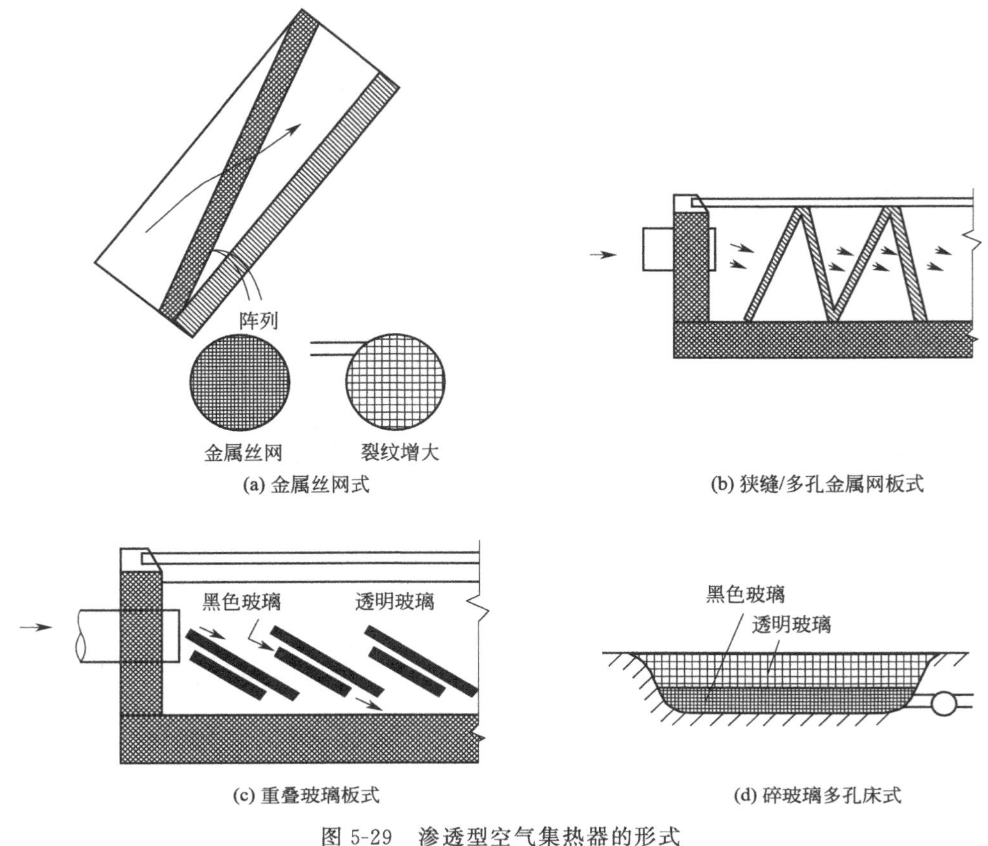

图 5-29 渗透型空气集热器的形式

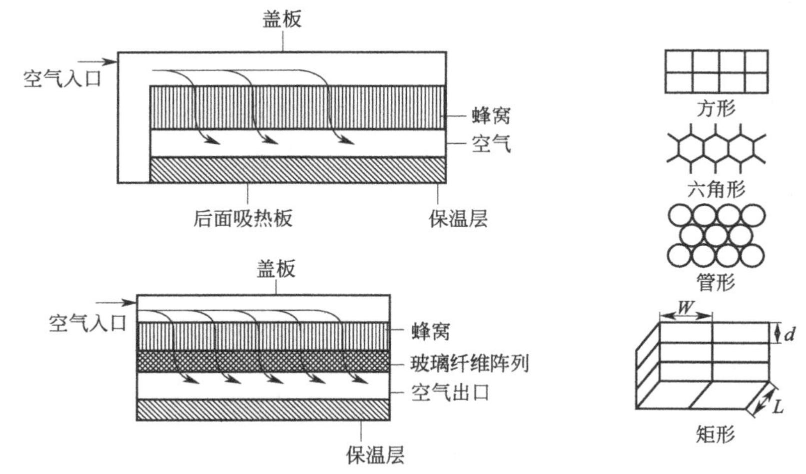

图 5-30 蜂窝结构式渗透型空气集热器

② 狭缝/多孔金属网板式 狭缝/多孔金属网板式空气集热器的加热过程与金属丝网结构基本相同，如图 5-29（b）所示。这种空气集热器在降低集热器成本上有更大的潜力。

③ 重叠玻璃板式 重叠玻璃板式空气集热器是一种采用多层重叠的玻璃板结构形式的

渗透型空气集热器，如图 5-29（c）所示。在这种结构中尽管整个空气流动是沿着吸热玻璃板而不是穿过网板，但是多层玻璃平板和空气流的温度，沿着集热器的长度方向以及从顶部到底部都逐渐增加，从而在大幅度降低吸热板的热损失的同时，也使空气集热器的压力降保持很小。这种空气集热器适用于中等水平温升的情况，但必须仔细研究由玻璃层数增加而导致的集热器成本增加。玻璃板之间的间隔及玻璃板的厚度，对集热器的效率也有一定的影响。

④ 碎玻璃多孔床式　空气集热器可以采用碎玻璃吸收太阳辐射和加热空气，如图 5-29（d）所示。将打碎的玻璃瓶分层敷设为多孔床，底部为黑玻璃，顶部为透明玻璃。太阳辐射穿过破碎的透明玻璃，底部的黑玻璃对其进行吸收并转换为热能，使透明玻璃的温度升高，然后通过对流加热穿过透明玻璃的空气。

⑤ 蜂窝结构式　在这种空气集热器中，空气穿过用玻璃或塑料制作成的蜂窝结构，可以用来抑制非渗透型空气集热器吸热板与玻璃盖板之间的对流传热，从而降低来自后面吸热板向上的热损失。蜂窝结构式空气集热器可以有多种不同的设计，如图 5-30 所示。按使用材料分，有透明的和不透明的蜂窝结构；按蜂窝形状分，有方形、六角形、管形、矩形等。另外，蜂窝结构还可以与多孔网板结合。

5.4.3　太阳能空气集热器设计与性能分析

（1）空气集热器的设计步骤

空气集热器的设计大致可遵循以下步骤：

① 收集当地气象参数资料，包括太阳辐照量、日照时数、平均气温、平均风速和平均雨量等，这一点与其他所有太阳能热利用装置的设计要求是一样的；

② 确定空气集热器所需要的空气流量 m、空气温度，从而计算出单位时间内所需要的加热量；

③ 确定空气集热器矩形槽道的长度 L；

④ 计算空气集热器矩形槽道的宽度 b 和高度 a（见图 5-31）；

⑤ 根据传热计算，求出集热器的各个热性能参数；

⑥ 根据阻力计算，由计算得到的压力差 Δp，求出风机功率 W_p；

⑦ 进行空气集热器的结构总设计；

⑧ 进行空气集热器的成本估算。

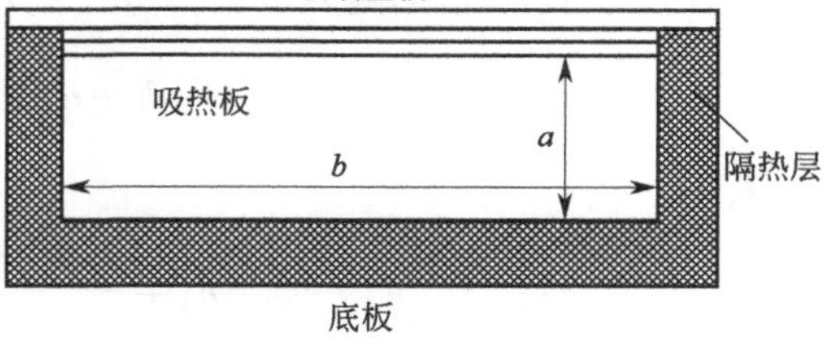

图 5-31　空气集热器的结构示意图

（2）平面吸热板空气集热器热分析

空气集热器本体的横截面通常都是一个矩形槽道。为简便起见，以典型的单通道平板吸热板为例，来讨论空气集热器的热性能计算。空气集热器的结构示意图如图 5-31 所示。这里，空气流在吸热板和底板之间的矩形槽道中流过。

图 5-32 给出了空气单侧流动的太阳能平板空气加热器的传热模型。太阳能平板空气加热器热性能分析与平板集热器的原理相同或相近。

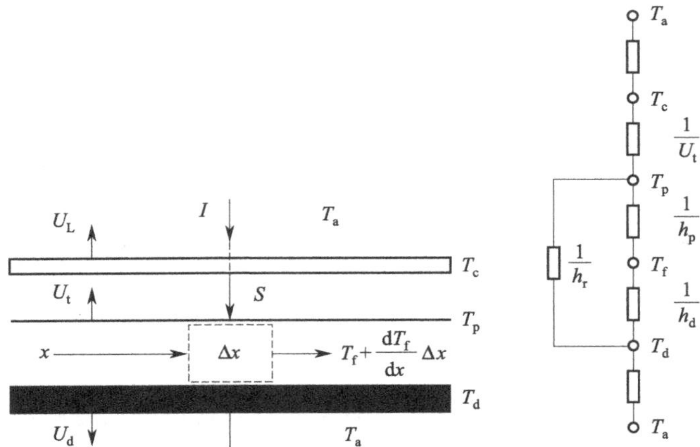

图 5-32 空气集热器的能量关系图与空气单侧流动的太阳能平板空气加热器的传热模型

设空气流温度为 T_f，玻璃盖板温度为 T_c，吸热板表面温度为 T_p，底板温度为 T_d，环境温度为 T_a；空气流与吸热板之间的对流传热系数为 h_p，空气流与底板之间的对流传热系数为 h_d，吸热板与底板的辐射传热系数为 h_r，如图 5-32 所示。假定空气不吸收辐射热，根据能量平衡原理，可得到如下方程式。

① 吸热板的能量平衡方程式：

$$S=U_t(T_p-T_c)+h_p(T_p-T_f)+h_r(T_p-T_d) \tag{5-108}$$

② 底板的能量平衡方程式：

$$h_r(T_p-T_d)=h_d(T_d-T_f)+U_d(T_d-T_a) \tag{5-109}$$

③ 空气流的能量平衡方程式：

$$q_u=h_d(T_d-T_f)+h_p(T_p-T_f) \tag{5-110}$$

式中，U_t 为顶部对环境的热损失系数，W/(m^2·K)；U_d 为底部对环境的热损失系数，W/(m^2·K)；S 为透过玻璃盖板入射到吸热板表面上的有效太阳辐照度，W/m^2；q_u 为单位面积空气集热器的有用能量收益，W/m^2。

根据图 5-32 所示热网，可求得空气流对吸热板的复合传热系数为：

$$h=h_p+\left(\frac{1}{h_d}+\frac{1}{h_r}\right)^{-1} \tag{5-111}$$

其中：

$$h_r=\frac{\sigma(T_d^2+T_p^2)(T_d+T_p)}{\frac{1}{\varepsilon_d}+\frac{1}{\varepsilon_p}-1} \tag{5-112}$$

吸热板所吸收的太阳辐射能传给空气流的能量按 h 与 U_t 成正比分配，比例关系为：

$$\frac{h}{h+U_t}=\left(1+\frac{U_t}{h}\right)^{-1} \tag{5-113}$$

对式（5-108）～式（5-110）进行整理变换，假定 $U_t\approx U_L$，可求得空气集热器的各个热性能参数为：

$$q_u=F'[S-U_L(T_f-T_a)] \tag{5-114}$$

其中：

$$F'=\frac{1}{1+\frac{U_L}{h}} \tag{5-115}$$

$G=\dot{m}/A_c$，为空气集热器单位面积的空气质量流量，有：

$$GC_pT_f|_x-GC_pT_f|_{x+\Delta x}+q'_u\Delta x=0 \tag{5-116}$$

联立求解以上诸方程，得到空气流温度沿其流动方向变化的关系式：

$$T_f=T_a+\frac{S}{U_L}-\left[\frac{S}{U_L}-(T_{f,i}-T_a)\right]\exp\left(-\frac{F'U_Lx}{GC_p}\right) \tag{5-117}$$

式（5-117）与表征液体太阳能平板集热器集热工质温度沿其流动方向变化特性的式（5-69）具有完全相同的形式。说明平板空气加热器也就是平板集热器。

将式（5-117）积分，得到太阳能平板空气加热器出口处的空气温度为：

$$T_{f,o}=T_{f,i}+\left[\frac{S}{U_L}-(T_{f,i}-T_a)\right]\left[1-\exp\left(-\frac{F'U_L}{GC_p}\right)\right] \tag{5-118}$$

最后求得空气加热器的有用能量收益为：

$$Q_u=A_cGC_p(T_{f,o}-T_{f,i})=A_cF_R[S-U_L(T_{f,i}-T_a)] \tag{5-119}$$

式中，$F_R=F'F''$，$F'=\frac{1}{1+\frac{U_L}{h}}$，$F''=\frac{GC_p}{U_0}\left[1-\exp\left(-\frac{U_0}{GC_p}\right)\right]$，$U_0=\frac{U_Lh}{U_L+h}$。

式（5-118）表明，对一台特定的太阳能平板空气集热器，只要给出入射太阳辐射强度、环境温度、空气入口参数，就可以求得集热器的空气出口参数。

根据太阳能集热器效率的一般定义，太阳能空气集热器的效率为（I_T 为投射到集热器集热面上的总太阳辐射强度）：

$$\eta=\frac{Q_u}{A_cI_T}=F_R(\tau\alpha)_e-F_RU_L\left(\frac{T_{f,i}-T_a}{I_T}\right) \tag{5-120}$$

(3) 其他空气集热器热分析

由于空气的换热系数较低，所以在相同的运行条件下，空气集热器的热效率比平板集热器要低得多。因此，实际的太阳能空气集热器大多在吸热板上采取很多强化传热措施，以改进其换热性能，如吸热板加肋、采用波纹吸热板，这不但加大了传热面积，同时加大了扰动强化对流换热。此外，还可以制作选择性吸收面。在以上分析中，不同结构形式的吸热板有不同的集热器效率因子 F'。以下列出几种常用结构形式吸热板的 F'。

① 带翅片吸热板　设空气流在带翅片吸热板和底板之间通过，其结构示意图如图 5-33 所示。设吸热板材料及翅片材料的热导率分别为 k_1 和 k_2，吸热板和底板与空气流的对流传热系数分别为 h_1 和 h_2，则根据图中所示尺寸，可求得吸热板的翅片效率 η_p 以及翅片的翅片效率 η_f 分别为：

$$\eta_p=\frac{\tanh(m_1l_1)}{m_1l_1} \tag{5-121}$$

$$\eta_f=\frac{\tanh(m_2l_2)}{m_2l_2} \tag{5-122}$$

其中：

$$m_1^2=\frac{U_t+h_1}{k_1\delta_1} \tag{5-123}$$

$$m_2^2=\frac{2h_2}{k_2\delta_2} \tag{5-124}$$

这样，集热器效率因子 F'可以表示为：

$$F'=U_0\left(1+\frac{1-U_0}{\frac{U_0}{\eta_p}+\frac{l_1h_1}{l_2h_2\eta_f}}\right) \tag{5-125}$$

其中：

$$U_0=\frac{U_1}{1+\frac{U_t}{h_1}} \tag{5-126}$$

② V形波纹吸热板　V形、波浪形等形式的吸热板可以增大吸热板的有效换热面积。这里以V形吸热板为例进行分析，其结构如图5-34所示，其中V形的顶角为 φ，吸热板和底板与空气流的对流传热系数分别为 h_1 和 h_2。

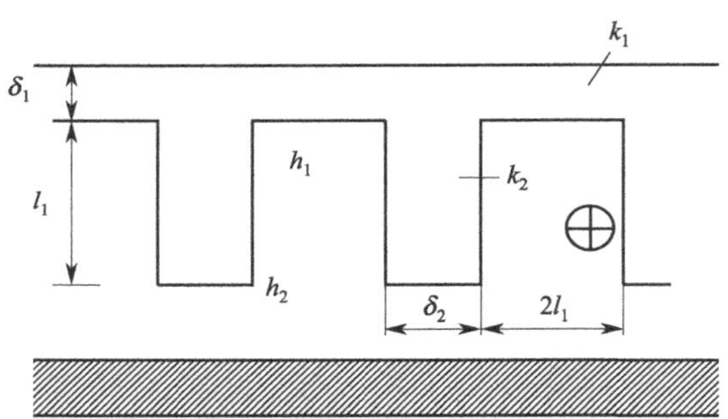

图5-33　带翅片吸热板结构示意

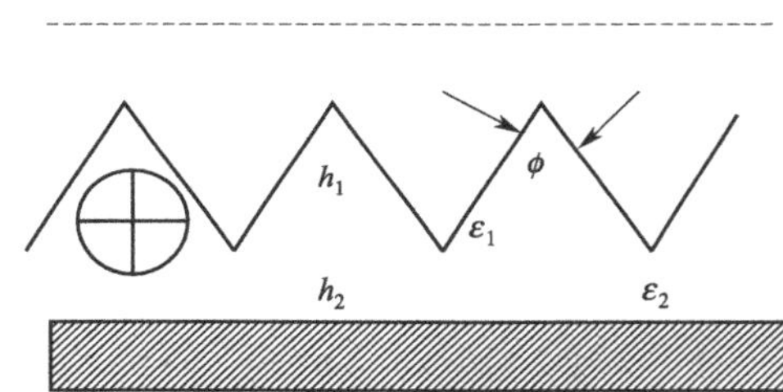

图5-34　V形波纹吸热板结构示意

这样，集热器效率因子 F'可以表示为：

$$F'=\frac{1}{1+\frac{U_L}{\frac{h_1}{\sin\frac{\varphi}{2}}+\frac{1}{\frac{1}{h_2}+\frac{1}{h_r}}}} \tag{5-127}$$

这里，U_L 应按V形吸热板的投影面积计算，h_r 同样可由前面的式（5-112）计算。

(4) 空气集热器的阻力计算

参照图5-31，槽道中空气流的摩擦系数 f 为：

$$f=\frac{0.079}{Re^{0.25}}\quad (Re<50000) \tag{5-128}$$

这样，空气集热器中由各壁面黏性力导致的空气的压力降 Δp 可以表示为：

$$\Delta p=\frac{f\rho LV^2}{2d} \tag{5-129}$$

式中，Δp 为空气集热器的压力降；ρ 为空气密度；V 为空气流速；g 为重力加速度；d 为槽道的水力学直径，$d=2ab/(a+b)$；L 为槽道长度；b 为槽道宽度；a 为槽道高度。

由式 (5-129) 计算所得的压力差，实际上就是确定驱动空气流动所需风机功率 W_p 的依据。当然，设计时希望这个数值越小越好。

$$W_p=\dot{m}\Delta p=\rho Vab\Delta p \tag{5-130}$$

式中，W_p 为风机功率。

5.5 聚光集热器

太阳能聚光集热器能够提高集热温度，提升集热器有用能量收益的能量品质，扩展太阳能热利用领域。太阳能工程中，聚光集热器的主要组成部件包括聚光器、接收器和跟踪装置，分别实现集热器技术环节中的聚光、集热和跟踪功能。聚光集热的工作过程是，自然阳光经过聚光器汇聚到小面积的高温接收器上，加热集热工质变为高温的有用能量收益，跟踪装置则驱动聚光器随时跟踪太阳视位置。

5.5.1 点聚焦集热的传热分析

由旋转抛物面聚光器或平面镜场与高温接收器构成的聚光集热装置，称为点聚焦集热装置。太阳能接收器原理上可分为空腔型和外部受光型两种，接收聚焦的太阳辐射能，并将其转换为热能。

塔式太阳能热发电站用的外部受光型太阳能接收器物理模型和热网如图 5-35 所示。该接收器在结构上由多层排管束组成，直接接收太阳辐射，管表面涂覆选择性吸收涂层。

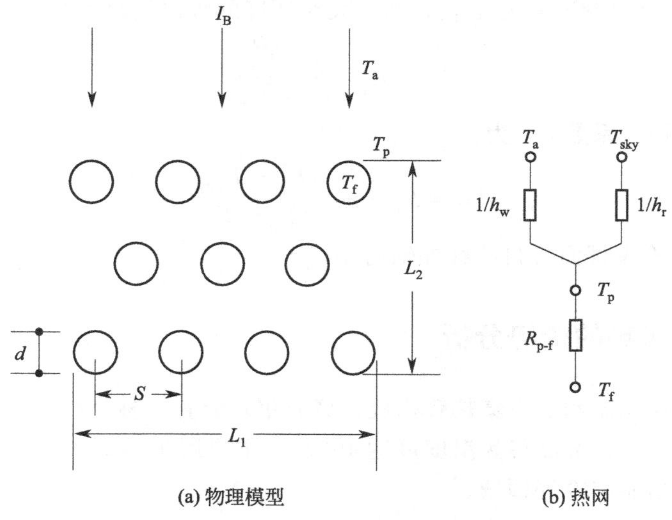

图 5-35 外部受光型太阳能接收器物理模型和热网

(1) 管束的有效受光集热面积

根据图 5-35 (a) 所示的物理模型，设管束为 $m \times n$ 层，显然有 $L_1=(m-1)S+d$，$L_2=(n-1)S+d$。投射的太阳辐射不全落在第一排管面上，有一部分将穿过第一排管的管间间隙落到第二排管面上，这样，多层管束 $L_1 \times L_2$ 的有效采光集热面积 A_c 定义为：

$$A_c=X_n L_1 L_2 \tag{5-131}$$

式中，X_n 称为 n 层管束的有效采光集热系数。

若全部管束的管径 d 和节距 S 均相同，则有：

$$X_n=1-(1-X)^n \tag{5-132}$$

式中，X 为单列管排的有效受光集热系数，可按下式计算：

$$X=\frac{K-\sqrt{K^2-1}+\arctan\sqrt{K^2-1}}{K} \tag{5-133}$$

$$K=S/d$$

(2) 热损失系数

管束对外部环境的热损失由对流换热和辐射换热两部分组成，可简化为图 5-35 (b) 所示的热网。

① 对流换热　管束对环境的对流换热系数 h_w 取决于管束表面空气流动状态。无风为自然对流换热，有风为强迫对流换热。对于塔式发电的外部受光型太阳能接收器，置于数百米高空的塔顶，绝大多数为有风状态，为强迫对流换热；而对于空腔型太阳能接收器，不受外部风速影响时，一般为自然对流换热。

a. 无风情况：对竖直圆管，工程中广泛采用以下关联式计算其平均努塞尔数：

$$Nu_m=C(Gr_m \cdot Pr_m)^n \tag{5-134}$$

式中，Gr_m、Pr_m 分别为平均格拉晓夫数和平均普朗特数；C、n 为常数。

b. 有风情况：这时的强迫对流换热系数 h_w，需要根据空气流动雷诺数 Re 的值，可参见 4.2.7 节中介绍的有关公式进行计算。

② 辐射换热　设天空温度为 T_{sky}，则管束对环境的辐射换热系数 h_r 为：

$$h_r=\sigma\varepsilon_p \frac{T_p^4-T_{sky}^4}{T_p-T_a} \tag{5-135}$$

于是管束的热损失系数 U_L 为：

$$U_L=h_w+\sigma\varepsilon_p \frac{T_p^4-T_{sky}^4}{T_p-T_a} \tag{5-136}$$

式中，ε_p 为排管束管面材料的红外辐射率。

5.5.2 线聚焦集热的传热分析

由抛物面槽形聚光器和真空集热管构成的聚光集热装置，称为线聚焦集热装置。抛物面线聚焦集热为中温集热，最高集热温度可达 400℃，主要用于槽式太阳能热发电、太阳能中温工业热利用和太阳能制冷等领域。

(1) 基本假设

图 5-36 所示为槽形抛物面聚光器线聚焦集热的物理模型和热网。为了便于分析，作如

下假设：

① 玻璃罩管温度 T_g 和集热管温度 T_p 在其横截面上均匀一致。

② 玻璃罩管与集热管之间为真空，其间无对流换热。

③ 忽略不计玻璃罩管与聚光器反射镜面之间的对流与辐射换热。

④ 金属集热管的热导率很大，忽略其管壁热阻。

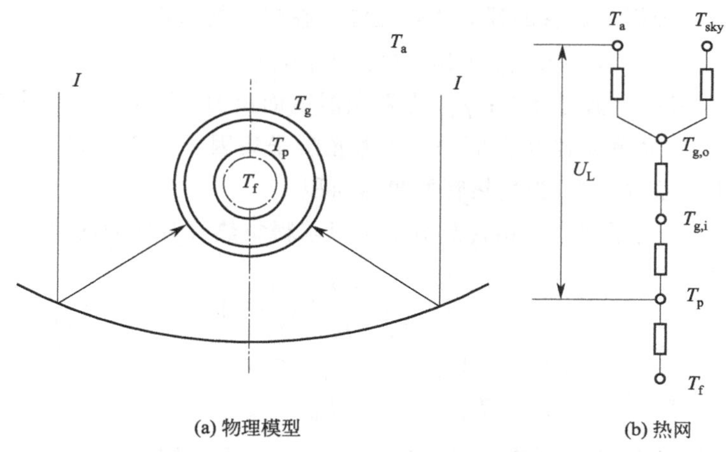

图 5-36　槽形抛物面聚光器线聚焦集热的物理模型和热网

(2) 能量平衡微分方程组

根据能量守恒原理，参照图 5-36（b）所示物理模型，对玻璃罩管可列出如下能量平衡方程：

$$\rho_g C_g A_g \frac{\partial T_{g,m}}{\partial t}=\alpha_g D_{g,o} I_c-\pi D_{g,o} h_a (T_{g,o}-T_g)-F_{g,s}\pi D_{g,o}\varepsilon_g \sigma (T_{g,a}^4-T_{sky}^4)$$
$$-\pi D_{g,i} h_{g,p}(T_{g,i}-T_p)+k_g A_g \frac{\partial^2 T_{g,m}}{\partial x^2} \tag{5-137}$$

对集热管可列出如下能量平衡方程：

$$\rho_p C_p A_p \frac{\partial T_p}{\partial t}=(\tau\alpha)_e D_{p,o} I_c-\pi D_{p,o} h_{g,p}(T_{g,i}-T_p)-\pi D_{p,i} h_f (T_p-T_f)+k_p A_p \frac{\partial^2 T_p}{\partial x^2} \tag{5-138}$$

对集热工质可列出如下能量平衡方程：

$$\rho_f C_f A_f \frac{\partial T_f}{\partial t}=\pi D_{p,i} h_f (T_p-T_f)-\dot{m} C_f \frac{\partial T_f}{\partial x} \tag{5-139}$$

式中，I_c 为聚焦的太阳辐射强度；$T_{g,m}$ 为玻璃罩管的平均温度，有 $T_{g,m}=(T_{g,i}+T_{g,o})/2$，$T_{g,i}$ 和 $T_{g,o}$ 分别为玻璃罩管内壁和外壁温度，若忽略玻璃罩管换热温降，则有 $T_{g,i}=T_{g,o}$，从而 $T_{g,m}=T_g$；T_{sky} 为天空温度；A 为横截面积；D 为管径；k 为热导率；h 为对流换热系数；C 为比热容；ρ 为密度；$F_{g,s}$ 为玻璃罩管对天空的角系数，假定 $F_{g,s}=1$；$\dot{m}$ 为工质质量流量；下标 g，p，f 分别代表玻璃罩管、集热管和集热工质。

以上由式（5-137）～式（5-139）组成的一维非稳态二阶偏微分方程组，无法利用解析的方法求解。在给定初始和边界条件下，采用数值方法可以求得玻璃罩管温度 $T_{g,m}$、集热管温度 T_p 和集热工质温度 T_f 随时间与沿工质流动方向的温度分布值。基于温度分布值，可深入研究集热管各部位的热应力、结构设计和涂层老化等问题。

(3) 集热管的传热分析

类似平板集热，分析集热管的瞬时集热性能。在热平衡条件下，其能量平衡方程为：

$$\rho_m(\tau\alpha)_e\gamma bLI_B=Q_u+U_LA_c(T_p-T_a) \tag{5-140}$$

式中，I_B 为太阳直射辐射强度；ρ_m 为聚光器镜面反射率；$(\tau\alpha)_e$ 为集热管的有效透过率和吸收率乘积；bL 为聚光器光孔面积；γ 为光学采集因子；Q_u、U_L 分别为集热管的有用能量收益和热损失系数；A_c 为集热管的集热面积。

根据图 5-36（b）所示热网，由传热分析可以求得集热管对环境的热损失系数 U_L：

$$U_L=\left[\frac{1}{h_w+\sigma_0\varepsilon_g\dfrac{T_{g,o}^4-T_{sky}^4}{T_p-T_a}}+\frac{\dfrac{1}{\varepsilon_p}+\dfrac{D_{p,i}}{D_{g,i}}\left(\dfrac{1}{\varepsilon_g}-1\right)}{\sigma\dfrac{T_p^4-T_{g,i}^4}{T_p-T_a}}+\frac{D_{g,o}\ln\left(\dfrac{D_{g,o}}{D_{g,i}}\right)}{2k_g}\right]^{-1} \tag{5-141}$$

若不考虑玻璃罩管的导热温降和环境温度与天空温度之间的差别，则有 $T_{g,i}=T_{g,o}=T_g$，$R_g=0$，$T_{sky}=T_a$，于是式（5-141）简化为：

$$U_L=\left[\frac{1}{h_w+\sigma_0\varepsilon_g(T_g+T_a)(T_g^2+T_a^2)}+\frac{1}{\sigma\varepsilon_s(T_p+T_g)(T_p^2+T_g^2)}\right] \tag{5-142}$$

式中，T_g、T_p 分别为玻璃罩管和集热管的温度；ε_g、ε_p 分别为玻璃罩管和集热管的辐射率；ε_s 为玻璃罩管和集热管之间的系统黑度；h_w 为玻璃罩管与环境的对流换热系数。

根据图 5-36（b）所示热网，求得集热工质对环境的传热系数为：

$$U_f=\left[\frac{1}{U_L}+\frac{D_{p,o}}{h_fD_{p,i}}+\frac{D_{p,o}\ln(D_{p,o}/D_{p,i})}{2k_p}\right]^{-1} \tag{5-143}$$

通常集热管为金属圆管，其传热温降很小，可以忽略不计。这样，式（5-143）中等号右边方括号中的第三项可以略去，简化为：

$$U_f=\left(\frac{1}{U_L}+\frac{D_{p,o}}{h_fD_{p,i}}\right)^{-1} \tag{5-144}$$

与平板集热分析相同，引进集热器效率因子 F' 及热转移因子 F_R，则集热管的有用能量收益 Q_u 为：

$$Q_u=F_R[\rho(\tau\alpha)_e\gamma BLI_B-U_LA_c(T_{f,i}-T_a)] \tag{5-145}$$

$$F_R=\frac{\dot{m}C_p}{A_cU_L}\left[1-\exp\left(-\frac{A_cU_LF'}{\dot{m}C_p}\right)\right] \tag{5-146}$$

$$F'=\frac{1}{U_L}\left(\frac{1}{U_L}+\frac{D_{p,o}}{h_fD_{p,i}}\right)^{-1} \tag{5-147}$$

5.6 光伏-光热（PV/T）集热器

5.6.1 概述

太阳能电池的效率随着电池工作温度的升高而降低。吸收的太阳辐射能中，未能转化为电能的部分将使光伏组件的温度升高，导致组件效率下降。利用空气或液体循环排热，能够部分防止这种不良影响的出现，防止光伏效率下降。此外，还可以采用光伏-光热（PV/T）集热器系统，实现最大化发电量的同时，将其热量带走并加以利用。PV/T 集热器主要具有以下特点：

① 通过降低单晶硅和多晶硅光伏电池的运行温度，使得光伏效率得到提高。对于单晶硅（cS）和多晶硅（pcS）太阳能电池而言，温度每升高 1℃效率下降约 0.45%。而对于非晶硅（aSi）来说，温度升高对其效率的影响较小，即温度每升高 1℃，效率下降约 0.2%，效率下降程度与组件设计有关。

② 太阳能可以同时提供热能和电能。光伏模组吸收 80%的入射太阳辐射能，通常仅转换其中的 15%～20%为电能，转换效率的大小与光伏电池的类型有关；产生的热量可用于为建筑物供暖以及供应生活热水，或为低温工业应用提供热能。

③ 将光伏和光热组合成一个系统，可以使用于安装太阳能装置的屋顶面积得到优化。PV/T 系统能够同时满足工业与建筑物（如医院、学校、酒店和厂房）中某些设施对于电能和热能的部分负荷需求，从而减小光伏-光热设备对屋顶面积的需求。

④ PV/T 系统的发电量高于标准光伏组件的发电量，且如果热利用装置的额外成本低，则该系统会将具有很高的经济性。这种方法总发电量的成本预期低于普通光伏组件发电量的成本。将光伏组件的温度稳定在较低水平是一种非常理想的状态，并且能够延长光伏组件的有效使用寿命，稳定太阳能电池的电流-电压特性曲线。

5.6.2 PV/T 系统分类

在太阳能 PV/T 系统中，将光伏组件温度降低与热能收集结合起来。PV/T 系统能够同时提供电能和热能，对吸收的太阳辐射实现较高的能量转化率。这类系统包括与排热装置耦合的光伏组件。在这些系统中，光伏组件温度降低的同时，对温度低于光伏组件温度的空气或水进行加热。在 PV/T 系统应用中，发电量是最优先考虑的问题，因此必须使光伏组件在低温条件下工作，以保持光伏电池具有充足的发电效率。自然空气循环或强制空气循环是一种排出光伏组件热量的简单且廉价的方法，但是如果环境空气温度超过 20℃，这种方法表现欠佳。为了克服这个问题，可使循环水流过安装于光伏组件背面的换热器，从而排出光伏组件内的热量。

根据所用的排热流体选择两种基本的 PV/T 系统，图 5-37 和图 5-38 分别显示了液体循环的 PV/T 系统和空气型 PV/T 系统。液体循环的 PV/T 系统一般采用水作为工作介质，用于产生生活热水，详见图 5-37。空气型 PV/T 系统采用类似的设计，与液体循环系统的换热器排热方式不同，空气系统则是利用流动的空气排热，如图 5-38 所示。

液体循环的 PV/T 系统能够有效地应用于任何季节。通常情况下，这种 PV/T 组件由

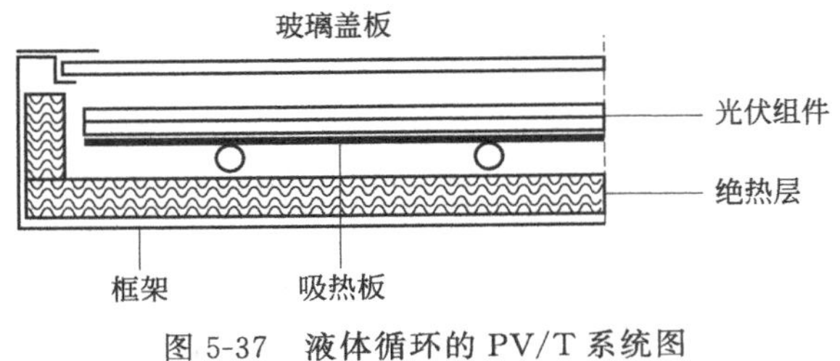

图 5-37 液体循环的 PV/T 系统图

硅光伏组件组成。PV/T 集热器可视为一种太阳能集热器，具有吸热板、光伏电池和液体排热装置。排热装置一般为管板式结构，类似平板太阳能集热器中所用的肋片和排管，可避免流体与光伏组件背面直接接触，如图 5-37 所示。液体循环管道通过导热板与光伏组件背面进行热接触，带走光伏板产生的热量。

在空气排热 PV/T 集热器内，排热装置通常是位于光伏面板后侧的矩形风道，如图 5-38 所示。此外，可以安装玻璃以减少 PV/T 集热器的热损耗，但是会因玻璃的反射光损耗和吸收热损耗而导致发电量减少。空气排热 PV/T 系统的成本低于液体循环的 PV/T 系统，适合用于中纬度和高纬度地区的建筑物中。通常的排热模式是利用空气的自然对流或强制对流从吸热板（光伏板）背面带走热量，并对空气进行加热。热效率取决于风道深度、气流模式、气流速度。浅风道和高流速增加排热量，但也增加了压降。由于压降增加风机的功率，因此在强迫空气流动的情况下将减少系统的净发电量。在自然空气循环的应用中，浅风道导致空气流量减少，从而减少排热量。

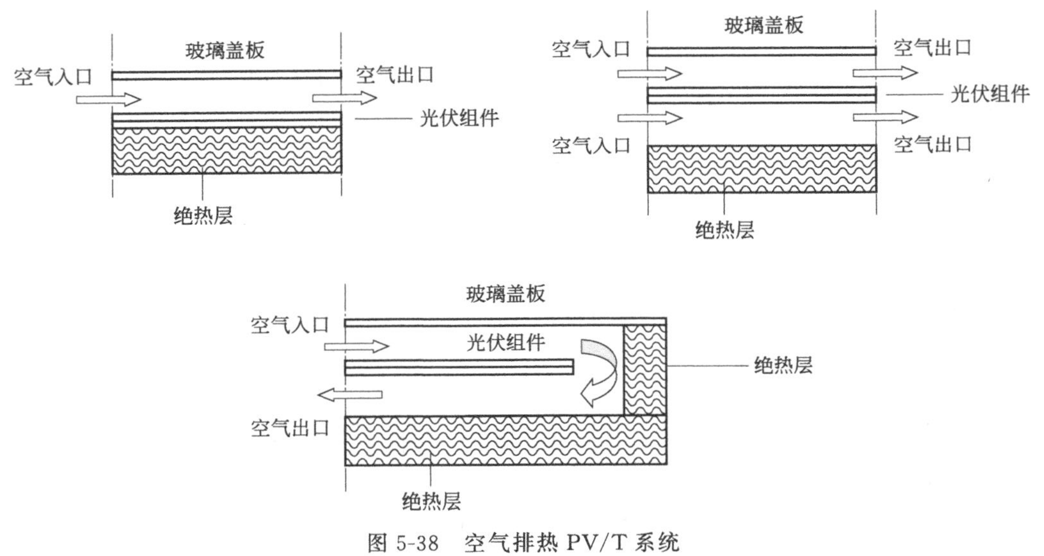

图 5-38 空气排热 PV/T 系统

5.6.3 PV/T 系统的传热分析

实际运行中，光伏组件的工作温度主要受太阳能电池材料的物理性质、组件结构、环境条件和冷却方法等因素的影响，尤其是随入射太阳辐射强度的变化而变化，太阳辐射越强则组件工作温度越高。

(1) 光伏组件的传热模型

投射到组件上的太阳辐射能，一部分在组件表面上被反射，另一部分经透射进入组件。进入组件的辐射能一部分由太阳能电池转换为电能输出，其余的能量转化为热能被组件本身所吸收，温度升高。组件通过对流、辐射和导热向环境散热，其中一部分热量通过对流的方式传递给传热工质。

组件的导热是通过结构向屋面或构架传导，由于这类导热的接触点很小，所以传导的热量相对很小，一般可以忽略不计。这样组件向环境的散热，只需考虑对环境的对流和辐射换热，其传热模型如图5-39所示。显然，在某个确定的组件工作温度下，达到某个热平衡状态。严格地讲，光伏组件传热是非稳态过程。这样，根据能量守恒原理，可以写得组件的非稳态能量方程为：

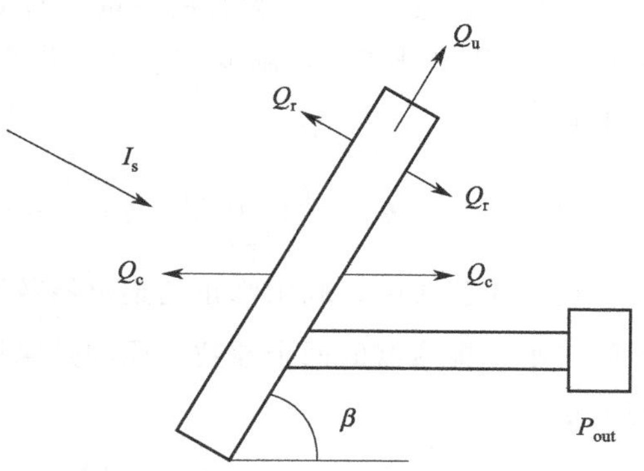

图5-39 光伏组件传热模型

$$C_{mod}\frac{dT}{dt}=A(1-R)I_s-Q_c-Q_r-P_{out}-Q_u \tag{5-148}$$

式中，C_{mod}为单块组件的总比热容；T为组件工作温度；t为时间；A为单块组件面积；I_s为投射到组件表面上的太阳辐射强度；R为组件表面太阳辐射反射率；Q_c、Q_r分别为组件对环境的对流和辐射换热量；P_{out}为组件电能输出；Q_u为组件热能输出。

分析图5-39可知，组件对环境的散热损失和组件自身的安装方式有很大的关系。不同的应用有不同的安装方式，组件的热损失计算也将有所区别。从目前的实际应用情况来看，大面积组件主要有以下两种应用。

① 屋顶光伏发电系统：组件沿屋面安装，其背面热损失较小，通常只需要计算组件表面对环境的对流和辐射换热损失。

② 大型光伏发电系统：组件以一定的倾角安装在地面框架上，需要分别计算组件表面和背面的对流和辐射换热损失。

组件输出电能由填充因数模型常数写成以下简要形式：

$$P_{out}=C_{FF}\frac{I_s\ln(CI_s)}{T}\quad(\mathrm{W}) \tag{5-149}$$

式中，C_{FF}为填充因数模型常数，$C_{FF}=1.22\mathrm{K\cdot m^2}$；$C$为常数，$C=10^6\mathrm{m^2/W}$。

(2) PV/T系统热输出

对液体循环的平板PV/T集热器的分析与对平板集热器的分析相似，可采用5.2节的基本集热器模型。PV/T集热器总热损失U_L包括顶部损失U_t、背面损失U_b和边缘损失U_e，计算方程参见5.2.3节。对于PV/T集热器，利用修改的热损失系数$\bar{U}_L$，可得因太阳辐射能转化为电能而减少的热损失：

$$\bar{U}_L=U_L-\tau\alpha\eta_{ref}\beta_{ref}I_t \tag{5-150}$$

光伏组件的效率与温度有关，光伏组件的电效率为：

$$\eta_{el}=\eta_{ref}[1-\beta_{ref}(T_{pv}-T_{ref})] \tag{5-151}$$

式中，β_{ref}为光伏效率的温度系数，℃；η_{ref}为基准温度T_{ref}的电效率；I_t为入射到光伏组件上的太阳辐照强度；η_{el}为光伏组件的电效率；T_{pv}为光伏组件的温度；T_{ref}为光伏组件的基准温度。

集热器的热效率 η_{th} 为有用能量收益 Q_u 与入射太阳辐射总能量 Q_A 之比。根据式（5-81），由集热器液体入口温度 $T_{f,i}$ 计算出有用能量收益。为适用于PV/T集热器，式（5-81）修正后为：

$$\eta_{th}=\bar{F}_R\left[\tau\alpha(1-\eta_{el})-\bar{U}_L\left(\frac{T_{f,i}-T_a}{I_t}\right)\right]=\frac{\dot{m}C_p(T_{f,o}-T_{f,i})}{A_{pv}I_t} \tag{5-152}$$

在上述公式中，利用修正的集热器效率因子 $\bar{F}'$ 描述修正的热转移因子 $\bar{F}_R$。这两个参数不同于平板集热器的两个参数，原因是采用了修正的总热损失系数 $\bar{U}_L$，于是 $\bar{F}'$ 和 $\bar{F}_R$ 之间的关系为：

$$\bar{F}_R=\frac{\dot{m}C_p}{A_{pv}\bar{U}_L}\left[1-\exp\left(-\frac{A_{pv}\bar{U}_L\bar{F}'}{\dot{m}C_p}\right)\right] \tag{5-153}$$

5.7 集热器的性能试验

5.7.1 热性能测试

太阳能集热器的热性能可以通过获得不同入射辐射组合的瞬时效率值、环境温度值和进水温度值来部分确定。这要求在稳态或准稳态条件下实验测定照射到太阳能集热器上的入射辐射率和通过集热器后介质流体的能量增加率。此外，必须进行测试确定集热器的瞬态热响应特性。

对于稳态测试，在测试期间环境条件和集热器运行必须是恒定的。对于晴朗干燥的地方，需要的稳态条件容易满足而且测试时间仅需要几天。然而在很多地方，稳态条件很难达到，所以测试可能需要在一年中的某些特定时期进行，主要集中在夏季，但即使这样，可能仍需要延长测试时间。

瞬态测试包括某个范围或在某个辐射和入射角度条件下集热器热性能的监测。随后，用一个基于时间的数学模型分析瞬态数据来确定集热器的性能参数。

为准确持续地进行测试，需要一个测试循环系统，系统可以分为闭环和开环测试循环系统，分别如图5-40和图5-41所示。

对于这些测试，需要测定如下参数：

① 集热器平面上的太阳能总辐照度，I_t；

② 集热器光孔处的散射太阳能辐照度；

③ 集热器光孔上的空气流速；

④ 环境空气温度，T_a；

⑤ 集热器入口流体温度，$T_{f,i}$；

⑥ 集热器出口流体温度，$T_{f,o}$；

⑦ 流体质量流量，$\dot{m}$。

此外，对集热器采光面积 A_c 需要进行一定精度的测量。基于集热器光孔总面积的集热器效率的表达式为：

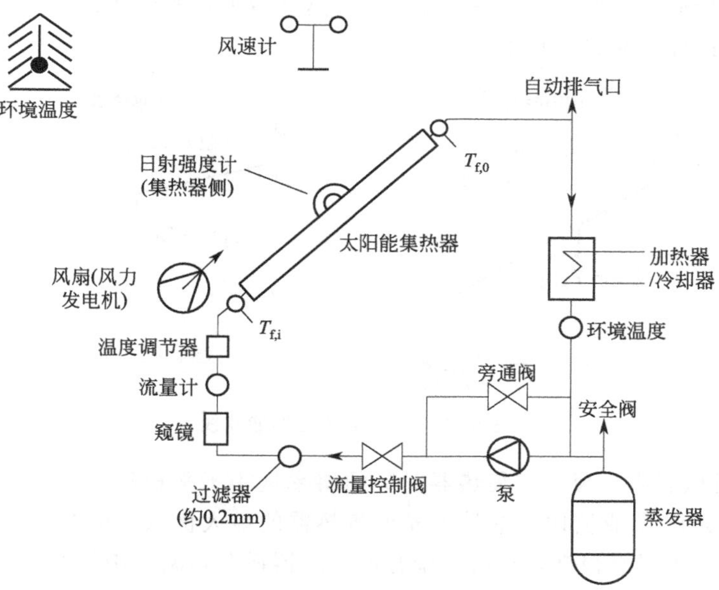

图 5-40 闭环测试循环系统

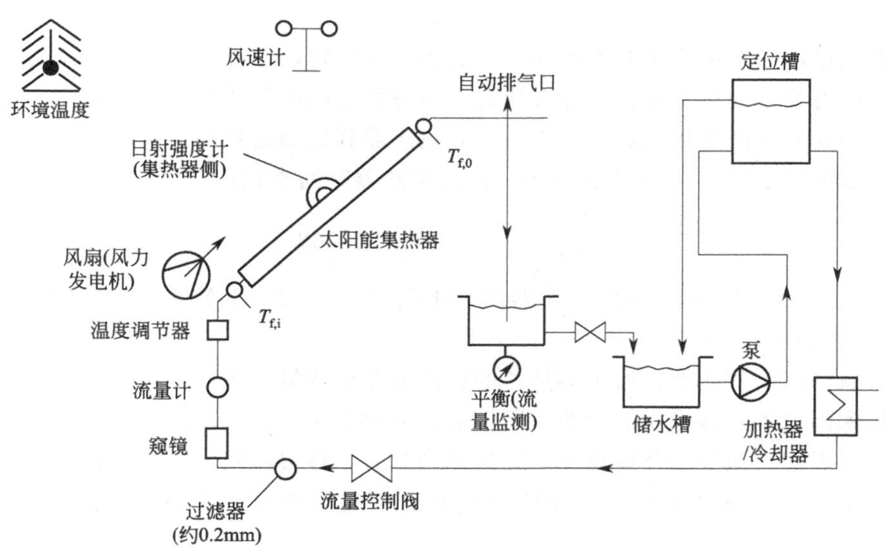

图 5-41 开环测试循环系统

$$\eta=\frac{\dot{m}C_p(T_{f,o}-T_{f,i})}{A_cI_t} \tag{5-154}$$

对于一个在稳定辐射和稳定介质流量下运行的集热器系统，系数 F_R、$(\tau\alpha)_e$ 和 U_L 几乎恒定。因此，平板集热器的热损失系数（$T_{f,i}-T_a$）/I_B 和聚光集热器的热损失系数（$T_{f,i}-T_a$）/I_t 对集热器效率的影响作图分别为一条直线，见图 5-42。对于平板集热器和聚光型集热器其截距（与垂直效率轴线相交的点）分别为 F_R（$\tau\alpha$）$_e$ 和 $F_R\eta_0$。直线的斜率，即效率差与相应的水平尺度差之比，分别等于$-F_RU_L$ 和$-F_RU_L/C$。如果以效率作为竖轴，以 $\Delta T/I$（根据集热器类型选用 I_t 或者 I_B）作为横轴，根据在不同的温度和太阳辐射条件下测试的集热器热传递实验数据来绘图，那么通过这些数据点的最佳直线使得集热器性能与相应的辐射和温度条件相互关联起来。

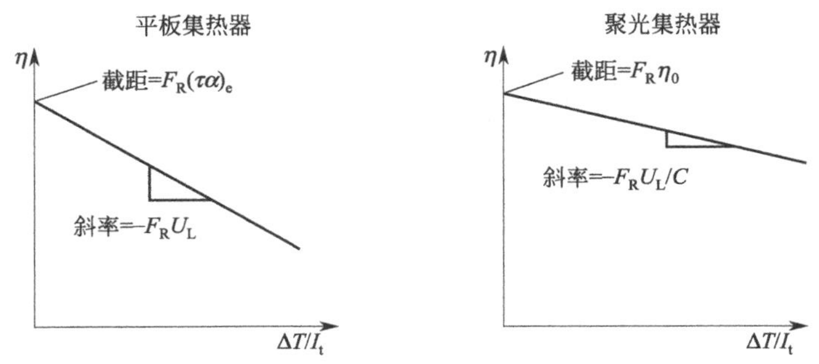

图 5-42　典型集热器性能曲线

如图 5-42 可以看出，聚光型集热器对应的斜率远小于平板集热器所对应的斜率。这是因为热损失与聚光比 C 成反比。这是聚光型集热器的最大优点，即在介质入口温度很高时聚光型集热器的效率仍然很高，这就是聚光型集热器适合高温应用的原因。

5.7.2　集热器时间常数测试

集热器测试的一项内容为有关时间常数的热容量测定，也有必要测定可评估集热器瞬时反应和为准稳态测试或稳态测试选择合适时间间隔的太阳能集热器的时间响应。集热器时间常数为入射辐射有阶跃变化之后介质流体离开集热器到达稳态终值的 63.2%时所需的时间，标准（ASHRAE，2010）中应用如下公式测定集热器时间常数：

$$\frac{(T_{of}-T_{ot})}{(T_{of}-T_i)}=\frac{1}{e}=0.368 \tag{5-155}$$

式中，T_{ot} 为经过时间 t 后的集热器出口水温度，℃；T_{of} 为集热器出口水终温，℃；T_i 为集热器进口水温，℃。

时间常数测试步骤如下：通过集热器的热传输介质流量与热效率测试中的相同。用遮阳罩板遮挡住太阳能集热器采光面上的太阳辐射，或对于聚光型集热器使其处于离焦状态，并使集热器进口温度近似等于环境温度。当到达稳态时，移去遮阳罩板，并且直到再次出现稳态时继续测量。对本测试实验，当介质出口温度变化小于 0.05℃/min 时，即可认为达到稳态。

画出两次稳态之间过渡过程中集热器出口温度与周围空气温度（其中，本实验介质进口温度等于周围空气温度）之差随时间的变化曲线。该曲线从第一次稳态画起，直到在更高温度下的第二次稳态，如图 5-43 所示。

5.7.3　质量测试

用于集热器制造的材料，除流体循环造成的影响（腐蚀、水垢等）外，应承受太阳紫外线辐射的不利影响，且集热器使用寿命应大于 20 年。太阳能集热器也需要承受一天多次热循环运行和极端运行条件，如冷冻、过热、热冲击、由冰雹或破坏造成的外部冲击和压力波动等，而且这些因素往往同时发生。

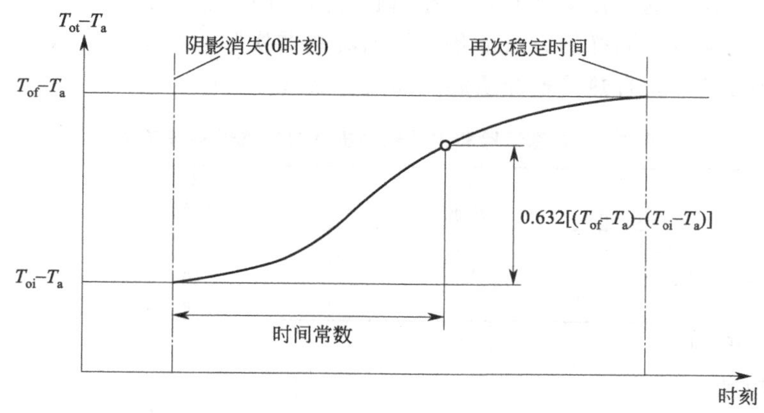

图 5-43　ISO 9806-1：1994 中指出的时间常数

(1) 内部压力测试

集热器的压力测试评估它可以承受的可能会在运行中遇到的压力程度。对于金属吸热板，测试压力下保持 10min，压力取制造商规定的最大测试压力或制造商标明的集热器最大运行压力的 1.5 倍中的较小值。

对于有机材料（塑料或弹性材料）制造的吸热板，测试温度为吸热板在滞止条件下的最高温度，因为有机材料的性质与温度相关，测试压力应为制造商标明的集热器最大运行压力的 1.5 倍且需保持至少 1h。

(2) 抗高温测试

本测试目的是快速评估集热器是否能承受高辐射水平而不产生结构损坏（如玻璃破损、塑料盖板塌陷、塑料吸热板熔化等）。测试在温度等于集热器滞止温度下进行，需要的条件如表 5-4 所示，其中周围空气速度必须小于 1m/s。

表 5-4　耐高温试验的气候参考条件

气候参数	A： 普通	B： 较好	C： 很好
集热器的总太阳辐射/(W/m²)	950～1049	1050～1200	＞1200
环境温度/℃	25～29.9	30～40	＞40

(3) 外部热冲击测试

本测试目的是评估集热器承受强烈的外部热冲击而没有损坏的能力。例如，集热器可能会在炙热的阳光暴晒时突然出现暴雨，引起强烈的外部热冲击。这里用一个空的集热器，与之前的测试以同样的方式准备。布置一组水射流来提供集热器上均匀的喷水。集热器在水射流打开之前需在高强度太阳辐射下稳态运行并保持一个小时，然后检查之前使用水射流冷却 15min。同样，根据集热器实际运行下的气候条件，选取表 5-5 中给出的一组参考条件，且热传输介质温度需大于 25℃。

(4) 内部热冲击测试

本测试目的是评估集热器承受强烈的内部热冲击而没有损坏的能力。例如，一段时间的停止运行之后，装置重新运行而集热器处于滞止温度下，此时集热器可能会在炙热的阳光暴晒时内部突然注入低温的热传输介质，可能引起强烈的内部热冲击。同样，这里用一个空的集热器，与之前的测试以同样的方式准备。根据集热器实际运行下的气候条件，选取表 5-5 中给出的一组参考条件，且热传输介质温度需大于 25℃。

表 5-5　暴露试验和内外热冲击试验的气候参考条件

气候参数	A： 普通	B： 较好	C： 很好
集热器的总太阳辐射/(W/m^2)	850	950	1050
收集平面的每日总辐射/(MJ/m^2)	14	18	20
环境温度/℃	10	15	20

注：表中值为测试最小值。

（5）淋雨测试

本测试目的为评估集热器抗雨水渗透的能力。对于本测试，集热器出口和入口管必须密封，且集热器必须以制造商推荐的最小角度放置在测试台上。如果这个角不确定，可采用不大于 45°的倾角放置。与屋顶结构结合设计的集热器必须安装在虚拟屋顶上且有底面保护，用喷嘴或淋浴器喷洒集热器 4h。

对于可称重的集热器，必须在测试前后进行称重。测试结束后，称重前集热器外表面必须擦干。在称重器上擦拭、运输和放置期间，集热器的倾斜角度不能有明显变化。对于不可称重的集热器，只能通过视觉检查确定雨水渗透性。

习题

1. 玻璃对太阳辐射的平均折射率为 1.526，求入射角为 0°和 60°两种情况下，直射辐射在玻璃表面上的反射率（另一介质为空气）。
2. 入射角分别为 0°和 60°，求不考虑吸收的两层玻璃的透射率各为多少。
3. 已知玻璃消光系数 $K=32$ (m^{-1})，厚度 $L=2.3mm$，入射角 $\theta_1=60°$，用精确和近似方法，求一层盖板的透射率、反射率和吸收率。
4. 集热器的相关数据如下：

吸热板与玻璃间的高度/mm	25
吸热板发射率/%	95
天空温度和环境温度/℃	10
风的对流换热系数/[$W/(m^2 \cdot ℃)$]	10
吸热板平均温度/℃	100
集热器倾斜角/(°)	45
玻璃发射率/%	88

利用精确法和式(5-31)求单层玻璃集热器的顶部损失系数 U_t。

5. 按下列规定数据计算集热器的效率因子，其中肋片效率用精确和近似两种公式计算，并比较它们的差别。

总损失系数/[$W/(m^2 \cdot ℃)$]	8.0
管子间距/mm	150

管径(包括内径)/mm	10
板厚/mm	0.5
铜吸热板热导率/[W/(m^2 · ℃)]	384
管内对流换热系数/[W/(m^2 · ℃)]	300
结合热阻	0

6. 面积为 2m^2 的热水集热器，其特性参数 $F_R(\tau\alpha)_e=0.79$，$F_RU_L=5.05$W/(m^2 · ℃)。若测试介质质量流量为 0.015kg/(m^2 · s)，求当通过集热器的介质流量为测试流量的一半时，该集热器的特性参数 $F_R(\tau\alpha)_e$、F_RU_L。
7. 根据图 5-21 给出的各类集热器的瞬时效率曲线，分析集热器类型对瞬时效率曲线分布的影响。

第6章

太阳能热水系统

太阳能热水系统将太阳能转换为热能并用于为建筑提供热水，是目前太阳能利用最普遍的形式。太阳能热水系统主要由太阳能集热系统和热水供应系统构成，通常包括太阳能集热器、储水箱、水泵、热交换器、连接管路、控制系统和必要时配合使用的辅助热源。太阳能集热系统是太阳能热水系统的关键部分，决定了是否能实现太阳能的合理利用。热水供应系统与传统的生活热水供应系统类似，可以参照建筑给排水的相关手册进行设计。我国是太阳能热水器的生产和应用大国，但普及率不高，产品的种类、功能和质量仍有待提高。太阳能热水系统在建筑中的大规模应用将成为降低建筑能耗的重要选择。本章将重点介绍太阳能热水系统的特点、设计、性能分析与运行控制方法等内容。

6.1 太阳能热水系统分类

一般，太阳能热水系统可以根据以下几种方法进行分类。

(1) 按系统运行方式分为：自然循环系统、直流式系统、强制循环系统

自然循环系统是指太阳能集热系统仅利用传热工质内部的温度梯度所产生的密度差进行循环的太阳能热水系统。在自然循环系统中，为了保证必要的热虹吸压头，储水箱的下循环管应高于集热器的上循环管。这种系统结构简单，不需要附加动力。

直流式系统是指传热工质一次流过集热器被加热后，进入储水箱或用热水处的非循环太阳能热水系统，也被称为定温放水系统。直流式系统一般可采用非电控温控阀控制方式及温控器控制方式。

强制循环系统是指利用机械设备等外部动力，迫使传热工质通过集热器进行循环的太阳能热水系统。强制循环通常采用温差控制、光电控制和定时器控制等方式。

实际工程中，太阳能热水系统常由上述几种运行方式组合而成，构成复合的系统形式。

（2）按集热系统与热水供应系统的关系分为：直接式系统和间接式系统

直接式系统是指在太阳能集热器中直接加热水供给用户的系统，又被称为单回路系统或一次循环系统。

间接式系统是指在太阳能集热器中加热某种传热工质，再利用该传热工质通过热交换器加热给水供给用户的系统，又被称为双回路系统或二次循环系统。考虑到用水卫生和防冻的要求，一般推荐采用间接式系统。

（3）按有无辅助能源加热设备分为：有辅助热源系统和无辅助热源系统

有辅助热源系统是指太阳能和其他能源水加热设备联合使用提供热水的系统。在没有太阳能或太阳能不足时，依靠辅助能源水加热设备提供建筑物所需热水。在需要保证生活热水系统全天候运行的场合，辅助热源是必不可少的。

无辅助热源系统是指仅依靠太阳能来提供热水的系统。该系统中没有其他水加热设备，无太阳能时系统无法产出热水。

（4）按系统传热工质与大气相通状况分为：敞开系统、开口系统、封闭系统

敞开系统是指传热工质与大气有大面积接触的太阳能热水系统。接触面主要在储热装置的敞开面。

开口系统是指传热工质与大气的接触处仅限于补给箱和膨胀箱的自由表面或排气管开口的太阳能热水系统。

封闭系统是指传热工质与大气完全隔绝的太阳能热水系统。

（5）按供热水范围分为：集中供热水系统、分散供热水系统、集中-分散供热水系统。

集中供热水系统是指采用集中的太阳能集热器和集中的储水箱为几幢建筑、单幢建筑或多个用户供应热水的系统。

分散供热水系统是指采用分散的太阳能集热器和分散的储水箱为建筑物内某一局部单元或单个用户供应热水的系统。

集中-分散供热水系统是指采用集中的太阳能集热器和分散的储水箱为单幢建筑供应热水的系统。

6.2 自然循环系统

（1）工作原理

自然循环太阳能热水系统是利用太阳能使系统内的传热工质在集热器与储水箱（或换热器）间形成自然循环加热的系统，显著特点是储水箱必须安装在集热器顶端水平面以上才能保证系统正常运行。系统循环的动力为液体温度差引起的密度差导致的热虹吸作用，不需要借助外力。该系统运行过程中，集热器中的水吸收太阳辐射热，循环管水温上升，密度逐渐变小，与水箱内未吸收太阳辐射的水产生密度差，形成热虹吸压头。温水经过上循环管进入储水箱。与此同时，储水箱内水温相对较低、密度较大的冷水慢慢下降，经过下循环管流入集热器下部补充。由于间接式系统阻力较大，热虹吸作用不能提供足够压头，因此自然循环系统一般为直接式系统。通常采用的自然循环系统一般可分为两种类型：自然循环式（如图6-1所示）和自然循环定温放水式（如图6-2所示）。

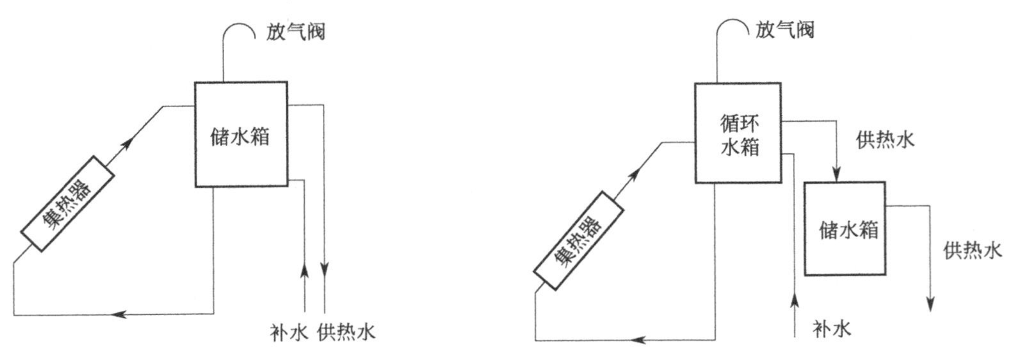

图 6-1　自然循环式系统

图 6-2　自然循环定温放水式系统

由以上分析可知，自然循环系统的缺点是要保证储水箱和集热器之间的高度差，这不仅增加了安装施工的难度，也会影响建筑物的外观。在该系统中，循环工质的密度差越大，其循环速度越快，反之循环就越慢；当没有太阳辐射时，循环也渐渐停止。因此，在自然循环热水系统中，热虹吸压头是关键因素，与储水箱和集热器的高度差有关。在设计该类系统时，要尽量减小每个组件的阻力。通常来说，自然循环系统的单体装置只适用于$30m^2$以下的集热面积。为了克服自然循环太阳能热水系统的缺点，可采用自然循环定温放水系统，其结构如图6-2所示。与自然循环系统的区别在于，该系统中循环水箱被一个只有原来容积的1/4～1/3的小水箱代替，大容积的储水箱可以放置在任意位置（当然要求高于浴室热水喷头的位置）。同时，在循环水箱上部某位置装有电接点温度计，当水箱上部水温升到预定的温度时，电接点温度计通过控制器接通线路，使装在热水管上的电磁阀打开，将热水排至低位储水箱内，同时补水箱会自动向循环水箱补充冷水。此时，循环水箱内水温下降，当降到预定的温度时，电接点温度计下限接点接通线路电磁阀关闭。这样，系统周而复始地向低位储水箱输送热水。因此，自然循环定温放水系统的主要优点是减小了储水箱的容积，使体积较大的储水箱不必高架于集热器之上；其缺点是系统中增加了一个水箱和控制系统，安装较复杂，且循环水箱仍要高于集热器，从而影响了其适用范围。

(2) 性能分析

本节以直接式系统为例，对自然循环系统的性能进行分析。为简化分析，利用水的密度变化表示集热器和储水箱之间的循环过程。自然循环系统的瞬时流量取决于此时的热虹吸压头，而热虹吸压头又与系统的温度分布有关，且随时间而变化。储水箱中存在水温分层且随时间变化，其温度分布决定了集热器的进口水温。因此，在研究自然循环太阳能热水系统的工作性能时，需要作出以下假设：

① 储水箱及集热器中的水温及密度分布为线性关系，平均温度分别为T_n和T_m；

② 忽略集热器的热容；

③ 忽略上下循环管的热容和热损失；

④ 储水箱中水的平均温度与储水箱箱体的平均温度相等。

根据以上假设和第 5 章给出的集热器效率公式，集热器的能量平衡方程为：

$$\dot{m}C_p(T_o-T_i)=A_cF'[I_t(\tau\alpha)_e-U_L(T_m-T_a)] \tag{6-1}$$

储水箱的能量平衡方程可写为：

$$\dot{m}C_p(T_o-T_i)=Q_{L,s}+(mC_p)_s\frac{dT_n}{dt} \tag{6-2}$$

式中，$Q_{L,s}$ 为储水箱的热损失；$(mC_p)_s$ 为储水箱的热容；T_i 和 T_o 分别为集热器流体进口和出口温度；其他参数意义同第 5 章。

$$Q_{L,S}=(UA)_s(T_n-T_a) \tag{6-3}$$

式中，$(UA)_s$ 为储水箱的热损失系数和箱体表面积的乘积。由实际测量可知，一天中大部分时间内，集热器中和储水箱中水的平均温度非常接近，即 $T_m=T_n$，这样 T_m 即可代表系统的平均温度。

将式（6-1）和式（6-3）代入式（6-2），经整理可得：

$$(mC_p)_s\frac{dT_m}{dt}=F'A_cI_t(\tau\alpha)_e-[F'U_LA_c+(UA)_s](T_m-T_a) \tag{6-4}$$

由于太阳辐照度 I_t 和环境温度 t_a 均为已知的时间函数，可按式（6-4）计算得到 t_m。解出 t_m 后，可进一步计算系统的流量。这种计算的依据是在准稳态状况下，每一瞬时系统的热虹吸压头 h_{th} 与流动阻力损失压头 h_f 相平衡，即：

$$h_{th}=h_f \tag{6-5}$$

热虹吸压头 h_{th} 可根据系统的温度分布来确定，如图 6-3 所示。

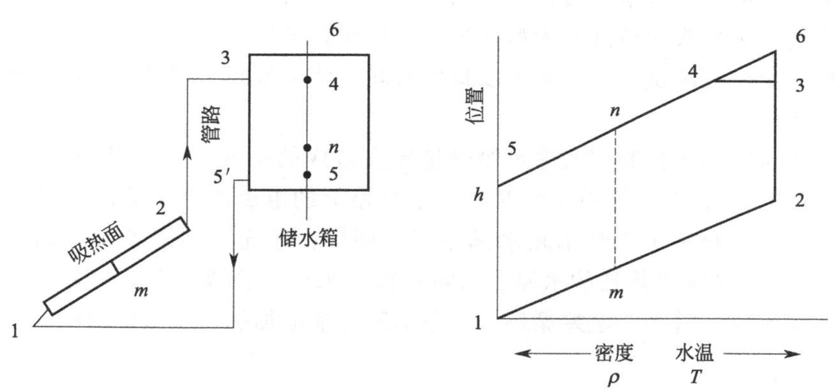

图 6-3 自然循环系统中的温度分布

h_{th} 即为图 6-3 中 1、2、3、4、5 所围的面积，则有：

$$\begin{aligned}h_{th}=S_{123451}&=(\rho_1-\rho_2)g(h_3-h_1)\\&-\frac{1}{2}(\rho_1-\rho_2)(h_2-h_1)g-\frac{1}{2}(\rho_4-\rho_1)(h_3-h_5)g\end{aligned} \tag{6-6}$$

$$(\rho_4-\rho_1):(\rho_2-\rho_1)=(h_3-h_5):(h_6-h_5) \tag{6-7}$$

$$\rho_4-\rho_1=(\rho_2-\rho_1)\frac{(h_3-h_5)}{h_6-h_5} \tag{6-8}$$

$$h_{th}=\frac{1}{2}(\rho_1-\rho_2)g\left[2(h_3-h_1)-(h_2-h_1)-\frac{(h_3-h_5)^2}{h_6-h_5}\right]$$
$$=\frac{1}{2}(\rho_1-\rho_2)gF(h) \tag{6-9}$$

式中，h 为系统中某处的高度；ρ 为水的密度；g 为重力加速度；F（h）为位置函数，有：

$$F(h)=\left[2(h_3-h_1)-(h_2-h_1)-\frac{(h_3-h_5)^2}{h_6-h_5}\right] \tag{6-10}$$

6.3 直流式系统

(1) 工作原理

直流式太阳能热水系统一般采用定温放水式系统（如图 6-4 所示），包括电接点温度计、控制器和电磁阀。系统在运行时集热器中的水被加热，当集热器出口温度达到预定的温度上限时，控制器发出信号打开电磁阀，自来水将热水顶出集热器流进储水箱。当集热器出口温度达到预定的温度下限时，电磁阀关闭，补充的冷水停留在集热器中被太阳能加热。这样，电磁阀时开时关就不断地获得热水。

这种系统的优点是水箱位置可根据需要安放在任何地方；缺点是需要一套较复杂的控制装置，初投资有所增加。系统运行的可靠性主要取决于电接点温度计、控制器及电磁阀的可靠性；水箱应有足够的富余量，否则当日照好的时候，因水箱容量不够而造成热水外溢。这种形式适用于自来水压头比较高的大型系统，布置比较灵活，便于与建筑结合。与其他循环系统相比，可更早供应热水；只要有一段日照时间，就可得到一定量的可用热水，所以更适合于白天用热水的用户。

为防止热水长时间未被利用时由水箱热量损失造成的温度下降，可采用定温/温差循环系统（如图 6-5 所示）。当水箱满水位时，冷水管路上的电磁阀自动关闭，系统自动转入温差循环。该系统不仅解决了贮热水箱水满溢流的问题，还充分利用了太阳能。利用控制器（PLC 编程）可根据系统集热器的水温、水箱水温、水位、管路水温等信号，依照事先设计好的程序，实现定温、满水位温差循环、太阳能不足辅助加热、低水位保护、任意时间自动控制等功能。

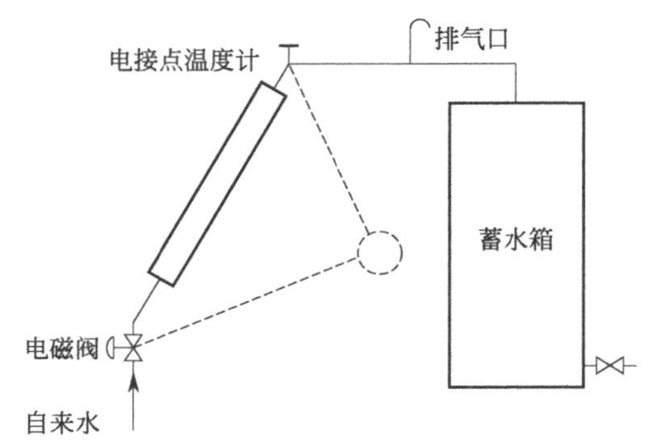

图 6-4　定温放水式直流系统

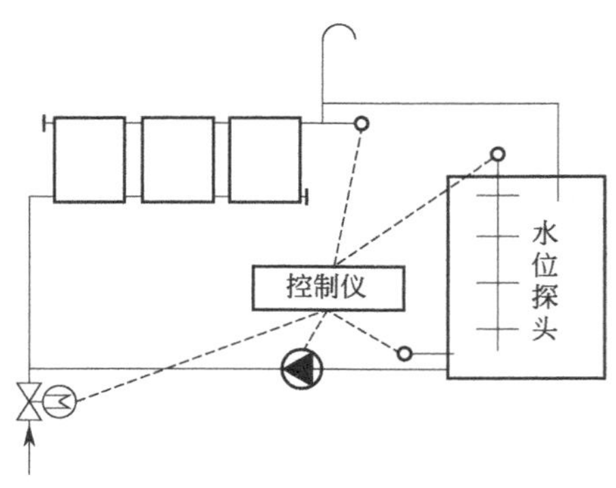

图 6-5　定温/温差循环系统

在直流式太阳能热水系统中，储水箱只具有盛积从集热器排放出来的热水的功能。若储水箱保温好，其热损失可以忽略不计，则该系统的全体平均效率完全取决于一天中集热器不同时刻的瞬时效率。

(2) 性能分析

集热器的瞬时有用能量收益方程为：

$$Q_u = A_c F_R [I_t(\tau\alpha)_e - U_L(T_i - T_a)] = \dot{m} C_p (T_o - T_i) \tag{6-11}$$

式中，$\dot{m}$ 为系统的流量。

在定温放水直流式太阳能热水系统中，集热器的出口水温 t_o 为设定值，进口水温 t_i 为自来水温度。流量 $\dot{m}$ 的大小取决于集热器的热性能以及集热器的进出口水温差，并随一天中太阳辐照度和环境温度的变化而有不同的数值。由式（6-11），可以得出系统的瞬时流量为：

$$\dot{m} = \frac{A_c F_R [I_t(\tau\alpha)_e - U_L(T_i - T_a)]}{C_p (T_o - T_i)} \tag{6-12}$$

由热转移因子 F_R 的计算公式：

$$F_R = \frac{\dot{m} C_p}{U_L A_c} \left[1 - \exp\left(-\frac{F' U_L A_c}{\dot{m} C_p}\right)\right] \tag{6-13}$$

将式（6-13）代入式（6-12），经整理得：

$$\dot{m} = \frac{-F' U_L A_c}{C_p \ln\left[1 - \frac{U_L(T_o - T_i)}{I_t(\tau\alpha)_e - U_L(T_i - T_a)}\right]} \tag{6-14}$$

这样，不同时刻集热器的瞬时效率为：

$$\eta = \frac{\dot{m} C_p \Delta T_c}{A_c I_t} \tag{6-15}$$

式中，ΔT_c 为在相应的 Δt 时间间隔内集热器的进出口水温差。

在系统运行的一天内，从开始至某时刻 τ 的系统平均效率 $\bar{\eta}_{st}$ 为：

$$\bar{\eta}_{st} = \frac{(\sum \dot{m} \Delta t) C_p \Delta T_c}{A_c (\sum I_t \Delta t)} \tag{6-16}$$

图 6-6 和图 6-7 对比了自然循环（系统 1）和直流式（系统 2）太阳能热水系统在典型的一天中的效率和温度变化。理论计算和实验结果表明，直流式太阳能热水系统和自然循环太阳能热水系统相比，当两个系统的集热器面积、效率曲线及系统保温条件均相同，且直流式系统的设定供水温度取同类集热器组成的自然循环系统一天运行的终止温度时，两者的全日平均效率几乎相等（如图 6-6 所示）。这是因为在上午，直流式系统的瞬时效率低于自然循环系统的瞬时效率，而下午正好相反（如图 6-7 所示）。实际上，直流式系统是一种储水箱与集热器进口冷水管分开的系统，其工作过程类似于储水箱中温度分层良好的自然循环系统一天内流体一次循环的过程。

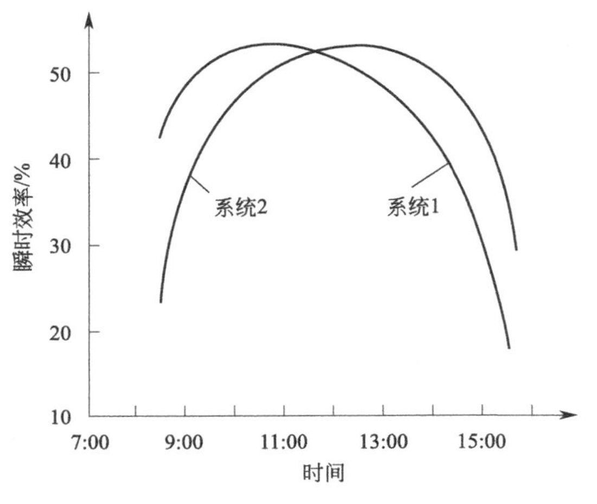

图 6-6　系统效率随时间的变化

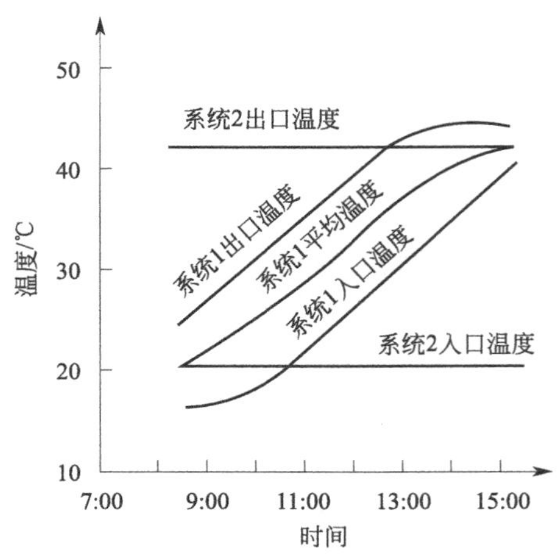

图 6-7　系统温度随时间的变化

6.4 强制循环系统

强制循环系统是借助外力迫使集热器与储水箱内的水进行循环。因此，这种系统的显著特点是储水箱的位置不受集热器位置的制约，可任意布置。该系统是通过水泵将集热器吸收太阳辐射后产生的热水与储水箱内的冷水进行混合，从而使储水箱的水温逐渐升高。根据传热工质的不同换热方式，强制追循环系统分为直接强制循环式和间接强制循环式。

6.4.1 直接强制循环式系统

图 6-8 所示是一个直接强制循环式系统。在直接系统中，不设置热交换器。由于强制循环系统是依靠水泵作为循环动力，系统以固定的大流量进行循环，因此，在运行过程中储水箱内的水得到充分的混合，可认为储水箱内无温度分层。

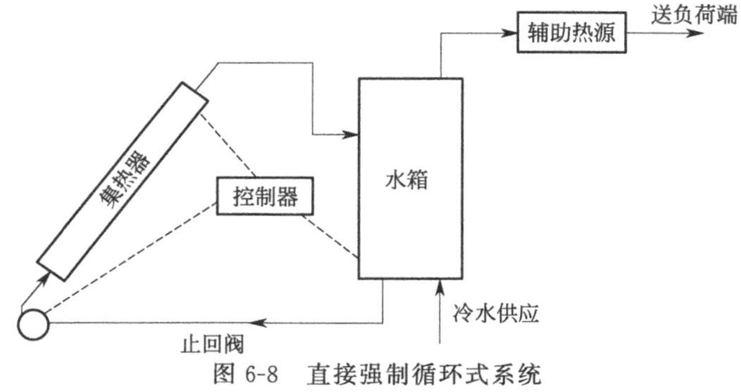

图 6-8　直接强制循环式系统

水温为某一个均匀温度 t，当系统在负荷 Q_l 运行时，储水箱的能量平衡方程为：

$$(mC_p)_s \frac{dT_s}{dt} = (Q_u)_s - (UA)_s (T_s - T_a) - Q_l \tag{6-17}$$

式中，$(Q_u)_s$ 为储水箱的有用能量；$(mC_p)_s$ 为储水箱的热容；T_s 为储水箱的平均水温；T_a 为空气温度。

集热器的能量平衡方程为：

$$(Q_u)_c = F_R A_c I_T(\tau\alpha)_e - F_R A_c U_L (T_s - T_a) \tag{6-18}$$

系统控制器的工作可以用一个控制函数来表示：

$$(Q_u)_c = F(\dot{m}C_p)_c(T_o - T_s) \tag{6-19}$$

在强制循环系统中，通常系统流量 $\dot{m}$ 为恒定值。式(6-19) 中的 F 为控制函数，假定 ΔT_1 和 ΔT_2 分别为设定温差上限值和下限值。

当 $t_o - t_s \geqslant \Delta T_1$ 时，$F=1$，表示控制器闭合，水泵工作；当 $T_0 - T_s \leqslant \Delta T_2$ 时，$F=0$，表示控制器断开，水泵停运。假定管道的热损失很小，可以忽略不计，则有：

$$(Q_u)_s = (Q_u)_c \tag{6-20}$$

将式(6-18) 代入式(6-17)，经整理得：

① $F=1$ 时，有：

$$(mC_p)_s \frac{dT_s}{dt} = F_R A_c I_T(\tau\alpha)_e - [(UA)_s + F_R U_L A_c](T_s - T_a) - Q_l \tag{6-21}$$

② $F=0$ 时，有：

$$(mC_p)_s \frac{dT_s}{dt} = -(UA)_s(T_s - T_a) - Q_l \tag{6-22}$$

式(6-21) 和式(6-22) 分别表示系统中水泵工作和不工作两种情况下，储水箱内温度随时间的变化关系。两式中除 T_s 外，均为可预先求得的常量或为时间的已知函数。因此，可以采用数值积分方法求解。采用有限差分法，取得各时间间隔 Δt 所对应的太阳辐照度 I_t、环境温度 T_a 和用户负荷 Q_l 值后，即可逐步求得一天中储水箱温度 T_s 的变化。已有的计算结果表明，由于强制循环太阳能热水系统中储水箱内的温度分层被破坏，系统的年平均效率比自然循环太阳能热水系统低 3%～5%。

6.4.2　间接强制循环式系统

图 6-9 所示为间接强制循环式系统。该系统中集热循环采用防冻液作为传热介质，因此防冻性能比直接强制循环式系统好。在系统中，热交换器在储水箱内部，即储水箱同时起到换热器的作用。有时也可以采用专门的外部热交换器。

由于热交换器存在传热温差，使得系统效率略有降低。以图 6-9(b) 所示系统为例，分析这种系统的运行时，可将太阳能集热器和换热器的组合视为单独的具有减小 F_R 的集热器，于是有：

$$Q_u = (\dot{m}C_p)_c(T_{co} - T_{ci})^+ \tag{6-23}$$

$$Q_u = A_c F_R [I_T(\tau\alpha)_e - U_L(T_{ci} - T_a)]^+ \tag{6-24}$$

式中，加号表示只考虑正值。由式(6-23) 求出 T_{ci}，代入式(6-24) 中：

$$Q_u = \left[1 - \frac{A_c F_R U_L}{(\dot{m}C_p)_c}\right]^{-1} \{A_c F_R [I_T(\tau\alpha)_e - U_L(T_{co} - T_a)]\} \tag{6-25}$$

忽略管道损失，通过换热器传递给储水箱的有用能量为：

$$Q_{HX} = Q_u = \varepsilon(\dot{m}C_p)_{min}(T_{co} - T_i) \tag{6-26}$$

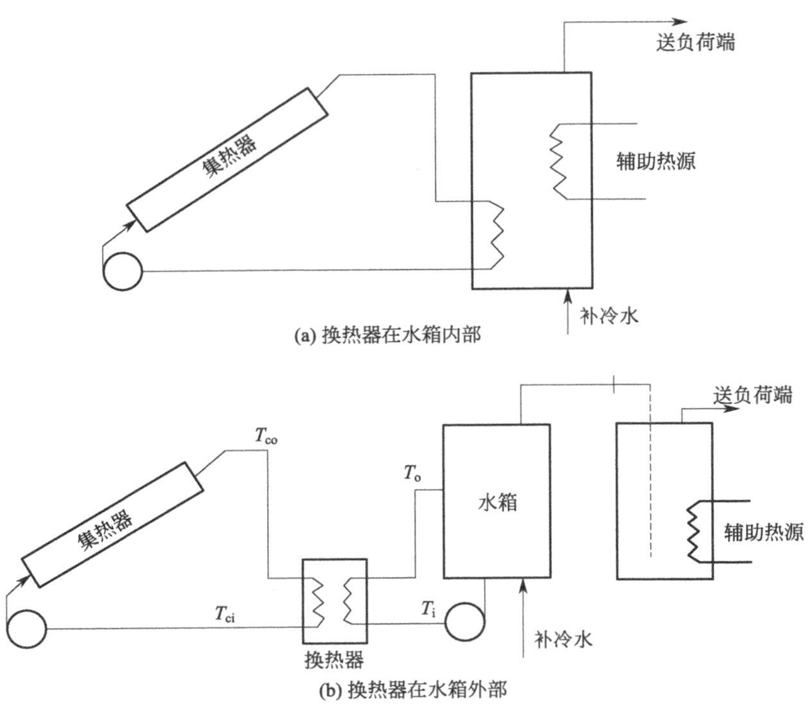

图 6-9　间接强制循环式系统

式中，$(\dot{m}C_p)_{\min}$ 为换热器两侧换热流体中热容流率较小者的值；T_{co} 为集热器的出口温度，也是换热器的流体进口温度；T_i 为换热器的冷流体进口温度，也就是储水箱的流体出口温度；ε 为换热器的效能，对逆流式换热器有：

$$\varepsilon=\frac{1-e^{-NTU(1-C)}}{1-Ce^{-NTU(1-C)}} \tag{6-27}$$

NTU 为传热单元数，定义为：

$$NTU=\frac{UA}{(\dot{m}C_p)_{\min}} \tag{6-28}$$

式中，UA 为换热器的传热系数和换热表面积的乘积。在式(6-27) 中，C 为换热器两侧换热流体中热容流率较小值与较大值之比，即：

$$C=\frac{(\dot{m}C_p)_{\min}}{(\dot{m}C_p)_{\max}} \tag{6-29}$$

这样，由集热器和换热器组合而视为新集热器的能量平衡方程为：

$$Q_u=A_cF'_R[I_T(\tau\alpha)_e-U_L(T_i-T_a)] \tag{6-30}$$

式中，F'_R 为集热器和换热器组合而成的新集热器的热转移因子。前面已经提到，由于系统中增加了换热器，使系统效率略有降低。换句话说，也就是意味着换热器对集热器性能有些削弱。这里引进换热器对集热器性能的削弱因子 F_{HX}，其定义为设置换热器时集热器的有用能量收益与不设置换热器且集热器的流体进口温度等于储水箱温度时的有用能量收益之比。F_{HX} 的数学表示式为：

$$F_{HX}=\frac{F'_R}{F_R}=\left\{1+\frac{A_cF_RU_L}{(\dot{m}C_p)_C}\left[\frac{(\dot{m}C_p)_c}{\varepsilon(\dot{m}C_p)_{\min}}-1\right]\right\}^{-1} \tag{6-31}$$

由于系统中设置了换热器，为使系统保持原来的有用能量收益，需额外补偿的能量为：

$$\Delta Q_u=(1-F_{HX})Q_u \tag{6-32}$$

或需增加的集热器面积为：

$$\Delta A_c=\left(\frac{1}{F_{HX}}-1\right)A_c \tag{6-33}$$

根据技术经济分析，可求得设置换热器的强制循环太阳能热水系统的最佳换热器换热面积为：

$$(A_{HX})_{opt}=A_c\sqrt{\frac{C_c U_L}{C_{HX}U_{HX}}F_R} \tag{6-34}$$

式中，A_{HX} 为换热器换热面积；C_c 为单位面积集热器的费用；C_{HX} 为单位换热面积换热器和相应管道的费用。

设计时，用最佳换热器换热面积 $(A_{HX})_{opt}$ 代入式(6-28)，并由式(6-31) 计算出集热器和换热器组合而成的新集热器的热转移因子 F'_R，然后再用式(6-18) 和式(6-19) 计算设置了换热器的强制循环太阳能热水系统的性能。

6.4.3 太阳能热水系统的控制

为保证太阳能热水系统能获取良好的节能效益，系统运行时需根据天气条件进行调节，并在太阳能系统和常规能源系统之间进行运行切换。因此，太阳能热水系统应设置安全、可靠、灵活的控制系统。如上所述，太阳能热水系统形式多样，因此相应的控制策略也有很大差异。对于强制循环太阳能热水系统，可以采用温差控制、光电控制或者定时器控制等方式保证系统的高效运行。

(1) 温差控制

图 6-10(a) 所示的系统为采用温差控制的直接强制循环系统。该系统靠集热器出口处水温和储水箱底部水温的温差来控制循环泵启停。当两处的温差达到预定值（如 5～8℃）时，循环泵运行，开始循环，将水箱下部的冷水泵入集热器，同时将集热器内的热水顶入储热水

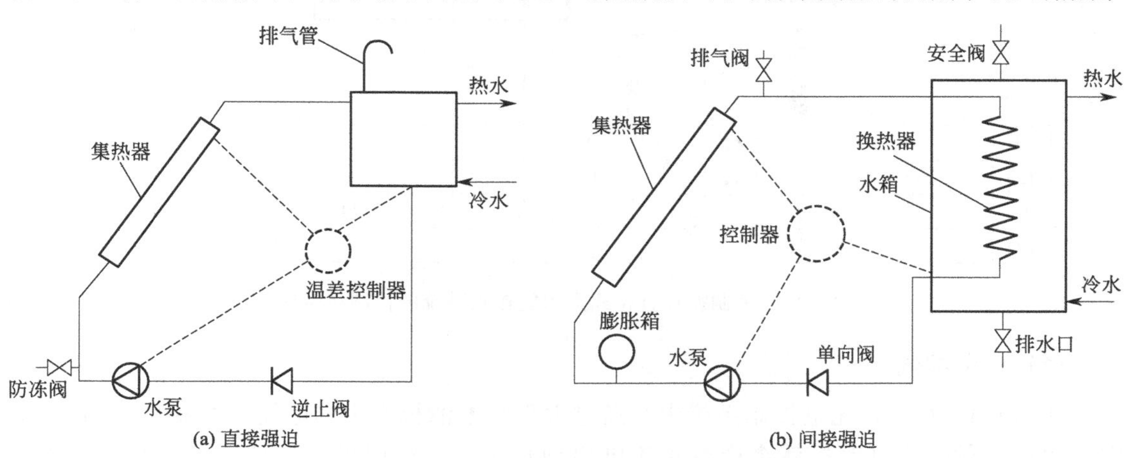

图 6-10 温差控制的强制循环系统

箱上部。当集热器顶部的温度和水箱下部水温之差达到另一预定数值（如 2～4℃）时，循环泵停止运行，这时集热器中的水会靠重力作用流回水箱，集热器被排空。在集热器另一侧管路中的冷水，则靠防冻阀予以排空，因此整个系统中管路就可防止被冻坏。

图 6-10(b) 所示的系统为温差控制间接强制循环太阳能热水系统。它和直接强制循环系统的区别是在水箱内增加一个换热器。集热器内可以充装防冻介质，解决防冻问题。膨胀箱的作用是使防冻介质在加热或冷却时有一个膨胀和收缩的空间，以免造成过压或潜在真空而损坏系统。

以强制循环直接式太阳能热水系统为例，给出了温差控制的具体运行控制方法。控制逻辑如图 6-11 所示，其控制策略归纳如下：

① 太阳能集热系统为高温保护和温差循环控制，即当 $T_1-T_2>\Delta T_1$ 且 $T_3<T_{m1}$ 时，B1 启动；当 $T_1-T_2<\Delta T_2$ 或 $T_3>T_{M1}$ 时，B1 停止。

② T_4 控制辅助加热启停，即：当 $T_4<T_{m2}$ 时，辅助加热启动；当 $T_4>T_{M2}$ 时，辅助加热停止。

③ ΔT_1 和 ΔT_2 分别宜取 5℃和 2℃，T_{m1} 和 T_{M1} 分别宜取 70℃和 75℃，T_{m2} 和 T_{M2} 分别宜取 50℃和 60℃。

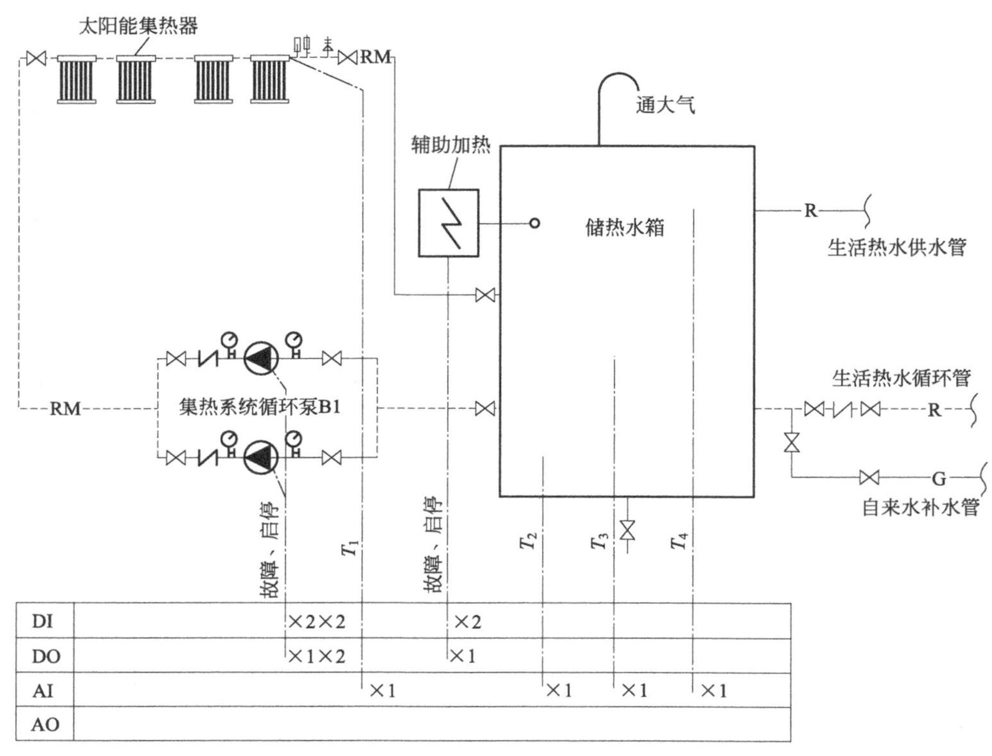

图 6-11　强制循环直接式太阳能热水系统的控制逻辑图

(2) 光电控制

如图 6-12 所示，光电控制系统中，通过太阳能电池板产生的电能来控制系统的运行。在有太阳辐射时，电池板就会产生直流电启动水泵，系统即进行循环。在没有太阳辐射时，电池板没有电流产生，水泵就停止工作。因此，该系统每天所获得的热水完全取决于当天的日照情况。太阳辐射好，产生的热水就多，温度也高。而太阳辐射小，产生的热水也相应减少。在寒冷天气中，该系统靠泵和防冻阀可以将集热器中的水排空。

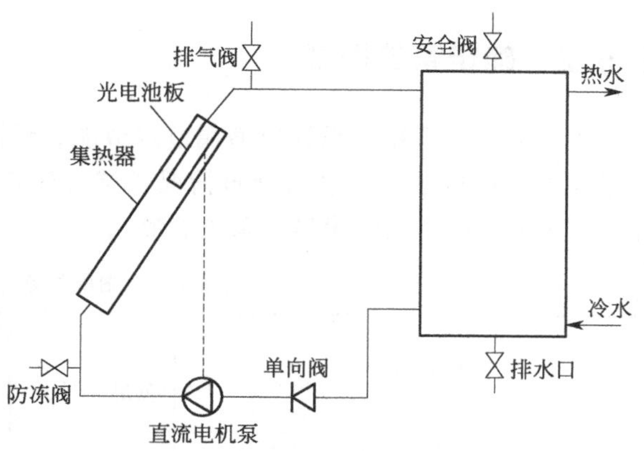

图 6-12　光电控制的直接强制循环系统

(3) 定时器控制

图 6-13 所示为采用了定时器控制的直接强制循环系统。该系统的控制是根据事先设定的时间来启动或关闭循环泵的运行，系统运行的可靠性主要取决于人为因素，不够灵活。如在下雨天或多云的情况下启动定时器，前一天水箱中未用完的热水再通过集热器循环时，会造成热量损失。

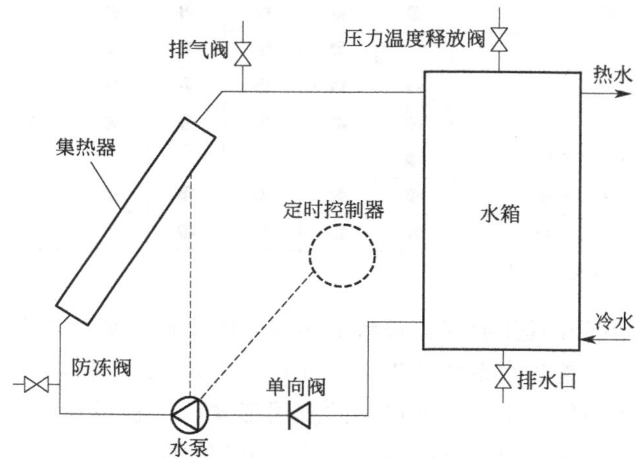

图 6-13　定时器控制的直接强制循环系统

6.5 太阳能热水系统设计

6.5.1　调查用户基本情况

在进行太阳能热水系统设计的具体步骤之前，应详细调查使用该系统用户的基本情况，主要内容包括：

① 环境条件：安装地点的纬度、年平均日太阳辐照量、日照时间和环境温度、防冻需求等；

② 用水规律：日平均用水量、用水方式、用水温度、用水位置、用水流量等；

③ 场地情况：可供安装的场地面积与形状、建筑物承载能力、遮挡情况等；

④ 水电情况：水压、电压、水电供应情况等。

6.5.2 确定系统形式

太阳能热水系统的设计应遵循节水节能、经济实用、安全简便、便于计量的原则，根据使用要求、耗热量及用水点分布情况，结合建筑形式、热水需求和其他可用能源种类等条件，按表 6-1 选择太阳能热水系统的形式。

表 6-1 太阳能热水系统形式选用表

建筑类型			居住建筑					公共建筑			
			低层	多层	高层	养老院	学生宿舍	办公楼	宾馆	医院	游泳馆
太阳能热水系统类型	集热与供热水范围	集中供热水系统	—	●	—	●	●	●	●	●	●
		集中-分散供热水系统	●	●	●	●	●	—	●	●	—
		分散供热水系统	●	●	●	—	—	—	—	—	—
	系统运行方式	自然循环系统	—	—	—	●	●	—	—	—	—
		强制循环系统	●	●	●	●	●	●	●	●	●
		直流式系统	—	●	●	●	●	●	●	●	●
	集热器内传热工质	直接加热	●	●	●	●	●	●	●	●	—
		间接加热	●	●	●	●	●	●	●	●	●
	辅助热源启动方式	全日自动启动系统	●	—	—	—	—	—	●	●	●
		定时自动启动系统	●	●	●	●	●	●	●	●	●
		按需手动启动系统	●	●	●	●	—	—	—	—	—

注：—表示不建议选用；●表示可以选用。

根据建筑的实际情况和具体要求，可将上述太阳能集热系统与热水供应系统进行优化组合设计，构成综合的太阳能热水系统。表 6-2 列出了典型的集中供热式太阳能热水系统的形式、特点和适用性。表中仅给出了几种典型的应用形式，工程设计人员可以根据实际需要，结合太阳能集热系统和热水供应系统的特点，组合出新的应用形式。为表述方便，在后文中将双水箱系统中太阳能集热系统的储水箱称为储热水箱，热水供应系统的水箱称为供热水箱。

表 6-2 典型的集中供热式太阳能热水系统

名称	典型图示	特点
自然循环单水箱系统	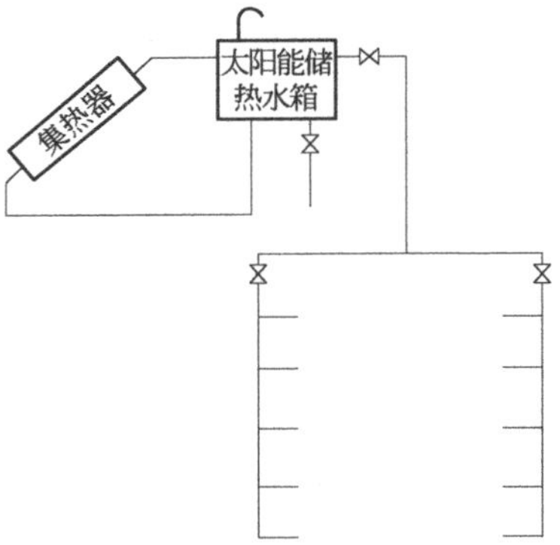	(1)没有电力需求，不占用机房面积，系统不需要专门的维护管理； (2)采用敞开式系统，没有安全阀，运行安全可靠，热水与外界空气连接，水质易受污染； (3)储热水箱位置必须高于集热器系统，建筑外立面较难处理； (4)没有辅助热源，产热水全部依靠太阳能，供水温度较难保证； (5)热水供应系统没有循环管路，不利节水； (6)适用于太阳辐射较好、缺乏其他能源供应、热水供应规模较小、对热水质量和建筑物外观要求不高的场合

续表

名称	典型图示	特点
自然循环双水箱系统	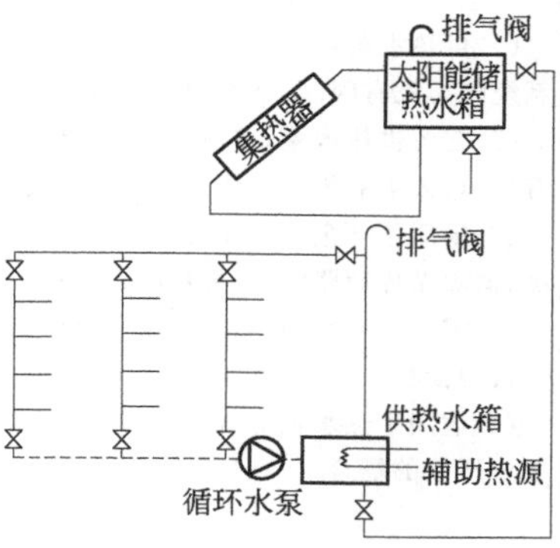 排气阀 太阳能储热水箱 集热器 排气阀 供热水箱 辅助热源 循环水泵	(1)配备了供热水箱和辅助热源，热水温度有保障，不需专设机房； (2)采用敞开式系统，没有安全阀，运行安全可靠，热水与外界空气连接，水质易受污染； (3)水箱都放在屋顶，或供热水箱放在阁楼或技术夹层，可节省机房面积，但需要考虑保温防冻； (4)储热水箱位置必须高于集热器系统，建筑外立面较难处理； (5)需要循环水泵，投资和运行费用较高，且需占用部分机房面积； (6)采用了干管循环的方式，热水供应质量进一步提高，消除循环短路问题，使用时需放少许冷水； (7)适用于热水供应规模不大、对热水质量和建筑物外观要求不严格的场合
直流式单水箱系统	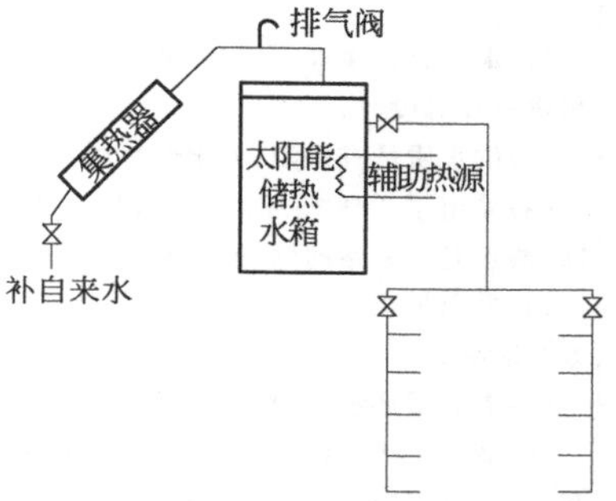 排气阀 集热器 太阳能储热水箱 辅助热源 补自来水	(1)水箱可放在阁楼、技术夹层或地下室，不影响建筑外观设计，系统阻力受自来水上水压力限制； (2)采用敞开式系统，没有安全阀，运行安全可靠，热水与外界空气连接，水质易受污染； (3)采用定温放水方式，放水点温度设置需随太阳辐照变化调节，运行管理较复杂； (4)热水供应系统没有循环管路，不利节水和提高热水供应质量； (5)适用于对热水质量要求不高、建筑物外观要求严格、水质要求和防冻要求不高的场合
直流式双水箱系统	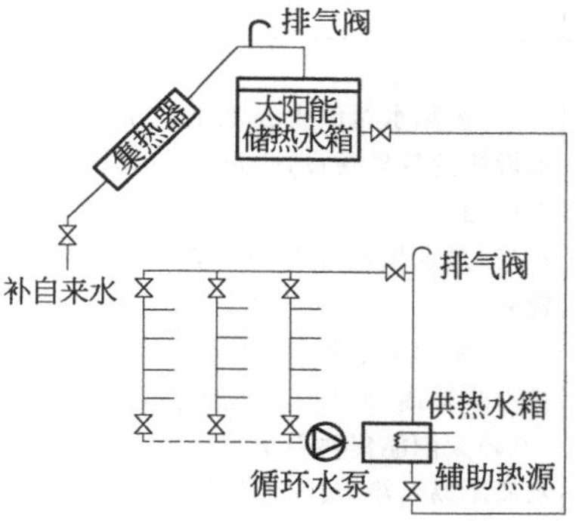 排气阀 集热器 太阳能储热水箱 补自来水 排气阀 供热水箱 循环水泵 辅助热源	(1)配备了供热水箱和辅助热源，热水温度有保障； (2)供热水箱放在地下机房，不影响建筑外观设计，系统阻力受自来水上水压力限制； (3)采用敞开式系统，没有安全阀，运行安全可靠，热水与外界空气连接，水质易受污染； (4)采用定温放水方式，放水点温度设置需随太阳辐照变化调节，运行管理较复杂； (5)需要循环水泵，投资和运行费用较高，且需占用部分机房面积； (6)采用了干管循环的方式，热水供应质量进一步提高，消除循环短路问题，使用时需放少许冷水； (7)适用于热水供应规模较大、对热水质量要求较高、建筑物外观要求严格、水质要求和防冻要求不高的场合
强制循环单水箱直接系统	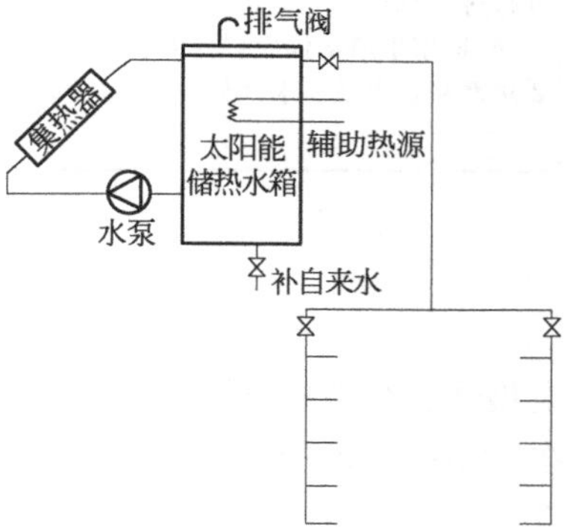 排气阀 集热器 辅助热源 太阳能储热水箱 水泵 补自来水	(1)水箱可放置在阁楼、技术夹层或地下机房，对系统阻力没有限制，不影响建筑外观设计，可以在较大规模的太阳能热水系统中应用； (2)热水供水质量有保障，太阳能集热系统运行效率较高； (3)热水与外界空气连接，水质易受污染； (4)需要循环水泵，投资和运行费用较高，且需占用部分机房面积； (5)适用于热水供应规模不大、对热水质量要求不高、建筑物外观要求严格的场合

续表

名称	典型图示	特点
强制循环双水箱直接系统	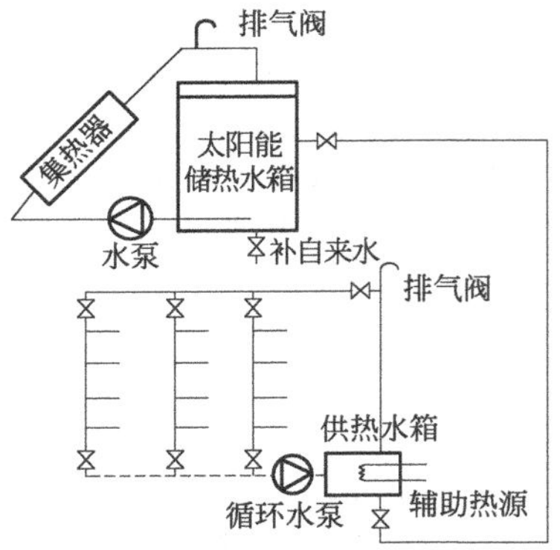	(1)供热水箱可放置在阁楼、技术夹层和地下机房，对系统阻力没有限制，不影响建筑外观设计； (2)配备供热水箱，系统蓄热功能增强，热水供应质量有保障，太阳能集热系统运行效率较高； (3)采用了干管循环的方式，热水供应质量进一步提高，消除循环短路问题，使用时需放少许冷水； (4)需要循环水泵，投资和运行费用较高，且需占用部分机房面积； (5)适用于热水供应规模大、对热水质量和建筑物外观要求严格的场合
强制循环单水箱间接系统	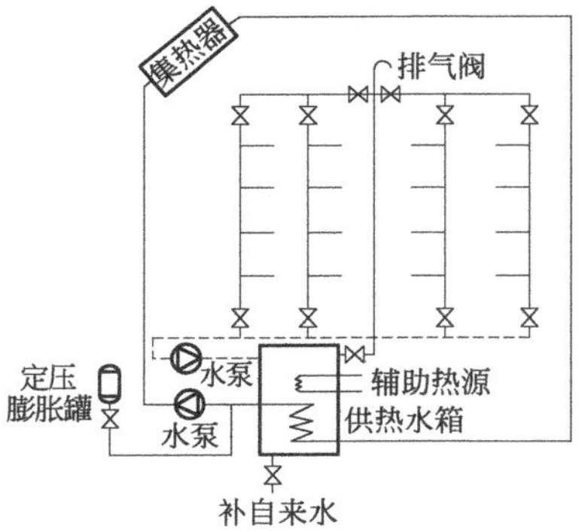	(1)水箱放置在地下机房，对系统阻力没有限制，不影响建筑外观设计； (2)供水质量有保障，太阳能集热系统运行效率较高； (3)采用了干管循环的方式，热水供应质量进一步提高，消除循环短路问题，使用时需放少许冷水； (4)采用闭式系统，水质不易污染，可采用添加防冻液方式防冻； (5)需要循环水泵，投资和运行费用较高； (6)适用于热水供应规模较大、对热水质量和建筑物外观要求严格且水质要求严格有防冻要求的场合
强制循环双水箱间接系统	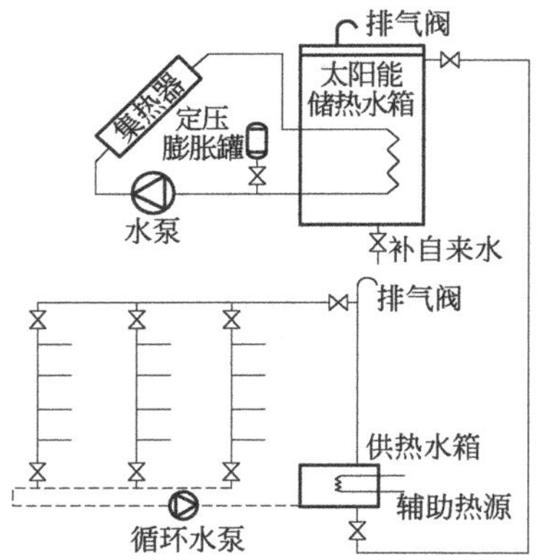	(1)供热水箱放置在地下机房，对系统阻力没有限制，不影响建筑外观设计，可以在大规模的太阳能热水系统中应用； (2)热水供应质量有保障，太阳能集热系统运行效率较高； (3)采用了干管和立管同程循环的方式，热水供应质量进一步提高，但竣工前需调试以防短路； (4)太阳能集热系统和热水供应系统均采用闭式系统，水质不易污染，可采用添加防冻液方式防冻； (5)需要循环水泵，投资和运行费用较高，且需占用部分机房面积； (6)适用于热水供应规模大、对热水质量和建筑物外观要求严格且水质要求严格、有防冻要求的场合

6.5.3 确定集热器类型

太阳能热水系统中，集热器的类型包括平板集热器、全玻璃真空管集热器、热管式真空管集热器等。太阳能集热器类型应根据热水系统在一年中的运行时间、运行期内最低环境温度等因素确定，如表 6-3 所示。

表 6-3　不同类型集热器运行期最低环境温度

运行条件		集热器类型		
		平板型	全玻璃真空管型	热管式真空管型
运行期内最低环境温度	高于 0℃	可用	可用	可用
	低于 0℃	不可用①	可用②	可用

① 采取防冻措施后可用。

② 如不采用防冻措施，应注意最低环境温度值及阴天持续时间。

6.5.4　负荷计算

(1) 系统日耗热量、热水量计算

全日供热水的住宅、别墅、招待所、培训中心、旅馆、宾馆、医院住院部、养老院、幼儿园、托儿所（有住宿）等建筑的集中热水供应系统的日耗热量、热水量可分别按下列公式计算：

$$Q_d = \frac{q_r C_p \rho_r (T_r - T_L) m}{86400} \tag{6-35}$$

式中，Q_d 为日耗热量，W；q_r 为热水用水定额，L/(床・d) 或 L/(h・d)，见表 6-4；ρ_r 为热水密度，kg/L；C_p 为水的比定压热容，J/(kg・℃)；T_r 为热水温度，$T_r=60$℃；T_L 为冷水温度，℃；m 为用水计算单位数（人数或床位数）。

$$q_{rd} = \frac{86400 Q_d}{C_p \rho_r (T'_r - T'_L)} \tag{6-36}$$

式中，q_{rd}为设计日热水量，L/d；T'_r 为设计热水温度，℃；T'_L 为设计冷水温度，℃。

或：

$$q_{rd} = q_r m \tag{6-37}$$

(2) 设计小时耗热量计算

① 全日供应热水建筑的设计小时耗热量可按下列公式计算：

$$Q_h = K_h \frac{m q_r C_p \rho_r (t_r - t_L)}{3600T} \tag{6-38}$$

式中，Q_h 为设计小时耗热量，W；K_h 为小时变化系数，见表 6-4；t 为每日使用时间，h。

表 6-4　热水小时变化系数 K_h 值

类别	住宅	别墅	酒店式公寓	宿舍（Ⅰ、Ⅱ类）	招待所培训中心、普通旅馆	宾馆	医院、疗养院	幼儿园、托儿所	养老院
热水用水定额 /{L/[人(床)・d]}	60～100	70～110	80～100	70～100	25～50 40～60 50～80 60～100	120～160	60～100 70～130 110～200 100～160	20～40	50～70
使用人(床)数	≤100～≥6000	≤100～≥6000	≤150～≥1200	≤150～≥1200	≤150～≥1200	≤150～≥1200	≤50～≥1000	≤50～≥1000	≤50～≥1000
K_h	4.80～2.75	4.21～2.47	4.00～2.58	4.80～3.20	3.84～3.00	3.33～2.60	3.63～2.56	4.80～3.20	3.20～2.74

注：1. K_h 应根据热水用水定额高低、使用人（床）数多少取值。当热水用水定额高、使用人（床）数多时取低值；反之取高值。使用人（床）数小于等于下限值及大于等于上限值的，K_h 就取下限值及上限值，中间值可用内插法求得。

2. 设有全日集中热水供应系统的办公楼、公共浴室等表中未列入的其他类建筑的 K_h 值可按给水的小时变化系数法选值。

② 定时供应热水的住宅和公共建筑的设计小时耗热量可按下式计算：

$$Q_{\mathrm{h}}=\sum\frac{q_{\mathrm{h}}(T_{\mathrm{r}}-T_{\mathrm{L}})\rho_{\mathrm{r}}n_0bC_p}{3600} \tag{6-39}$$

式中，q_{h} 为卫生器具的小时用水定额，L/h；n_0 为同类型卫生器具数；b 为卫生器具的同时使用百分数：住宅、旅馆、医院、疗养院病房的卫生间内浴盆或淋浴器可按 70%～100%计，其他器具不计。工业企业生活间、公共浴室、学校、剧院、体育场（馆）等的公共浴室内的淋浴器和洗脸盆均按 100%计。住宅一户带多个卫生间时，可只按一个卫生间计算。

③ 设计小时热水量按下式计算：

$$q_{\mathrm{rh}}=\frac{Q_{\mathrm{h}}}{(T_{\mathrm{r}}-T_{\mathrm{L}})C_p\rho_{\mathrm{r}}} \tag{6-40}$$

式中，q_{rh} 为设计小时热水量，L/h；T_{r} 为设计热水温度,℃；T_{L} 为设计冷水温度,℃。

6.5.5 太阳能集热系统设计

太阳能集热器是太阳能热水系统中的集热部件，其设计参数直接影响到太阳能热水系统的性能，包括集热器定位、集热器连接、集热器采光面积、集热系统流量、储水箱等内容的设计计算。

(1) 太阳能集热器的定位

太阳能集热器的最佳布置方位是朝向正南，其偏差在± 15°以内较好，否则影响集热器表面可以接收到的太阳辐照量。如果受到建筑物的方位限制，不能朝向正南，也可朝东或朝西放置，但相应的集热器面积会加大，增加初投资。

全年使用太阳能热水系统，集热器安装倾角等于当地纬度。如系统侧重在夏季使用，其安装倾角推荐采用当地纬度减 10°；如系统侧重在冬季使用，其安装倾角推荐采用当地纬度加 10°。安装倾角误差一般不超过±3°，东西向放置的全玻璃真空管集热器安装倾角可适当减小。

(2) 集热器前后排间距

图 6-14 中障碍物高度为 H，当要求正午前后 n 小时照射到太阳能集热器表面的阳光不被遮挡时，必须满足正午前后 n 小时前方障碍物的阴影落在太阳能集热器下边缘的 P 点，通过 P 点作集热器表面的法线 Pn，正南方向线为 Ps，则 Pa 即为日照间距 S。太阳能集热器在安装时，为充分发挥集热器的效能，要求前后排集热器之间不能相互遮挡。

集热器前、后排间不相互遮挡的最小间距由下式计算得出：

$$\sin\alpha=\sin\phi\sin\delta+\cos\phi\cos\delta\cos\omega \tag{6-41}$$

$$\sin\nu=\cos\delta\sin\omega/\cos\alpha \tag{6-42}$$

$$S=H\cos\nu_0/\tan\alpha \tag{6-43}$$

式中，S 为不遮阳最小间距，m；H 为集热器前面物体的高度，m；α 为太阳的高度角，rad；ν 为方位角，rad；ω 为时角，rad；δ 为赤纬角，rad（详见本书 2.1 节）。ν_0 是计算时刻（全年运行时取春分/秋分日的 9:00 或 15:00）太阳光线在水平面投影线与集热器表面法线在水平面投影线之间的夹角。

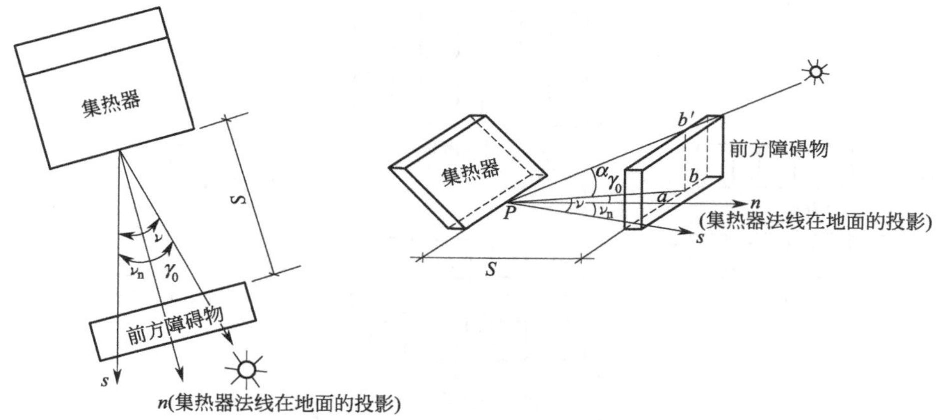

图 6-14 阳光照射下集热器投影

角 γ_0 和太阳方位角 ν 及集热器的方位角 ν_n（集热器表面法线在水平面上的投影线与正南方向线之间的夹角）有如下关系，见图 6-15。

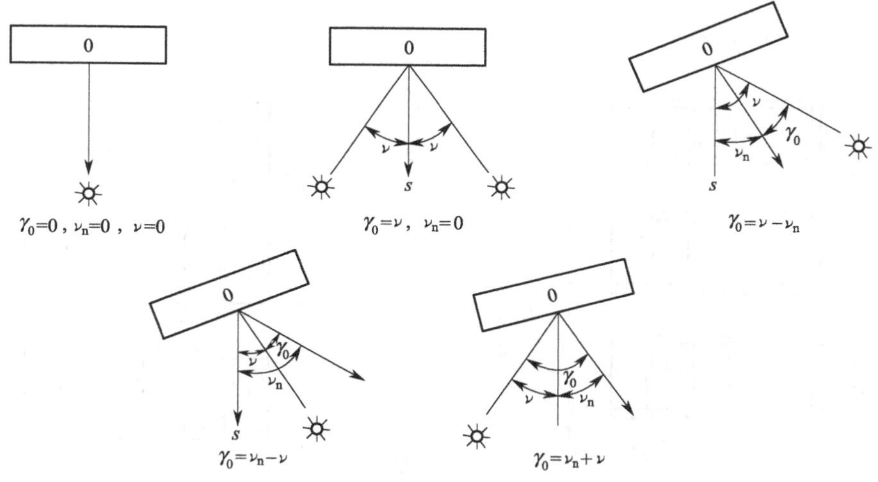

图 6-15 集热器朝向与太阳方位的关系

(3) 集热器的连接

工程中使用的集热器数量一般很多，集热器的连接形式对太阳能集热系统的排空、水力平衡和减少阻力具有重要的影响。一般来说，集热器的连接方式有 4 种（图 6-16）：串联、并联、串-并联、并-串联。

对于自然循环的太阳能热水系统，集热器不能串联，否则因循环流动阻力大，系统难以循环。对于强制循环系统，集热器可进行串、并联。集热器组并联时，各组并联的集热器数应该相同，这样有利于各组集热器流量的均衡。对于并联的集热器组，每组集热器的数量不超过 10 个，否则始末端的集热器流量过大，而中间的集热器流量很小，造成系统效率下降。自然循环式因热虹吸压头较小，故一般都采用阻力较小的并联方式。为防止流量分配不均匀，一组并联集热器一般不超过 $30m^2$。非自然循环式因水压较大，可根据场地的安装条件和系统的布置同时采用串、并联的方式。

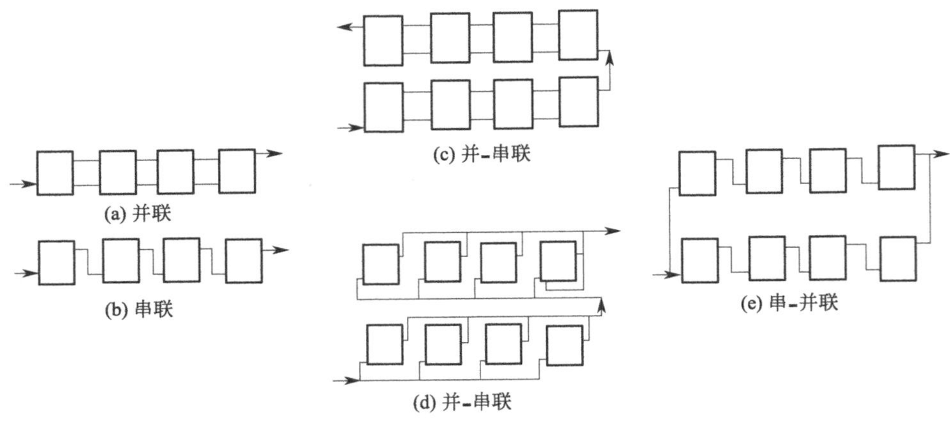

图 6-16 集热器四种连接方式

通过以上方式连接起来的集热器称为集热器组。多个集热器组连接起来形成太阳能集热系统。为保证各集热器组的水力平衡，各集热器组之间的连接推荐采用同程连接，如图 6-17 所示。当不得不采用异程连接时，在每个集热器组的支路上应该增加平衡阀来调节流量平衡，如图 6-18 所示。

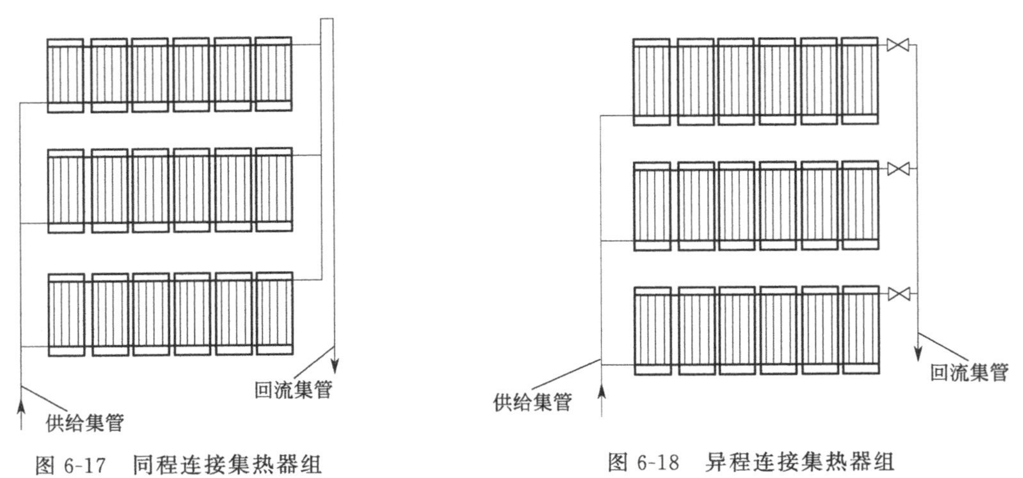

图 6-17 同程连接集热器组　　图 6-18 异程连接集热器组

(4) 太阳能集热器面积的确定

太阳能集热器面积是太阳能热水系统中的一个重要参数，与系统的节能特性和经济相关，其精确计算是一个比较复杂的问题。

① 直接式系统　直接式太阳能热水系统的集热器面积可根据式(6-44) 进行估算：

$$A_c=\frac{Q_w C_p \rho_r (T_{end}-T_i) f}{J_T \eta_{cd} (1-\eta_L)} \tag{6-44}$$

式中，A_c 为直接式系统集热器总面积，m^2；Q_w 为日平均用水量，L；T_{end} 为储水箱内水的终止设计温度，℃；T_i 为水的初始温度，℃；J_T 为当地集热器总面积上的年平均或月平均日太阳辐照量，kJ/(m^2 · d)；f 为太阳能保证率，无量纲；η_{cd} 为集热器年或月平均集热效率，无量纲；η_L 为管路及储水箱热损失率，无量纲。

② 间接式系统　间接式太阳能热水系统与直接式系统相比，由于换热器内外存在传热温差，使得在获得相同温度热水的情况下，间接式系统比直接式系统的集热器运行温度高，造成集热器效率降低。如 6.4.2 节所述，可用换热器对集热器性能的削弱因子 F_{HX} 修正间接式系统的集热器总面积。

③ 主要参数的确定

a. Q_w 的确定。热水日平均用水量 Q_w 通常与生活水平、生活习惯和气候条件等因素紧密相关，在目前缺乏实际调研数据的情况下，设计人员可以根据当地情况取规范规定的最高日用水定额的某一百分数作为太阳能集热系统的计算依据。在没有具体数据的情况下，可以初步选取规范规定的最高日用水定额的 50%～60%作为计算依据。储水箱内水的终止温度 T_{end} 和水的初始温度 T_i 分别指用水温度和自来水上水温度。

b. f 的确定。太阳能保证率 f 与系统使用期内的太阳辐照、气候条件、系统热性能、用户使用热水的规律和特点、热水负荷、系统成本和开发商的预期投资规模等因素有关。相对于不同月的月均日太阳辐照量，每个月的太阳能保证率 f 是不同的，公式中的 f 实际是指当地春分（3 月）或秋分所在月（9 月）的太阳能保证率。

在进行系统设计时，最终确定的 f 值需通过效益分析，计算太阳能热水系统投资回收年限范围内的期望值，得到用户或开发商的认可。如投资回收年限与用户或开发商的期望值不符，可在充分讨论的基础上，调整太阳能保证率等参数，重新进行系统设计。

f 的确定通常在工程的方案设计阶段。在设计的初始阶段，设计人员需结合当地的太阳辐射情况，确定太阳能热水系统使用季节的太阳能保证率。表 6-5 是按我国太阳辐照资源区划，给出的各区太阳能保证率的选择范围，可供设计人员参考使用。

表 6-5　不同地区太阳能保证率的选择范围

资源区划	年太阳辐照量指标	太阳能保证率
Ⅰ类地区	≥6700MJ/(m^2·a)	≥60%
Ⅱ类地区	5400～6700MJ/(m^2·a)	50%～60%
Ⅲ类地区	4200～5400MJ/(m^2·a)	40%～50%
Ⅳ类地区	<4200MJ/(m^2·a)	≤40%

c. 集热器全日集热效率 η_{cd} 的确定。集热器全日集热效率 η_{cd} 主要通过实验确定。根据现行实验标准《太阳能集热器热性能试验方法》（GB/T 4271）进行实测，测试得到的集热器效率 η 表示为基于归一化温差 T' 的一次方程或二次方程：

$$\begin{cases}\text{一次方程}:\eta=\eta_0-UT' \\ \text{二次方程}:\eta=\eta_0-a_1T'-a_2(T')^2\end{cases} \tag{6-45}$$

$$T'=(T_i-T_a)/T_T \tag{6-46}$$

式中，η_0 为 $T'=0$ 时的集热器效率；t_i 为集热器流体进口温度,℃；T_a 为环境或周围空气温度,℃；I_T 为总日射辐照度，W/ m^2；a_1 和 a_2 为以 T' 为参考的常数。

设计人员设计太阳能热水系统时，应根据集热器生产厂家提供的上述检测数据进行。在式(6-44) 中使用上述测试结果时，集热器进水温度 T_i 按以下原则确定：

单水箱：
$$T_i=T_L/3+2T_e/3-5 \tag{6-47}$$

双或多水箱：
$$T_i=T_L/3+[2f(T_e-T_L)]/3-5 \tag{6-48}$$

式中，T_L 为当地冷水温度,℃；T_e 为供热水设计温度,℃。

总日射辐照度按下式计算：

$$I_T=\frac{J_T}{3.6S_Y} \tag{6-49}$$

式中，S_Y 为当地年平均每日的日照小时数，h。

根据以上方法，由归一化温差计算得到的集热器效率即为计算所需的集热器全日集热效率 η_{cd}。

当缺乏以上相关检测数据时，集热器全日集热效率 η_{cd} 可以按经验在 0.40～0.55 之间取值。当环境温度较高，集热器热水进出口平均温度或系统热水设计用水温度较低时取上限，较高时取下限。

d. 管路及储水箱热损失率 η_L 的确定。管路及储水箱的热损失与管路和储水箱中的热水温度、保温状况以及环境和周边空气温度等因素有关。一般，可以取经验值为 0.2～0.25，周边环境温度较低，热水温度较高，保温较差时取上限，反之取下限。

④ 计算实例　北京市某住宅楼，三个单元，每个单元 12 户，共 36 户，集中供热水，全年使用，采用直接式系统。按每户 2.8 人考虑，用水人数约 100 人。确定该太阳能热水系统的集热器面积。

a. Q_w、t_{end} 和 t_i 的确定。日均用水量 Q_w 按最高日用水定额的 50%考虑，日最高用水定额为 100L/(人・d)（60℃），日均用水量为 50L/(人・d)，则系统总日均用水量为 $5m^3$。

储水箱内水的终止温度 t_{end} 和水的初始温度 t_i 参照规范选取，分别为 60℃和 10℃。

b. f 的确定。采用经验法，北京地区属于Ⅱ类地区，参照表 6-5 取 f 值为 0.5。

c. 集热器全日集热效率 η_{cd} 的确定。查得在集热器倾角为 40°时，年平均日太阳辐射量为 $J_T=17217kJ/m^2$，年平均每日的日照小时数 $S_Y=7.5h$，则平均总日辐照度为：

$$I_T=J_T/(S_Y\times 3.6)=17217/(7.5\times 3.6)=638(W/m^2)$$

查得北京市年平均室外温度为 11.5℃，则归一化温差为：

$$T'=\{10/3+2/3\times[0.5\times(60-10)+10]-5-11.5\}/638=0.0160$$

将以上数据代入相应产品的集热器瞬时效率方程 $\eta=0.570-1.855T'$，得到 η_{cd} 为 54%。

d. 管路及储水箱热损失率 η_L 的确定。本算例按经验取值为 20%。

e. 集热面积计算。将以上参数代入式(6-44)，计算得到 A_c 为 $70.4m^2$，取整为 $70m^2$。以该面积为基准，进行经济比较和分析。如经济分析的结果不能满足要求，则返回更改相应的 f 值，直到满足要求为止。

(5) 太阳能集热系统流量的确定

太阳能集热系统的流量与太阳能集热器的特性有关，一般由相关生产厂家给出：对真空管集热器，一般给出每根管的流量；对平板型集热器，一般给出每平方米集热器的流量。不同集热器产品一般允许在不同范围内波动，常见的流量范围为 0.015～0.04L/(s・m^2)。

在没有相关技术参数的情况下，真空管型太阳能集热器可按照 0.015～0.02L/(s・m^2) 进行估算，平板型太阳能集热器可以按照 0.02L/(s・m^2) 进行估算。

(6) 储水箱的设计

太阳能热水系统储水箱的容积既与太阳能集热器面积有关，也与热水系统所服务的建筑物的要求有关，储水箱的设计对太阳能集热系统效率和整个热水系统的性能都有重要影响。

与前文类似，以下我们将太阳能集热系统的储水箱简称为储热水箱，热水供应系统的储水箱简称为供热水箱。

① 储热水箱容积计算　一般来说，对应于每平方米太阳能集热器采光面积，需要的储热水箱容积为40～100L，推荐采用的比例关系通常为每平方米太阳能集热器采光面积对应75L储热水箱容积。需要精确计算时，可以通过相关模拟软件进行长期热性能分析得到。

② 供热水箱容积计算　根据相关给排水设计规范，集中热水供应系统的储水箱容积应根据日用热水小时变化曲线及太阳能集热系统的供热能力和运行规律，以及常规能源辅助加热装置的工作制度、加热特性和自动温度控制装置等因素按积分曲线计算确定。

③ 太阳能热水系统储水箱的确定　当供热水箱容积小于太阳能集热系统所选储热水箱容积的40%时，太阳能热水系统采用单水箱的方式。储热水箱容积可按最常用的每平方米太阳能集热器总面积对应75L储水箱容积选取。

当热水供应系统需要的供热水箱容积大于太阳能集热系统所选储热水箱容积的40%时，可以采用单水箱的方式，水箱容积按所需供热水箱容积的2.5倍确定；也可以采用双水箱的形式，储热水箱按每平方米太阳能集热器总面积对应75L储水箱容积选取，第二个水箱按照供热水箱的要求选取。当采用单水箱方式时，辅助加热设备一般直接放在水箱中，一般采用电作为辅助能源，辅助加热装置放在水箱上部。由于燃气或燃油辅助加热装置一般从水箱底部加热，会影响水箱的分层和集热器效率，不建议直接作为单水箱系统辅助加热能源。

当采用双水箱系统时，储热水箱一般作为预热水箱，供热水箱作为辅助加热水箱，辅助热源设置在第二个水箱中。双水箱方式一般在大型系统中采用，双水箱的方式虽然可以提高集热系统效率和太阳能保证率，但也会增加系统热损失。

太阳能热水系统的储水箱容积与用户的用热规律紧密相关，在条件允许的情况下，太阳能热水系统的储水箱应在上述计算的基础上适当增大。

6.5.6 辅助热源选型

太阳能热水系统常用的辅助热源种类主要有四类：蒸汽或热水、燃油或燃气、电、热泵。由于太阳能的供应具有很大的不确定性，为了保证生活热水的供应质量，辅助热源的选型应该按照热水供应系统的负荷选取，暂不考虑太阳能的份额。

辅助热源一般通过水加热设备的形式向系统提供热量，辅助热源提供的辅助加热量即为水加热器的供热量。常见的水加热器可以分为容积式水加热器、半容积式水加热器和半即热式、快速式水加热器三种。

集中热水供应系统中，水加热设备的设计小时供热量应根据日热水用水量小时变化曲线、加热方式及水加热设备的工作制度经积分曲线计算确定。当无条件时，可按下列原则确定：

① 容积式水加热器或储热容积与其相当的水加热器、热水机组，按下式计算：

$$Q_g = Q_h - 1.163\frac{\eta V_r}{t}(T_r - T_1)\rho_r \tag{6-50}$$

式中，Q_g为容积式水加热器的设计小时供热量，W；Q_h为辅助加热量，W；η为有效储热容积系数，容积式水加热器$\eta=0.75$，导流型容积式水加热器$\eta=0.85$；V_r为总储热容积，L；t为辅助加热量持续时间，h，$t=2\sim4$h。

② 半容积式水加热器或储热容积与其相当的水加热器，热水机组的供热量按设计小时耗热量计算。

③ 半即热式、快速式水加热器及其他无储热容积的水加热设备的供热量按设计秒流量计算。

6.5.7 管网设计

(1) 热水供应系统管路流量计算

热水供应系统的管路流量按照给水系统的设计秒流量计算。

① 住宅生活热水管道设计秒流量计算　根据计算管段上的卫生器具给水当量同时出流概率，按式(6-51) 得到计算管段的设计秒流量：

$$q_g = 0.2UN_g \tag{6-51}$$

式中，q_g为计算管段的设计秒流量，L/s；0.2 为一个卫生器具给水当量的额定流量，L/s；U 为计算管段的卫生器具给水当量同时出流概率，%；N_g为计算管段的卫生器具给水当量总数。

② 集体宿舍、旅馆、宾馆、医院、疗养院、幼儿园、养老院、办公楼、商场、客运站、会展中心、中小学教学楼、公共厕所等建筑热水供应系统的设计秒流量计算式为：

$$q_g = 0.2a\sqrt{N_g} \tag{6-52}$$

式中，a 为根据建筑物用途而定的系数，应按表 6-6 采用。

表 6-6　根据建筑物用途而定的系数值（a 值）

建筑物名称	a 值	建筑物名称	a 值
幼儿园、托儿所、养老院	1.2	医院、疗养院、休养所	2.0
门诊部、诊疗所	1.4	集体宿舍、旅馆、招待所、宾馆	2.5
办公楼、商场	1.5	客运站、航站楼、会展中心、公共厕所	3.0
学校	1.8		

③ 工业企业的生活间、公共浴室、职工食堂或营业餐馆的厨房、体育场馆运动员休息室、剧院的化妆间、普通理化实验室等建筑热水供应系统的设计秒流量计算式为：

$$q_g = \sum q_0 N_0 b \tag{6-53}$$

式中，q_0为同类型的一个卫生器具给水额定流量，L/s；b 为卫生器具的同时给水百分数；N_0 为同类型卫生器具数量。

(2) 管径选择

根据设计秒流量和热水管道内的流速确定管径，流速宜按表 6-7 选用。

表 6-7　热水管道的流速

公称直径/mm	15～20	25～40	≥50
流速/(m/s)	≤0.8	≤1.0	≤1.2

(3) 热水管道阻力的确定

热水管道的沿程水头损失可按下式计算，管道的计算内径应考虑结垢和腐蚀引起过水断面缩小的因素：

$$i=105C_h^{-1.85}d_i^{-4.87}q_g^{1.85} \tag{6-54}$$

式中，i 为管道单位长度水头损失，kPa/m；d_i为管道计算内径，m；C_h 为海澄-威廉系数。各种塑料管、内衬（涂）塑管 $C_h=140$，铜管、不锈钢管 $C_h=130$，衬水泥、树脂的铸铁管 $C_h=130$，普通钢管、铸铁管 $C_h=100$。

(4) 循环水泵的选型

① 热水系统热水循环水泵的选型　水泵的流量为循环流量，水泵的扬程按下式计算：

$$H_b=h_p+h_x \tag{6-55}$$

式中，H_b 为循环水泵的扬程，kPa；h_p 为循环水量通过配水管网的水头损失，kPa；h_x 为循环水量通过回水管网的水头损失，kPa。

② 初步设计阶段，循环水泵的扬程可按下列规定估算：

a. 机械循环热水供、回水管网的水头损失可按下式估算：

$$H_1=R(L+L') \tag{6-56}$$

式中，H_1 为热水管网的水头损失，kPa；R 为单位长度的水头损失，kPa/m，可按 $R=0.1\sim0.15$kPa/m 估算；L 为自水加热器至最不利点的供水管长，m；L'为自最不利点至水加热器的回水管长，m。

b. 循环水泵扬程可按下式估算：

$$H_b=1.1(H_1+H_2) \tag{6-57}$$

式中，H_b 为循环水泵的扬程，kPa；H_1 为管路水头损失，kPa；H_2 为水加热设备水头损失，kPa，容积式水加热器、导流型容积式水加热器、半容积式水加热器可忽略不计。

c. 循环水泵的流量，可采用设计小时流量的 25%估算。

(5) 强制循环太阳能集热系统循环泵的选型

强制循环太阳能集热系统循环泵的流量按照 6.5.5 节内容确定，扬程按照太阳能集热系统管路最不利环路的阻力确定，一般考虑 10%的裕量。

(6) 管路设计水力计算实例

太阳能供热系统管路及卫生器具布置如图 6-19 所示，确定各管段的直径和阻力损失见表 6-8。

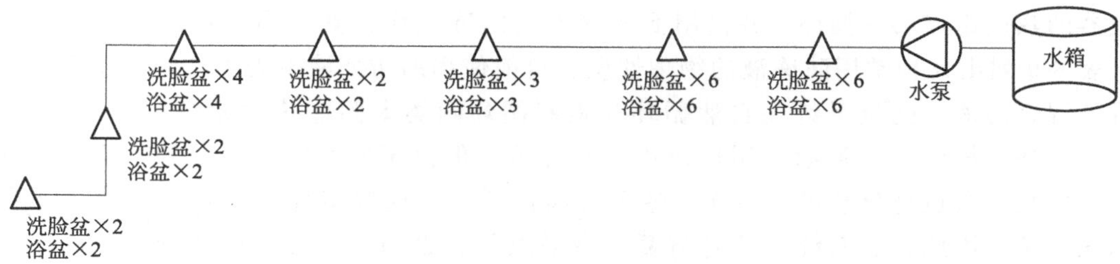

图 6-19　太阳能供热系统管路及卫生器具布置

表 6-8 各管段的直径和阻力损失计算表

管段编号	管段长度/m	用具数量 洗脸盆 $N=0.75$	浴盆 $N=1.0$	当量总数	流量/(L/s)	管径/mm	流速/(m/s)	沿程水头损失	
								每米损失/mmH_2O	管段损失/mmH_2O
0—1	5.6	2	2	3.5	0.70	32	0.87	31.8	178.1
1—2	3.4	2	2	3.5	0.70	32	0.87	31.8	108.1
2—3	1.0	4	4	7	1.32	40	1.05	34.7	34.7
3—4	8.1	4	4	7	1.32	40	1.05	34.7	281.1
4—5	7.8	8	8	14	1.87	50	0.95	22.3	173.9
5—6	14.4	10	10	17.5	2.09	50	1.06	27.4	394.6
6—7	7.8	13	13	22.75	2.38	50	1.21	34.8	271.4
7—8	8.1	19	19	33.25	2.88	63	0.92	16.1	130.4
8—9	4.0	25	25	43.75	3.31	63	1.06	20.8	82.7

注：$1mmH_2O=9.8Pa$。

6.5.8 防冻

太阳能热水系统中室外管道虽有保温措施，但是集热器和室外连接管道内积存的水仍可能在寒冷的冬季结冰膨胀，造成胀裂损坏，尤其是高纬度寒冷地区。因此，在设计时必须考虑太阳能热水系统的冬季防冻措施。目前，常用的防冻措施大致有以下几种。

(1) 选用防冻的太阳能集热器

太阳能集热器必须暴露在室外环境中，如果选用具有防冻功能的集热器，就可以避免在严冬季节集热器被冻坏的问题。本书第 5 章介绍的热管式真空管集热器都属于具有防冻功能的集热器，因为被加热的水都不进入真空管内，真空管的玻璃罩管不接触水，再加上热管本身的工质容量又很小，所以即使在零下几十摄氏度的环境温度下真空管也不会被冻坏。此外，热管平板集热器也具有防冻功能，它跟普通平板集热器的不同之处在于，采用热管代替吸热板上的排管，以低沸点、低凝固点介质作为热管的工质，因而吸热板不会被冻坏。然而，由于热管平板集热器成本高，技术经济性能不及上述真空管集热器，目前应用尚不普遍。

(2) 使用防冻液的间接系统

间接系统（或称双循环系统）就是在太阳能热水系统中设置热交换器，集热器与热交换器的热侧组成第一循环，并使用低凝固点的防冻液作传热工质，从而实现系统的防冻。表 6-9 列出几种常用防冻液的物理性质。目前使用的防冻液多为乙二醇、水和缓蚀剂组成的混合溶液。间接系统在自然循环和强制循环两类太阳能热水系统中都可以使用。在自然循环系统中，尽管第一循环使用了防冻液，但由于储水箱置于室外，系统的补冷水管与供热水管也部分敷设在室外。冬季气温极低时，这些室外管道仍不能保证避免结冰冻胀现象。因此，在系统设计时需要考虑采取某种设施，在用毕后使管道中的热水排空。例如采用虹吸式取热水管，兼作补冷水管，在其顶部设通大气阀，控制其开闭，实现该管路的排空。

表6-9 几种常用防冻液的物理性质

物理性质	50%乙二醇水溶液	50%丙二醇水溶液	硅油	芳香族环烃	石蜡油
凝固点/℃	−36	−33	−50	−73～−32	
沸点/℃	110	110	甚高	140～204	371
稳定性	要求监测pH值	要求监测pH值	好	好	好
闪点/℃	无	315	315	63～149	235
比热容/[kJ/(kg·℃)]	3.35	3.35	1.42～2.00	1.51～1.76	1.92
运动黏度(25℃)/(m^2/s)	21×10^{-6}	5×10^{-6}	5×10^{-6}～5×10^{-1}	5×10^{-6}～5×10^{-4}	—
毒性	取决于所加缓蚀剂的性质	取决于所加缓蚀剂的性质	低	略有	—
热导率(37℃)/[W/(m·℃)]	0.39	0.39	0.132	—	—

(3) 采用排空防冻措施

排空太阳能热水系统管路和集热器中的水，可达到防止管路结冰的目的。排空防冻有以下两种方式。

① 回流排空防冻　在强制循环系统中，使太阳能热水系统的水箱低于管路和太阳能集热器，当循环水泵停止循环后，太阳能集热器和管路水排空而自动回流到水箱中。冬季白天，在有足够的太阳辐照时，温差控制器开启循环水泵，集热器可以正常运行。夜晚或阴天，在太阳辐照不足时，温差控制器关闭循环水泵，这时集热器和管路中的水由于重力作用全部回流到储水箱中，避免因集热器和管路中的水结冰而损坏。次日白天或太阳辐照再次足够时，温差控制器再次开启循环水泵，将储水箱内的水重新泵入集热器中，系统可以继续运行。这种防冻系统简单可靠，不需增设其他设备，但系统中的循环水泵要有较高的扬程。

② 防冻排空阀防冻　在自然循环或强制循环的单回路系统中，在集热器吸热体的下部或室外环境温度最低处的管路上埋设温度敏感元件，接至控制器。当集热器内或室外管路中的水温接近冻结温度（如3～4℃）时，控制器将根据温度敏感元件传送的信号，开启排放阀和通大气阀，集热器和室外管路中的水由于重力作用排放到系统外，不再重新使用，从而达到防冻的目的。

(4) 自动循环防冻

在强制循环的单回路系统中，在集热器吸热体的下部或室外环境温度最低处的管路上埋置温度敏感元件，接至控制器。这种防冻方法由于要消耗一定的动力以驱动循环水泵，因而适用于偶尔发生冰冻的非严寒地区。

① 连续循环　在冬季结冰的季节，使循环水泵连续不停地循环，以防止结冰。这种方法的缺点是既浪费电能，又增加水泵的磨损。

② 间歇循环　在冬季结冰的季节，通过定时器，使循环水泵间歇循环，以防止结冰。这种方法解决了连续循环防冻的缺点，但如果停止循环的时间过长，有可能造成结冰。

③ 定温循环　定温循环有以下两种控制方法。

a. 由温控仪根据环境温度来自动控制水泵：当环境温度低于某一温度值时，温控仪使循环水泵启动；当环境温度高于某一温度值时，温控仪使循环水泵停止。

b. 由温控仪根据太阳能热水系统管路内水的温度来自动控制水泵：当集热器内或室外管路中的水温接近冻结温度（如3～4℃）时，控制器打开电源，启动循环水泵，将储水箱内的热水送往集热器，使集热器和管路中的水温升高；当集热器或管路中的水温升高到某设定值（或当水泵运转至某设定时段）时，控制器关断电源，循环水泵停止工作。

（5）伴热带防冻

在自然循环或强制循环的单回路系统中，将室外管路中最易结冰的部分敷设自限式电热带。它是利用一个热敏电阻设置在电热带附近并接到电热带的电路中。这种防冻方法也要消耗一定的电能，但对于十分寒冷的地区还是行之有效的。电伴热带有 2 种控制方式：

① 温控伴热防冻　通过温度控制仪来自动控制电加热带通电与断电的方式，来达到防止管路结冰的目的。即当温度低于某一温度值时，温控仪使电加热带通电；当温度高于某一温度值时，温控仪使电加热带断电。监测的温度可以是环境温度，也可以是管路的水温。

② 自限温伴热防冻　伴热带本身的发热电阻随水温变化而变化，具有温度自调功能。当温度升高时，发热电阻增大，通过伴热带的电流减小；当温度达到某一数值时，发热电阻很大，几乎使伴热带不导电；当温度下降后，发热电阻又逐步变小。

习题

1. 按系统运行方式可将太阳能热水系统分为哪几类？简述每种类型的工作原理和特点。
2. 一个充分混合的储水箱有水 500kg，UA 为 12W/℃，位于温度恒为 20℃的室内。这个水箱从早上 5 点开始接受测试，持续 10 小时，收集的有用太阳能 Q_u 分别是 0MJ、0MJ、0MJ、10MJ、21MJ、30MJ、40MJ、55MJ、65MJ、55MJ。每个小时内负荷是恒定的，在前 3 小时为 12MJ，在接下来的 3 小时为 15MJ，剩下的 4 小时为 25MJ。如果存储箱的初始温度是 45℃，求储水箱的最终温度。
3. 计算北京地区全年使用的太阳能热水系统，太阳能集热器安装方位为南偏东 10°，太阳能集热器安装高度为 H 时的前后排最小不遮光间距 S。（北京的纬度 $\phi=40°$）
4. 长沙市某住宅楼，4 个单元，每个单元 20 户，集中供热水，采用直接式系统。按每户 3 人考虑。确定该太阳能热水系统的集热器面积。（长沙的纬度 $\phi=28°$）

第7章

太阳能采暖系统

太阳能采暖是以太阳能集热器作为热源，为建筑物提供采暖所需的热量，以替代或部分替代常规能源采暖系统中的煤、石油、天然气、电力等。我国采暖地区总面积约占全国国土面积的70%，目前的采暖效率低，大多采用传统化石能源，给广大城镇造成严重的环境问题。这些地区通常具有较为丰富的太阳能资源，因此大力推广应用太阳能采暖系统，有助于节约常规能源，具有巨大的经济效益和环境效益。

7.1 概　述

太阳能采暖系统可分为主动式和被动式两大类。太阳能集热器获取太阳辐射能而转换的热量，通过散热系统送至室内进行采暖，过剩热量储存在储热器中。当太阳能集热器收集的热量小于采暖负荷时，由储存的热量来补充；当储存的热量不足时，由备用的辅助热源提供。

与常规能源采暖系统相比，太阳能采暖系统有如下几个特点。

① 系统运行温度低　由于太阳能集热器的效率随运行温度升高而降低，因此应尽可能降低集热器的运行温度，即尽可能降低采暖系统的热水温度。若采用地板辐射采暖系统或顶棚辐射板采暖系统，则集热器的运行温度在30～38℃之间就可以了，所以可使用平板集热器。而若采用普通散热器采暖系统，则集热器的运行温度必须达到60～70℃或以上，所以应使用真空管集热器。

② 有储存热量的设备　由于照射到地面的太阳辐射能受气候和时间的影响，不仅有季节之差，而且一天之内的太阳辐照度也是不同的，因此太阳能不能成为连续、稳定的能源。要满足连续采暖的需求，系统中必须有储存热量的设备。对于液体太阳能采暖系统，储热设备可采用贮热水箱；对于空气太阳能采暖系统，储热设备可采用岩石堆积床。

③ 与辅助热源配套使用　由于太阳能不能满足采暖需要的全部热量，或者在气候变化大而储存热量又很有限时，特别在阴雨雪天和夜晚几乎没有或根本没有日照，因此太阳能不

能成为独立的能源。要满足各种气候条件下采暖的需求，辅助热源是不可缺少的。太阳能采暖系统的辅助热源可采用电力、燃气、燃油和热泵等。

④ 适合在节能建筑中应用　由于地面上单位面积能够接收的太阳辐射能有限，因此要满足建筑物采暖的需求且达到一定的太阳能保证率，就必须安装足够多的太阳能集热器。如果建筑围护结构的保温水平低，门窗的气密性又差，那么在有限的建筑围护结构面积上（包括屋面、墙面和阳台）不足以安装所需的太阳能集热器。

7.2 采暖负荷估算

7.2.1 基本概念

太阳能采暖负荷只出现于冬季，所以具有明显的季节使用特性。同时，采暖热负荷在采暖季的不同时期或者一天内的不同时间也不尽相同。比如采暖季初期的热负荷会比气温最低的采暖季中期要小，一天之中白天的热负荷要比夜间热负荷小。虽然热负荷也呈现波动变化，但是与生活热水的集中用热相比，采暖热负荷每日的变化是相对平稳的。与供热水系统相比，采暖系统的热水可以循环利用，因此系统不用补充大量的冷水持续加热，且由于回水温度较高，所以其集热系统的进出口温差也相对供热水系统小一些。同时，由于是闭式环路，热水不断在管路内循环，为防止采暖管路结垢，保障采暖系统的供热效率，系统内的水需要进行软化处理，不能有含氧和腐蚀性物质。另外，采暖负荷的总量要比生活热水负荷大，一般根据房屋条件、居住人数等情况的不同，采暖负荷会比生活热水负荷大 2～10 倍。

总体来说，太阳能采暖负荷与生活热水负荷在负荷大小、负荷变化特点、系统温差等方面存在差异。兼顾采暖与供热水两个系统的负荷特点，可设计“太阳能组合系统”，使得系统对建筑物的围护结构、可利用的集热面积、安装倾角等因素提出了新的要求。

对建筑热负荷进行估算时，可以通过分析热传递过程，计算耗热量和得热量，得到建筑热负荷。太阳辐射随时间的变化，使得建筑的得（耗）热量随时间变化较大，所以必须考虑瞬态效应。有许多方法可以用于估算建筑采暖负荷，最常见的方法有热平衡法、加权因子法、热网络法、辐射时间序列法和度日法。在进行热负荷估算之前，要弄清楚以下三个重要的基本术语。

① 耗热量　是指某一时刻由房间散失到室外的热量总和，通常有以下几种形式：

a. 围护结构的耗热量；

b. 加热由外门、窗缝隙渗入室内的冷空气耗热量；

c. 加热由外门开启时经外门进入室内的冷空气耗热量；

d. 通风耗热量；

e. 通过其他途径散失的热量。

② 得热量　是指某一时刻由室内热源产热和室外热量进入房间的热量总和，包括潜热量和显热量，通常有以下几种形式：

a. 透过玻璃窗或其他透明围护结构进入房间的太阳辐射热形成的得热量；

b. 来源于房间内部的显热量；

c. 房间内部的潜热量。

③ 热负荷 是指维持室内一定热湿环境所需要的在单位时间内向室内补充的热量。

7.2.2 采暖负荷计算

太阳能供热（包括采暖和生活热水）系统热负荷计算主要分两种用途：一种用于确定太阳能集热器面积；另一种用于设计辅助热源和热水管路。对采暖热负荷和生活热水负荷分别进行计算后，应选两者中较大的负荷确定为太阳能供热系统的设计负荷，太阳能供热系统的设计负荷应由太阳能集热系统和其他能源辅助加热/换热设备共同负担。

太阳能集热系统负担的采暖热负荷是在计算采暖期室外平均气温条件下的建筑物耗热量。建筑物耗热量、围护结构传热耗热量、空气渗透耗热量的计算应符合下列规定：

① 供暖热负荷为建筑物耗热量，整个采暖季建筑物的热负荷 Q_H 计算如下：

$$Q_H = Q_{HT} + Q_{INF} - Q_{IH} \tag{7-1}$$

式中，Q_H 为建筑物耗热量，W；Q_{HT} 为通过围护结构的传热耗热量，W；Q_{INF} 为空气渗透耗热量，W；Q_{IH} 为建筑物内部得热量（照明、电器、炊事、人体散热和被动太阳能得热等），W。

② 通过围护结构的传热耗热量应按下式计算：

$$Q_{HT} = (T_i - T_e)(\Sigma \alpha FK) \tag{7-2}$$

式中，Q_{HT} 为通过围护结构的传热耗热量，W；T_i 为室内空气计算温度，按《采暖通风与空气调节设计规范》(GB 50019) 中的规定范围的低限选取,℃，供暖室内设计温度应符合下列规定：

a. 严寒和寒冷地区主要房间应采用 18～24℃；

b. 夏热冬冷地区主要房间宜采用 16～22℃；

c. 设置值班供暖房间不应低于 5℃。

t_e 为采暖期室外平均温度,℃；α 为各个围护结构的温差修正系数；F 为各个围护结构的面积，m^2；K 为各个围护结构的传热系数，W/(m^2・℃)，按下式计算：

$$K = \frac{1}{\frac{1}{\alpha_n} + \Sigma \frac{\delta}{\alpha_\lambda k} + R_k + \frac{1}{\alpha_w}} \tag{7-3}$$

式中，α_n 为围护结构内表面换热系数，W/(m^2・℃)；α_w 为围护结构外表面换热系数，W/(m^2・℃)；δ 为围护结构各层材料厚度，m；k 为围护结构各层材料热导率，W/(m・℃)；α_λ 为材料热导率修正系数；R_k 为封闭空气间层的热阻，m^2・℃/W。

③ 空气渗透耗热量应按下式计算：

$$Q_{INF} = (T_i - T_e)(C_p \rho NV) \tag{7-4}$$

式中，Q_{INF} 为空气渗透耗热量，W；C_p 为空气比热容，J/(kg・℃)；ρ 为空气密度，取 T_e 条件下的值，kg/m^3；N 为换气次数，次/h；V 为换气体积，m^3/次。

在方案设计和初步设计阶段，太阳能集热系统负担的采暖负荷还可以由不同地区建筑节能设计标准中的耗热量来计算，计算公式如下：

$$Q_H = q_H A_b \tag{7-5}$$

式中，Q_H 为建筑物耗热量，W；q_H 为节能设计标准中的建筑物耗热量，W/m^2；A_b 为建筑面积，m^2。

7.3 被动式采暖系统

被动式太阳房不需要太阳能集热器，也不需要水泵或风机等机械动力设备，仅通过建筑朝向和周围环境的合理布置、内部空间和外部形体的巧妙处理以及建筑材料和结构的恰当选择，通过改善窗、墙、屋顶等建筑物本身的构造及材料的热工性能，以自然热交换的方式（传导、对流和辐射），使建筑物在冬季尽可能多地集取、蓄存和分配太阳能，以达到采暖的目的。被动式太阳房不仅能在不同程度上满足建筑物在冬季的采暖要求，而且还能在夏季遮蔽太阳辐射，排除室内热量，达到降温的目的。

7.3.1 被动式太阳房的基本类型

被动式太阳能采暖系统（也称为被动式太阳房）可大大减少对常规能源的需求。由于建筑白天受太阳光照射吸收热量，夜间释放热量，所以从某种程度上来说，建筑都是被动式的。被动式太阳房则是将太阳能收集、存储、分配装置纳入建筑构件的设计中，充分利用建筑本身，以达到尽量不使用机械动力设备（如泵、风机等）就可实现热量收集与应用的目的。

被动式太阳房一般由双层玻璃窗、集热蓄热墙体、活动隔热保温装置等组成，设计中需要考虑建筑围护结构材料和朝向、蓄热体构件、窗的设计、建筑自然通风等。作为设计的一部分，必须要对项目进行初步分析，首先要收集该地气象数据、调查了解居住者的舒适性要求并确定设计方式以满足用户需求。对该项目可利用太阳能资源、可替代的常规能源消耗以及使用的被动式系统技术可行性等进行充分论证。

被动式太阳房主要可以分为直接受益式、集热蓄热墙式、附加阳光间式、蓄热屋顶式等几种类型。

7.3.2 直接受益式

直接受益式太阳房是被动式太阳能系统中的一种简单形式，如图 7-1 所示。在该系统中，热量收集、释放、存储和传递都发生在建筑物的室内，这是被动式系统中最简单有效的能量收集方式。太阳光线从南面窗直接射入房间内部，用楼板、墙等作为吸热和储热体。在冬季，当太阳能照射较强时，热量将存储在蓄热材料中，以避免室温过热；当室内温度低于储热体表面温度时，这部分存储的热量又被释放出来，以满足此时室内的热负荷需求。在夏季蓄热材料又以与冬季同样的方式，实现降低冷负荷峰值及延后峰值负荷出现时间。此外，该系统使用太阳光在白天进行照明，照明控制可使用窗帘和百叶窗。然而，直接受益式系统最严重的问题在于，在阳光照射下可能加速某些材料的老化。

直接受益式太阳房中，通常使用蓄热能力大的材料作为建筑构件，这种材料会造成热量

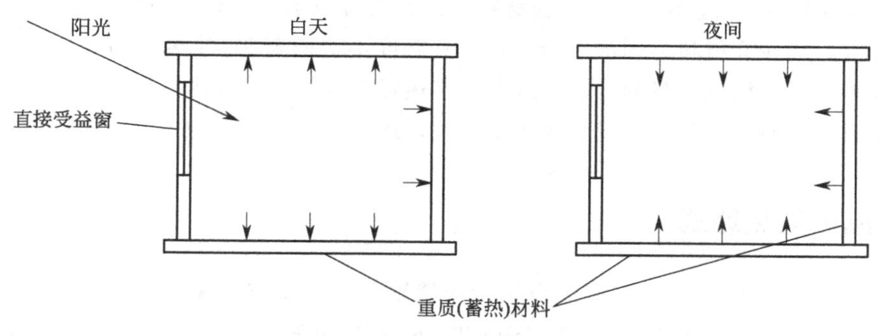

图 7-1 直接受益式太阳房

传递的延迟，并产生三种效果：

① 当室外温度波动时，减弱室内温度波动；

② 和轻质建筑相比，在炎热和寒冷的环境下可降低建筑能耗；

③ 通过选择合适蓄热能力的材料，并与空调系统配合，可将能耗需求转移至能源供应的非高峰时段。

建筑蓄热材料使热量传递在时间上的延迟特性，取决于材料本身的物理性质。为了有效储存热量，蓄热材料必须要有足够高的密度（ρ）、热容量（C）和热导率（k），这样就可以实现在有限的时间内通过这些材料来进行传热和放热。蓄热材料瞬态传热特性可以用热扩散率（α）来表征：

$$\alpha=\frac{k}{\rho C_p} \tag{7-6}$$

其中，C_p 为材料的定压比热容。热扩散率大的材料传热速率快，热量在材料内部储存量小，并对温度的改变响应迅速。蓄热材料可用于受太阳直接照射的建筑外围护结构，以直接储存太阳能辐射热，或是用于室内可接收太阳入射辐射的围护结构上。另外，这种蓄热材料也可以用于建筑内部，储存太阳能间接辐射热（即红外辐射传热和室内空气对流传热）。

使用相变材料（PCM）可以增强建筑蓄热能力，因为材料发生相变（通常是固液相变）时需要吸收储存潜热，这一部分热量要远大于以显热形式储存的热量。此外，材料的相变几乎是在一个固定的温度下发生的。近年来，相变材料在建筑蓄能方面的使用成为工程界的热点问题。相变材料对建筑蓄热的增强效应，不仅取决于建筑物当地气候、建筑的设计和朝向，也与 PCM 的种类有关。因此，如果在建筑中使用 PCM，必须在设计前进行可靠的热仿真模拟。一般来说，PCM 可在被动式建筑的围护结构中使用，用于无偿供热、供冷和太阳能采暖。无偿供冷指的是夏季夜间凉爽而白天炎热，通过 PCM 在夜间凝固放热，白天熔化吸热，通过建筑内空气与 PCM 间的换热为建筑物供冷。与此相反，无偿供暖可以理解为白天 PCM 吸收太阳辐射熔化，夜间凝固放热，为建筑物供暖。原则上，如果建筑围护结构材料的热物性在所需范围内，通过这一技术可以实现可靠的无偿供冷供热。研究发现，使用 PCM 材料可以大大削弱建筑室内的温度波动，提高热舒适性，并降低建筑能耗。

通常，利用微胶囊化技术将 PCM 加入不同的建筑材料（如混凝土、石膏地板、隔墙等）中，用来增强建筑物的蓄热能力。相变微胶囊材料是采用微胶囊化技术将 PCM 用性能较为稳定的胶囊包裹起来，胶囊具有芯壳结构，粒径在 1000μm 以内，其壁材主要是一层起密封保护作用的薄膜。微胶囊的球状体粒径小，比表面积大，能起到更好的传热效果。相变微胶囊中

PCM的相态不同，则温度不同。当相变材料是固态或者液态时，相变材料的温度会随吸/放热量改变而升降；当相变材料为固液混合态时，其温度不会随着吸/放热量的变化而改变，而是将吸收的外界热量转换成本身的潜热，或者将潜热释放到外界，并维持外界一定的温度。目前常用的相变材料有石蜡，其主要成分为正十八烷，熔点为23℃，熔解热为184kJ/kg。

7.3.3 集热蓄热墙式

集热蓄热墙式太阳房是在向阳侧设置带玻璃罩的储热墙体，属于间接受益式。这种蓄热墙体被称为特朗伯墙，是法国设计师 Felix Trombe 提出的。蓄热墙体从本质上来说就是一个与房间直接匹配的高容量太阳能集热器。蓄热墙体吸收太阳辐射使墙体升温，透过墙体内部的热传导将吸收太阳能辐射传递到墙体内表面，再通过空气对流与辐射传热的方式，将热量释放到室内空气中。通过安装大面积的南向玻璃窗及蓄热墙，就可以在白天吸收太阳能并在晚上以辐射热的形式为建筑提供热量。由于墙体的热扩散率较低，可以延迟热量进入室内的时间。墙体向环境的能量损失是通过玻璃窗的传导、对流和辐射产生的。玻璃窗可以减少从墙体传递到室外的热损失，并提高白天收集能量的效率。

集热蓄热墙工作情况如图7-2所示。根据太阳房的控制策略，墙体间隙中的空气可通过预设的风口与室内空气或室外空气进行交换，也可以关闭所有风口停止交换。气流可以由风机驱动，也可以由热虹吸作用驱动，即间隙内空气温度高于房间内空气温度，由此产生的温度差驱动空气流动。冬季，墙面上靠近地板和天花板的开口使热量可以以对流的形式传送到室内。随着太阳照射墙体外表面，墙体和玻璃窗之间的空气温度也逐渐升高，形成自然循

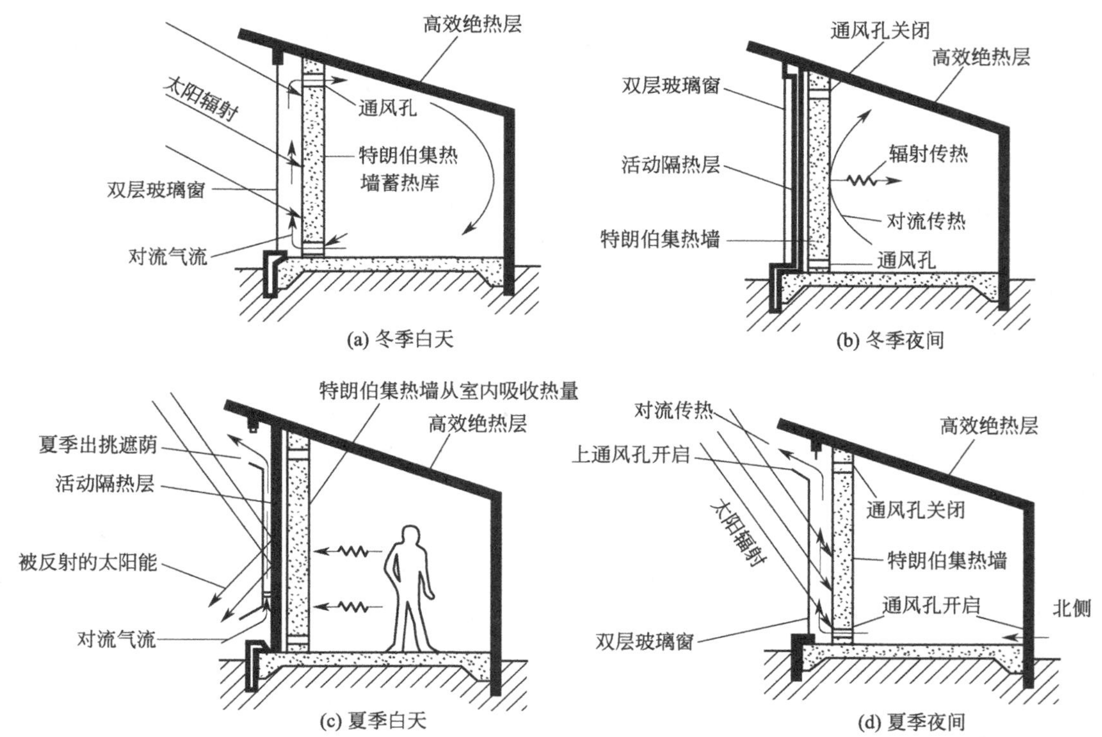

图7-2　集热蓄热墙工作情况

环。热空气上升，通过墙面的上部开口进入室内；室内冷空气下沉从下部开口流出。只要有阳光照射，这一传热过程就可以实现。对于大部分被动系统来说，对太阳辐射量的控制主要是通过遮阳装置的调控来实现的。其中最简单常用的控制方式就是人为地调整窗帘或者百叶窗。在炎热的夏季，从房间内部抽吸空气并关闭房间顶部风口，将玻璃和隔热墙间隙中的热空气在玻璃窗上部（顶部室外开口）的通风口排出。也可以将房间与外界完全隔开，使用玻璃窗下部和上部的风口来冷却蓄热墙体，而无需从房间中吸入空气。

蓄热墙结构如图 7-3 所示。h 为墙面上下通风口的距离（m），w 为墙面宽度（m）。特朗伯墙体热虹吸中的气流速度可用伯努利方程来确定。为简单起见，假设间隙中空气的温度和密度在垂直方向上呈线性分布，通过伯努利方程解出间隙中空气的平均速度：

$$\bar{v}=\sqrt{\frac{2gh}{C_1\left(\frac{A_g}{A_v}\right)^2+C_2}\times\frac{(T_m-T_s)}{|T_m|}} \tag{7-7}$$

式中，A_g 为间隙的横截面积，m^2；A_v 为通风口的总面积，m^2；C_1 为通风口的压力损失系数；C_2 为间隙中的压力损失系数；g 为重力加速度，m/s^2；T_m 为间隙中空气的平均温度，K；T_s为 T_a或 T_R，取决于是否和外界环境（T_a）或室内空气（T_R）进行了质量交换。$C_1\left(\frac{A_g}{A_v}\right)^2+C_2$ 表示系统的压力损失。$\left(\frac{A_g}{A_v}\right)^2$ 表示空气在通风口中流速与空气在间隙中流速的差别。

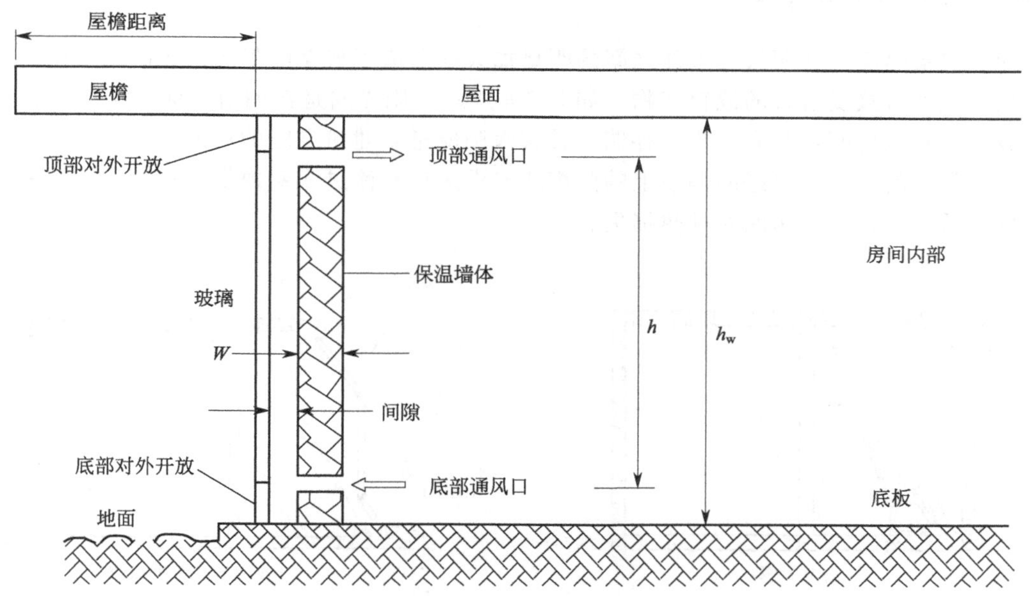

图 7-3 蓄热墙结构示意图

质量流速（$\dot{m}$）已知时，间隙与房间之间的传热热阻（R）可以计算得出：

$$R=\frac{A\left\{\left(\frac{\dot{m}C_{pa}}{2h_cA}\right)\left[\exp\left(-\frac{2h_eA}{\dot{m}C_{pa}}\right)-1\right]-1\right\}}{\dot{m}C_{pa}\left[\exp\left(-\frac{2h_eA}{\dot{m}C_{pa}}\right)-1\right]} \tag{7-8}$$

式中，A 为墙体面积，m^2；C_{pa} 为空气的比定压热容，J/(kg·℃)；h_c 为间隙中的空气对流传热系数，W/(m^2·℃)。间隙中空气与墙面、玻璃的对流传热（h_c 的值）取决于空气在间隙中的流动情况，对于无流动情况：

$$h_c=\frac{k_a}{L}[0.01711(Gr\cdot Pr)^{0.29}] \tag{7-9}$$

式中，k_a 为空气的热导率，W/(m·℃)；L 为长度，m；Gr 为格拉晓夫数；Pr 为普朗特数。

对于雷诺数 $Re>2000$：

$$h_c=\frac{k_a}{L}(0.0158Re^{0.8}) \tag{7-10}$$

对于雷诺数 $Re\leqslant 2000$：

$$h_c=\frac{k_a}{L}\left[4.9+\frac{0.0606(x')^{-1.2}}{1+0.0856(x')^{-0.7}}\right] \tag{7-11}$$

其中：

$$x'=\frac{h}{Re\cdot Pr\dfrac{2A_g}{1+w}} \tag{7-12}$$

7.3.4 附加阳光间式

如果将集热墙的透明层与墙体之间的距离加大就形成了典型的附加阳光间式太阳房，它是蓄热墙式和直接受益式的混合产物，如图 7-4 所示。阳光间是在朝南方向上围护结构全部使用玻璃的建筑房间，具有收集、存储、转移太阳能进入建筑空间的功能。阳光穿过透明面加热阳光间内的空气，再经间隔墙上的门窗或专设风口对流进入室内供暖；夜间阳光间作为室内外的缓冲区，减少房间对外热损失。

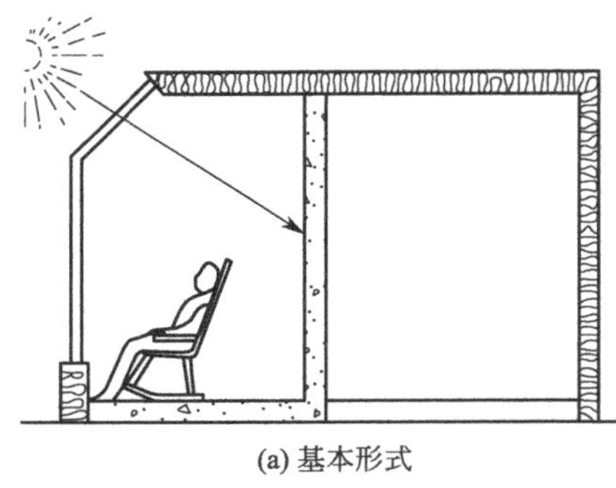
(a) 基本形式

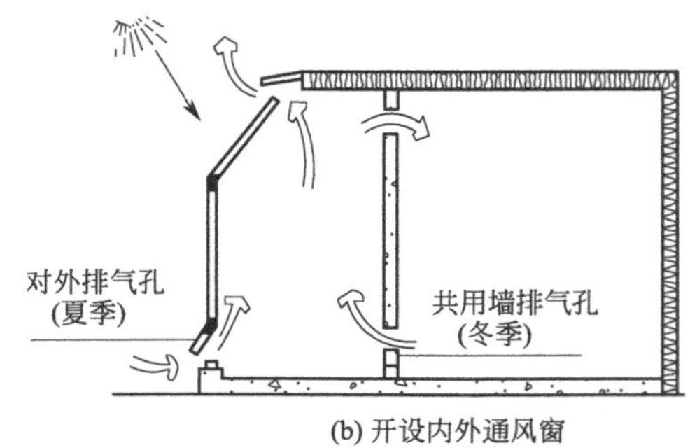

(b) 开设内外通风窗

图 7-4 附加阳光间式太阳房

对于附加阳光间式太阳房，建筑的外表面积大小与建筑获得和失去的热量多少有关，而建筑的体积与它能存储多少热量有关。因此，建筑物与室外大气接触的外表面积与其所包围的体积的比值（称为体形系数），作为衡量建筑白天升温和夜间降温速率的重要指标。较小的体形系数意味着建筑升温速度慢，这是因为有限的外表面积限制了热量的吸收和损失。

常见的阳光间有三种形式，如图 7-5 所示。第一种只在建筑南面使用，第二种用于建筑

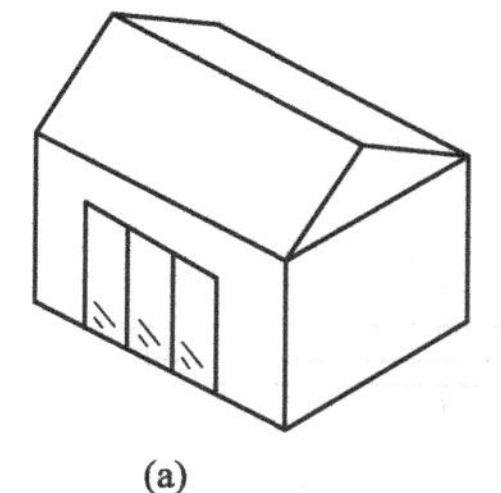
(a)

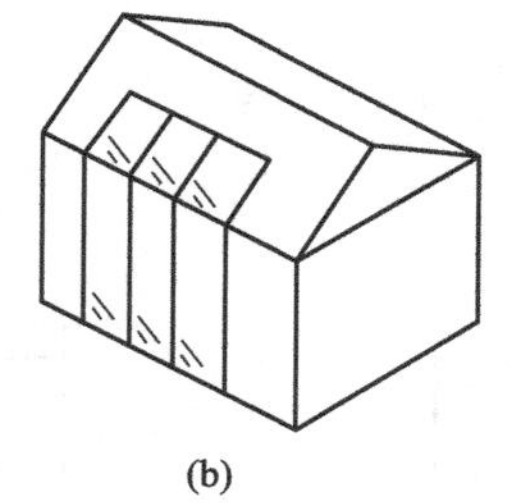
(b)

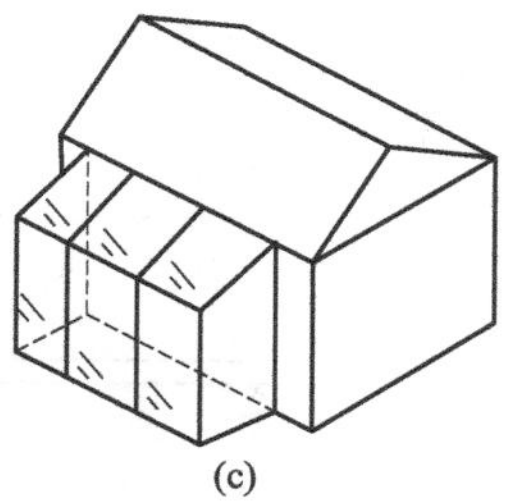
(c)

图 7-5　不同类型的阳光间

南面和部分屋顶，第三种是作为建筑的半独立的供暖系统（一般情况下还可用于温室植物的栽培）。最后一种阳光间，由于是与主体建筑隔离开的，所以相比前两种可以承受更大的温度波动。

在设计阳光间时，要使其在冬季能尽可能多地接收太阳辐射能而在夏季减少太阳辐射能的吸收。当建筑使用阳光间时，就必须要采取夜间保温措施，以防止在晚上通过玻璃损失过多的热量。如果保温措施无法实现，就应该使用双层玻璃。阳光间设置的最佳方位是朝南方向，在这个基础方向上，允许向东西方向偏离±15°。虽然垂直玻璃接收太阳辐射的性能比最佳倾斜角度玻璃低 15%，仍然认为垂直玻璃优于倾斜玻璃，这是因为垂直玻璃可以减少热损失并降低了夏季阳光间过热的可能性。

在必须采取通风措施的炎热气候下，通风口可以配置在阳光间的上部。因此，要在阳光间的上部设计可以灵活开启的玻璃用于通风。

使用电变色玻璃是控制进入阳光间日光量的较好方法。这种玻璃通过改变输入电压，调整玻璃的透明度，以此来实现系统的自动化操作。另一种控制方法是使用热变色玻璃，这种玻璃的反射率和透明度会在特定的温度下发生改变。低于这个温度时，所有的太阳能都可以通过玻璃进入室内；高于这个温度时，玻璃会反射一部分的红外线。因此，使用热变色玻璃可以改变建筑的太阳能输入。

7.3.5　蓄热屋顶式

蓄热屋顶式太阳房由水袋及顶盖组成，如图 7-6 所示。冬季，水袋受到太阳光照射而升温，热量通过下面的金属天花板传递至室内，使房间变暖；夏季，室内热量通过金属天花板传递给水袋，在夜间，水袋中的热量以辐射、对流等方式散发至环境。水袋上有活动盖板以增强蓄热性能，夏季，白天盖上盖板，减少阳光对水袋的辐射，使其吸纳较多的室内热量，夜晚打开盖板使水袋中的热量迅速散发。冬季，白天打开盖板，而夜晚盖上盖板。该形式适合冬季不太寒冷且纬度较低的地区，因为纬度高的地区冬季太阳高度角低，水平面上集热效率低，严寒地区冬季易冻结。另外，系统中的盖板热阻要大，储水容器密闭性要好。

保温是屋顶集热蓄热式太阳房设计中需要考虑的重要因素。实际上，不管是否使用被动式或是主动式技术，建筑都必须做好保温隔热，以减少热负荷。建筑结构中屋顶的保温隔热最为重要，特别是在夏季，太阳辐射强烈而屋顶会接收大量的太阳辐射，从而使屋顶的温度大幅度升高。

在设计保温隔热措施时，需考虑是否应该在建筑围护结构（如墙面、屋顶）的内、外表面做隔热措施。在不同的情况下，都有各自的优缺点，如表 7-1 所示。通常来说，内部保温

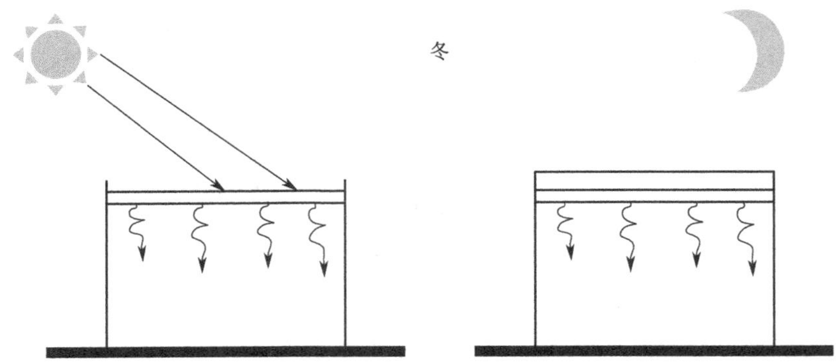

图 7-6　蓄热屋顶式太阳房

一般用于需要快速达到室内设计要求的供热（供冷）系统，一般不关注供热（供冷）系统关闭时的室内状况，如学校、白天使用的办公楼等。外部保温一般用于开启供热（供冷）系统后房间内不需要立即响应的情况，在关闭系统后房间内仍然可以长时间保持舒适度。

表 7-1　保温隔热措施对比

项目	内部隔热	外部隔热
优点	(1)安装简单快捷； (2)和外部保温相比成本更低； (3)对供热(供冷)系统的响应迅速； (4)保温材料不需要做外部保护措施(防风、防潮、防太阳辐射等)	(1)由于建筑构件的热容量大，供热(供冷)系统关闭后室内仍然可以保持舒适； (2)可以降低机械设备的操作时间，能够节约更多的能源； (3)在室外温度变化时保护外墙表面，防止外墙表面膨胀和收缩； (4)几乎不存在热桥； (5)对于已建建筑，安装不会影响到室内
缺点	(1)隔热不充分，造成热桥现象； (2)供热(供冷)系统停止运行后，室内舒适度迅速降低； (3)如果没有安装防潮层，会有表面结露的可能性； (4)使室内墙面不能悬挂画、货架等； (5)减少了建筑内部的使用面积； (6)如果用于已建建筑，安装时会对室内墙面造成一定的破坏	(1)建设成本高； (2)安装注意事项较多(选择合适的材料和正确的安装)； (3)对于形态复杂的建筑难以适用

7.4　主动式太阳能采暖系统

主动式太阳能采暖系统是通过太阳能集热器、储热装置、管道、风机及泵等设备来收集、储存及输配太阳能转换而得的热量，以一种可控的方式达到建筑物所需要的室温。在白天，太阳能集热器吸收太阳辐射并利用合适的流体将能量传递至储热装置。当建筑需要供暖时，热量可由储热装置获得。另外，还需要泵或风机将能量转移至储热装置或负荷，这些都要求有持续可靠的常规能源输入（通常为电能）。在前面章节提到，供暖系统和热水系统非常相似，由于两种系统对辅助热源的结合、阵列设计、防冻、控制等方面的要求相同，这里不再赘述。

主动式太阳能采暖系统可以从不同的角度进行分类。

① 按太阳能集热器回路中循环的传热介质种类，可分为液体太阳能采暖系统和空气太阳能采暖系统，前者采用液体作为传热介质，后者采用空气作为传热介质。

② 按太阳能利用的方式，可分为直接太阳能采暖系统和间接太阳能采暖系统。其中，直接太阳能采暖系统就是将由太阳能集热器加热的热水或空气直接用于采暖；间接太阳能采暖系统就是由太阳能集热器加热的热水并不直接用于采暖，而是通过热泵将热水的温度进一步提高，再将提高温度后的热水用于采暖，所以间接太阳能采暖系统也称为太阳能热泵采暖系统。

③ 按使用散热部件的类型，可分为地面辐射板采暖系统、顶棚辐射板采暖系统、风机盘管采暖系统和散热器采暖系统等。

7.4.1　液体太阳能采暖系统

(1) 工作原理及基本结构

液体太阳能采暖系统是将集热器收集的太阳辐射能转换成热能，以液体（通常为水或防冻液）作为传热工质，以水作为储热工质，并由末端散热部件送至室内进行采暖。如图 7-7 所示，典型的液体太阳能采暖系统由太阳能集热器、控制器、集热泵（泵 1）、蓄热水箱、辅助热源、供回水管、止回阀若干、三通阀、过滤器、循环泵（泵 2、泵 3）、温度计、分集水器、辅助热源组成。

当集热器出口温度 T_1 高于设定上限温度（如 50℃）时，控制器就启动泵 1，集热循环运行，水被集热器加热并存入集热水箱。当集热器出口温度 T_1 低于设定下限温度（如 40℃）时，水泵停止工作，为防止反向循环及由此产生的集热器的夜间热损失，则需要一个止回阀。当蓄热水箱的供水水温 T_3 满足采暖供水温度（如 45℃）时，可开启泵 3 进行采暖循环。

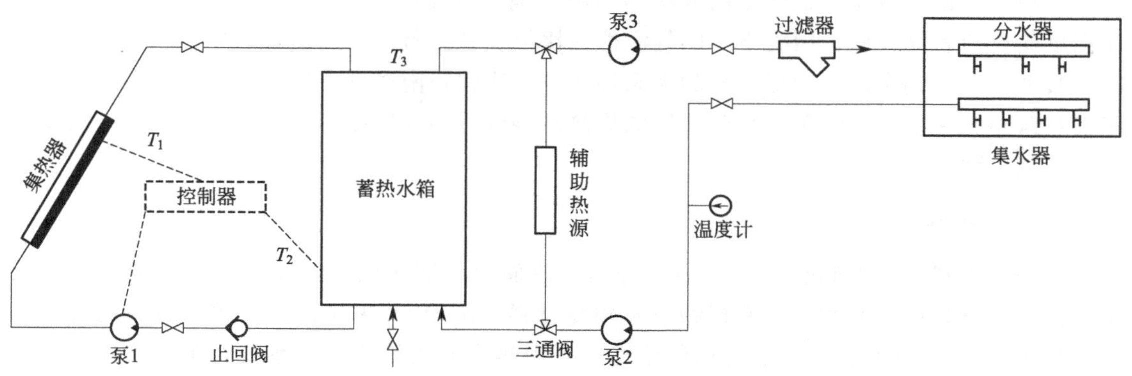

图 7-7　液体太阳能采暖系统

与其他太阳能的利用一样，太阳能集热器的热量输出是随时间变化的，它受气候变化周期的影响，所以系统中有一个辅助加热器。当阴雨天或是夜间太阳能供应不足时，可开启三通阀，利用辅助热源加热。当室温波动时可根据以下几种情况进行调节：

① 若可利用太阳能，而建筑物不需要热量，则把集热器得到的能量加到蓄热水箱中去；

② 若可利用太阳能，而建筑物需要热量，把从集热器得到的热量用于室内采暖；

③ 若不可利用太阳能，建筑物需要热量，而蓄热水箱中已储存足够的能量，则将储存的能量用于采暖；

④ 若不可利用太阳能，而建筑物又需要热量，且蓄热水箱中的能量已经用尽，则转换三通阀，利用辅助能源对水进行加热，用于采暖。

当蓄热水箱存储了足够的能量，但不需要采暖，集热器又可得到能量，集热器中得到的能量无法利用或存储，为节约能源，可以将热量供应生活热水。此时，由于太阳能采暖系统和太阳能热水系统的基本构成是相似的，因而将两者建成同一套系统，并将这种系统称为“太阳能组合系统”。

太阳能集热器的产水能力与太阳照射强度、连续日照时间及气温等密切相关。夏季产水能力强，大约是冬季的 4～6 倍。而夏季却不需要采暖，洗浴所需的热水也较冬季少。为了克服此矛盾，可以尝试把太阳能夏季生产的热水保温储存下来留在冬季及阴雨季节使用，这样不仅可以发挥太阳能采暖系统的最佳功能，而且还可以大大减少辅助热能的使用。在目前技术条件下，最佳的方案就是把夏季太阳能加热的热水就地回灌储存于地下含水岩层中。然而该技术还需进一步研究和探讨。

（2）集热器的设置

在专门采暖用时，集热器的最佳倾角应是所在地区的纬度加上 15°。如果由于建筑上的原因，实际安装时允许在最佳倾角附近有正负几度的变化。在北纬地区，集热器的倾角偏小时所接收到的太阳辐照量，要比倾角偏大时所接收到的太阳辐照量更加显著地降低。一般情况下，采暖用集热器的倾角不要比最佳倾角小 5°～7°以上。如果集热器还拟用于夏季制冷空调及全年供应热水，则其倾角大致等于所在地区纬度。另外，从建筑上考虑，要找到适当面积的南墙，比找到具有所需倾斜度的适当面积的屋顶更为容易。所以，集热器也可垂直放置在南墙，特别在高纬度地区，这样做冬季接收的太阳辐照量不会有明显的减少，却十分有利于夏季防止系统的过热现象。

集热器的最佳方位角是朝正南或稍偏西南（偏西约 10°～15°），稍偏西南能使系统的工作温度略比前者高一些，因为下午的气温往往比早上高。若由于建筑上的原因，需要集热器的安装方位角稍偏东南，则接收到的太阳辐照量会比朝正南时低一些，具体数值与当地纬度和安装倾角有关。用于太阳能采暖系统的集热器可以有多种安装形式，其基本原则与太阳能热水系统相似。

（3）储热器

太阳能采暖系统的储热方法一般可分为显热储存、潜热储存及化学反应热储存等三大类。储存的材料可为水和一些有机物以及相变材料（$Na_2SO_4 \cdot 10H_2O$）等。这些内容将在本书第 12 章太阳能热储存中有专门的论述。采用热水的太阳能采暖系统，单位集热器面积对应的贮热水箱容量为 50～100L。

（4）辅助热源

设计太阳能采暖系统时，应当选择适当的太阳能集热器总面积。在太阳能系统供热量不足时，可部分依靠辅助热源，这种做法较为经济。其中一个重要的问题是，如何决定辅助热源的最佳位置。辅助热源可为直接放在采暖房间内的电暖器、燃油炉和燃气炉等，因为它们结构简单、占地少、使用方便、易于和太阳能采暖系统配合使用。另外，辅助热源也可由燃气锅炉、燃油锅炉或电热锅炉等供给热水，或者跟锅炉串联连接。辅助热源可以有三种位置，如图 7-8 所示。

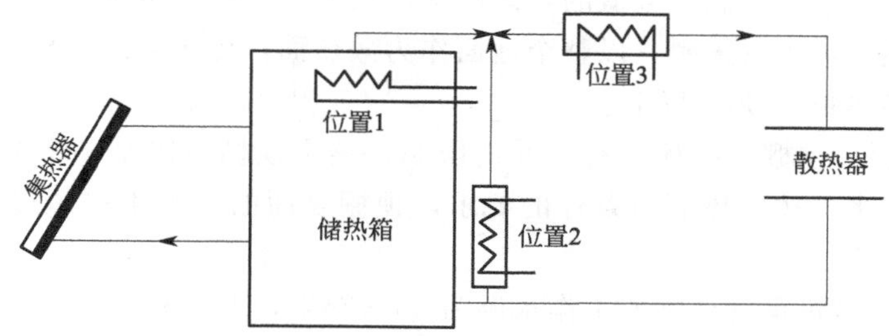

图 7-8　辅助热源的位置

位置 1 是将辅助热源放在储热箱内。这样就必须加热大量不必要加热的水，而且还会提高进入集热器的水温，使集热器的效率降低，可能妨碍下一天太阳能的收集。

位置 2 是将辅助热源放在储热箱外，并与储热装置并联。当储热温度低于所需的供暖水平时，储热箱循环停止，利用辅助热源进行供暖，即利用辅助热源将采暖房间的回水温度提高后再送入房间。这种连接辅助热源的方式避免了辅助热源升高储热箱水温，但会导致储热箱中的低温太阳能热量得不到充分利用，这部分能量可能会被损失掉。

位置 3 是将辅助热源放在储热箱外，并与储热装置串联。这是一种最有利的位置，既具备位置 2 的优点，又可将太阳能集热器用作预热器，因而减少了输热量。例如，假设房间供暖系统的设计要求是使用 40℃ 的水，而产生的回水温度为 28℃，则有以下三种工作状态，如图 7-9 所示：

① 当集热温度（或储热箱上部的温度）超过 40℃时，辅助能源加热器不工作；

② 当集热温度介于 28～40℃之间时，循环仍然通过贮热水箱进行，辅助热源起补充作用，可将水温提高到 40℃；

③ 当集热温度（或储热箱）降到规定的 28℃以下时，循环流动便发生短路，系统中热媒水全部通过旁通管进入辅助加热器，热量全部由辅助热源提供。

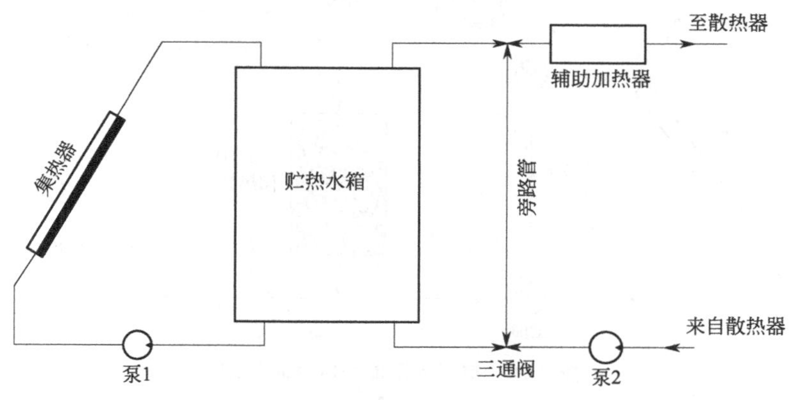

图 7-9　辅助热源工作方式

（5）散热系统

所谓散热系统，是指太阳能采暖系统设置在采暖房间的末端散热部件，主要有以下几种：

① 地面辐射板　地面辐射板可方便地与太阳能采暖系统配套使用。按照热舒适条件的要求，地板表面的温度在 24～28℃的范围内即可，所以 30～38℃的热水便可加以利用，它

是各种散热系统中要求热水温度最低的，因此最适用于太阳能采暖系统。该系统通过敷设于地板中的盘管加热地面进行采暖，以整个地面作为散热面，传热方式以辐射散热为主，其辐射换热量约占总换热量的 60%以上。

② 顶棚辐射板　顶棚辐射板没有尺寸的限制，整个顶棚可以是一个散热器，因而可以使系统的温度低得多。按照热舒适条件的要求，顶棚表面的温度不得超过 32℃，因而热水温度可以在 35～40℃。

③ 风机盘管　风机盘管通常的工作水温为 65～75℃，但可将这些部件进行改装，使它适用 40～42℃的热水。

④ 普通散热器（俗称暖气片）　普通暖气片的工作水温为 75℃左右。利用太阳能集热器来产生这样高的温度，集热效率十分低；若冬季太阳能采暖系统的集热温度为 40℃左右，用这样的低温度保持暖气片所需的散热量，就要增加很多暖气片。

7.4.2 空气太阳能采暖系统

基本的空气太阳能采暖系统原理如图 7-10 所示，由太阳能集热器、岩石堆积床、辅助热源、管道、风机等几部分组成。该系统中，采用岩石堆积床作为储热介质，利用气流阀门可以实现多种操作模式。风机驱动空气在太阳能集热器与岩石堆积床之间不断地循环。集热器吸收太阳辐射能后加热空气，热空气传送到岩石堆积床中将热量储存起来，或者通过送风管道直接送往建筑物。建筑物内空气经由回风管道输送到集热器或岩石堆积床中，与集热器或储热介质进行热交换，加热后的热空气送往建筑物进行采暖。如果集热器或储热介质的供热量不能完全满足负荷需要，将会启动辅助热源用于加热空气。当没有阳光且储热罐中热量完全耗尽时，空气完全可以不经过集热器和储热单元，直接经由辅助热源获得所需的热量。

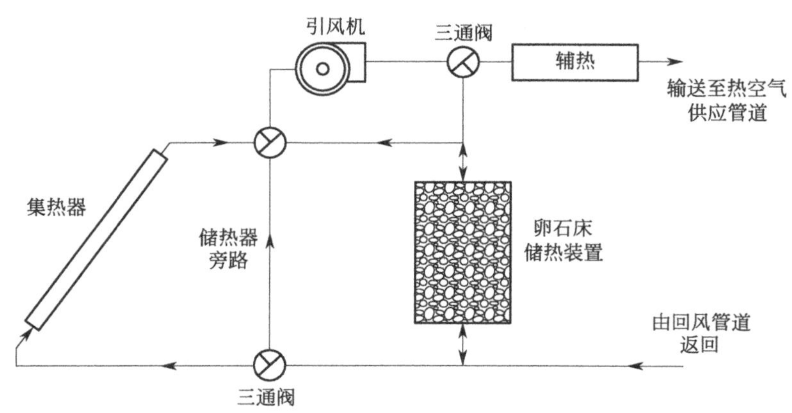

图 7-10　空气太阳能采暖系统原理

用空气作为传热流体的优势在介绍空气集热器中已有阐述（参见 5.2.3 节），其他优势还包括在岩石堆积床的温度分层，这将导致集热器的入口温度更低。空气采暖系统的缺点包括：储热费用更高、运行噪声大、空气集热器是在流体低热容条件下运行等。

使用空气作为太阳能集热器的传热介质时，首先需有一个能通过容积流量较大的结构，这是因为空气的定容比热容 [1.25kJ/(m^2 · ℃)] 要比水的定容比热容 [4187kJ/(m^3 · ℃)] 小得多；其次，空气与集热器中吸热板的换热系数，要比水与吸热板的换热系数小得多。因此，空气集热器的体积和传热面积都要比液体集热器大得多。

当传热介质为空气时，储热器一般使用岩石堆积床，里面堆满卵石，卵石堆有巨大的表面积及曲折的缝隙。当热空气流通时，卵石堆就储存了由热空气所放出的热量；当通入冷空气时，就能把储存的热量带走。这种直接换热器具有换热面积大、空气流动阻力小及换热效率高等特点。在这里岩石堆积床既是储热器又是换热器，因而降低了系统的造价。然而，通常在空气系统中，要同时完成从岩石堆积床储存和带走热量并不现实。

通常来说，用于采暖系统的空气集热器以固定的空气流速运行，因此一天之内，其出口温度是不断变化的。当然，可以通过改变流体速度实现集热器出口温度的恒定。然而，当流速过低时，会影响集热器性能。

7.4.3　太阳能热泵系统

主动式太阳能采暖系统可以结合热泵运行。热泵通常是蒸气压缩式循环，由压缩机、冷凝器、膨胀阀和蒸发器等部件组成，利用机械能将热能从低温热源传递至高温热源。利用蒸发器在低温条件下吸热，而利用冷凝器在高温条件下将热量排出。相比于电加热炉和燃气炉等，用电驱动的热泵系统有以下两个优点。首先，热泵的实际制热量与输入电能之比(COP) 足够高，每给压缩机提供 1kW・h 的能量，能产出 9～15MJ 的热，这样节约了能源消耗的成本。其次，热泵在夏季可用于制冷。根据太阳能集热器中传热介质的不同，太阳能热泵采暖系统可以分为两大类：直接膨胀式和间接膨胀式。

(1) 热泵概述

热泵技术是一种很好的节能型空调制冷供热技术，是利用少量高品位的电能作为驱动能源从低温热源高效吸取低品位热能，并将其传输给高温热源，以达到泵热的目的。根据热源不同，可分为空气源、土壤源、水源等形式的热泵。根据原理不同，又可分为吸收/吸附式、蒸气喷射式、蒸气压缩式等形式的热泵。蒸气压缩式热泵因其结构简单、工作可靠、效率较高而被广泛采用，其工作原理如图 7-11 所示。

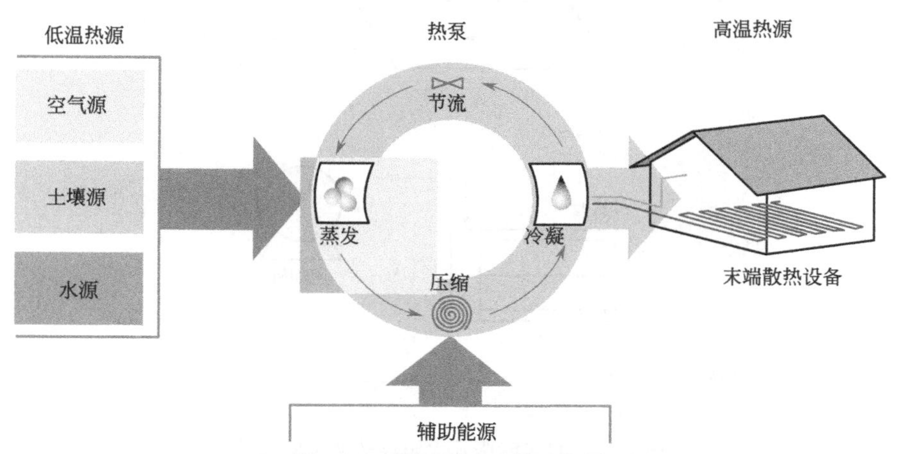

图 7-11　热泵采暖系统示意图

热泵可以看成是一种反向使用的制冷机，与制冷机所不同的只是工作的温度范围。工质在蒸发器吸热后，产生高温低压过热气体，在压缩机中经过绝热压缩变为高温高压的气体；再经冷凝器定压冷凝为低温高压的液体，与冷却水进行热交换，使冷却水被加热为热水供给用户使用；液态工质再经膨胀阀绝热节流后变为低温低压液体，进入蒸发器定压吸收低温热源热量，并蒸发为过热蒸气，完成一个循环过程。如此循环往复，不断地将热源的热能传递给冷却水。

根据热力学第一定律，有：

$$Q_g = Q_d + W \tag{7-13}$$

根据热力学第二定律，压缩机所消耗的电功 W 起到补偿作用，使得制冷剂能够不断地从低温环境吸热（Q_d），并向高温环境放热（Q_g），周而复始地进行循环。因此，压缩机的能耗是一个重要的技术经济指标，一般用性能系数（coefficient of performance，COP）来衡量装置的能量效率，其定义为：

$$\mathrm{COP} = Q_g / W = (Q_d + W) / W = 1 + Q_d / W \tag{7-14}$$

显然，热泵 COP 永远大于 1。因此，热泵是一种高效节能装置，也是制冷空调领域内实施建筑节能的重要途径，对于节约常规能源、缓解大气污染和温室效应起到积极的作用。所有形式的热泵都有蒸发和冷凝两个温度水平，采用膨胀阀或毛细管实现制冷剂的降压节流。

(2) 直接膨胀式太阳能热泵

直接膨胀式太阳能热泵采暖系统是将太阳能集热器作为热泵的蒸发器，以低沸点工质作为太阳能集热器的传热介质，如图 7-12 所示。太阳能集热器吸收太阳辐射并转换成热能，用以加热低沸点工质，使工质在太阳能集热器内蒸发；工质蒸气通过压缩机而升压和升温，进入冷凝器后释放出热量，经过换热器传递给储水箱内的水，使之达到采暖所需要的温度；与此同时，高压工质蒸气冷凝成液体，然后通过膨胀阀，再次进入太阳能集热器，形成周而复始的循环。

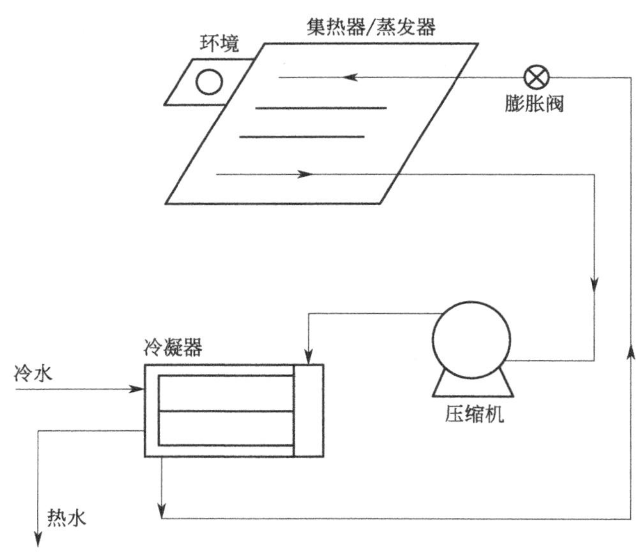

图 7-12　直接膨胀式太阳能热泵采暖系统

将太阳能集热器和热泵组合成一个系统，使得太阳能集热温度与低沸点工质蒸发温度始终保持相对应。直接膨胀式太阳能热泵采暖系统具有以下优势：①可以利用太阳能为热泵提供所需要的热源，从而提高蒸发温度而使热泵的性能更佳；②集热温度可以处在一个较低的温度范围内，可大大提高集热效率，从而降低集热器成本。然而，太阳辐照条件是受地理纬度、季节、昼夜交替及各种复杂气象因素的影响而不断变化，会造成集热器运行工况的波动，必将导致热泵系统性能的不稳定。因此，如何保证系统的高效稳定运行，是直接膨胀式系统必须解决的难题之一。

(3) 间接膨胀式太阳能热泵

间接膨胀式太阳能热泵采暖系统通常由太阳能集热器、热泵和储水箱等组成，以水或防冻液作为太阳能集热器的传热工质。根据集热循环和热泵循环的不同连接形式，间接膨胀式太阳能热泵采暖系统又可分为串联式、并联式和双热源式等三种基本形式，分别如图 7-13(a)～(c) 所示。

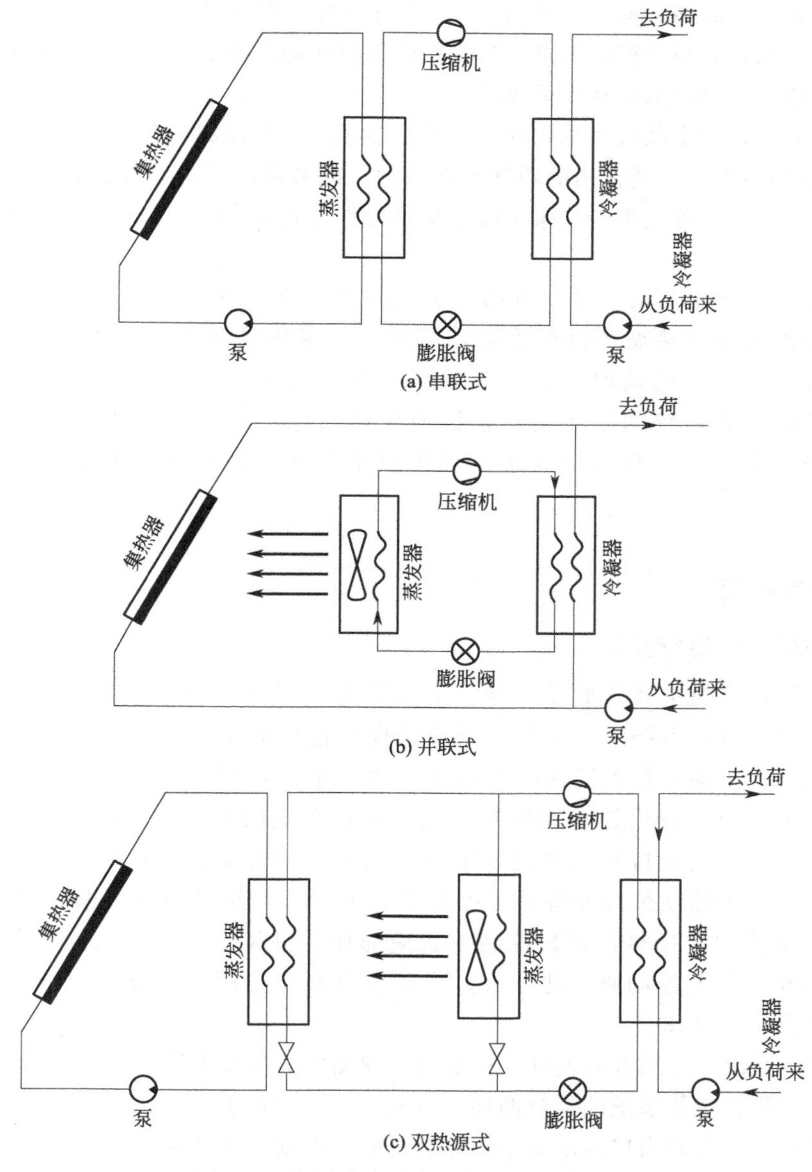

图 7-13 间接膨胀式太阳能热泵采暖系统

串联式是指太阳能集热循环与热泵循环通过蒸发器加以串联，蒸发器热源全部来自太阳能集热循环所吸收的热量。太阳能集热器吸收太阳辐射并转换成热能，用以加热太阳能集热器内的水或防冻液，经过换热器传递给第一个储水箱（储热水箱）内的水，使储热水箱内的水温逐步达到10～20℃。再以此热量经过换热器传递给热泵中的低沸点工质，然后通过低沸点工质的蒸发、压缩和冷凝释放出热量，经过换热器传递给第二个储水箱（供热水箱）内的水，使供热水箱内的水温升高到30～50℃，满足建筑物采暖的要求。同样，高压工质蒸气冷凝成液体后通过膨胀阀，再次进入储热水箱，形成周而复始的循环。一般优先选择串联配置，因为它能让收集的太阳能全部用尽，使储热水箱保持低温，这样能让太阳能系统在第二天运行时更高效。

并联式是指太阳能集热循环与空气源热泵循环彼此独立运行。太阳能集热器吸收太阳辐射并转换成热能，升高储水箱内水的温度。当储水箱中水温足够高时，集热系统的能量直接被提供至建筑，满足采暖负荷的需求。当太阳能提供的能量不足时，热泵作为独立辅助热源开始启动，使储水箱内的水温达到采暖的要求。

双热源式的结构与串联式基本相同，只是在热泵循环中增加一个蒸发器（空气源、地源等）。可同时利用包括太阳能在内的两种低温热源，或者两者互为补充。在实际应用中，串联式和双热源式，这两种太阳能热泵采暖系统也可作为直接太阳能采暖系统的辅助热源，实现多工况的切换。

间接膨胀式太阳能热泵采暖系统的最大优点是，在太阳辐射条件比较好的情况下，可以直接利用太阳能集热循环进行采暖，而不必启用热泵循环，使系统运行比较经济。在太阳辐射条件比较差的情况下，启用热泵循环以满足采暖需求，使系统具有较好的稳定性。间接膨胀式系统的缺点是，系统的规模尺寸、复杂程度及初始投资等一般都大于直接膨胀式系统，并且太阳能集热循环通常存在管路腐蚀、冬季冻结、夏季过热等问题。

7.4.4 控制系统

(1) 系统的工作运行控制

太阳能采暖系统的主要热源是不稳定的太阳能，辅助热源为常规能源加热设备。为保证系统的节能效益，系统运行的基本原则是优先使用太阳能，这就需要通过相应的控制手段来实现。太阳辐照和天气条件在短时间内发生的剧烈变化，几乎不可能通过手动控制来实现调节，因此应设置自动控制系统，保证系统的安全、稳定运行，以达到预期的节能效益。同时，规定自动控制的功能应包括对太阳能集热系统的运行控制、安全防护控制、集热系统和辅助热源设备的工作切换控制。太阳能集热系统安全防护控制的功能应包括防冻保护和防过热保护。控制方式应简便、可靠、利于操作，相应设置的电磁阀、温度控制阀、压力控制阀、泄水阀、自动排气阀、止回阀、安全阀等控制元件性能应符合相关产品标准要求。

太阳能集热系统宜采用温差循环运行控制。根据集热系统工质出口和储热装置底部介质的温差，控制太阳能集热系统的运行循环，是最常使用的系统运行控制方式。其依据的原理是：只有当集热系统工质出口温度高于储热装置底部温度，储热装置底部的工作介质通过管路被送回集热系统重新加热，该温度可视为是返回集热系统的工质温度时，工作介质才可能在集热系统中获取有用热量；否则，说明由于太阳辐照过低，工质不能通过集热系统得到热量，如果此时系统仍然继续循环工作，则可能发生工质反而通过集热系统放热，使储热装置内的工质温度降低的现象。

太阳能集热系统可以根据太阳辐照条件的变化直接改变系统流量，或因太阳辐照不同引起的温差变化间接改变系统流量，从而实现系统的优化运行。为保证太阳能供热采暖系统的稳定运行，当太阳辐照较差，通过太阳能集热系统的工作介质不能获取相应的有用热量，使工质温度达到设计要求时，辅助热源加热设备应启动工作。当太阳辐照较好，工质通过太阳能集热系统可以被加热到设计温度时，辅助热源加热设备应立即停止工作，以实现优先使用太阳能，提高系统的太阳能保证率。因此，应采用定温（工质温度是否达到设计温度）自动控制，来完成太阳能集热系统和辅助热源加热设备的工作切换。

(2) 太阳能采暖系统的运行工况切换控制

图 7-14 显示了太阳能采暖系统的控制原理。太阳能采暖系统大体上是由集热回路和供热回路两大部分组成。为了保证该系统正常运行，既要使集热器的有用得热量始终大于集热器的热损失，又要使需要供暖的房间始终保持规定的温度，可靠的自动控制系统是非常必要的。

以下是太阳能采暖系统的运行工况切换控制的具体方法：

① 对于系统的集热回路，通常采用温差控制的方法。在集热器出口处设置一个温度传感器测量集热器出口水温 t_o，在储水箱底部设置另一个温度传感器测量储水箱底部水温 t_d，在集热器内的水受太阳辐射能加热后温度逐步升高，一旦集热器出口处水温和储水箱底部水温之间的温差 t_o-t_d 达到设定值（一般为 5～8℃）时，温差控制器给出信号，启动集热回路循环泵，系统开始运行。遇到云遮日或下午日落前集热器温度逐步下降，一旦集热器出口处水温和储水箱底部水温之间的温差 t_o-t_d 达到另一设定值（一般为 2～4℃）时，温差控制器给信号，关闭集热回路循环泵，系统停止运行。

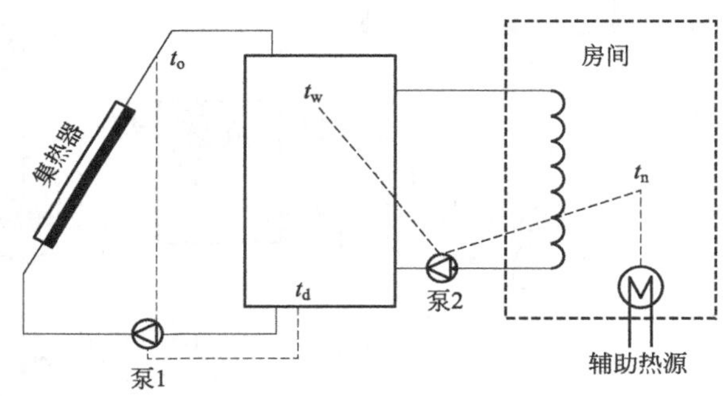

图 7-14　太阳能采暖系统控制原理图

② 对于系统的供热回路，通常采用阈值控制的方法。在采暖房间内设置一个温度传感器测量室温 t_b，在储水箱顶部设置一个温度传感器测量储水箱顶部水温 t_w。当 t_n 低于某一限定值（例如，若室温要求维持 18℃，则该值定为 18℃±1℃）且当 t_w 高于某一限定值（例如，若散热部件是地面辐射板，水温高于 29℃就可利用，则该值定为 29℃±1℃）时，阈值控制器给出信号，启动供热回路循环泵。当 t_n 和 t_w 不满足上述条件时，温差控制器给出信号，关闭供热回路循环泵。若 t_n 继续下降，则辅助热源投入使用；若 t_n 超过限定值（例如 18℃），则辅助热源停止使用。

(3) 太阳能热水采暖组合系统的运行控制

图 7-15 显示了太阳能热水采暖组合系统的控制原理。该系统大体上是由集热回路、热水供热回路和采暖供热回路三大部分组成。为了保证该系统正常运行，既要使集热器获得尽可能多的太阳能有用得热量，又要使生活热水和采暖子系统始终保持规定的

温度。设计合理的自动控制系统，可以检测集热器出口温度 T_1、供热水箱底部温度 T_2、供热水箱供热温度 T_3、生活热水换热器温度 T_4、生活热水供热温度 T_5、采暖系统太阳能热水温度 T_6、储热水箱高压 p_1，通过控制集热系统一次泵 B_1、二次泵 B_2、太阳能热水循环泵 B_3、生活热水辅助热源控制阀 F_1、采暖辅助热源控制阀 F_2，实现该系统的正常运行。

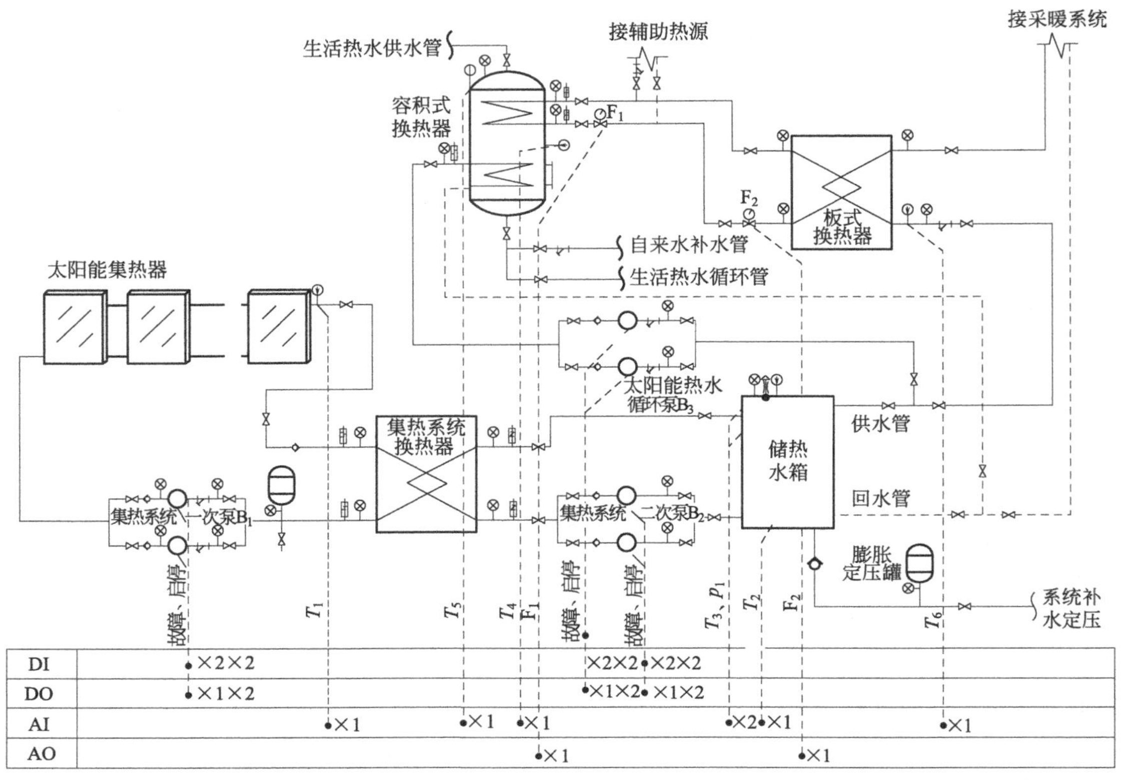

图 7-15 太阳能热水采暖组合系统的控制原理

以下是该系统运行控制的一种具体方法：

① 太阳能集热系统为高温保护和温差循环控制，即：当 $T_1-T_2>\Delta T_1$ 且 $T_3<T_{m1}$ 时，B_1、B_2 启动；当 $T_1-T_2<\Delta T_2$ 或 $T_3>T_{M1}$ 时，B_1、B_2 停止。

② 容积式热交换器太阳能侧为高温保护和温差循环控制，即：当 $T_3-T_4>\Delta T_3$ 且 $T_5<T_{m2}$ 时，B_3 启动；当 $T_3-T_4<\Delta T_4$ 或 $T_5>T_{M2}$ 时，B_3 停止。

③ 容积式热交换器温度 T_5 控制辅助热源启停，即：当 $T_5<T_{m3}$ 时，辅助热源和电动阀 F_1 启动；当 $T_5>T_{M3}$ 时，辅助热源和电动阀 F_1 关闭。

④ 采暖系统温度 T_6 控制辅助热源启停，即：当 $T_6<T_{m4}$ 时，辅助热源和电动阀 F_2 启动；当 $T_6>T_{M4}$ 时，辅助热源和电动阀 F_2 关闭。

ΔT_1、ΔT_3 和 ΔT_2、ΔT_4 分别宜取 5℃和 2℃；T_{m1} 和 T_{M1} 分别宜取 70℃和 75℃；T_{m2} 和 T_{M2} 分别宜取 55℃和 60℃；T_{m3} 和 T_{M3} 分别宜取 55℃和 60℃；T_{m4} 和 T_{M4} 分别宜取 35℃和 40℃。

p_1 的监测作为储热水箱高压报警用。

习题

1. 简述被动式采暖系统的主要类型及其特点。
2. 简述主动式太阳能采暖系统的组成部分及原理。
3. 如图 7-8，分析辅助热源的位置对太阳能采暖系统的影响。
4. 如图 7-10，设计空气太阳能采暖系统的控制方法。
5. 太阳能热泵分类的依据是什么？说明每种类型的工作原理，以及太阳能对热泵系统的影响。

第8章

太阳能制冷

在太阳能建筑一体化技术中，人们不仅可以利用太阳能转换的热能供热水和采暖，还可以利用这部分热能实现制冷。目前我国建筑能耗（包括热水、采暖、空调、照明、家电等）约占全国总能耗的1/3，且有继续上升的趋势，其中住宅和公共建筑的空调能耗在全部建筑耗能中的占比很大。利用太阳能替代或部分替代常规能源驱动空调系统，对节约化石能源、保护环境都具有十分重要的意义，正日益受到世界各国的重视。

8.1 概　述

太阳能制冷的最大优点在于季节适应性好。一方面，夏季烈日当头、天气炎热，人们迫切需要使用空调；另一方面，夏季太阳辐射增强，依靠太阳能来驱动的制冷系统可以产生更多的冷量。也就是说，夏季太阳辐射能量增加，太阳能制冷系统的制冷能力随之增大，这恰好与夏季人们对空调的迫切需求相匹配。

8.1.1　制冷的基本概念及分类

所谓制冷，就是使某一系统的温度低于周围环境介质的温度并维持这个低温。此处所说的系统可以是空间或者物体，而环境介质可以是自然界的空气或者水。为了使这一系统达到并维持所需要的低温，就需要不断地从它们中间取出热量并将这部分热量转移到环境介质中去。这个不断地从被冷却系统中取出并转移热量的过程，就是制冷过程。

根据热力学第二定律，热量只能自发地从高温物体传向低温物体，而不能自发地从低温物体传向高温物体。人工制冷过程，就是在外界的补偿下将低温物体的热量传向高温物体的过程。

根据所使用补偿过程的不同，制冷大体上可以分为以下两大类。

① 消耗热能，用热量由高温传向低温的自发过程作为补偿，来实现将低温物体的热量

传向高温物体的过程。

② 消耗机械能，用机械做功来提高制冷剂的压力和温度，使制冷剂将从低温物体吸取的热量连同机械能转换成的热量一同排到环境介质中，从而实现热量从低温物体传向高温物体的过程。

8.1.2 太阳能制冷系统的类型

从理论上讲，太阳能制冷可以通过太阳能光电转换制冷和太阳能光热转换制冷两种途径来实现。本章介绍的太阳能制冷指的是太阳能光热转换制冷。

太阳能光电转换制冷，首先是通过太阳能电池将太阳能转换成电能，再用电能驱动常规的蒸气压缩式制冷机。在目前太阳能电池成本较高的情况下，对于相同的制冷功率，太阳能光电转换制冷系统的成本要比太阳能光热转换制冷系统的成本高出许多倍，推广应用仍存在一定困难。

太阳能光热转换制冷，首先是将太阳能转换成热能（或机械能），再利用热能（或机械能）作为外界的补偿，实现制冷过程，使系统达到并维持所需的低温。按上述消耗热能或消耗机械能的补偿过程进行分类，太阳能制冷系统主要有以下几种类型：

① 太阳能吸收式制冷系统（消耗热能）；

② 太阳能吸附式制冷系统（消耗热能）；

③ 太阳能蒸气喷射式制冷系统（消耗热能）；

④ 太阳能除湿式制冷系统（消耗热能）；

⑤ 太阳能蒸气压缩式制冷系统（消耗机械能）。

以上每种技术类型都有其自身的特点。若以目前使用较多的太阳能吸收式制冷系统为例，其与常规的蒸气压缩式制冷系统相比，除了季节适应性好之外，还具有以下几个主要优点。

① 传统制冷技术通常以氟利昂为介质，它对大气层有一定的破坏作用，特别是蒙特利尔协议书签订后，国际上禁用氟氯烃化合物，追切需要寻找替代工质。而吸收式制冷机通常以水-溴化锂为介质，有利于保护环境。

② 压缩式制冷机的主要部件是压缩机，无论采取何种措施，都仍会产生一定的噪声。而吸收式制冷机除了功率很小的泵之外，无其他运动部件，运转安静，噪声很低。

③ 同一套太阳能吸收式空调系统可以将夏季制冷、冬季采暖和其他季节提供热水三种功能结合起来，做到一机多用，四季常用，从而可以显著提高太阳能系统的利用率和经济性。

8.2 太阳能吸收式制冷

太阳能吸收式制冷技术出现于20世纪中期，是目前太阳能制冷技术应用中最成功、最易实现的方式。由于吸收式制冷机可在较低的热源温度下运行，太阳能经集热器光热转换后得到的热能可以用于驱动吸收式制冷机实现制冷。

8.2.1 吸收式制冷原理

实现制冷的主要方法有液体汽化法、气体膨胀法等。吸收式制冷和常见的蒸气压缩式制冷都属于液体汽化法制冷方式，就是利用低沸点的液态制冷剂在低压低温下汽化并吸收传热介质的热量以实现降温制冷的目的。吸收式制冷是通过液体吸收剂来吸收制冷剂蒸气，然后通过驱动热能加热液体，产生的高温高压制冷剂蒸气将从低温环境中吸收的热量释放到外界环境中。与蒸气压缩式制冷相比，吸收式制冷方式可以使用低品位热能驱动，用电量较少，可充分利用可再生能源。

吸收式制冷所使用的工质是由两种物质组成的二元溶液，这两种物质在同一压强下的沸点值不同，其中低沸点的工质称为制冷剂，高沸点的工质称为吸收剂，两者又被称为制冷剂-吸收剂工质对。制冷剂和吸收剂组成的二元溶液具有浓度随温度和压力变化而变化的物理特性，吸收式制冷就是利用溶液的质量分数变化来完成制冷剂的气液循环。通过热源对二元溶液的加热，制冷剂蒸发汽化而与二元溶液分离，所产生的高温高压制冷剂蒸气向环境放热后并经过节流阀变为低温低压的液态制冷剂，然后依靠低温低压液态制冷剂的蒸发汽化而制冷，又通过二元溶液吸收已吸热汽化的气态制冷剂。常用的制冷剂-吸收剂工质对有两种。一种是水-溴化锂工质对，其中水是制冷剂，溴化锂是吸收剂。由于其制冷剂是水，水-溴化锂吸收式制冷的制冷温度只能在0℃以上，多用作舒适性空调制冷的冷源；由于溴化锂吸收式制冷无毒、环保、工作安全可靠，目前用作太阳能吸收式制冷空调机组的绝大部分都是溴化锂吸收式制冷方式。另一种是氨-水工质对，其中氨是制冷剂，水是吸收剂，其制冷温度在−45～1℃范围内，可作为工艺生产过程的冷源。同时，氨-水吸收式制冷因其制冷温度低、不需真空运行、溶液不会结晶等优点也被用作太阳能冰箱、冷库制冷机等。

如图8-1所示，吸收式制冷机主要由发生器、吸收器、蒸发器和冷凝器组成，这四个热交换设备构成了制冷剂循环和吸收剂循环两个循环环路。系统工作时，制冷剂-吸收剂工质

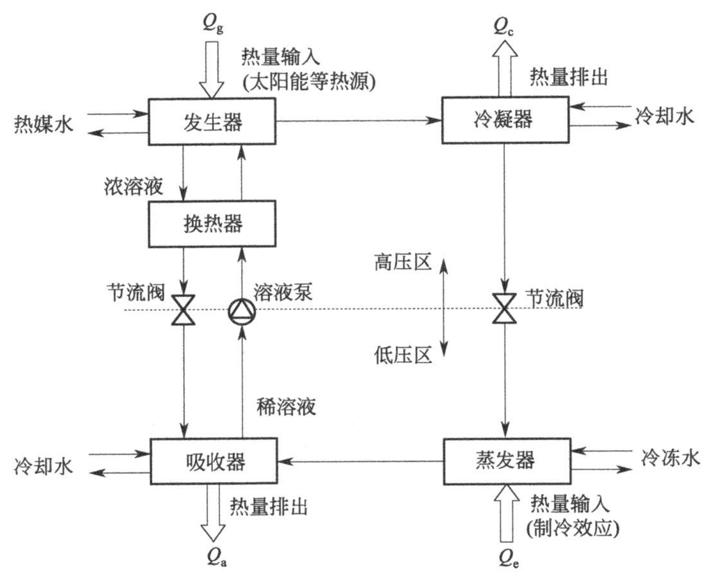

图8-1 吸收式制冷循环示意

对组成的二元溶液在发生器中吸收热量 Q_g 温度升高，制冷剂受热蒸发为蒸气从二元溶液中分离出来，在冷凝器中被冷却水冷却，释放出热量 Q_c 后凝结为高压低温液态制冷剂。冷凝的液态制冷剂经节流阀降压后进入蒸发器，在低压下蒸发，吸收热量 Q_e，产生制冷效应。制冷剂蒸气由蒸发器进入吸收器后，被来自发生器的二元浓溶液吸收后变为液态，同时被冷却水冷却释放热量 Q_a；吸收器中的溶液被稀释，再由溶液泵加压送入发生器中加热。如此不断循环，就在热源的驱动下实现了制冷过程。根据上述工作过程可以看出，吸收式制冷系统的发生器与吸收器组合作用相当于蒸气压缩式制冷系统的压缩机，但消耗的能源种类不同。

8.2.2　吸收式制冷的性能指标

在吸收式制冷循环中，制冷剂-吸收剂工质对在发生器中从高温热源吸热，在蒸发器中从低温热源吸热，在吸收器和冷凝器中通过冷却水向外界环境放热。溶液泵只提供二元溶液从吸收器流动到发生器所需的机械能，耗功量较少。对于理想的吸收式制冷循环，忽略溶液泵的耗功量和热损失时，根据热力学第一定律，整个系统从外界的吸热量等于向外界的放热量，其热平衡关系如式(8-1) 所示。

$$Q_e+Q_g=Q_a+Q_c \tag{8-1}$$

式中，Q_e 为蒸发器的制冷量，W；Q_g 为发生器的吸热量，W；Q_a 为吸收器处的放热量，W；Q_c 为冷凝器处的放热量，W。

吸收式制冷循环的性能系数 COP 定义为：

$$\mathrm{COP}=\frac{Q_e}{Q_g} \tag{8-2}$$

COP 表示消耗单位热量所能制取的冷量，是衡量吸收式制冷循环的主要性能指标。在给定条件下，COP 越大表明循环的经济性越好。

如忽略整个过程的不可逆损失，根据热力学第二定律可得：

$$\frac{Q_e}{T_e}+\frac{Q_g}{T_g}=\frac{Q_a}{T_a}+\frac{Q_c}{T_c} \tag{8-3}$$

式中，T_e 为蒸发器中的蒸发温度，K；T_g 为发生器中高温热源的温度，K；T_c 为外界环境温度，K；T_a 为吸收器中的冷却温度，K；忽略不可逆损失时，T_a 等于外界环境温度 T_c。

联立式(8-1) 和式(8-3) 可得理想吸收式循环的性能系数 COP_{max} 为：

$$\mathrm{COP}_{max}=\frac{T_g-T_c}{T_g}\times\frac{T_e}{T_c-T_e}=\eta\varepsilon \tag{8-4}$$

式中，η 为工作在高温热源温度 T_g 和环境温度 T_c 间正卡诺循环的热效率，$\eta=(T_g-T_c)/T_g$；ε 为工作在低温热源温度 T_e 和环境温度 T_c 间逆卡诺循环的制冷系数，$\varepsilon=T_e/(T_c-T_e)$。

由式(8-4) 可以看出，理想吸收式制冷循环可以看作是工作在高温热源温度 T_g 和环境

温度 T_c 间的正卡诺循环与工作在低温热源温度 T_e 和环境温度 T_c 间逆卡诺循环的结合，其 COP_{max} 是吸收式制冷循环在理论上所能达到的最大值，该值只取决于高、低温热源温度和环境温度。在实际吸收式制冷过程中，由于各种不可逆损失，制冷性能系数 COP 会低于相同热源温度下理想吸收式制冷的性能系数 COP_{max}。

8.2.3 溴化锂吸收式制冷

8.2.3.1 水-溴化锂制冷工质对的性质

在溴化锂吸收式制冷中使用的制冷剂-吸收剂工质对为水和溴化锂，其中水作为制冷剂，溴化锂作为吸收剂。溴化锂（分子式为 LiBr）由碱金属元素锂（Li）和卤族元素溴（Br）两种元素组成，分子量为 86.844，密度为 346kg/m^3（25℃时），熔点为 549℃，沸点为 1265℃。溴化锂的一般性质与同样由碱金属元素钠和卤族元素氯化合而成的食盐氯化钠相似，是一种稳定的盐类化合物，在大气中不变质、不挥发、不分解、极易溶解于水，常温下是无色晶体，无毒、无臭、有咸苦味。由溴化锂和水组成的二元溶液的沸点会随着压力和溶液浓度的变化而变化。

常压下水的沸点是 100℃，水作为制冷剂在此条件下是无法达到制冷目的的。由于水的沸点是随着压力的降低而降低的，当绝对压力降到 870Pa 时，水的沸点可降至 5℃。因此，在低压下可以使用水作为制冷剂，使其吸热汽化以达到制冷的目的。溴化锂吸收式制冷就是利用吸收剂溴化锂极易吸收制冷剂水的性质，使水在接近真空的低压环境中蒸发汽化实现制冷的。通过水-溴化锂二元溶液的质量分数变化使制冷剂在密闭系统中不断循环，实现气液相变。

选用水-溴化锂组合作为吸收式制冷的工质对有如下优点：溴化锂这种盐类化合物的沸点很高，远高于水的沸点，因此在工质对的气相中实际上只有水蒸气，不会存在溴化锂蒸气，循环过程中不需要精馏；二元溶液的蒸气压大大偏离拉乌尔定律，且为负偏差，即二元溶液对气态制冷剂水蒸气的吸收能力很强。但由于溴化锂作为盐类化合物对金属机组有腐蚀性，且在水中溶解度有限，会出现结晶现象，因此溴化锂吸收式制冷的工作温度不能过高，其工作温度范围应限于 170℃以下。

8.2.3.2 溴化锂吸收式制冷原理

(1) 单效溴化锂吸收式制冷循环

单效溴化锂吸收式制冷循环是溴化锂吸收式制冷循环的基本形式，主要由发生器、冷凝器、蒸发器和吸收器组成，由制冷剂循环和吸收剂循环两个环路构成，如图 8-2 所示。发生器的作用是不断产生高温高压的制冷剂水蒸气，相当于蒸气压缩式制冷循环中压缩机的压缩行程。冷凝器的作用是使高温高压的气态制冷剂在其中放热冷凝为液态水。蒸发器的作用是使低温低压的液态制冷剂水在其中吸热蒸发为低温低压的水蒸气，产生制冷效应。吸收器的作用相当于蒸气压缩式制冷循环中压缩机的吸汽行程，是将蒸发器中生成的水蒸气不断抽吸出来，使制冷剂在系统中循环并维持蒸发器内的低压。溶液热交换器的作用在于回收热量，提高机组的热效率。从发生器流出的浓溶液温度较高，为了在吸收器中吸收制冷剂水蒸气，必须降低其温度；而由吸收器出来的稀溶液温度较低，为了在发生器中产生制冷剂水蒸气，必须对其加热升温。使浓溶液和稀溶液在溶液热交换器中进行热交换，可以减少吸收器中的冷却负荷和发生器中的加热负荷，使机组的效率得到提高。这种循环形式可采用 0.03～0.15MPa（表压）的饱和蒸汽及 85～150℃的热水作为热源驱动制冷，但制冷性能系数较低，约为 0.65～0.7。

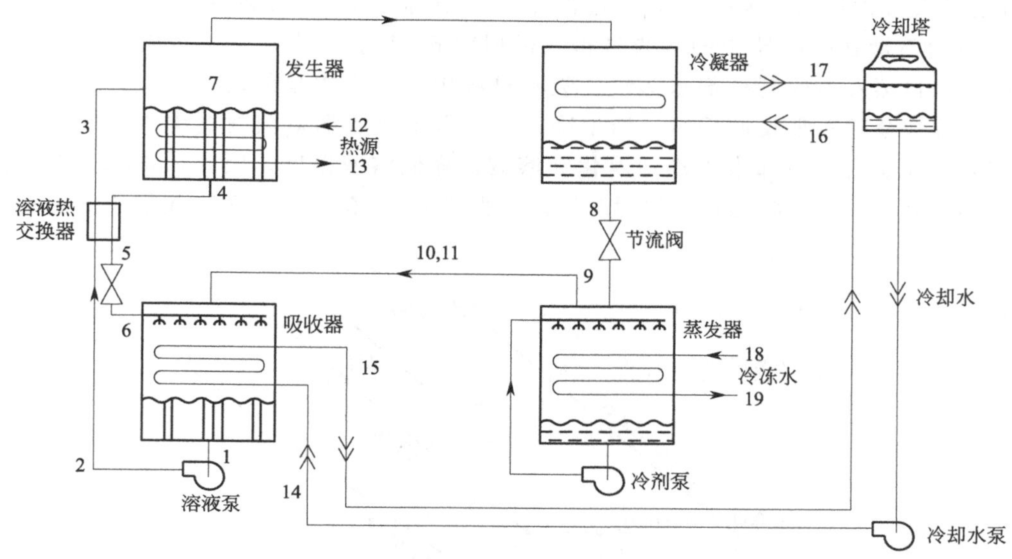

图 8-2 单效溴化锂吸收式制冷循环示意

借助水-溴化锂二元溶液的压力-温度图（p-t 图）和比焓-质量分数图（h-ξ 图），可对溴化锂吸收式制冷机进行设计计算和性能分析。水-溴化锂二元溶液的 p-t 图（如图 8-3）是根据同一质量分数下处于相平衡的溴化锂水溶液的水蒸气分压力随温度变化的关系绘制的。此图上有三个状态参数，即温度、质量分数和水蒸气分压力（即溶液压力），已知其中两个参数后，可以通过 p-t 图确定另一个参数。水-溴化锂二元溶液的 p-t 图可以用来表示溶液在加热或冷却过程中的热力状态变化，但不能用来进行热力计算。一般，采用溶液的 h-ξ 图（如图 8-4）进行溴化锂吸收式制冷循环的热力计算。h-ξ 图纵坐标是比焓，横坐标是相平衡溶液的质量分数；在图的下部绘出了溶液的等压线与等温线；上部绘出了辅助的蒸汽分压力线。比焓-质量分数图不仅可以求得溴化锂水溶液的状态参数，还可以将溴化锂吸收式制冷机组中溶液的热力过程清楚地表示出来。

如图 8-3 和图 8-4 所示，单效溴化锂吸收式制冷的吸收剂循环可分为 4 个工作过程。

① 稀溶液经溶液热交换器的升温过程（过程线 1—2—3）。由吸收器出来的稀溶液（状态点 1）经溶液泵升压（状态点 2）后进入溶液热交换器，在其中被发生器中出来的高温浓溶液加热，温度由 t_2 上升至 t_3，达到溶液的过冷状态（状态点 3），溶液质量分数保持不变，该过程被称为等质量分数加热过程。

② 稀溶液在发生器中的发生过程（过程线 3—7—4）。过程线 3—7 表示稀溶液在发生器中的预热过程。过冷状态的稀溶液（状态点 3）进入压力等于冷凝压力 p_c 的发生器中，由驱动热源将溶液加热到状态点 7 表示的气液相平衡状态，才能产生制冷剂蒸汽。过程线 7—4 表示溶液的发生过程。对状态点 7 的溶液继续加热升温，溶液的水蒸气压力将高于发生器中的冷凝压力 p_c，水蒸气便从溶液中蒸发出来，溶液质量分数随之增大。由于

水蒸气在冷凝器中被冷凝，发生器中压力保持不变，溶液在冷凝压力 p_c 下定压沸腾至状态点 4。

③ 浓溶液经溶液热交换器的冷却过程（过程线 4—5—6）。发生器中出来的浓溶液（状态点 4）在发生器与吸收器间的压差和位压作用下进入溶液热交换器，将热量传给稀溶液，质量分数不变而温度由 t_4 降低至 t_6。过程线 4—6 被称为等质量分数冷却过程。

④ 混合溶液在吸收器中的吸收过程（过程线 6—1）。状态点 6 的浓溶液进入吸收器后，吸收来自蒸发器的制冷剂水蒸气。吸收过程中会产生大量的溶解热，且溴化锂浓溶液的质量分数会随着吸收过程而不断下降。为了保证吸收器对蒸发器中水蒸气的吸收能力，需向吸收器通入冷却水以冷却溴化锂溶液，降低溶液温度。因此，状态点 6 的浓溶液温度和浓度下降成为状态点 1 的稀溶液。过程线 6—1 表示溶液在吸收器中的定压吸收过程。

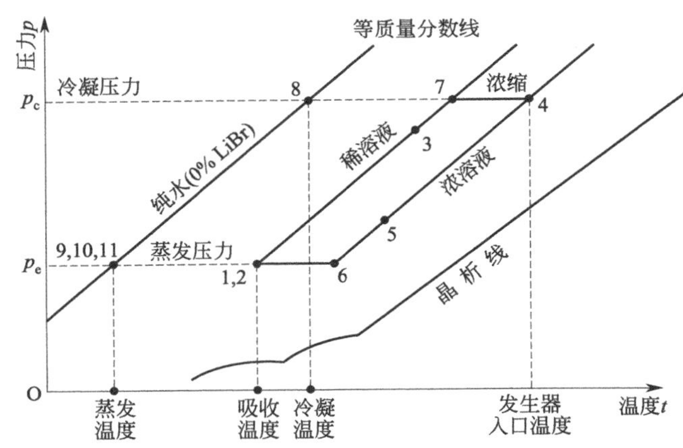

图 8-3 单效溴化锂吸收式制冷循环的 p-t 关系曲线

对于制冷剂循环，可以通过过程线 7—8—9—10/11—1 表示。在发生器内溴化锂稀溶液被外加热源加热升温，其水蒸气分压力随着温度的升高而增大，当超过发生器中的水蒸气压力时，水蒸气便会从稀溶液中蒸发出来，实现制冷剂（水）由高温液态向高温气态的相变过程。过程线 7—8 表示制冷剂水蒸气的冷凝过程。发生器中产生的高温气态制冷剂（水蒸气）不断流入冷凝器，在其中经冷却水冷却，变为高压低温的液态水（状态点 8），实现制冷剂由高温气态向低温液态的相变过程。过程线 8—9 表示制冷剂水的节流过程。高压低温的液态水流经节流阀降压变为低压低温液态制冷剂（状态点 9），实现液态制冷剂的降压降温。过程线 10/11—1 表示制冷剂水的蒸发-吸收过程。低压低温液态制冷剂流入蒸发器蒸发，实现制冷剂由低温液态向低温气态的相变过程，同时达到制冷目的。由于吸收器中的溴化锂浓溶液常温下的水蒸气分压力低于蒸发器中低温水的蒸汽压力，因此蒸发器中产生的气态制冷剂（状态点 10）以及少量液态制冷剂（状态点 11）会被吸收器中的溴化锂浓溶液吸收。

图 8-4 所示的 h-ξ 图中，与发生器中溶液起始状态点 7 和终止状态点 4 对应的制冷剂蒸汽状态点分别为 7′和 4′。通常用制冷剂蒸汽于状态点 7′和 4′的平均温度 t_8' 作为由发生器产生的制冷剂蒸汽的温度。t_8' 对应的状态点 8′就表示由发生器产生的气态制冷剂状态点。

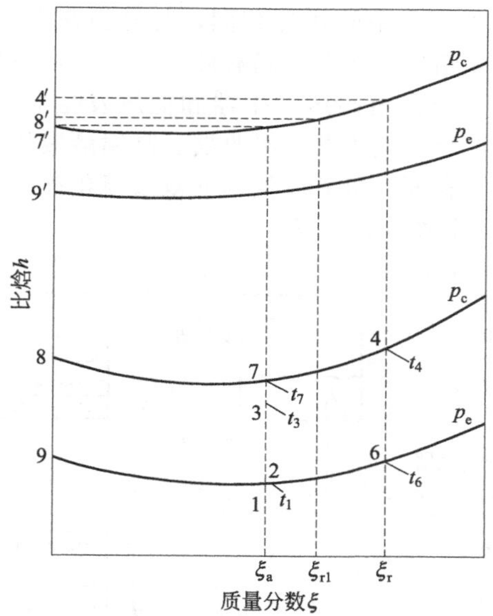

图 8-4　单效溴化锂吸收式制冷循环的 h-ξ 关系曲线

根据质量和能量守恒关系，可列出吸收式制冷系统各部件的质量平衡和能量平衡方程，具体如表 8-1 所示。$\dot{m}$ 为质量流量，h 为比焓值，ξ 为质量分数。根据吸收式制冷循环 COP 定义式(8-2)，制冷系数 COP 可表示为：

$$\mathrm{COP}=\frac{Q_e}{Q_g}=\frac{\dot{m}_{10}h_{10}+\dot{m}_{11}h_{11}-\dot{m}_9h_9}{\dot{m}_4h_4+\dot{m}_7h_7-\dot{m}_3h_3}=\frac{\dot{m}_{18}(h_{18}-h_{19})}{\dot{m}_{12}(h_{12}-h_{13})} \tag{8-5}$$

表 8-1　吸收式制冷系统各部件的质量平衡和能量平衡方程

系统部件	质量平衡方程	能量平衡方程
溶液泵	$\dot{m}_1=\dot{m}_2$，$\xi_1=\xi_2$	$w=\dot{m}_2h_2-\dot{m}_1h_1$
溶液热交换器	$\dot{m}_2=\dot{m}_3$，$\xi_2=\xi_3$ $\dot{m}_4=\dot{m}_5$，$\xi_4=\xi_5$	$\dot{m}_2h_2+\dot{m}_4h_4=\dot{m}_3h_3+\dot{m}_5h_5$
溶液节流阀	$\dot{m}_5=\dot{m}_6$，$\xi_5=\xi_6$	$h_5=h_6$
吸收器	$\dot{m}_1=\dot{m}_6+\dot{m}_{10}+\dot{m}_{11}$， $\dot{m}_1\xi_1=\dot{m}_6\xi_6+\dot{m}_{10}\xi_{10}+\dot{m}_{11}\xi_{11}$	$Q_a=\dot{m}_6h_6+\dot{m}_{10}h_{10}+\dot{m}_{11}h_{11}-\dot{m}_1h_1$
发生器	$\dot{m}_3=\dot{m}_4+\dot{m}_7$， $\dot{m}_3\xi_3=\dot{m}_4\xi_4+\dot{m}_7\xi_7$	$Q_g=\dot{m}_4h_4+\dot{m}_7h_7-\dot{m}_3h_3$
冷凝器	$\dot{m}_7=\dot{m}_8$，$\xi_7=\xi_8$	$Q_c=\dot{m}_7h_7-\dot{m}_8h_8$
制冷剂节流阀	$\dot{m}_8=\dot{m}_9$，$\xi_8=\xi_9$	$h_8=h_9$
蒸发器	$\dot{m}_9=\dot{m}_{10}+\dot{m}_{11}$，$\xi_9=\xi_{10}$	$Q_e=\dot{m}_{10}h_{10}+\dot{m}_{11}h_{11}-\dot{m}_9h_9$

(2) 多效溴化锂吸收式制冷循环

为了防止浓溶液在发生器中因质量分数过高而出现结晶，单效溴化锂吸收式制冷循环发生器中溶液允许达到的温度应限制在 110℃以下，其 COP 值一般低于 0.75。为了减少加热功率和提高 COP 值，在单效溴化锂吸收式制冷循环的基础上开发出了双效溴化锂吸收式制冷循环。

双效溴化锂吸收式制冷循环需要设置高/低压发生器、高/低温溶液热交换器、吸收器、蒸发器和冷凝器。根据稀溶液进入高、低压发生器的方式不同，存在串联流程和并联流程两种基本循环流程。从吸收器中流出的稀溶液先后进入高、低压发生器的为串联流程；稀溶液流出吸收器后分为两路分别进入高、低压发生器的为并联流程。

双效溴化锂吸收式制冷循环与单效循环相同，都是由热源回路、溶液回路、制冷剂回路、冷却水回路和冷冻水回路组成。热源回路有两个，一个是由高压发生器和驱动热源等构成的驱动热源加热回路，另一个是由高压发生器和低压发生器等构成的制冷剂蒸汽加热回路。溶液回路由高压发生器、低压发生器、吸收器、高温溶液热交换器和低温溶液热交换器等构成。其他回路与单效循环相同。以并联流程的双效溴化锂吸收式制冷循环为例，其工作原理及 p-t 循环图参见图 8-5 与图 8-6。

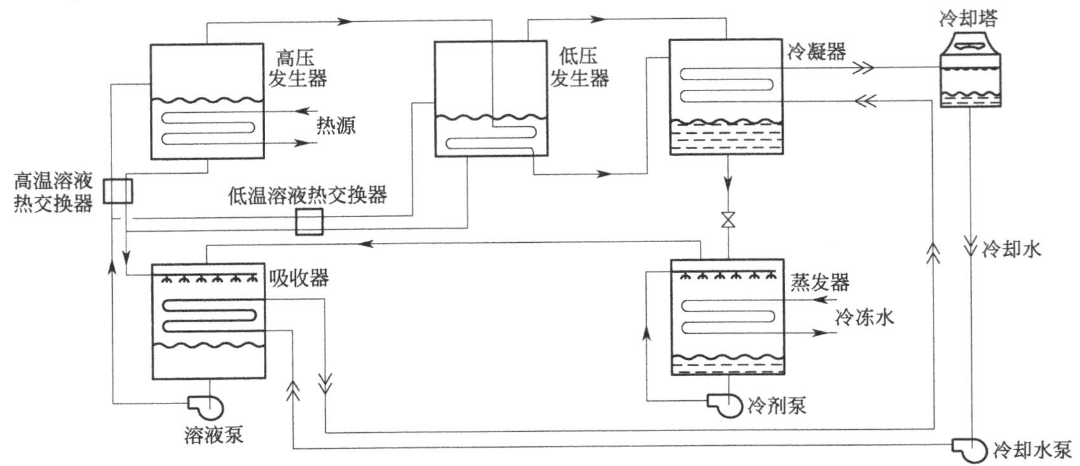

图 8-5　并联流程双效溴化锂吸收式制冷循环示意

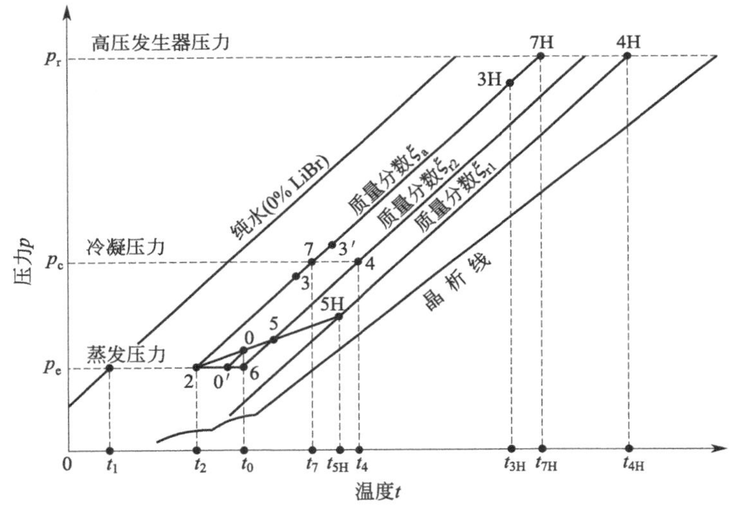

图 8-6　并联流程双效溴化锂吸收式制冷循环的 p-t 关系曲线

在高压发生器中，稀溶液被驱动热源加热在较高的发生压力 p_r 下产生制冷剂蒸气，此蒸汽具有较高的饱和温度，因此又被通入低压发生器作为热源加热低压发生器中的溶液，使之在冷凝压力 p_c 下产生制冷剂蒸汽。此时低压发生器即相当于高压发生器在压力 p_r 下的冷凝器。由于驱动热源的能量在高压发生器和低压发生器中得到了两次利用，所以被称作是双效循环。与单效循环相比，双效循环产生同等制冷量所需的驱动热源加热量少，热效率高。对于并联流程的双效循环，其溶液回路按并联方式流动循环。自高压发生器和低压发生器流出的浓溶液分别进入高温溶液热交换器和低温溶液热交换器，在其中加热进入高压发生器和低压发生器的稀溶液，温度降低后流至吸收器吸收来自蒸发器的制冷剂蒸汽。在冷却水不断带走吸收热的条件下，中间质量分数的溶液吸收水蒸气后变为稀溶液。经溶液泵升压后，稀溶液按并联流程分为两路：一路经高温溶液热交换器送往高压发生器；另一路经低温溶液热交换器送往低压发生器。

在制冷剂回路中，高压发生器中产生的气态制冷剂水蒸气在低压发生器中作为热源加热溶液后，凝结成液态制冷剂水，经节流降压后进入冷凝器，与低压发生器中产生的气态制冷剂水蒸气一起被冷凝器冷凝降温。由此可见，与单效循环相比，双效吸收式循环减少了冷凝器的冷却负荷，冷却塔容量可减小。从冷凝器中出来的液态制冷剂经节流后流至蒸发器，在蒸发压力 p_e 下蒸发，达到制冷目的。蒸发器中汽化产生的气态制冷剂在压差作用下流入吸收器被吸收至溶液中，完成双效溴化锂吸收式制冷的制冷剂循环。

通过双效溴化锂吸收式制冷循环在 p-t 图上的表示可以看出，整个工作循环由等质量分数线 ξ_a、ξ_{r1}、ξ_{r2} 与等压线 p_r、p_c、p_e 组成。与单效吸收式循环不同，双效循环在高压发生器压力 p_r、冷凝压力 p_c 和蒸发压力 p_e 三个压力下工作，p_r、p_c 和 p_e 三个压力的比值大致为 100∶10∶1。除稀溶液质量分数 ξ_a 外，高、低压发生器的浓溶液质量分数也是不同的，分别为 ξ_{r1} 和 ξ_{r2}。

为了保证吸收器中的传热管簇能够完全被喷淋装置覆盖，通常将来自发生器的浓溶液与吸收器中一部分稀溶液混合后再喷淋到吸收器管簇上。位于状态点 2 与状态点 5 连线上的状态点 0 表示了状态点 2 的稀溶液与状态点 5 的浓溶液混合所得的中间质量分数溶液状态，其具体位置与参与混合的稀溶液和浓溶液的溶液量有关，若采用浓溶液直接喷淋则无此过程和状态点。混合溶液在吸收器中的吸收过程见过程线 0—0′—2。状态点 0 的混合溶液进入吸收器后由于压力突然降低至 p_e，便有一部分水蒸气闪发出来使水溶液温度下降，质量分数略有提高，达到状态点 0′。过程线 0—0′表示溶液在吸收器中的闪发过程。状态点 0′的溶液吸收来自蒸发器的制冷剂水蒸气，同时被冷却水冷却，其温度和浓度不断下降成为状态点 2 的稀溶液。过程线 0′—2 表示溶液在吸收器中的定压吸收过程。

此外，还有三效溴化锂吸收式制冷循环，循环中需要设置三个发生器，其工作原理与双效溴化锂吸收式制冷循环基本相似。

溴化锂吸收式机组的 COP 值与热源温度、冷源温度和环境温度有关，当单效、双效和三效溴化锂吸收式制冷机具有相同的结构尺寸及相同的运行条件（冷却水进口温度 30℃，冷冻水出口温度 7℃）时，三者的 COP 值与热源温度的大致函数关系如图 8-7 所示。可以看

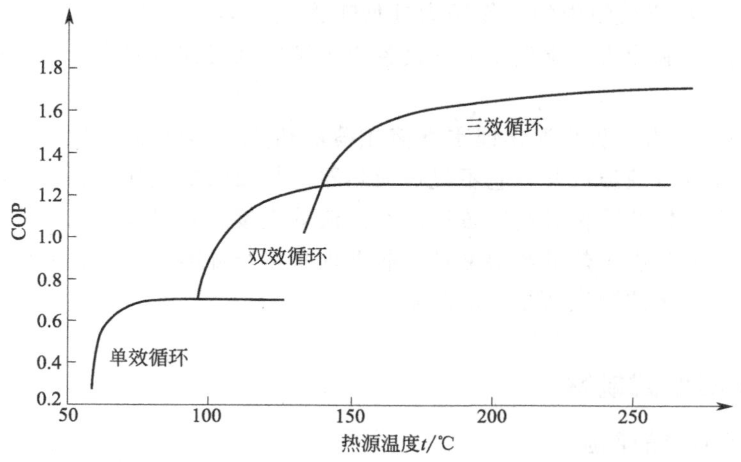

图 8-7 不同溴化锂吸收式制冷机 COP 值与热源温度的函数关系

出，各溴化锂吸收式制冷机都有一个所需热源温度的下限值，若热源温度低于此下限值，机组的 COP 就会急剧下降，甚至停止运行。正常运行时，单效溴化锂吸收式制冷机的热源最低温度为 85℃、COP 为 0.7 左右；双效机组的热源最低温度为 130℃、COP 达 1.2 左右；三效机组的热源最低温度为 220℃、COP 可达 1.7 左右。

8.2.3.3 溴化锂吸收式制冷的主要特点

溴化锂吸收式制冷系统具有如下优点。

① 对热源温度的要求比较低，一般在 90～100℃，可利用低品位的可再生热能、余热等；

② 整个机组除功率较小的溶液泵外，无其他运动部件，振动和噪声小；

③ 所用的制冷剂满足环保要求；

④ 整个系统在真空状态下运行，无毒、无臭、无高压爆炸危险，安全可靠；

⑤ 有优良的调节性能，制冷量调节范围广，可在 20%～100%的负荷范围内进行冷量的无级调节；

⑥ 对外界条件变化的适应性强，热媒水进口温度、冷冻水出口温度和冷却水温度稍有波动也能稳定运转。

同时该系统也存在以下一些不可忽视的缺点。

① 溴化锂作为盐类化合物，其水溶液对普通碳钢有较强的腐蚀性，对机组的性能和正常运行有一定的影响；

② 气密性要求高，即使漏进微量的空气也会影响机组的性能，对机组的制造工艺要求较严格；

③ 溴化锂水溶液在浓度过高或温度过低时容易结晶。溴化锂水溶液的结晶现象一般首先发生在溶液热交换器的浓溶液通路中，因为那里的溶液浓度最高且温度较低。发生结晶后，浓溶液通路被阻塞，引起吸收器的液位下降，发生器的液位上升，直至制冷机停止运行。

针对以上溴化锂吸收式制冷方式的缺点，必须采取以下必要的措施。

① 防腐蚀措施。为了减轻溴化锂水溶液对机组的腐蚀，除保证机组的气密性外，还可在溴化锂水溶液中加入缓蚀剂。

② 抽气措施。由于机组内的工作压力远低于大气压力，尽管设备密封性好，仍难免有少量空气渗入，所以制冷机必须设置抽气设备用于排出聚集在机组内的不凝性气体，保证制冷机正常运行。

③ 防结晶措施。为了防止溴化锂水溶液在溶液热交换器的浓溶液通路中发生结晶，一般可在发生器中设浓溶液溢流管，它不经过换热器而与吸收器直接相通。当浓溶液通路因结晶而被阻塞时，发生器的液位升高，浓溶液经溢流管直接进入吸收器。这样不但可以保证制冷机有效地工作，而且由于热的浓溶液在吸收器内直接与稀溶液混合，其温度较高，在通过溶液热交换器时有助于浓溶液侧结晶的溶解。

8.2.4 氨-水吸收式制冷

(1) 氨-水工质对的性质

氨-水吸收式制冷系统是以氨作为制冷剂、水作为吸收剂。氨（分子式为 NH_3）由氮原子（N）和氢原子（H）化合而成，分子量为17；常温常压下氨为无色、有刺激性气味的气体，极易溶于水，沸点为－33.4℃，凝固点为－78℃，在260℃以上会分解。氨黏性小，汽化潜热大，单位容积制冷能力较大，蒸发压力和冷凝压力适中，是很好的制冷剂。由于氨可燃、可爆、有毒、对铜及铜合金有腐蚀性，所以其使用特性较差。氨蒸气在空气中的浓度达0.5%～0.6%时，人在其中停留半小时即可中毒，浓度达11%～14%时即可点燃，因此工作区内氨气的浓度应控制在$20mg/m^3$以下。

在相同压力下，制冷剂氨和吸收剂水的沸点较接近，标准大气压下氨与水的沸点仅相差133.4℃。因此，在发生器中蒸发出来的气态制冷剂氨蒸气中会带有较多的吸收剂水蒸气组分，水蒸气的含量为5%～10%。为了提高氨蒸气的浓度至99.5%以上，氨-水吸收式制冷系统中必须采用分凝和精馏设备，以提高整个制冷系统的经济性。由于氨水的结晶曲线远离氨-水吸收式制冷循环的工作温度，因此循环中不需要防结晶措施。

氨-水吸收式制冷系统可以制取供冷却工艺或舒适性空调过程使用的冷冻水，也可以制取低达－60℃的冷源供深度冷冻工艺使用。当氨的蒸发温度大于－34℃时，机组的运行压力将处于大气压力之上，系统保持正压运行；当冷凝温度高达30℃时，冷凝压力仍可保持在1.5×10^6Pa以下。因此，整个循环压力适中，氨-水吸收式制冷机组运行较可靠。

（2）氨-水吸收式制冷原理

氨-水吸收式制冷的工作原理与溴化锂吸收式制冷基本相同，都是使用外部热源驱动并利用二元溶液的特性来实现制冷循环的。单级氨-水吸收式制冷循环的流程如图8-8所示，主要由发生器、吸收器、蒸发器、冷凝器、溶液热交换器、精馏器、回热器、节流阀和溶液泵组成。

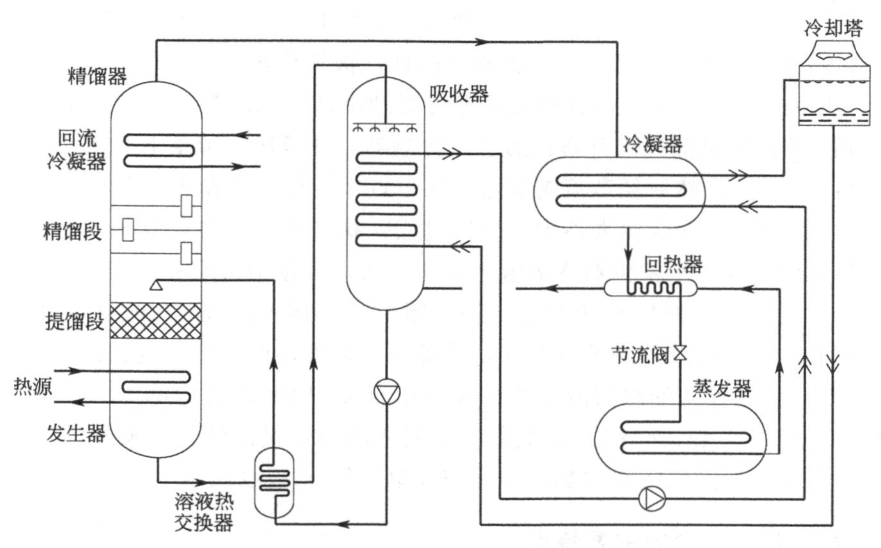

图8-8 单级氨-水吸收式制冷循环流程

如图8-8，在发生器内浓的氨水溶液被外部热源加热后，溶液中的氨不断汽化蒸发为氨蒸气而从溶液中脱离出来，二元溶液的氨浓度降低而成为稀溶液，进入吸收器。氨蒸气进入冷凝器后被冷凝成液态制冷剂氨液，再进入回热器被来自蒸发器的氨蒸气冷却；经节流阀减压后进入蒸发器，低温低压的液态氨在蒸发器中蒸发汽化达到制冷效果。蒸发器中形成的氨蒸气经回热器与来自冷凝器的液态氨发生热交换，被加热后进入吸收器。吸收器中的稀溶液吸收氨蒸气后，形成浓溶液，再由溶液泵升压后经由溶液热交换器进入精馏塔。浓氨溶液在精馏塔的提馏段中与发生器中产生的含水氨蒸气接触，进行热质交换使氨蒸气中氨含量增加，纯度不断提高，可达 99.8%以上。同时溶液中氨含量减小，从精馏塔流出的氨溶液流入发生器。上述过程不断重复，使循环持续进行。

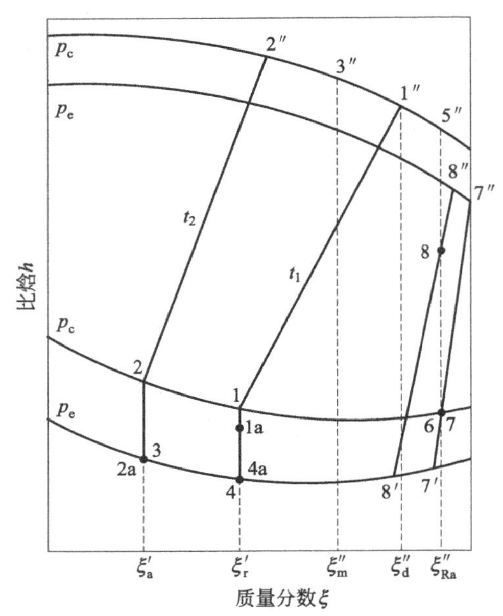

图 8-9　单级氨-水吸收式制冷循环的 h-ξ 关系曲线

图 8-9 所示为单级氨-水吸收式制冷循环过程的比焓-质量分数图（h-ξ 图）。假定进入精馏塔内的状态点为 1a、浓度为 ξ'_r 的浓溶液处于过冷状态，经过提馏段到发生器，与发生器中产生的上升氨蒸气进行热质交换，使溶液达到饱和状态点 1。随后在发生器内被加热，氨溶液在等压下不断蒸发，浓度逐渐变稀，温度升高，直到离开精馏塔底部时达到状态点 2，浓度为 ξ'_a、温度为 t_2。开始发生的蒸气状态和发生终了时的蒸气状态分别用 $1''$和 $2''$表示，它们分别与浓度为 ξ'_r 和 ξ'_a 的沸腾状态的溶液相平衡。因此，离开发生器的蒸气状态应处于 $1''$和 $2''$之间，假定为状态点 $3''$，浓度为 ξ''_m。经过提馏段，由于和进入的浓溶液进行热质交换，出提馏段的蒸气浓度应与精馏塔入口处浓溶液 ξ'_r 的平衡蒸气 $1''$相对应，即氨蒸气的浓度由 ξ''_m 提高到 ξ''_d，到达状态点 $1''$。再经过精馏段和回流冷凝器，与回流冷凝器流下的回流液进行热质交换，进一步提高氨蒸气的浓度至 ξ''_{Ra}，用点 $5''$表示。回流液在回流时浓度逐渐降低，在出精馏塔时浓度达到 ξ'_r。

浓度为 ξ''_{Ra} 的饱和氨蒸气离开塔顶后进入冷凝器，在等压等浓度下冷凝成饱和液体，由状态点 5 达到状态点 6，然后经节流阀节流至状态点 7（该过程焓值和质量分数不变，故 6、7 两点重合）。过程线 7—8 为蒸发器中的蒸发过程，状态点 8 通常为湿蒸气状态，以利于限制蒸发温度的波动范围。从发生器稀溶液（状态点 2）经过溶液交换器被冷却到 p_c 压力下的过冷状态 2a，然后节流减压至状态点 3 进入吸收器（同上，2a、3 两点重合）。状态点 3 下的饱和稀溶液吸收从蒸发器来的氨蒸气，沿等压线浓度逐渐增加，吸收终了的点为状态点 4，浓度达到 ξ'_r。状态点 4 的浓溶液经溶液泵升压至 p_c 后到达状态点 4a（升压过程其焓值和质量分数均不变，点 4a、4 重合），此状态点的浓溶液经过溶液热交换器后温度升高至 1a 进入发生器，再被工作蒸气重新加热，如此完成单级氨-水吸收式制冷循环过程。

(3) 氨-水吸收式制冷的主要特点

与溴化锂吸收式制冷循环相比，氨-水吸收式制冷循环的优点包括：工作压力适中，不存在二元溶液结晶现象，无需防结晶措施；氨较易得到，且单位容积的制冷量较大。同时它也存在着一些缺点，表现在以下几个方面。

① 由于制冷剂氨和吸收剂水的沸点相差较小（大气压下为 133.4℃），从发生器处得到的气态制冷剂往往是含有 5%～10%水蒸气的氨水气态混合物，因此需设精馏装置以提高气态制冷剂中氨的浓度，这增加了整个系统结构的复杂性；

② 循环的性能系数 COP 较低，约为 0.15；

③ 氨气有毒，有刺激性气味，整个氨-水吸收式制冷系统内处于正压运行状态，氨向外界泄漏的风险大；

④ 氨水溶液呈弱碱性，对有色金属有腐蚀作用，系统中不允许采用铜及铜合金材料。

8.2.5 太阳能吸收式制冷系统

图 8-10 所示的太阳能吸收式制冷系统主要由太阳能集热器、吸收式制冷机、辅助加热器、水箱和自动控制系统等组成。太阳能吸收式制冷系统包括太阳能集热系统和吸收式制冷系统。利用太阳能集热器将水加热，为吸收式制冷机的发生器提供其所需要的热媒水，从而保证吸收式制冷机正常运行，实现制冷过程。常用的太阳能集热器有平板型集热器、真空管集热器和聚光型集热器。

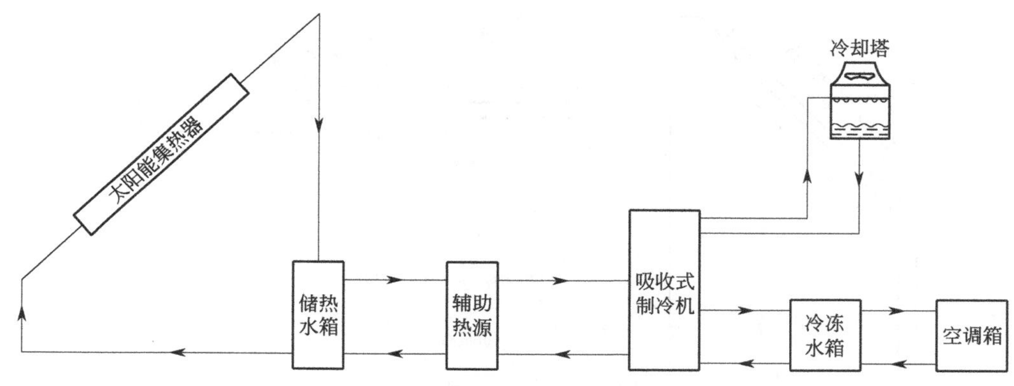

图 8-10 太阳能吸收式制冷系统示意图

太阳能吸收式制冷系统具有夏季供冷、冬季供暖以及全年提供生活热水的功能。夏季时，太阳能集热器加热的热水进入储热水箱，温度达到一定值时，从储热水箱向吸收式制冷机提供热媒水；在吸收式制冷机发生器中换热后，温度降低，回到储热水箱，再经太阳能集热器加热升温；吸收式制冷机产生的冷冻水通入空调箱（或风机盘管），实现空调房间降温的目的。当太阳能集热器提供的热能不足以驱动吸收式制冷机时，可以由辅助热源提供热量。研究结果已证明，热媒水的温度越高，制冷系统的性能系数 COP 值越大，但太阳能集热器的效率越低。因此，该系统存在一个最佳匹配的太阳能集热温度。冬季时，太阳能集热器加热的热水同样进入储热水箱，温度达到一定值时，热水从储热水箱直接通入空调箱（或风机盘管）实现采暖。当太阳能集热器提供的热能无法满足室内采暖负荷要求时，可由辅助热源提供热量。将被太阳能集热器加热的热水直接通向生活热水储热水箱的热交换器，将储热水箱中的水加热，可以全年提供所需的生活热水。

8.3 太阳能吸附式制冷

太阳能吸附式制冷技术的实质性开发起始于 20 世纪 70 年代。吸附式制冷系统是利用物质的物态变化来实现制冷的，利用合适的吸附剂和制冷剂工质对经吸附和解附过程，使制冷剂在冷凝器中冷凝成液态后在蒸发器中蒸发，实现制冷目的。与蒸气压缩式制冷相比，吸附式制冷具有结构简单、初投资及运行费用少、使用寿命长、无噪声、无环境污染、能有效利用低品位热源等优点；与吸收式制冷方式相比，吸附式制冷不存在制冷工质腐蚀系统部件及结晶等问题，无需溶液泵或精馏装置，整个系统运行安全可靠。但它的循环周期较长，制冷功率相对较小，制冷性能系数也较低，因此发展较为缓慢。

8.3.1 太阳能吸附式制冷原理

太阳能吸附式制冷系统是将太阳能集热系统与吸附式制冷系统结合起来，主要由太阳能吸附集热器、冷凝器、储液器、蒸发器和阀门等组成，其基本的循环流程如图 8-11 所示。

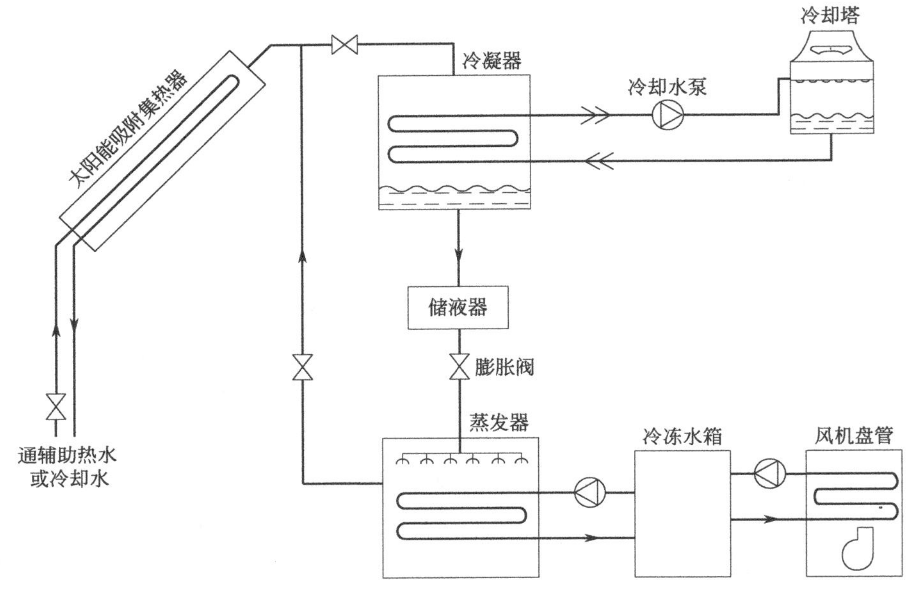

图 8-11 太阳能吸附式制冷循环流程图

当白天太阳能充足时，太阳能吸附集热器吸收太阳辐射能后，吸附床温度升高，使吸附的制冷剂在集热器中解附，太阳能吸附器内压力升高。解附出来的气态制冷剂进入冷凝器，被冷却介质冷却为液态制冷剂后流入储液器。当夜间或太阳辐照度不足时，由于环境温度的降低，太阳能吸附集热器自然冷却降温，吸附床温度下降后吸附剂开始吸附制冷剂，使制冷剂在蒸发器内蒸发从而达到制冷效果。其冷量一部分以冷媒水的形式贮存在冷冻水箱，再输向空调房间；另一部分以低温液体的形式贮存在蒸发储液器中，可在需要时进行冷量调节。由于吸附剂解附和吸附过程缓慢，导致吸附式制冷循环的循环周期较长。循环周期长会限制系统对驱动热源太阳能的使用率，同时也限制系统单位时间的制冷量。对于单个吸附器的吸附式制冷系统，由于吸附剂受热解附时蒸发器是不工作的，会使制冷过程中存在间断。

吸附剂-制冷剂工质对的选择是吸附式制冷中最重要的因素之一，一般要求选用的吸附剂在工作温度范围内吸附性强、吸附速度快、传热效果好，制冷剂在要求蒸发温度下的汽化潜热大。目前，常用的吸附工质对有活性炭-甲醇、活性炭-氨、氯化钙-氨、硅胶-水、氯化锶-氨、分子筛-水等。不同的吸附工质对有不同的性能和应用，如表 8-2 所示。

表 8-2 常用吸附工质对的性能

吸附工质对	主要性能和特点	吸附工质对	主要性能和特点
活性炭-甲醇	较适用于太阳能吸附式制冰	硅胶-水	解附温度低，较适用于太阳能吸附式空调
活性炭-氨	系统工作在正压工况下制冰	氯化锶-氨	吸附式制冰性能优良，但材料昂贵
氯化钙-氨	适用于吸附式制冰	分子筛-水	需要较高的解附温度

吸附式制冷的循环类型有基本型、连续型、回质型、回热型、回质回热型等，表 8-3 列出了不同吸附制冷循环方式及其主要性能特点。

表 8-3 不同吸附制冷循环方式及其主要性能特点

制冷循环方式	主要性能和特点
基本吸附制冷循环	间歇制冷，白天太阳能加热解附，夜间或太阳能间歇时，由自然冷却吸附
连续制冷循环	连续制冷，采用两个或多个吸附器交替运行
回质制冷循环	连续制冷，采用回质过程提高制冷系统的 COP
回热制冷循环	连续制冷，采用回热过程提高制冷系统的 COP
回质回热制冷循环	连续制冷，采用回质回热过程提高制冷系统的 COP，驱动热源温度为 60～85℃

8.3.2 基本型吸附式制冷循环

基本型太阳能吸附式制冷系统及其在 p-t 图上的热力循环分别如图 8-11 和图 8-12 所示。基本型吸附式制冷系统工作过程如下。

① 早上阀门关闭，吸附床处于环境温度，在太阳辐射加热下有少量工质解附出来，吸附率近似为常数，而吸附床内压力不断升高，直至制冷工质达到冷凝温度下的饱和压力，此时吸附床温度为 T_{g1}、吸附率为 X_{conc}。

② 打开阀门，气态制冷工质在定压条件不断解吸，并在冷凝器中冷凝为液态制冷工质后进入蒸发器，同时吸附床温度升高到最大值 T_{g2}，吸附床吸附率降至 X_{dil}。

③ 傍晚阀门关闭，吸附床被冷却，内部压力降至相当于蒸发温度下工质的饱和压力，吸附床的过程最终温度为 T_{a1}。

④ 打开膨胀阀门，蒸发器中的液态制冷剂因压力骤减而蒸发，实现制冷效果，同时蒸发出来的气态制冷剂被吸附床吸附。吸附过程中放出的大量热量由冷却水或外界空气带走，吸附床的最终温度为 T_{a2}。上述制冷过程持续进行，并回到工作状态①。

如图 8-12，基本型吸附式制冷循环中涉及以下热力过程。

① 吸附床等容升压过程（过程线 1—2）：吸收热量 Q_h，包括吸附剂显热和制冷剂显热。

② 解吸过程（过程线 2—3）：吸收热量 Q_g，包括吸附剂显热、制冷剂显热和解吸所需的热量。

③ 吸附床冷却过程（过程线 3—4）：需带走热量 Q_c，包括吸附剂显热、留在吸附床内的制冷剂显热。

④ 吸附过程（过程线 4—1）：释放热量 Q_{ad}，包括整个吸附床的显热和吸附热。

⑤ 气态制冷剂冷凝过程（过程线 2—5）：释放热量 Q_{cond}，包括气态制冷剂冷凝过程中的显热和汽化潜热。

⑥ 液态制冷剂节流过程（过程线 5—6）：损失冷量 Q_{th}，制冷剂从冷凝温度 T_c 降到蒸发温度 T_e 放出的显热。

⑦ 气态制冷剂升温过程（过程线 6—1）：吸收热量 Q_{eva}，为气态制冷剂由 T_e 升温至 T_{a2} 时吸收的显热。

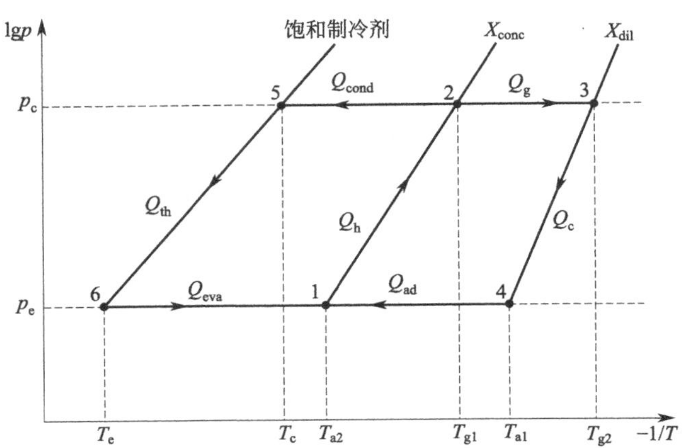

图 8-12 基本型吸附式制冷循环热力图

整个系统的制冷量 Q_{ref} 可由吸附剂质量、吸附率的变化量（$\Delta X = X_{conc} - X_{dil}$）及制冷剂汽化潜热的乘积计算得到。它扣去因节流损失的冷量 Q_{th}，即可得到系统实际输出的制冷量。由于实际过程中 Q_{th} 较小，可以忽略不计。因此，整个太阳能吸附式制冷循环的 COP 可表示为：

$$\mathrm{COP}=\frac{Q_{ref}-Q_{th}}{Q_h+Q_g}\approx\frac{Q_{ref}}{Q_h+Q_g} \tag{8-6}$$

8.3.3 连续回热型吸附式制冷循环

基本型吸附式制冷循环过程不连续，且未能充分利用吸附床的冷却及吸附放热，导致整个制冷循环的循环效率较低。因此，人们又研究出了连续回热型吸附式制冷循环。连续回热型吸附式制冷循环系统多采用活性炭-甲醇吸附工质对，主要部件包括 2 个吸附器、1 个冷凝器和 1 个蒸发器，加热/冷却过程相对独立，加热/冷却的切换间隔是两个吸附器的回热过程。该循环的制冷过程可以连续进行，其制冷循环原理及热力循环流程详见图 8-13。

假定系统首先加热吸附床 A，并冷却吸附床 B。当吸附床 A 充分解附、吸附床 B 吸附饱和后，再冷却吸附床 A，加热吸附床 B。吸附床 A、B 交替运行组成了一个完整的连续制冷循环。同时，为了提高能量利用率，在两过程切换中利用高温吸附床冷却时放出的显热和吸附热来加热另一个吸附床进行回热，这样可减少系统的能量输入，提高 COP。

在理想的回热状态下，回热相当于将一个处于最高解附温度的吸附床与另一个处于冷却温度的吸附床通过流体换热，达到热平衡时吸附床的温度即为理想回热温度。连续回热型循环虽然在一定程度上回收了吸附床冷却过程中放出的有用热量，但吸附床的冷却过程依然会使整个循环损失不少有效热量。

对于太阳能连续吸附式制冷循环，采用太阳能集热器作为加热吸附床的热源，并采用冷

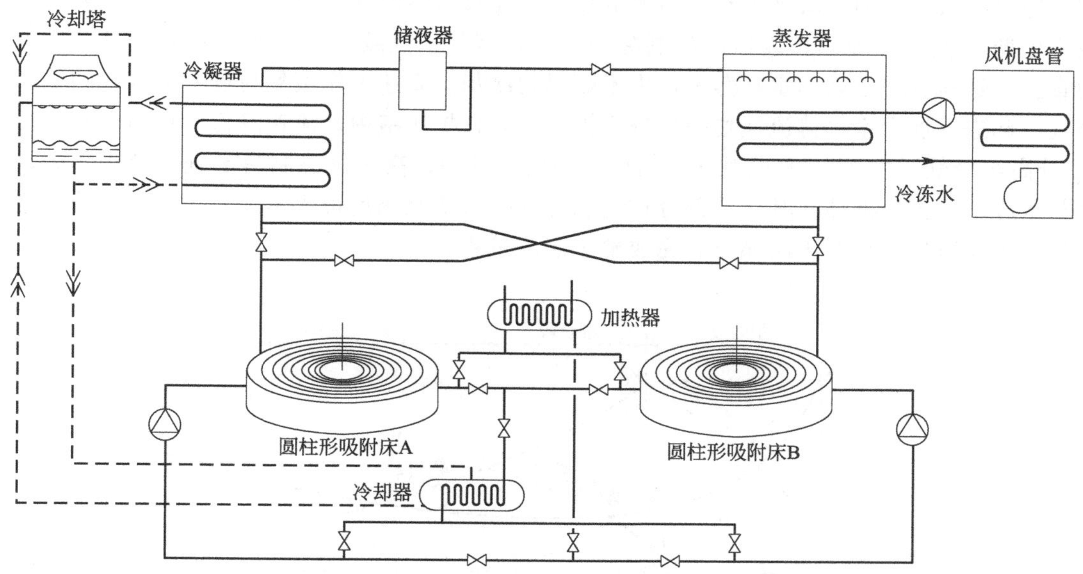

图 8-13 连续回热型吸附式制冷循环流程图

水作为冷却吸附床的冷源，两者交替运行。采用适于管内流动的螺旋管换热器作为吸附床换热器，圆柱形吸附床与换热器为一体（如图 8-13）。圆柱形吸附床圆柱内填充吸附剂及制冷剂，圆柱外侧由换热管螺旋盘绕。作为加热媒介或冷却媒介的水在管内强制流动，经管壁以导热形式向圆柱内吸附剂或吸附剂及制冷剂传入或传出热量。

8.4 太阳能蒸气喷射式制冷

蒸气喷射式制冷是使蒸气由喷射器的喷管喷出，以在其周围形成低压，使蒸发器内的液态制冷剂蒸发而实现制冷。与吸收式循环不同，蒸气喷射式制冷循环使用的制冷剂为单工质。理论上可应用一般的制冷剂（如氨、氟利昂等）作为工质，但目前只有以水为工质的蒸气喷射式制冷机得到实际应用。蒸气喷射式制冷系统的主要优点如下。

① 喷射器没有运动部件、结构简单、运行可靠。

② 发生器最低要求温度为 60℃，可充分利用可再生能源和余热等低品位热源。

③ 可以利用水等环境友好型工质作为制冷剂，满足环保要求。

④ 喷射器结构简单，可与其他系统构成结构简单而效率较高的混合系统。

8.4.1 蒸气喷射式制冷原理

蒸气喷射式制冷机主要由蒸气喷射器、蒸发器、冷凝器、泵等几部分组成。其中，蒸气喷射器又由喷管、吸入室、混合室和扩压室四部分组成，吸入室与蒸发器相连，扩压室出口与冷凝器相通。蒸气喷射器构造及蒸气沿其轴线方向流动过程中压力、速度变化关系如图 8-14 所示。当蒸气喷射式制冷机工作时，具有较高压力 p_1 的工作蒸气通过渐缩渐扩喷管进行绝热膨胀，在喷管口处得到很高的流速，并在吸入室内降到很低的压力，因而在蒸发器内产生低压 p_e。于是，蒸发器内的制冷剂蒸发，蒸气被连续抽走，使蒸发器始终保持一定的真空，这样就使空调回水在蒸发器中不断得到冷却。高速工作蒸气与进入吸入室的低压冷蒸气一起进入混合室，待流速均一后进入扩压室。在扩压室内，流速降低，压力从蒸发压力 p_e 升高至冷凝压力 p_c，实现对气态制冷剂的压缩过程。高压气态制冷剂进入冷凝器后，由冷却水冷凝为高压液体，其中一部分作为制冷剂通过节流阀后进入蒸发器，另一部分被重新加热为工作蒸气。如此不断循环，完成整个制冷过程。

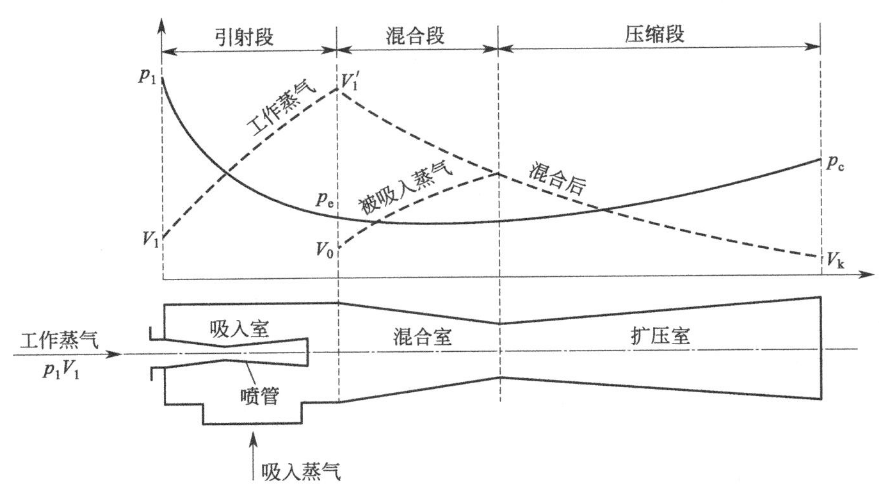

图 8-14　蒸气喷射器构造及蒸气沿其轴线方向压力及速度变化

8.4.2　太阳能蒸气喷射式制冷的工作原理

太阳能蒸气喷射式制冷系统主要由太阳能集热器和蒸气喷射式制冷机两大部分组成，它们分别依照太阳能集热循环和蒸气喷射式制冷机循环的原理运行，如图 8-15 所示。

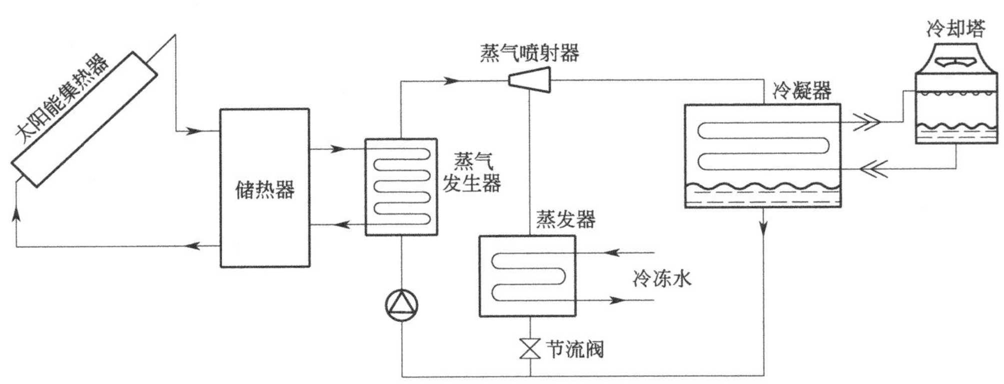

图 8-15　太阳能蒸气喷射式制冷系统示意图

太阳能集热循环由太阳能集热器、储热器、蒸气发生器等几部分组成。在太阳能集热循环中，水或其他工质作为传热工质，被太阳能集热器加热后温度升高，储存在储热器中，再送入蒸气发生器中加热低沸点工质至高压状态。低沸点工质的高压蒸气进入蒸气喷射式制冷机后放热，温度迅速降低，然后又回到蒸气发生器中再进行加热。如此周而复始，使太阳能集热器成为驱动蒸气喷射式制冷系统运行的热源。

8.5 太阳能除湿式空调

除湿是空气调节的主要任务之一。我国夏热冬冷和夏热冬暖地区，夏季气温一般高于30℃，年平均相对湿度在70%～80%左右，全年湿度大、除湿期长。湿度高不仅影响到室内人员的热舒适感，而且影响到室内卫生条件，给人体健康和室内设备、设施的使用寿命都带来不利影响。此外，夏季新风冷负荷占空调建筑总冷负荷的比重约30%，造成很高的能源消耗。要满足室内环境的热舒适和卫生的要求，就需要采取多种通风、空调方式解决高温高湿带来的室内热环境和空气品质问题。除湿式空调是利用干燥剂（亦称为除湿剂）来吸附空气中的水蒸气以降低空气的湿度进而实现降温制冷的。

8.5.1 除湿式空调系统的特点

除湿式空调系统首先利用干燥剂吸附空气中的水分，经热交换器进行降温，再经蒸发冷却器，以进一步冷却空气而达到调节室内温度与湿度的目的。常用的除湿方法有三种：第一种是利用冷却方法使水蒸气在露点温度下凝结分离；第二种是利用压缩的方法，提高水蒸气的分压，使之超过饱和点，成为水分分离出去；第三种是使用干燥剂（固体或液体）吸湿的方法。目前常规的空调系统一般采用空气冷却器对空气进行冷却和冷凝除湿，再将冷却干燥的空气送入室内，以满足室内排热除湿的要求。以室内空调设计状态为例，夏季室内空调设计温度为26℃，相对湿度为55%，此时露点温度为16.6℃。空调系统的排热除湿任务就是从室内26℃环境中抽取热量，同时在16.6℃的露点温度环境下抽取水分。实际上，排热除湿是两个不同的热力过程，其对能量品质的要求也不相同。采用冷凝除湿方法排除室内余湿，冷源的温度需要低于室内空气的露点温度，考虑到传热温差与介质输送温差，实现16.6℃的露点温度需要约7℃的冷源温度，因此现有空调系统采用5～7℃的冷冻水。在空调系统中，本可以采用高温冷源处理显热负荷部分（占总负荷50%以上），却与除湿过程共用5～7℃的低温冷源进行处理，造成能量利用品位上的浪费。而且，经过冷凝除湿后的空气虽然湿度（含湿量）满足要求，但温度过低，有时还需要再热，造成了能源的进一步浪费。

因此，采用两套独立的系统分别控制和调节室内空气的温度和湿度，对显热负荷和潜热负荷分别进行处理，可以避免常规空调系统中温湿度联合处理所带来的能源浪费和空气品质下降的问题。图8-16为除湿空调系统的示意图。在温湿度独立控制空调系统中，可以采用溶液除湿系统、除湿转轮等除湿技术得到干燥的新风。除湿处理后的空气能达到较低的露点温度。除湿器的再生可采用低品位热源，这就为在空调系统中应用太阳能、余热等资源提供了契机，优化了建筑用能结构。由新风来调节湿度，处理显热的末端装置调节温度，可满足房间热湿比不断变化的要求，避免室内湿度过高过低的现象。处理显热的末端装置可以采用辐射板或干式风机盘管等多种形式，由于供水温度高于室内空气露点温度，因而不存在结露的风险，可改善室内卫生条件，提高室内空气品质。

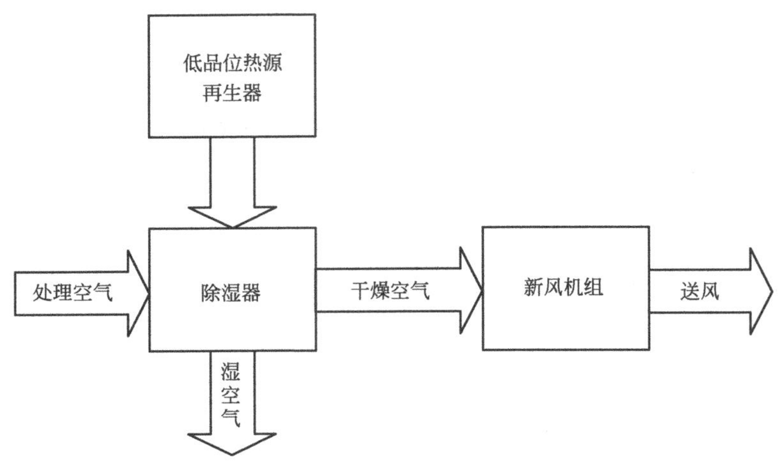

图 8-16　除湿空调系统示意图

除湿式空调系统有多种型式，可以有不同的分类方法。

① 按工作介质划分：固体干燥剂除湿系统、液体干燥剂除湿系统。

② 按循环方式划分：开式循环系统、闭式循环系统。

③ 按结构形式划分：简单系统、复合系统。

开式循环系统是通过大气来闭合热力循环的，被处理的空气与干燥剂直接接触。根据系统各部件的不同位置及气流通路的不同连接，开式循环系统又可分为通风型系统、再循环型系统和 Dunkle 型系统等。开式循环除湿系统通常应用于空调，闭式循环除湿系统通常应用于制冰。

8.5.2　固体干燥剂除湿

(1) 固体干燥剂除湿的工作原理

固体干燥剂材料具有很强的吸湿和容湿能力。通常，固体干燥剂吸附水分的质量可达其自身质量的 10%～1100%（取决于干燥剂类型和环境湿度）。当干燥剂表面蒸气压与周围湿空气蒸气分压相等时，吸湿过程停止。此时使温度为 50～260℃的热空气流过干燥剂表面，可将干燥剂吸附的水分带走，这就是再生过程。如此往复，就形成了固体干燥剂的除湿循环。

固体干燥剂除湿装置主要有固定床和干燥转轮等类型。其中，固定床又分间歇型和连续切换型两种。干燥转轮由于运行维护方便，能够实现连续除湿操作，与太阳能系统结合简单，是除湿领域研究的重点。高性能的固体干燥剂除湿装置应具备以下特点：①高传热传质单元数；②气流通道流动阻力小；③转芯材料比表面积大；④干燥剂吸附率高，具有理想的等温吸附曲线。

转轮除湿器一般由支撑结构、转芯、电动机等组成，如图 8-17 所示。除湿转轮是通过均匀分布在转芯基材（常用特种纸、纤维材料、陶瓷等）上的固体吸附剂吸附空气中的水分来实现除湿效果的。转芯由隔板分为两部分：处理空气侧和再生空气侧。为达到较好的传热传质效果，两侧常采用逆流布置方式。待除湿的空气通过转轮的处理空气侧表面，空气中的部分水分被吸附于表面吸湿材料，实现除湿。吸收水分后的转轮部分旋转到再生空气侧与热空气接触，释放出水分，使表面吸湿材料再生，再进行下一个循环。忽略转轮轮毂带到吸湿段和再生段的热量，吸湿过程接近等焓过程。这样，被吸收的水蒸气的潜热变为显热，从而使空气的处理过程成为接近含湿量降低、温度上升的等焓过程。转轮除湿机的工作过程中，转轮以 8～15r/h 的速度缓慢旋转，待处理的新风（湿空气）经过空气过滤器过滤后，由新风风机送入转轮 3/4 除湿区（吸附区），进风中的水分被吸附剂吸附，通过转轮的干燥空气即被送入室内。在转轮吸湿的同时，再生空气经再生热源加热后，逆向于处理进风流向转轮 1/4 再生区，带走吸附剂上的水分；在再生风机的作用下，这部分热湿空气便从另一端排至室外。除湿功能的调节可以通过控制再生侧的加热量、转轮转速等运行参数进行控制，实现对室内空气湿度的精确控制。

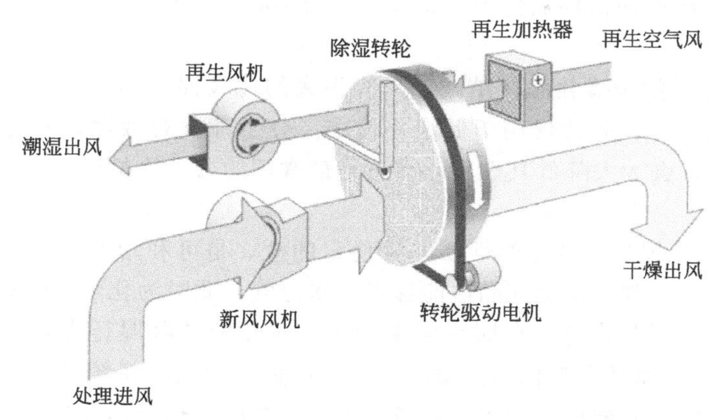

图 8-17 转轮除湿器结构与工作原理

(2) 固体干燥剂

干燥剂除湿空调系统的性能和经济性与固体干燥剂的吸附性能、耐用性和成本等因素有关。因此，适用于除湿空调系统的理想干燥剂材料应具有以下特点：

① 物理和化学性能稳定，干燥剂材料不发生液解，循环不存在滞后现象。

② 吸附率高，单位质量干燥剂吸湿量大，以减少干燥剂用量，从而减小设备尺寸。

③ 低水蒸气分压下吸附能力强，以提高处理空气的干燥度，减小风机功耗。

④ 吸附（或吸收）热小，减小空气温升。

⑤ 理想的吸附等温线类型，可降低再生能耗。

固体干燥剂材料的研究方向是寻找在性能上尽量接近理想吸附剂的干燥剂材料以及通过改进新材料的制造工艺以降低除湿机的制造成本。常用的固体吸附剂有两大类：一类为多孔材料，如活性炭、硅胶、氧化铝凝胶、分子筛等，其作用机理主要是物理吸附，它们利用本身所具有的巨大表面积将湿空气中的水分子吸附在其表面来达到除湿的目的；另一类为无机吸湿盐晶体，如氯化锂（LiCl）、氯化钙（$CaCl_2$）等，其吸湿过程既有化学吸附也有物理吸附，而以化学吸附为主，这些无机吸湿盐吸湿后形成 $LiCl \cdot nH_2O$、$CaCl_2 \cdot nH_2O$ 类络合物。另外，基于物理吸附和化学吸附耦合作用吸湿机理的复合干燥剂材料也是目前研究的热点。

① 活性炭　作为除湿剂，活性炭应用的历史最为悠久。活性炭属于碳类物质，它的单元晶格由不规则组合的六碳环组成。活性炭的骨架就是由这些不规则的相互联结的晶体组成的，由于这些晶体的存在，活性炭的比表面积可以达到 2000m^2/g，这是非常有利于吸湿的。

② 硅胶　硅胶是用得最为普遍的除湿剂，又名氧化硅胶和硅酸凝胶，为透明或乳白色颗粒。一般商品含水量为 3%～7%，它的吸附量能达到自身质量的 40%。硅胶一般以一种无组织的形式存在，由 SiO_4 以一种无序的空间网格组成。它代表性的比表面积值为 600m^2/g。硅胶非常容易生产，它的微孔几何结构和化学特性很容易更改。它能够在大多数酸性环境下工作而且没有已知的毒性。由于在很大的相对湿度范围内都有吸附性，使其成为首选的固体除湿剂。

③ 活性氧化铝　高微孔颗粒结构的氧化铝（Al_2O_3）能够吸收的水分可达到其自身质量的 60%，最普遍应用的活性氧化铝的比表面积为 100～200m^2/g。活性氧化铝比硅胶具有更高的强度。

④ 分子筛　分子筛为微孔晶体结构，具有很大的比表面积和不同的微孔尺寸，微孔比表面积能达到 700m^2/g，通常仅用于低温环境中。分子筛没有毒性，但是如果暴露于高酸性和碱性的空气中，会大大降低其性能。沸石是最常用的分子筛材料，一般可吸收其自身质量 20%的水分。

⑤ 氯化锂　氯化锂是一种化学性质非常稳定的盐，是可利用的具有最大吸湿能力的盐之一，属于溶解性除湿剂。氯化锂晶体能够吸收水蒸气，此时为化学吸收；当它吸收水变成液体溶液后还能继续吸收水分，此时为溶液吸收。氯化锂的吸湿行为并不是由其微孔系统（物理结构）决定的，而是由其化学性质决定的，这是因为微孔系统随着时间的增长会被污染物堵塞和老化。解吸同样质量的水分，氯化锂需要的解吸热差不多是硅胶的 6 倍。氯化锂能够在碱性环境下运行，还能够抑制细菌在其表面的生长，而且在温暖和潮湿的环境中非常适用。

⑥ 氯化钙　氯化钙分工业纯氯化钙（吸湿量能达 100%）和无水氯化钙（吸湿量能达 150%）。氯化钙价格便宜，来源丰富，目前在工程中常用作一种简易的除湿剂，但它对金属有强烈的腐蚀作用，使用起来不如硅胶方便。

8.5.3 液体干燥剂除湿

（1）液体干燥剂除湿的工作原理

液体干燥剂除湿就是利用液体干燥剂直接处理湿空气，具有几何结构简单、流程设计灵活、没有大的运动部件、能实现连续除湿、吸湿能力强、出口湿度易调、环保等优点。液体干燥剂的表面蒸气压比周围环境湿空气蒸气分压低时，具有吸湿和容湿能力。当液体干燥剂表面与湿空气接触时，湿空气中的水分被吸收而含湿量下降，干燥剂吸收水分后变成稀溶液；当干燥剂表面的蒸气压与周围环境湿空气蒸气分压相等时，吸湿过程停止。稀溶液在再生加热器中分离水分而再生成为浓溶液，冷却后恢复吸湿能力。这样就完成了一个吸湿循环。由于再生后的浓溶液干燥剂容易大量存储，因此可以实现在间断再生的情况下保证系统连续稳定运行。液体干燥剂在吸湿的过程中会放出热量（即吸收热），是水分由气态变为液态时释放出来的。对于大多数液体干燥剂，这部分热量大于水的蒸发热，这意味着实际除湿并非等焓过程（再生过程也一样）。目前使用的大多数干燥剂的吸收热仅比水蒸发潜热大5%～10%，再生过程中的热源可用太阳能等低品位热源（65～85℃）。液体干燥剂除湿的一个特点是改变液体浓度即可任意调节出口空气的相对湿度。如果干燥剂溶液保持一定的浓度，其表面空气平衡相对湿度不会随温度变化而变化，出口空气的相对湿度也不会改变。这表明，使用液体干燥剂除湿具有维持空气相对湿度恒定的特征。

干燥剂的整个除湿—再生循环的状态变化如图8-18所示。其中，1—2是除湿过程，溶液浓度降低，若采用逆流、冷却等手段，该过程可以近似等温甚至降温进行；2—3—4是溶液被加热、再生的过程，该过程需要提供热量，使溶液中的水分蒸发，溶液变浓；4—1是溶液被冷却，再进入除湿器除湿。

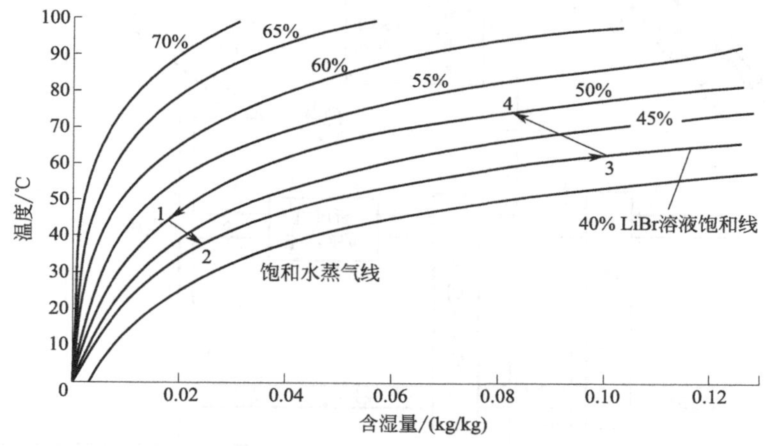

图8-18 吸湿溶液的循环过程

(2) 液体干燥剂

理想的液体干燥剂材料应具有物理和化学性能稳定、吸收率高、腐蚀性低、无毒、热导率高、价格合适等特征，而且在选定的浓度和工作温度范围内不发生结晶。氯化锂、氯化钙溶液及三甘醇是最常用的液体干燥剂。常用液体干燥剂的性能见表8-4。

表8-4 常用的液体干燥剂及其性能

干燥剂	常用露点/℃	浓度/%	毒性	腐蚀性	稳定性	备注
氯化钙水溶液	−3～−1	40～50	无	中	稳定	
二甘醇	−15～−10	70～95	无	小	稳定	沸点245℃，用简单的分馏装置就能再生，再生温度150℃，损失量很少
丙三醇溶液，无水	(3～6)～−15	(10～80)～100	无	小	高温下氧化分解	在真空条件下蒸发再生，只需要很少的加热负荷
三甘醇	−15～−10	70～95	无	小	稳定	沸点238℃，有挥发性，无腐蚀性，用于空调除湿
氯化锂水溶液	−10～−4	30～40	无	中	稳定	沸点高，在低浓度时吸湿性大，再生容易，黏度小，使用范围广泛

8.5.4 太阳能除湿式空调系统的工作原理

以开式再循环型系统为例，介绍基于太阳能再生的除湿式空调系统的工作原理。

如图 8-19 所示，太阳能除湿式空调系统采用固体干燥剂和转轮除湿器，主要由太阳能集热器、除湿转轮、热回收转轮、蒸发冷却器、再生器等几部分组成。新风（湿空气）进入除湿转轮进行除湿，温度升高；在热回收转轮中，去湿升温后的新风与来自空调房间的低温排风进行显热交换，温度降低；处理后的新风再经表冷器进行等湿降温后送入空调房间，通过对表冷器进行控制可以调节送入房间新风的状态。太阳能集热器及辅助热源提供除湿转轮再生所需的热量。

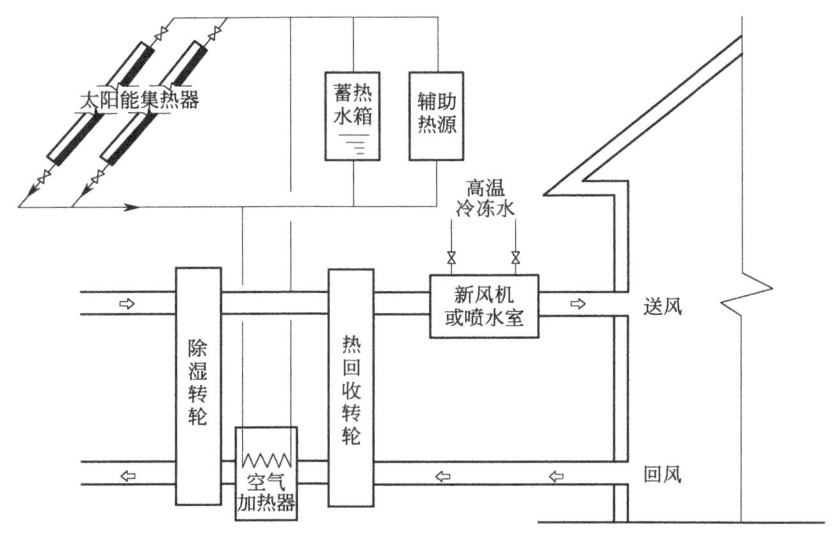

图 8-19 太阳能再生的除湿式空调系统示意图

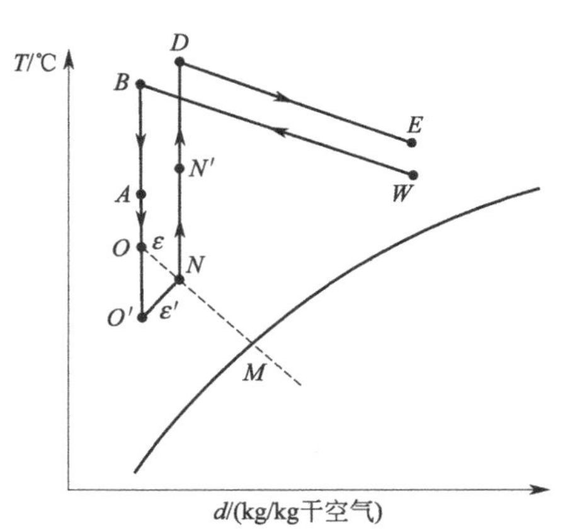

图 8-20 太阳能独立新风系统空气处理过程焓湿图

图 8-20 为上述空气处理过程焓湿图。在焓湿图上，W 点为夏季空调室外计算参数，B 点为新风经除湿转轮后的状态点。在除湿转轮中，固体吸附剂吸收空气中的水分同时释放出吸附热，使空气温度升高。当除湿转轮物理特性及运行参数确定以后，B 点的状态参数由进入除湿转轮的室外空气状态及除湿轮的再生温度决定。A 点为经全热回收器后的新风状态点，其位置由全热回收器效率决定，目前全热回收器的显热效率及潜热效率分别可达 80% 及 70% 以上。O、O' 点为经表冷器或喷水室后的新风送风状态点，O 点处于室内状态点 N 的等焓线上，此时新风仅承担系统湿负荷。当新风处理到 O' 时，新风除承担系统湿负荷外还承担部分室内冷负荷。M 点为同样条件下新风采用冷却除湿时的机器露点状态。N 为室内空气设计状态点，N' 为经显热吸收器后的排风状态点，D 为经过太阳能空气加热器后的再生排风状态点，

E 点是再生排风经过转轮除湿器后的状态点。除湿转轮除湿量为：$\Delta d=(d_W-d_B)$kg/kg 干空气。

基于太阳能再生的转轮除湿独立新风系统将独立新风与除湿转轮结合起来，直接利用太阳能作为除湿转轮的再生能源，改善了空调室内空气品质，优化了建筑用能结构，达到了节能的目的。研究结果表明，在室外温度为 31℃的条件下，这种太阳能再生吸附除湿冷却系统可以向房间提供 19℃冷空气，系统的 COP 约为 0.6。与采用空气集热器对干燥剂进行再生相比，采用平板型集热器及载热液体对干燥剂进行再生的系统成本较低，并且通过合理地配置平板型集热器的面积及蓄热装置的容量，系统的太阳能利用率可以接近 76%。

8.6 太阳能蒸气压缩式制冷

蒸气压缩式制冷是利用液态制冷剂（如氨、氟利昂等）在沸腾蒸发时从制冷空间中吸收热量来达到制冷效果的。由于制冷剂在等压下蒸发和冷凝是等温吸热和等温放热过程，从而提高了系统的制冷系数。同时由于制冷剂的汽化潜热很大，能提高单位制冷工质的制冷量，大大减小了制冷剂的重量和体积。因此，蒸气压缩式制冷循环是目前应用最为广泛的一种制冷循环。

太阳能热机驱动蒸气压缩式制冷就是利用太阳能热机驱动蒸气压缩式制冷循环中的压缩机运转，从而为整个制冷剂循环提供动力，实现制冷目的。

8.6.1 蒸气压缩式制冷循环原理

最基本的蒸气压缩式制冷系统主要由压缩机、冷凝器、蒸发器、节流装置四大基本部件组成，它们之间由制冷剂管道连接，形成一个封闭系统。制冷剂在四大部件间不断循环工作，发生状态变化，从而实现制冷。整个系统循环流程及其在压焓图上的表示可见图 8-21 和图 8-22。

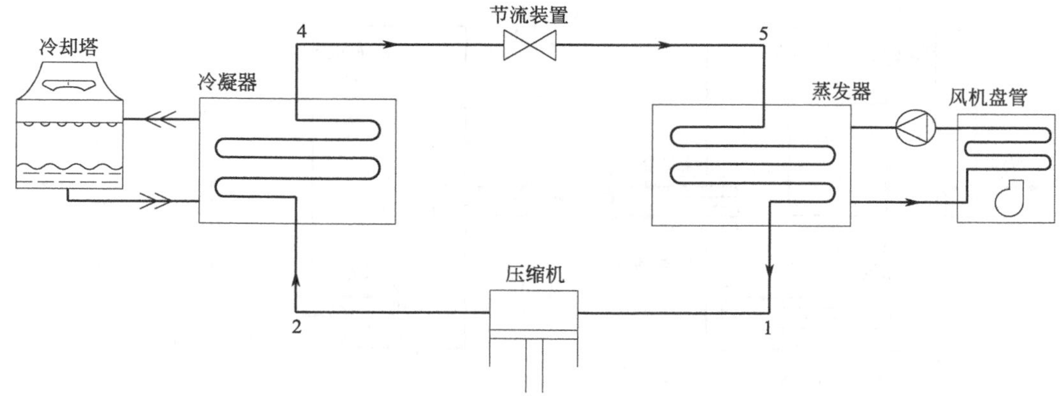

图 8-21 蒸气压缩式制冷循环流程图

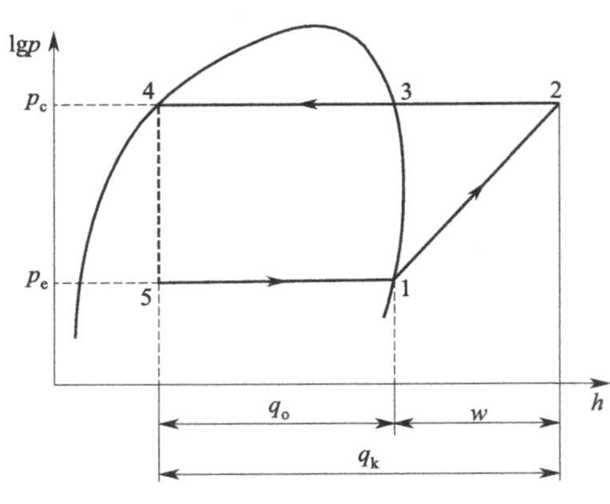

图 8-22 蒸气压缩式制冷理论循环 lg$p$-h 图

整个蒸气压缩式制冷循环的工作过程为：压缩机从蒸发器吸入低压低温制冷剂蒸气，经过压缩（输入功 w）使其压力和温度升高后排入冷凝器，在冷凝器中制冷剂蒸气的压力不变，放出热量（q_k）而被冷凝成高压液体；高压液体制冷剂经节流装置，压力和温度同时降低后进入蒸发器；低压低温制冷剂气液混合物在蒸发器内压力不变，不断蒸发吸热（q_0）实现制冷，同时产生的低压低温制冷剂蒸气被压缩机吸入。这样制冷剂便在系统内经过压缩、冷凝、节流和蒸发这样四个过程完成了一个制冷循环。在蒸气压缩式制冷系统中，压缩机起着压缩和输送制冷剂蒸气的作用，为整个循环提供动力；节流装置对制冷剂起节流降压作用，同时调节进入蒸发器的制冷剂流量，是系统高低压的分界线；蒸发器是输出冷量的设备，制冷剂在其中吸收外界的热量实现制冷；冷凝器是散热设备，制冷剂在其中将从蒸发器中吸收的热量连同压缩机消耗功所转化的热量一起排入环境空气中。如此不断循环，使制冷剂将从低温空调环境中吸收的热量传递到高温环境中去，实现制冷效果。

8.6.2 太阳能热机

通常使用的太阳能热机是蒸汽涡轮机，一般分为活塞式、回转式、螺杆式以及透平式等几类。蒸汽机所用的基本循环是朗肯循环，其工作原理参见本书第 9 章。

当使用氟利昂等有机物作为热工质工作时，它们有可能兼用作冷媒，如图 8-23 所示。图 8-23(a) 为一种介质方案，即动力循环与制冷循环采用的是同一种介质。这种方案具有冷凝器可以兼用、轴封简单等优点，缺点是选择了适合于动力循环侧的有机物工质，这类工质在高温下压力不太高，在制冷循环侧气态制冷剂的容积将明显变大，增加了设备重量及体积。图 8-23(b) 为两种介质方案，即两个循环的介质是不同的。这种方案需要分开设冷凝器，回路较复杂，但是可以在动力循环侧和制冷循环侧选择各自适合的冷媒，使整个制冷装置小巧紧凑。

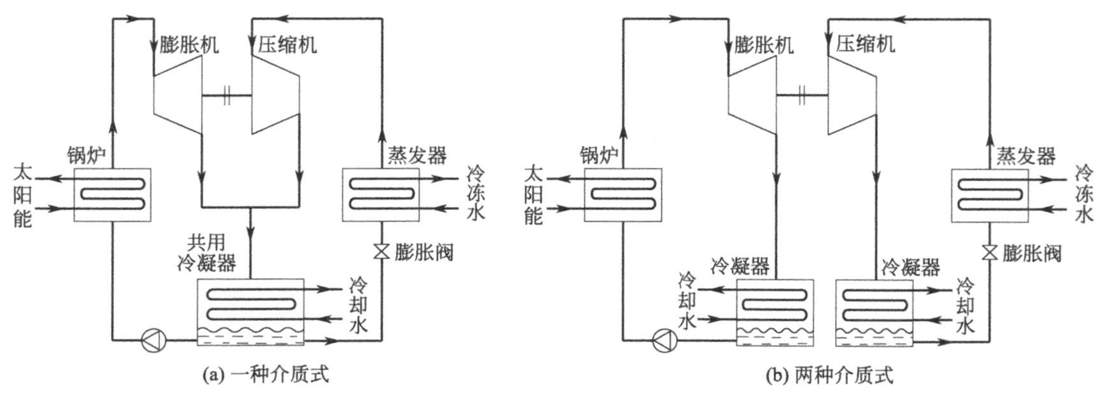

图 8-23 不同介质方案的太阳能热机制冷循环示意

8.6.3 太阳能热机驱动蒸气压缩式制冷循环

典型的太阳能热机驱动蒸气压缩式制冷系统主要由太阳能集热系统、太阳能热机（蒸汽轮机）和蒸气压缩式制冷机三大部分组成，如图 8-24 所示。它们分别依照太阳能集热循环、热机循环和蒸气压缩式制冷循环的规律运行。

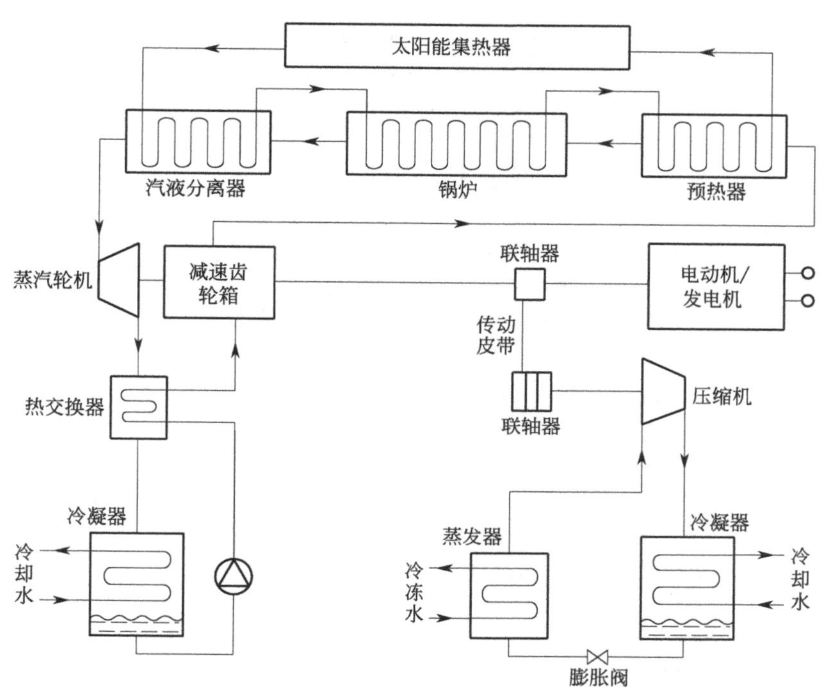

图 8-24 太阳能热机驱动蒸气压缩式制冷系统示意图

太阳能集热循环由太阳能集热器、汽液分离器、锅炉、预热器等几部分组成。在太阳能集热循环中，水或其他工质首先被太阳能集热器加热至高温状态，然后依次通过气液分离器、锅炉、预热器。在这些设备中先后几次放热，温度逐步降低，水或其他工质最后又进入太阳能集热器再进行加热。如此不断循环，使太阳能集热器成为太阳能热机循环的热源。

太阳能热机循环由蒸汽轮机、热交换器、冷凝器、泵等几部分组成。在太阳能热机循环中，低沸点工质从汽液分离器流出时，压力和温度升高，成为高压蒸气推动蒸汽轮机旋转而对外做功，然后进入热交换器被冷却，再通过冷凝器而被冷凝成液体。该液态的低沸点工质又先后通过预热器、锅炉、气液分离器，再次被加热成高压蒸气。如此不断地消耗热能而对外界做功。

蒸气压缩式制冷机循环由压缩机、蒸发器、冷凝器、膨胀阀等几部分组成。在蒸气压缩式制冷机循环中，通过联轴器，蒸汽轮机的旋转带动了制冷压缩机的旋转，然后再经过上述蒸气压缩式制冷机中的压缩、冷凝、节流、蒸发等过程，完成制冷剂循环，达到制冷目的。

习题

1. 简述实现太阳能制冷的主要途径。
2. 简述吸收式和吸附式制冷的基本原理，并说明系统性能指标的计算方法。
3. 在图 8-10 所示系统的基础上，试设计一种太阳能吸收式空调系统，能够实现夏季制冷、冬季采暖、全年提供生活热水等功能，绘出系统的工作原理图。
4. 简述太阳能除湿空调技术的工作过程，并说明其实现建筑节能的原理。

第9章

太阳能热发电的热力学基础

9.1 太阳能热发电系统概述

9.1.1 太阳能发电技术类型

太阳能发电技术分为太阳能直接发电和太阳能间接发电，分类详情如图 9-1 所示。太阳能直接发电有太阳能光伏发电和太阳能光感应发电。太阳能间接发电有太阳能热发电、太阳能光化学发电、太阳能光生物发电。太阳能热发电又分为太阳能热直接发电和太阳能热间接发电，其中，太阳能热直接发电包括利用半导体材料或金属材料的温差发电、真空器件中的热电子和热离子发电、碱金属的热电转换、热磁流体发电等，其特点是发电装置本体无活动部件，但它们目前的功率均很小，有的仍处于原理性试验阶段。

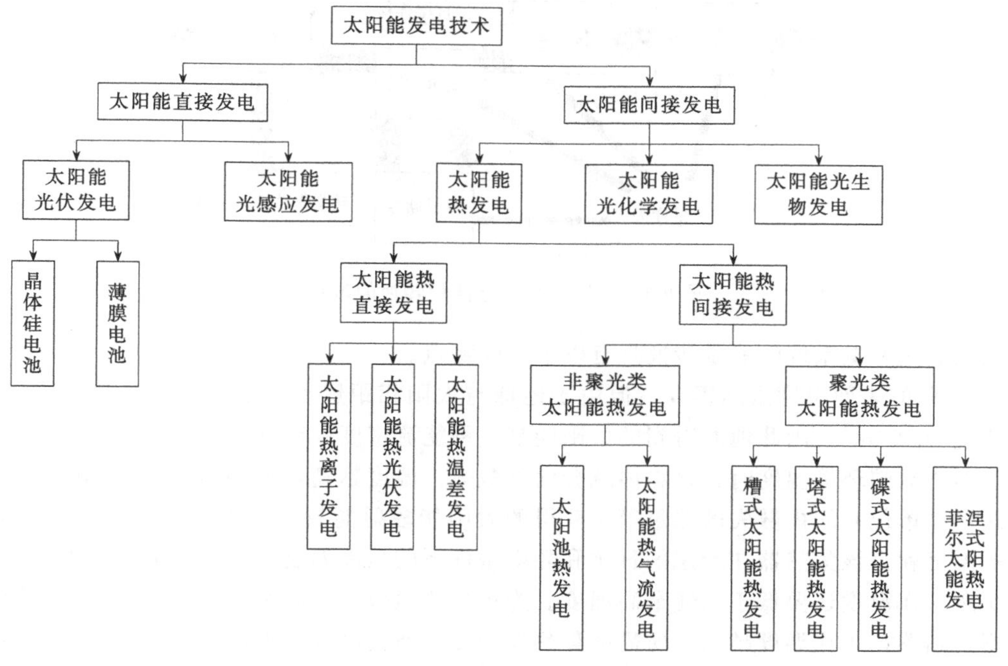

图 9-1 太阳能发电技术分类图

太阳能热间接发电分为非聚光类太阳能热发电和聚光类太阳能热发电。非聚光类太阳能热发电属于低温发电，包括太阳池热发电、太阳能热气流发电等。聚光类太阳能热发电属于高温发电，利用太阳集热器将太阳能收集起来，加热水或其他工质，使之驱动热机做功，再带动发电机发电，也就是说，先把热能转换成机械能，然后再把机械能转换为电能。这种类型已达到实际应用的水平，已建成具有一定规模的实用电站和商业化运行系统。本书所述的太阳能热发电特指聚光类太阳能热发电。

太阳能热发电是一种完全清洁的发电方式。与传统的化石燃料电站相比，太阳能光热发电利用太阳辐射能，取代了传统火力发电通过化石燃料燃烧做功的方式，因此不会产生任何的二次污染。同时，采用太阳能热发电技术，只需相对简单的聚光集热装置，避免使用太阳能光伏发电技术中昂贵的硅晶材料，降低了太阳能发电的成本。此外，太阳能热发电还具有一个其他形式的太阳能转换所无法比拟的优势，即通过光热转换获得的热能可以用价格低廉、形式简单的方式储存，可以在没有太阳光照的情况下实现连续发电，较好地解决太阳能不稳定、不持续的弱点，使太阳能的大规模利用成为可能。

9.1.2　太阳能热发电系统能量转换的特点

太阳能热发电的过程是一个能量转换的过程，如图 9-2 所示。从太阳辐射到最终的电能，通常至少需经过三次转换，即通过集热装置将辐射能转化为热能，然后通过热机将热能转换为机械能（或称机械功），再利用发电机将机械功转变为电能。在整个能量转换过程的不同阶段存在数量不等、原因不同的各种损失，特别是热能向机械能的转换。热力学是一门研究能量转换，特别是热能转化成机械能规律的科学。

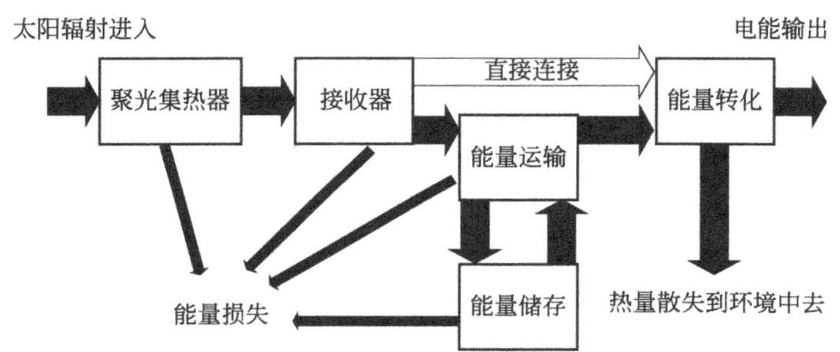

图 9-2　太阳能热发电能量转换的过程

太阳能热发电系统的能量转换具有以下主要特点。

① 太阳的表面温度虽然很高，但由于地球与太阳相距遥远，地面上的太阳辐射强度大多不超过 $1kW/m^2$，因此地面得到的太阳能是一种能流密度很低的能源。通常，当任何物体的温度高于周围环境温度时，该物体就会向外散热。温度越高，散热的速度也越快。当太阳能集热器在单位时间内散失的热量等于获得的太阳能辐射能量时，集热器温度就不再上升，此时的温度就是该集热器在给定的日照和环境条件下的最高温度。为维持流体流动等，集热器的实际工作温度还要低于上述最高温度。为提高热机效率，必须提高其工作温度，即采用聚光型集热器，工作温度越高，所需的集热器聚光倍数就越大。温度要求很高时，就必须采用能精确跟踪太阳运动的聚光型集热器。这样，系统的效率可以得到提高，但系统的造价也

随之升高。表9-1给出了聚光型集热器的聚光倍数和工作温度。

② 热能向机械能的转换要利用热机。热机的效率与经济效益除了取决于工作参数外，还与热机的容量有直接关系。例如，汽轮机是一种被广泛应用、效能很高的热机，大型的现代化汽轮机的效率约为40%以上。然而小型汽轮机的效率则相对很低，如10kW级的汽轮机效率为20%～30%，其效率和经济效益都远低于大型机组。由于太阳能的分散性，能量密度低，热机的上述特性给太阳能热发电系统的发展带来不利影响。

表9-1 聚光型集热器的聚光倍数和工作温度

集热器类型	聚光倍数	代表性下工作温度/℃
平板集热器加平面反射镜	1～1.5	<100
复合抛物面	1.5～10	100～250
菲涅尔反射镜(线聚焦)	10～40	100～300
菲涅尔透镜(点聚焦)	100～1000	300～1000
柱状抛物面(线聚焦)	15～50	200～300
碟式抛物面(点聚焦)	500～3000	500～2000
中央塔式	1000～3000	500～2000

③ 地面上太阳能的间歇性对太阳能热发电的应用影响显著。这是因为，任何一个发电机组输入的机械功和输出的电功之间时刻都要保持平衡，输入与输出间的不平衡将会引起发电机转速与交流电频率的改变。不论从保证发电机的安全还是从供电质量来看，都是不允许的。由于季节更迭、昼夜交替和晴雨变化，太阳能电站每一时刻获得的能量不可能总是与该时的电负荷相匹配。为保证正常供电和发电机的正常运转，理论上有三种办法可供选择：

a. 在发电机输出端配置蓄电装置，当发电机的发电能力大于外界需电量时，将多余的电能储存起来供发电量不足时使用。由于电能大规模储存是个技术难题，因此这种方法只适用于很小型的太阳能电站，即利用蓄电池来储存由直流发电机组发出的多余电能。

b. 在太阳能集热装置与热机之间设置储热装置，把电负荷较低时多余的热能储存起来，使发电机在用电高峰时能以更大的功率发电。大规模储热技术上存在较大困难且价格高昂，这种办法也只能起短期调节作用，例如把白天采集到的部分热量储存起来供日落后发电之需。

c. 把太阳能热发电机组和其他能源发电机组并联。把太阳能热发电站并入电网，或是配备常规能源的备用机组，可以有效解决太阳能发电的不连续性。但这样会增加总的投资，而且由于太阳能发电机组本身的可依赖性较差，整个系统的可靠性实际上更多地是依靠其他发电机组来实现的。

正是由于上述太阳能热发电能量转换的特殊性，太阳能热发电站的竞争能力目前还低于常规火力发电厂或核电站。

9.2 热力学基本概念

应用热力学基本概念和理论，对太阳能热发电系统的能量转换过程进行分析，并利用热经济学方法进行评价，找到提高转化效率的途径，将有助于提高太阳能热发电系统能源利用的经济性。以下将简要介绍热力学的基本概念。

(1) 热力系统

为分析问题方便起见，热力学中常把分析的对象从周围物体中分割出来，研究它与周围物体之间的能量和物质传递。这种被人为分割出来作为热力学分析对象的有限物质系统称为热力系统，或简称热力系或系统。与系统发生质能交换的物体统称外界，在热力学分析中，周围自然环境被作为一种特殊的单独外界考虑。根据热力系统和外界之间的能量和物质交换情况，热力系统可分为：

① 闭口系：热力系统和外界只有能量交换而无物质交换。

② 开口系：热力系统和外界不仅有能量交换而且有物质交换。

③ 绝热系：热力系统和外界无热量交换。

④ 孤立系：热力系统和外界既无能量交换又无物质交换。

(2) 状态、状态参数和平衡状态

状态是指工质在热力变化过程中的某一瞬间所呈现的宏观物理状况。为了说明热力设备中的工作过程，必须研究系统中作为能量载体的工质所处的状态和所经历的状态变化过程。

状态参数是指用来描述工质所处平衡状态的宏观物理量。研究热力过程时，常用的状态参数包括压力 p、温度 T、比体积 v、热力学能 U（又称内能）、焓 H 和熵 S。压力、比体积和温度是可以直接测量出来的，称为基本状态参数。热力学能不能直接测量出来，但可以计算出来。焓是包括内能、压力和比体积的参数，称为复合状态参数。熵是通过分析和推导得出的参数，称为导出状态参数。

平衡状态是热力学分析基于的一种特殊状态，是指在不受外界影响的条件下，热力系统的状态始终保持不变，此热力系统处于热力学平衡状态。达到热力学平衡（即热平衡、力平衡、相平衡和化学平衡）的必要条件是：引起热力系统状态变化的所有势差，如温度差、压力差、化学位差等均为零。平衡状态下，热力系中各处的状态参数应相同。

(3) 过程与可逆过程

热力系统的过程，是指由某一平衡状态经历一系列中间状态到达另一平衡状态的变化。描述一个过程，需要指明过程的初、终平衡态以及过程中间状态变化所遵循的条件（通常是对热力系统某个状态参数的限定或对热力系统与环境相互作用的限制）。因此，按对某个状态参数的变化规律，热力系统的过程有定温过程、定压过程、定容过程、定焓过程、定熵过程等；按热力系统与环境相互作用来划分，有绝热过程等；按可逆程度来分类，有可逆过程与不可逆过程。

可逆过程的定义为：当完成了某一过程之后，如果有可能使工质沿相同的路径逆行而回复到原来状态，并使相互作用中所涉及的外界亦回复到原来状态，而不留下任何改变，则此过程称为可逆过程。它是一种只能趋近而不能达到的理想过程。

不可逆过程的定义为：一个单向进行的过程，必定留下一些痕迹，无论用什么方法也不能完全消除这些痕迹，在热力学上称为不可逆过程。一切实际存在的过程都为不可逆过程。

(4) 热力循环及其评价指标

热力系统经过一系列变化后，又回复到最初状态，则整个变化过程称为循环或循环过程。根据循环的效果及进行方向的不同，分为正向循环和逆向循环。如图 9-3 所示，将热能转化为机械能的循环称为正向循环，在 p-v 图和 T-S 图上以顺时针方向循环，其循环效果为将自高温热源吸收的净热量转换为机械功输出，工程上所有的热机（将热能转换为机械能的装置）都是利用正向循环工作的；将热量从低温热源传给高温热源的循环称为逆向循环，一般来讲逆向循环必然消耗外功，在 p-v 图和 T-S 图上以逆时针方向循环，工程上如制冷、热泵都是利用逆向循环工作的。

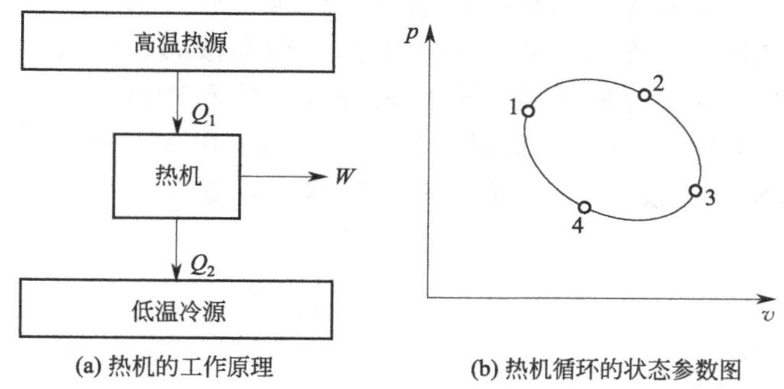

(a) 热机的工作原理　　(b) 热机循环的状态参数图

图 9-3　热机循环

热机的工作原理图如图 9-3(a) 所示，其目的是实现热功转换，即从高温热源取得热量 Q_1，而对外做功 W。为对外输出有效功量，循环的膨胀功应大于压缩功。若将循环表示在 p-v 图上，见图 9-3(b)，则循环应沿顺时针方向即沿 1—2—3—4—1 进行。

$$\text{经济性指标}=\frac{\text{得到的收获}}{\text{花费的代价}} \tag{9-1}$$

热机循环的经济性用热效率 η_t 来衡量。正向循环的收益是循环净功 w_{net}，其花费的代价是工质吸热量 q_1，故：

$$\eta_t=\frac{w_{net}}{q_1} \tag{9-2}$$

(5) 工质的热物性

热能大规模地、经济地转变为机械能，通常是借助于工质在热能动力装置中的吸热、膨胀做功、排热等状态变化过程而实现的。为了分析研究和计算工质进行这些过程时的吸热量和做功量，必须具备工质热力性质方面的知识。热能转换装置所采用的工质通常具有显著的胀缩能力，即其体积随温度、压力能有较大的变化。物质的三态中，只有气态具有这一特性，因而热机工质一般采用气态物质，且视其距液态的远近又分为气体和蒸汽。

当气体压力趋于零，气体比体积趋近于无穷大时的极限状态时，分子可视为具有弹性，分子本身所占体积及分子之间的相互作用力可以忽略不计，这就是理想气体的物理模型。理想气体模型的假设使气体分子的运动规律极大地简化了，不但可定性地分析气体的某些热力学假设，而且可定量地导出状态参数间存在的简单函数关系。

一般来说，工程中常用的氧气、氮气、氢气、一氧化碳等及其混合气体（如空气、燃气、烟气等工质），在通常使用的温度、压力下都可作为理想气体处理，误差一般都在工程计算允许的精度范围之内。满足理想气体假设的气体，其 p、v、T 关系满足克拉伯龙方程，即：

$$pv=R_gT \tag{9-3}$$

式中，R_g 为气体常数，是一个只与气体种类有关而与气体所处状态无关的物理量。此外，由于理想气体分子间没有作用力，内位能忽略不计，因此理想气体的热力学能、焓都仅为温度的函数。

不符合理想气体假设的气态物质称为实际气体，如火电厂动力装置中所用的水蒸气、制冷装置的工质氟利昂蒸气、氨蒸气等物质的临界温度较高，不能看作理想气体。实际气体的热力性质在状态参数图上表现为“一点、二线、三区、五态”，如图 9-4 所示。一点指的是临界点 C；二线指的是饱和液体线 AC 和饱和蒸气线 IC；三区为未饱和液区、湿蒸气区和过热蒸气区；五态则是指未饱和液态、饱和液态、湿蒸气态、饱和蒸气态及过热蒸气态。T-S 图中示出界限曲线将全图划分成未饱和液体区（曲线左半部分与过 C 点的等温线所包围的区域）、气液两相混合的湿区（曲线中间部分）和过热区（曲线右上部分）。此外，还有定干度线（x=定值）和定压线（在湿区就是定温线，呈水平；在过热区向右上斜）。

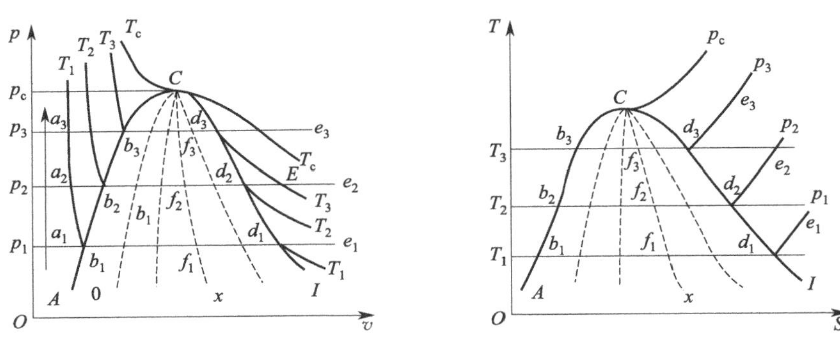

图 9-4　实际气体的 p-v 图和 T-S 图

9.3 能量转换系统的热力学分析方法

9.3.1 概述

从热力学角度，对能量转换系统进行分析具有重要理论和工程意义，其主要目的有两个：①分析系统循环的能量转换，计算其热效率；②分析影响能量转换装置工作性能的主要因素，指出提高热效率的途径。实际动力循环是复杂的、不可逆的，为使分析简化，突出主要问题，对动力循环的分析大致可分为以下两步：

① 根据实际热力装置工作循环的基本特征，进行合理的热力学抽象与概括。虽然实际的热力循环是多样的、不可逆的，而且还是相当复杂的，但通常总可以近似地用一系列简单的、典型的、可逆的过程来代替，使之成为一个与实际循环基本特征相符合的理想可逆循环。对这样的理论循环，热力学分析和计算较为方便，也比较容易进行热经济性分析，找出主要的影响因素。此外，在相同的工作条件下，可逆循环是一切实际循环中能量转换最有效的循环。

② 在理想可逆循环的基础上，进一步考虑实际循环中各种不可逆因素的影响。通过分析找出实际循环中各部位不可逆损失的大小及其原因，以便采取针对性的措施改善循环的工作特性，促进能量的有效转换。

热力学第一定律和热力学第二定律是对动力循环进行热力学分析的基本理论。在工程热力学的范围内，主要考虑的是热能和机械能之间的相互转换与守恒，所以第一定律可表述为："热是能的一种，机械能变热能，或热能变机械能的时候，它们的总量是一定的。"或"热可以变为功，功也可变为热。一定量的热消失时必产生相应量的功；消耗一定量的功时必出现与之对应的一定量的热。"

热力学第二定律阐明的是与热现象相关的各种过程进行的方向、条件和限度的定律。其克劳修斯说法为："热不可能自发地、不付代价地从低温物体传至高温物体。"开尔文说法为："不可能制造出从单一热源吸热、使之全部转化为功而不留下其他任何变化的热力发动机。"

以热力学第一定律为基础，从能量的数量出发，分析循环中所投入的能量有多少被有效利用，并以此来评价能量的利用程度和循环的经济性，通常以热效率作为其评价指标。以热力学第二定律为基础，从能量的"品质"出发，分析循环中投入的有效能被有效利用或损失的程度以及能量贬值的情况，以此来评价循环的经济性和合理性。通常用㶲效率或有效能损失系数作为其评价指标。由于这两条途径的出发点不同，因此得到的结果也会有所不同。

9.3.2　热力学第一定律分析方法——热效率

（1）可逆循环完善程度的评价

循环的热力学分析中，平均温度法是应用得比较多的一种分析可逆循环优劣的方法。对如图 9-5 所示的任一可逆动力循环 $abcda$，吸热量为 q_1，放热量为 q_2，可以给出一个等效卡诺循环 $ABCDA$，即吸热温度为 $\overline{T}_1$、放热温度为 $\overline{T}_2$ 的卡诺循环，其中 $\overline{T}_1$ 为循环 $abcda$ 的平均吸热温度，$\overline{T}_2$ 为平均放热温度。由式(9-4) 和式(9-5) 求得，即：

$$\overline{T}_1=\frac{q_1}{\Delta s}=\frac{\int_{abc}T\mathrm{d}s}{s_c-s_a} \tag{9-4}$$

$$\overline{T}_2=\frac{q_2}{\Delta s}=\frac{\int_{cda}T\mathrm{d}s}{s_c-s_a} \tag{9-5}$$

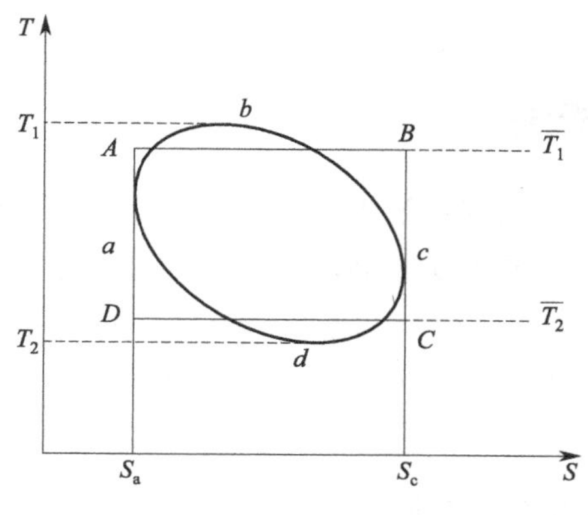

图 9-5　平均温度法

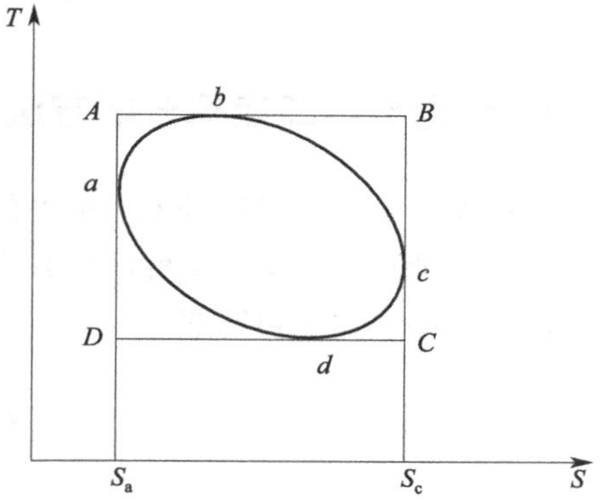

图 9-6　充满系数法

可见，欲提高循环热效率 η_t，应设法提高 $\overline{T}_1$ 和降低 $\overline{T}_2$。平均温度法特别适用于两种同类循环性能的比较，只需要比较它们的吸、放热平均温度即可。

则循环 $abcda$ 的热效率等于其等效卡诺循环的热效率，即：

$$\eta_{t,abcda}=1-\frac{q_1}{q_2}=1-\frac{\overline{T}_2}{\overline{T}_1} \tag{9-6}$$

此外，采用循环的充满系数，可对理论循环的热力学完善性进行估量。所谓充满系数，是 T-S 图上某循环所围成的面积与同温度、同熵变范围内的卡诺循环所围成面积之比，如图 9-6 所示，其定义为：

$$充满系数=\frac{实际循环功量}{对应的卡诺循环功量}=\frac{面积\ abcda}{面积\ ABCDA} \tag{9-7}$$

显然，在相同的温度和熵变范围内，充满系数的大小可以表明循环的热力学完善程度。充满系数越大，说明该循环越接近理想的卡诺循环。

(2) 实际热力循环完善程度的评价

实际循环由于存在各种不可逆因素，其效率总是低于相应的理论可逆循环。除散热、泄漏等因素外，实际循环的能量损失在于工质内部损失和外部损失，其实质是传热存在温差及运动有摩擦。不可逆循环的热效率中实际做功量和循环加热量之比为循环的内部热效率，用 η_i 表示为：

$$\eta_i=\frac{w_{实际}}{q_{实际}}=\eta_t\eta_T=\eta_c\eta_0\eta_T \tag{9-8}$$

$$\eta_c=1-\frac{T_0}{T_1} \tag{9-9}$$

$$\eta_0=\frac{\eta_t}{\eta_c} \tag{9-10}$$

式中，η_t 为实际循环相应的内部可逆循环的热效率；η_c 是高温热源（假定其温度不变为 T_1）、环境为低温热源（温度为 T_0）时卡诺循环的热效率；η_0 为相对热效率，反映该内部可逆理论循环因与高、低温热源存在温差（外部不可逆因素）而造成的损失；η_T 为循环内部效率，是循环中实际功量和理论功量之比，反映内部摩擦引起的损失。因此式(9-8) 考虑了温差传热及摩阻对循环经济性的影响。

9.3.3 热力学第二定律分析方法——熵分析法

过程的熵产可以衡量过程不可逆性的程度及做功能力损失的大小。逐个分析动力装置各部件的熵产，即可找出不可逆性程度最大的薄弱环节，指导实际循环的改善。利用熵分析法计算做功能力的普遍式可写成：

$$I=T_0\sum_{j=1}^{n}S_g \tag{9-11}$$

式中，T_0 为环境温度；$\sum_{j=1}^{n}S_g$ 为工质流经整个动力装置或热力循环各部件（$j=1$，2，…，n）的总熵产。有时也以做功能力损失与循环最大做功能力之比表示损失的大小，即：

$$\eta_t=\frac{I}{W_{max}} \tag{9-12}$$

$$W_{max}=\left(1-\frac{T_0}{T_1}\right)Q_1 \tag{9-13}$$

式中，W_{max} 为在高温热源 T_1 与环境 T_0 间的循环可能做出的最大功。

可见，熵分析法的主要任务是确定各个过程熵变、过程的不可逆损耗功或者说㶲损失，它反映的主要是实际循环与该类型的理想可逆循环之间的偏差。

熵分析法的局限性是只能求出过程中的不可逆㶲损失，而没有计算排出系统的物流㶲和能流㶲。也就是说，只能求出有效能的内部损失，不能求出有效能的外部损失。因此，熵分析法不能确定排出物流㶲和能流㶲的可用性，以及由此造成的㶲损失。熵分析法的局限性在㶲分析法中可避免。

9.3.4 热力学第二定律分析方法——㶲效率

㶲效率分析法是通过对热力循环中的各个过程建立㶲平衡方程，计算过程中㶲损失，以评价循环㶲效率，揭示用能过程的薄弱环节。对动力循环进行㶲效率分析法的主要内容有：①以各个部件或整个循环装置为系统建立㶲平衡方程，确定循环中各过程的㶲损失；②计算各个部件或整个循环装置的㶲效率。

㶲效率是㶲的收益量与㶲的支出量之比，常用 η_{ex} 表示。它表明了系统中㶲的利用程度。㶲效率高，表示系统中不可逆因素引起的㶲损失小。对可逆过程，㶲效率 $\eta_{ex}=1$。由于对收益和支出的理解不同，因此㶲效率的含义也有所不同。目前已提出的㶲效率表达式主要为（式中 E_x 表示㶲）：

$$\eta_{ex}=\frac{\text{离开系统的各 } E_x \text{ 之和}}{\text{进入系统的各 } E_x \text{ 之和}} \tag{9-14}$$

$$\eta_{ex}=\frac{\text{系统实际利用 } E_x \text{ 之和}}{\text{向系统提供的各 } E_x \text{ 之和}} \tag{9-15}$$

第二种㶲效率显然更为直观和方便。例如，热力循环中的㶲效率为：

$$\eta_{ex,Q}=\frac{W}{E_{xQ}} \tag{9-16}$$

式中，W 为系统对外输出的有用功，E_{xQ} 是指在温度为 T_0 的环境条件下，系统（$T>T_0$）所提供的热量中可转化为有用功的最大值，称为热量㶲。

在热力装置中，系统的热效率为实际做出的有用功与所提供的热量之比，即：

$$\eta_t=\frac{W}{Q} \tag{9-17}$$

而卡诺循环的热效率最大，即：

$$\eta_{t,C}=\frac{E_{xQ}}{Q} \tag{9-18}$$

故有：

$$\eta_{ex,Q}=\frac{\eta_t}{\eta_{tC}} \tag{9-19}$$

因此，㶲效率是一种相对效率，反映实际过程偏离理想可逆过程的程度。㶲效率从质量上说明了应该转变成功的㶲中有多少被实际利用了，而热效率只从数量上面说明了有多少热能转变成了功。

为了衡量能量的可利用程度，提出了能级的概念。其定义为能量中㶲与能量数量的比值，常以 Ω 表示。显然，机械能和电能的能级 $\Omega=1$。对热能，有：

$$\Omega=\frac{E_{xQ}}{Q}=1-\frac{T_0}{T} \tag{9-20}$$

能级越高，能量的可利用程度越大；能级越小，能量的可利用程度越小。在不可逆过程中，能量的数量虽然不变，但㶲损失使㶲减小，能级降低，做功能力也下降，即能量的品质降低了，这就是能量贬值原理。

9.4 太阳能热发电相关的主要热力循环

9.4.1 概述

太阳能热发电包括抛物槽式、塔式、碟式和菲涅尔式太阳能热发电 4 种主流形式，如图 9-7 所示。其中，抛物槽式、塔式发电的发展速度最为迅速，已经基本实现大规模的商业运行，碟式和菲涅尔式发电仍处于示范阶段。常用的热力循环包括朗肯循环、有机朗肯循环、布雷顿循环、斯特林循环、联合循环等。不同类型的太阳能热发电系统常采用的动力循环及其系统性能对比如表 9-2 所示。

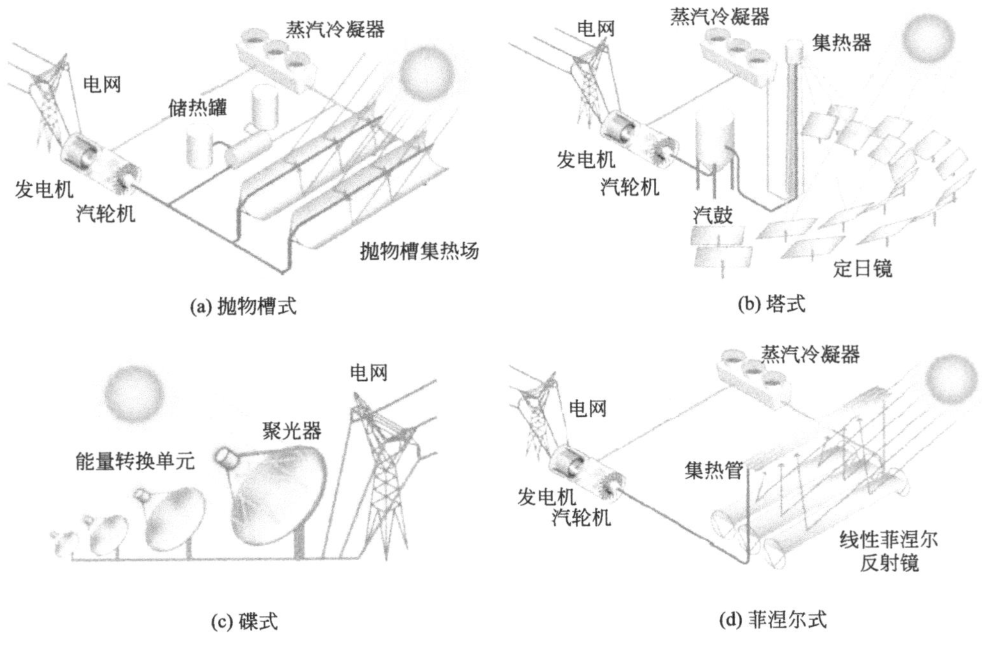

图 9-7 聚光类太阳能热发电示意图

表 9-2 不同类型的太阳能热发电系统常采用的动力循环及其系统性能对比

项目	抛物槽式	塔式	碟式	菲涅尔式
常用的动力循环	朗肯循环	朗肯循环 布雷顿循环 联合循环	斯特林循环	朗肯循环
峰值系统效率	21%	23%～35%(p)	30%(d)	18%(p)
系统年均效率	15%～16%(d)	16%～17%(d)	20%～25%(d)	8%～10%(d)
热循环效率	30%～40%(ST)	30%～40%(ST) 45%～55%(CC)	30%～40%(SE) 20%～30%(GT)	30%～40%(ST)
容量因子	24%(d) 25%～90%(p)	25%～90%(p)	25%(p)	25%～70%(p)
商业化程度	已商业化	已商业化	正在商业化	正在商业化

注：d—示范项目；p—预测；ST—蒸汽轮机；CC—联合循环；SE—斯特林机；GT—燃气轮机。

9.4.2 朗肯循环

(1) 简单的朗肯循环

图 9-8 为采用蒸汽轮机的太阳能热发电系统装置示意图。装置包括集热器、热交换器（蒸汽发生器）、蒸汽轮机、冷凝器和泵等。除产生蒸汽的方式不同外，其余的与常规电厂热机装置完全类似。

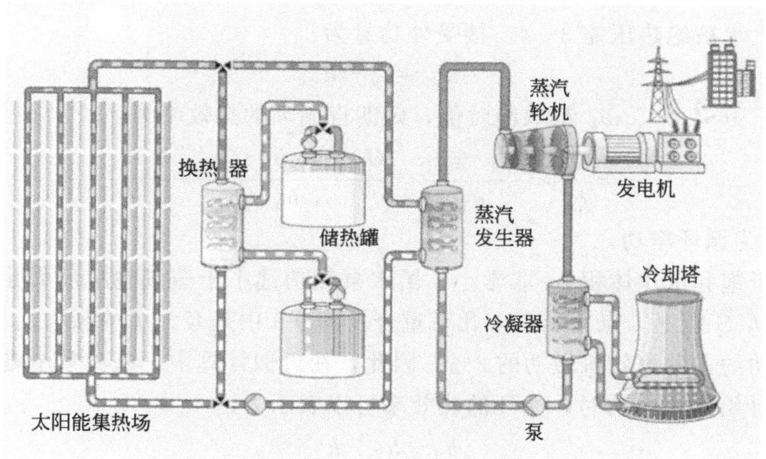

图 9-8 采用蒸汽轮机的太阳能热发电系统装置图

朗肯循环包括 4 个过程（图 9-9）：

① 水在蒸汽发生器内定压吸热，汽化成饱和蒸汽，而饱和蒸汽进一步在过热器中定压吸热成过热蒸汽，如过程 4—5—6—1，其中 4—5 为水的预热段，5—6 为水的汽化段，6—1 为蒸气的过热段；

② 高温高压的新蒸汽（状态 1）在蒸汽轮机中绝热膨胀做功变成乏汽（状态 2），如过程 1—2，在这一过程中工质将所吸收的热转变为机械功，带动发电机组发电；

③ 从蒸汽轮机排出的做过功的乏汽在冷凝器中定压（同时也是定温过程）向冷却水放热，被冷凝成饱和水，如过程 2—3；

④ 凝结水在给水泵中绝热压缩，成为压力升高后的未饱和水，如过程 3—4，工质经给水泵升压后，将回到蒸汽发生器开始下一次循环。

4 个过程在 T-S 图上的表示如图 9-9(b) 所示，其中虚线表示有摩阻的循环过程。在蒸汽发生器中，工质经定压吸热过程 4—5—6—1，吸入热量为：

$$q_1=h_1-h_4 \tag{9-21}$$

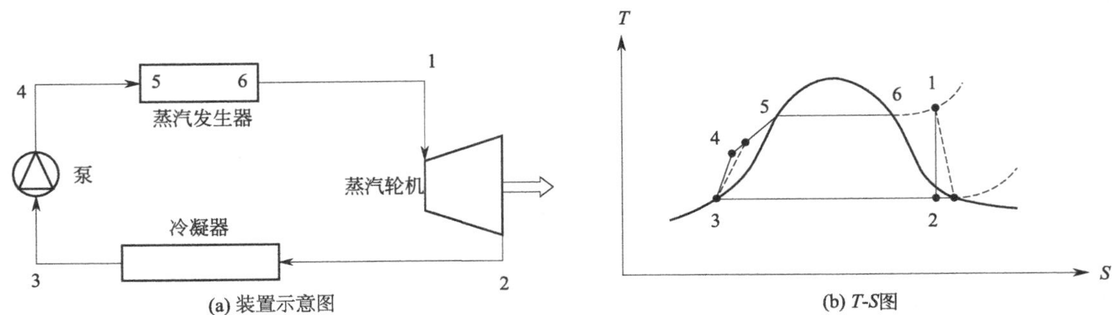

图 9-9 水蒸气的朗肯循环

在蒸汽轮机中，工质经绝热膨胀 1—2 对外做功为：

$$w_T=h_1-h_2 \tag{9-22}$$

在冷凝器中，工质经定压放热过程 2—3，放出热量为：

$$q_2=h_2-h_3 \tag{9-23}$$

在水泵中，水被绝热压缩 3—4，接受外功量为：

$$w_P=h_4-h_3 \tag{9-24}$$

这里，q_1、w_T、q_2、w_P 都取绝对值，则朗肯循环的热效率为：

$$\eta_t=\frac{w_0}{q_1}=\frac{w_T-w_P}{q_1}=\frac{(h_1-h_2)-(h_4-h_3)}{h_1-h_4} \tag{9-25}$$

式中，w_0 为循环净功。

通常，由于饱和水比体积 v_3 非常小，给水泵耗功远小于蒸汽轮机所做出的功量（在实际的 T-S 图和 h-S 图上，点 3 和点 4 几乎重合，图 9-9 中是夸大了的画法）。例如在 10MPa 时，给水泵耗功约占蒸汽轮机做功的 2%。因此，在近似计算中，泵功常忽略不计，即 $h_4 \approx h_3$。这样，不计给水泵耗功时，循环的热效率可以表示为：

$$\eta_t=\frac{h_1-h_2}{h_1-h_4}=\frac{h_1-h_2}{h_1-h_3} \tag{9-26}$$

分析式(9-26) 可知，朗肯循环的热效率取决于新蒸汽的焓值 h_1、乏汽的焓值 h_2 和凝结水的焓值 h_3。其中 h_1 与新蒸汽的状态（p_1、T_1）有关，而乏汽状态 2 则由定熵过程 1—2 和定压过程 2—3 共同决定，因而 h_2 取决于 p_1、T_1 和 p_2；凝结水的焓值 h_3 完全取决于终压力（蒸汽轮机的背压）。可见，不计给水泵耗功的情况下，朗肯循环的热效率取决于循环的初参数 p_1、T_1 和终压力 p_2。提高蒸汽 p_1、T_1 及降低 p_2，可以有效提高朗肯循环的热效率，因而现代蒸汽动力循环都朝着采用高参数、大容量的方向发展。

(2) 朗肯循环的改进

朗肯循环热效率不高的主要原因与工质在蒸汽发生器中吸热平均温度不高、传热不可逆损失极大有关。与常规火力发电厂类似，为改善循环热效率，在太阳能热发电系统中的大型汽轮机组也会采用下面两种措施：

① 再热循环（reheat cycle） 将蒸汽在汽轮机的膨胀过程中分级，在某中间压力将蒸汽抽出汽轮机导入特设的再热器或其他换热设备中，使之再热后再导入汽轮机继续膨胀到背压。再热后每千克蒸汽做功增加了，故设备耗气率可降低，减轻水泵和冷凝器的负荷。再热还可以降低汽轮机出口乏汽的湿度，有利于动力机的安全。再热循环的装置和 T-S 图如图 9-10 所示。由图 9-10(b) 可以明显看出，再热将汽轮机的膨胀过程"搬"出了两相区，保证了汽轮机出口乏汽的干度足够大。根据循环的基本定义，再热循环的热效率为：

$$\eta_t=\frac{w_0}{q_1}=\frac{(h_1-h_2)+(h_3-h_4)-(h_6-h_5)}{(h_1-h_6)+(h_3-h_2)} \tag{9-27}$$

② 回热循环（regenerative cycle） 从汽轮机的适当部位抽出尚未完全膨胀的压力、温度相对较高的少量蒸汽，去加热低温凝结水。这部分抽汽并未经过冷凝器，因而没有向冷源放热，但是加热了冷凝水，达到了回热的目的。回热循环消除了朗肯循环中工质在较低温度下吸热的不利影响，提高了热效率。

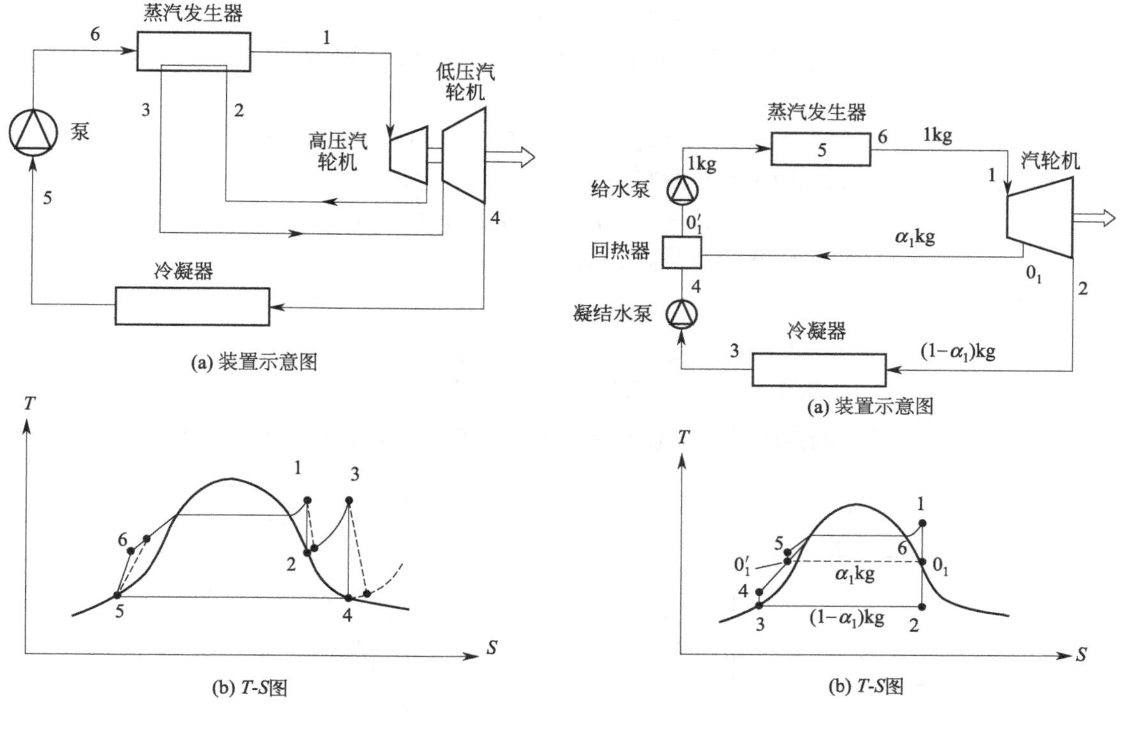

(a) 装置示意图

(b) T-S图

图 9-10 再热循环

(a) 装置示意图

(b) T-S图

图 9-11 回热循环

以一级抽汽回热循环为例进行讨论。该循环的装置示意图和 T-S 图如图 9-11 所示。每 1kg 状态为 1 的新蒸汽进入汽轮机，绝热膨胀到状态 0_1（p_{01}，t_{01}）后，其中的 $\alpha_1$kg 即被抽出汽轮机引入回热器，这 $\alpha_1$kg 状态为 0_1 的回热抽汽将（$1-\alpha_1$）kg 凝结水加热到了 0_1 压力下的饱和水状态，其本身也变为 0_1 压力下的饱和水，然后两部分汇合成 1kg 的状态为 $0_1'$ 的饱和水，经给水泵加压后进入蒸汽发生器加热、汽化、过热成新蒸汽，完成循环。

从上面的描述可知，回热循环中，工质经历不同过程时有质量变化，因此，T-S 图上的面积不能直接代表热量。尽管如此，T-S 图对分析回热循环仍是十分有用的工具。

忽略给水泵的耗功，循环中工质自高温热源的吸热量为：

$$q_1 = h_1 - h_{0_1'} \tag{9-28}$$

循环的功由凝汽和抽汽两部分蒸汽所做的功构成，即：

$$w_{t,T} = (1-\alpha_1)(h_1 - h_2) + \alpha_1(h_1 - h_{0_1}) \tag{9-29}$$

因此，具有一级抽汽回热的循环热效率为：

$$\eta_{t,reg} = \frac{(1-\alpha_1)(h_1-h_2)+\alpha_1(h_1-h_{0_1})}{h_1-h_{0_1'}} = \frac{(1-\alpha_1)(h_{0_1}-h_2)+(h_1-h_{0_1})}{h_1-h_{0_1'}} \tag{9-30}$$

图 9-12 是混合式回热器的示意图，对其建立能量平衡关系式，有：

$$(1-\alpha_1)(h_{0_1'} - h_4) = \alpha_1(h_{0_1} - h_{0_1'}) \tag{9-31}$$

从而可以得到抽汽量的计算式为（忽略水泵功，$h_4 = h_3$）：

$$\alpha_1 = \frac{h_{0_1'} - h_3}{h_{0_1} - h_3} \tag{9-32}$$

由此，有：

$$h_{0_1'} = h_3 + \alpha_1(h_{0_1} - h_3) \tag{9-33}$$

将式(9-33) 代入 q_1 的计算式中，然后在式中右侧分别加上 $\alpha_1 h_1$ 项和减去 $\alpha_1 h_1$ 项，有：

$$q_1 = h_1 - h_{0_1'} = h_1 - h_3 - \alpha_1(h_{0_1} - h_3) = (1-\alpha_1)(h_1 - h_3) + \alpha_1(h_1 - h_{0_1}) \tag{9-34}$$

利用以上关系可以将式(9-30) 改写为：

$$\eta_{t,reg} = \frac{(1-\alpha_1)(h_1-h_2)+\alpha_1(h_1-h_{0_1})}{(1-\alpha_1)(h_1-h_3)+\alpha_1(h_1-h_{0_1})} \tag{9-35}$$

显然：

$$\eta_{t,reg} > \frac{(1-\alpha_1)(h_1-h_2)}{(1-\alpha_1)(h_1-h_3)} = \frac{(h_1-h_2)}{(h_1-h_3)} = \eta_{t,R} \tag{9-36}$$

由此可见，与简单的朗肯循环比较起来，回热使循环的热效率得到了提高。

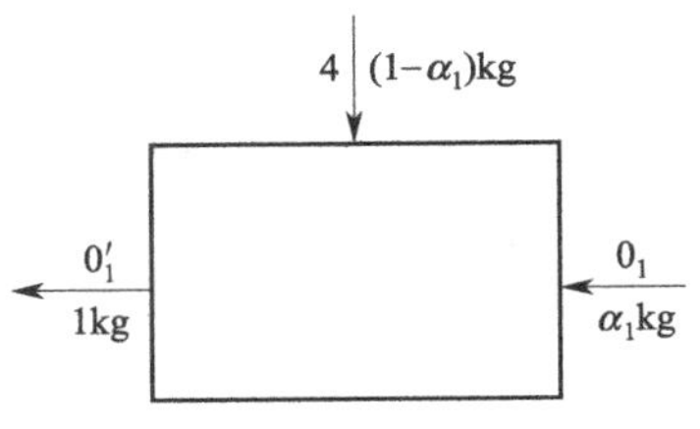

图 9-12　混合式回热器示意图

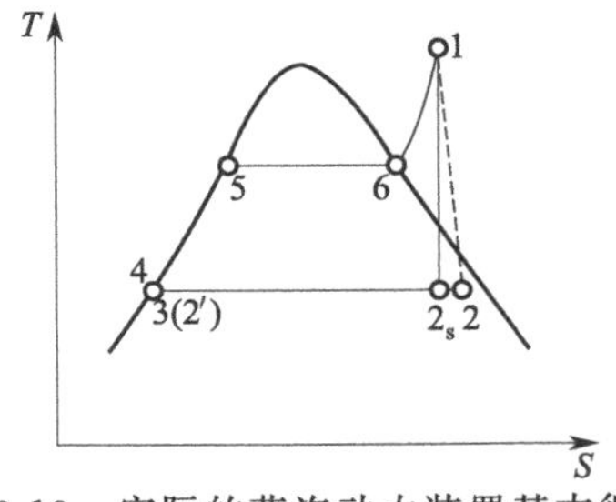

图 9-13　实际的蒸汽动力装置基本循环

(3) 有摩阻的实际循环

实际的蒸汽动力装置循环所经历的过程性质与朗肯循环一样，只是实际的过程都存在不可逆因素。分析循环的 T-S 图可知，循环的吸热和放热过程是否可逆不会改变新蒸汽和凝结水的状态（图中的 1 点和 3 点），因而它们本身不会影响循环的热效率，倒是蒸汽在汽轮机中做功过程的不可逆性会改变汽轮机输出的技术功，如图 9-13 所示。不可逆性使汽轮机输出的技术功减少，从而使循环的热效率下降。

定义实际不可逆的汽轮机做功与理想定熵汽轮机做功之比为汽轮机的相对内部效率，或者就简称为汽轮机的效率，其表达式为：

$$\eta_T=\frac{h_1-h_2}{h_1-h_{2s}} \tag{9-37}$$

根据式(9-37) 可得实际汽轮机的乏汽焓值与理想汽轮机乏汽焓值之间的关系式为：

$$h_2=h_{2s}+(1-\eta_T)(h_1-h_{2s}) \tag{9-38}$$

可见，实际汽轮机与理想汽轮机的乏汽焓差为：

$$\Delta h_2=h_2-h_{2s}=(1-\eta_T)(h_1-h_{2s}) \tag{9-39}$$

实际汽轮机的做功与循环吸热量之比称为汽轮机的绝对内效率（η_i），它实际上也就是不计给水泵耗功情况下的实际蒸汽动力装置循环的热效率，结合式(9-26) 应有：

$$\eta_i=\frac{h_1-h_2}{h_1-h_3}=\frac{\eta_T(h_1-h_{2s})}{h_1-h_3}=\eta_T\eta_t \tag{9-40}$$

9.4.3　有机朗肯循环

朗肯循环需要在高参数条件下才能有较高的效率。研究表明，当热源温度低于 370℃时，采用水蒸气朗肯循环是不经济的。因此，在太阳能这种低能流密度热源应用方面，采用低沸点有机工质的有机朗肯循环（Organic Rankine Cycle，ORC）在很多方面更具优势。

太阳能有机朗肯循环系统图及其 p-h 图分别如图 9-14 和图 9-15 所示。可以看出，在装置和循环的构成方面，有机朗肯循环与水蒸气朗肯循环原理类似，只是用低沸点有机物代替了水作为循环工质。

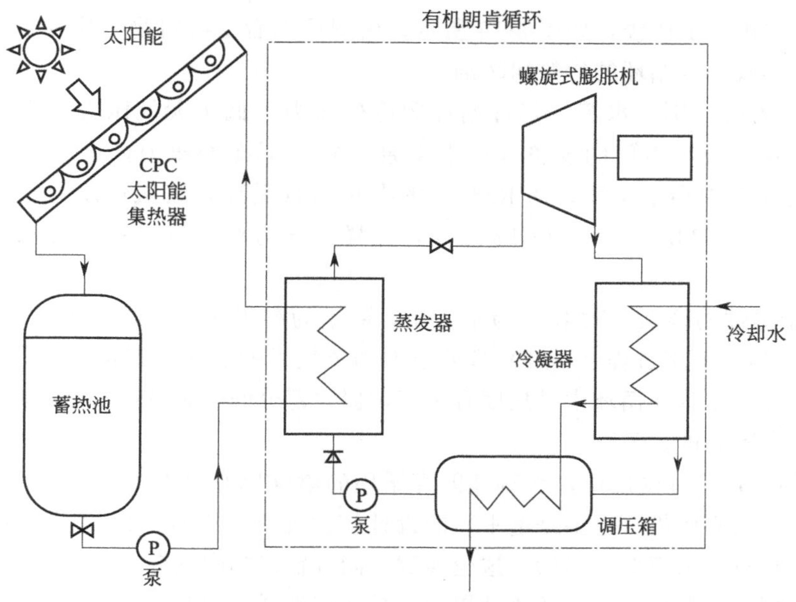

图 9-14　有机朗肯循环系统示意图

水蒸气朗肯循环相同，理想的有机朗肯循环包括以下 4 个过程（图 9-15)：

① 等熵压缩（1—2）：经过冷凝器冷却之后过冷的有机物工质液体在工质泵中被等熵加压至高压液体。

② 等压加热（2—3）：高压的有机物工质液体在蒸发器中被加热，经历了预热、沸腾和过热 3 个过程后，产生过热蒸气。

③ 等熵膨胀（3—4）：来自蒸发器的高温高压的有机物工质过热蒸气在膨胀机中等熵膨胀。

④ 等压冷凝（4—1）：经过膨胀之后的较低温度较低压力的有机物蒸气，在冷凝器中冷凝成过冷液体，同时将热量排到冷却流体中。

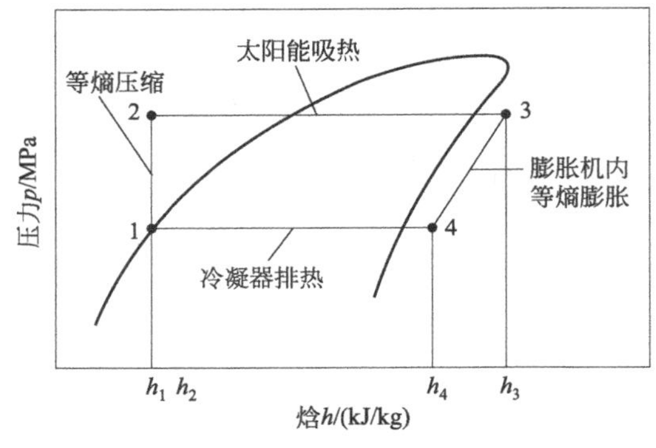

图 9-15 有机朗肯循环的 p-h 图

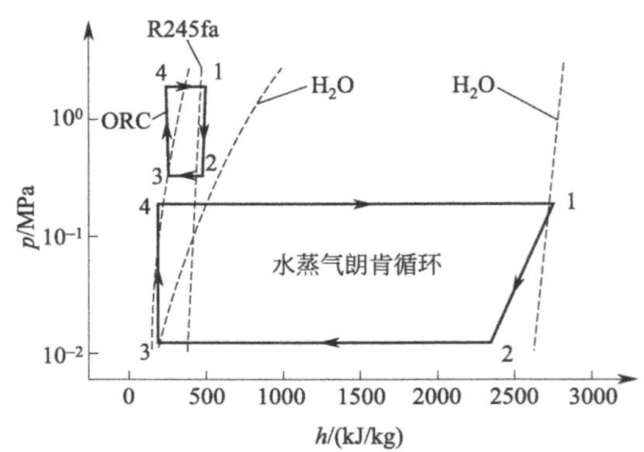

图 9-16 有机工质与水的朗肯循环比较

（1）有机朗肯循环与水蒸气朗肯循环的比较

研究者在相同的工作条件下（蒸发温度 120℃、冷凝温度 50℃、过热度 20K、过冷度 5K、膨胀机绝热效率 0.9），对采用 R245fa 为工质的有机物朗肯循环和以水为工质的朗肯循环的 lg(p)-h 图进行了比较，如图 9-16 所示。由图可以看出有机物工质在低品位热能利用方面相比较水蒸气朗肯循环的优势和区别。

① 工作压力的区别　水蒸气朗肯循环的冷凝压力远低于大气压力，将使系统低压侧的密封要求极高，需要专门的设备（如真空泵）来保证冷凝压力，这带来了额外的成本和维护，不适合于中小型系统。而 R245fa 的有机朗肯循环，其工作压力在本节给定的工作参数下，在 0.345MPa 和 1.92MPa 之间，这样的压力对系统设备的要求不高，是非常适宜的。

② 工质干湿性的区别　R245fa 为干工质，而水为湿工质。因此，从图 9-16 可以看到，采用 R245fa 工质的膨胀过程（1—2）都处于饱和蒸气线的右侧，即都是呈气态工作的；而水蒸气朗肯循环，尽管在循环中过热度有 20K，但大部分的膨胀过程都处在两相区内，这对膨胀机的安全是不利的。

③ 焓降的区别　可以发现，水蒸气朗肯循环的焓降比有机朗肯循环大很多，这就使得水蒸气朗肯循环的膨胀机（主要是透平）的设计较为复杂。而有机朗肯循环由于焓降较低，其膨胀机设计相对较为简单。当然，这也导致在同等输出功率的条件下，有机朗肯循环需要的工质的流量更大，带来了较大的流动损失和泵功率消耗。但是，综合考虑上述优点，有机朗肯循环比水蒸气朗肯循环在低品位热能利用方面具有更大的优势。

由于有机物朗肯循环在回收中低品位热能方面的优势，国内外对 ORC 进行了大量的研究，早期主要集中在 ORC 技术在发动机余热及太阳能热电技术上的应用。从 20 世纪 90 年代后期至今，考虑到蒙特利尔协议的限制，需要有机朗肯循环采用对臭氧层无损害且大气温室效应低的工质，因此现阶段对有机朗肯循环的研究，不仅仅是对整个系统以及不同工况下的特性研究，还有针对各种工质在 ORC 技术方面的应用以及不同工质的比较。此外，ORC 技术中各种新型膨胀机的开发，各种类型热源的利用，以及一些基于朗肯循环的新型循环，如 Kalina 循环等也是该项技术的研究热点。

（2）有机朗肯循环工质的选择

工质的选择对有机朗肯循环的性能影响非常大。有机朗肯循环工质的选择应尽量满足以下要求：

① 工质的安全性（包括毒性、易燃易爆性及对设备管道的腐蚀性等）。为了防止操作不当等原因导致工质泄漏，致使工作人员中毒，应尽量选择毒性低的流体。

② 环保性能。很多有机工质都具有不同程度的大气臭氧破坏能力和温室效应，要尽量选用没有破坏臭氧能力和温室效应低的工质。

③ 化学稳定性。有机流体在高温高压下会发生分解，对设备材料产生腐蚀，甚至容易爆炸和燃烧，所以要根据热源温度等条件来选择合适的工质。

④ 工质的临界参数及正常沸点。冷凝温度受环境温度的限制，可调节范围有限，工质的临界温度不能太低，要选择具有合适临界参数的工质。

⑤ 工质廉价、易购买。

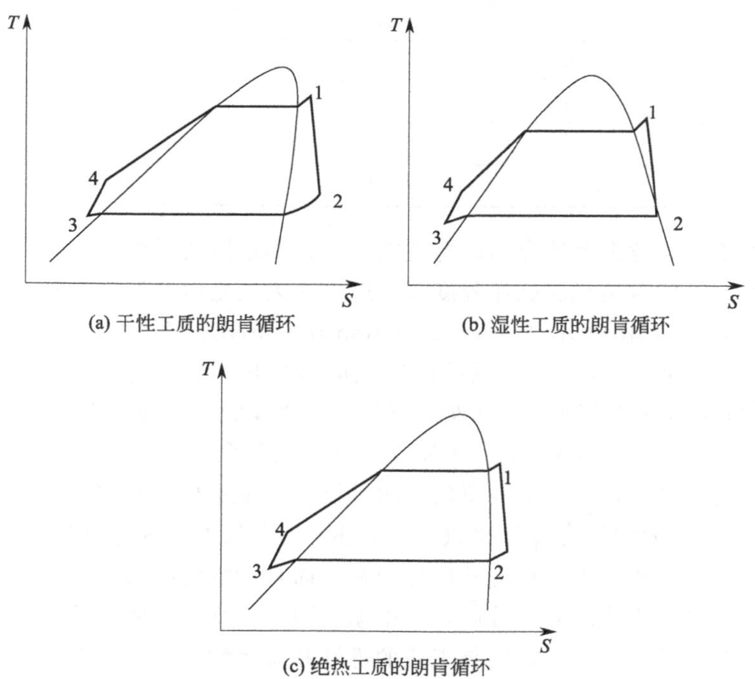

图 9-17 由工质的干湿性定义的典型的朗肯循环

图 9-17 给出了 3 种由工质定义的典型的朗肯循环。根据工质在 T-S 图中饱和蒸气线的斜率 $\mathrm{d}T/\mathrm{d}S$ 不同，工质可以分为干性工质［见图 9-17(a)］、湿性工质［见图 9-17

(b)] 和绝热工质 [见图 9-17(c)] 3 种类型。干工质斜率 dT/dS 为正，湿工质斜率 dT/dS 为负，而绝热工质（等熵工质）斜率 dT/dS 为无穷大。若工质是干性工质或绝热工质，由于理想膨胀机膨胀过程是等熵的，则其膨胀过程不容易进入两相区，见图 9-17(a) 和图 9-17(c)；而若工质是湿性工质，则膨胀机末端容易进入两相区，见图 9-17(b)。两相膨胀对速度型膨胀机有较大的危害，因为工质液滴会带来液击，在高速情况下严重损坏叶片。在太阳能低温朗肯循环的温度范围（约为环境温度到 100℃）内，几乎没有绝热工质，绝大多数纯工质为干工质或湿工质。表 9-3 给出了一些工质在饱和温度 20℃、70℃ 和 120℃ 时的 dT/dS。可以得到，R245fa、R123、R113、R114、R600a 这几种较适合用于有机朗肯循环的工质都是干性的工质，而水、氨等工质则是湿性工质，因此，水、氨等工质需要在膨胀机入口有较大的过热度，以确保其不进入两相区。对于中低温太阳能发电系统，由于热源温度不高，不可能采用很高的过热度，因此采用有机朗肯循环最有利。

表 9-3　一些典型工质的干湿性数据

工质	$T=20℃$	$T=70℃$	$T=120℃$	工质类型
R245fa	3.25	1.53	3.21	干性
R123	24.85	2.66	2.89	干性
R113	3.13	1.60	1.50	干性
R114	1.81	1.64	19.91	干性
R600a	1.59	0.95	−0.69	干性
R12	−2.27	−2.05		湿性
R134a	−2.68	−1.17		湿性
R22	−0.69	−0.50		湿性
NH_3	−0.086	−0.094	−0.047	湿性
H_2O	−0.044	−0.067	−0.094	湿性

选择工质除了需要考虑上述介绍的特性之外，特别还需要考虑工质的环保特性。工质的环保特性，主要是工质对臭氧层破坏程度和工质进入大气之后的温室效应危害程度。描述工质对臭氧层的破坏程度用 ODP（ozone depletion potential）表示，以 R11 的 ODP 值为 1，其他工质与 R11 的比值为 ODP。工质的温室效应指数用 GWP（global warming potential）表示，以二氧化碳的 GWP 值为 1，其他工质与二氧化碳的比值为该工质的 GWP 值。表 9-4 给出了一些工质的 ODP 和 GWP 值。工质在大气中的寿命也是需要考虑的因素，因为工质若在大气中存在时间越长，则其对环境的影响持续时间也越长。从表 9-4 可以发现，CFC 类（完全卤代烃）工质一般大气寿命都比较长，如 R114 大气寿命为 300 年，而 R12 大气寿命为 102 年。可见这类工质对大气环境的破坏力强，而且持续时间长。而 HFC 和 HCFC 类工质则大气寿命短很多。工质的安全分区，是根据美国 ASHRAE 对工质安全性的分类表，将工质分为 6 种安全类别，主要考虑的是工质的毒性和可燃性。工质的毒性、可燃性以及毒性具有一定的规律性：一般情况下，含氢原子多的氟利昂工质的可燃性较强；含氯原子多的工质，其毒性较强；含氟原子多的工质，其稳定性较高，即大气寿命较长。表 9-4 中，A 代表工质是低毒的，B 代表工质高毒性，而工质的可燃性则分为不可燃、可燃性、爆炸性 3 种，分别用 1、2、3 表示。

表 9-4 一些典型工质的 ODP、GWP、大气寿命以及安全分区

工质	分子式	ODP(R11=1)	GWP(CO_2=1,100 年)	大气寿命/年	安全分区
R245fa	$CF_3CH_2CHF_2$	0	820	7.3	B1
R123	$CHCl_2CF_3$	0.02	93	1.4	B1
R113	CCl_2FCClF_2	0.8	5000	85	A1
R114	$CClF_2CClF_2$	1	9300	300	A1
R600a	$CH(CH_3)_3$	0	20		A3
R12	CCl_2F_2	1	8500	102	A1
R134a	CH_2FCF_3	0	1300	14.6	A1
R22	$CHClF_2$	0.055	1700	13.3	A1
NH_3		0			B2
H_2O		0	0		A1

9.4.4 布雷顿循环

理想布雷顿循环由两个定压过程和两个绝热过程组成，如图 9-18 所示。工质在压气机中进行绝热压缩（过程 1—2），达到循环最高压力；然后进入燃烧室，吸收燃料燃烧释放的热量，完成定压吸热（过程 2—3），具备做功能力；高温高压的燃气进入燃气轮机中进行绝热膨胀（过程 3—4），输出轴功，完成热向功的转换；最后，从燃气轮机出来的废气直接排入大气中冷却（过程 4—1），这一开式过程在热力学中被视为环境温度和压力下的定压放热，工质回到初态，开始下一次循环。布雷顿热机（燃气轮机装置）直接通过工质燃烧吸热，省去了换热面积，又不需要冷却装置来排出废热，因此装置紧凑，输出功率大，在航空航天领域、航海领域和火力发电领域得到广泛应用。

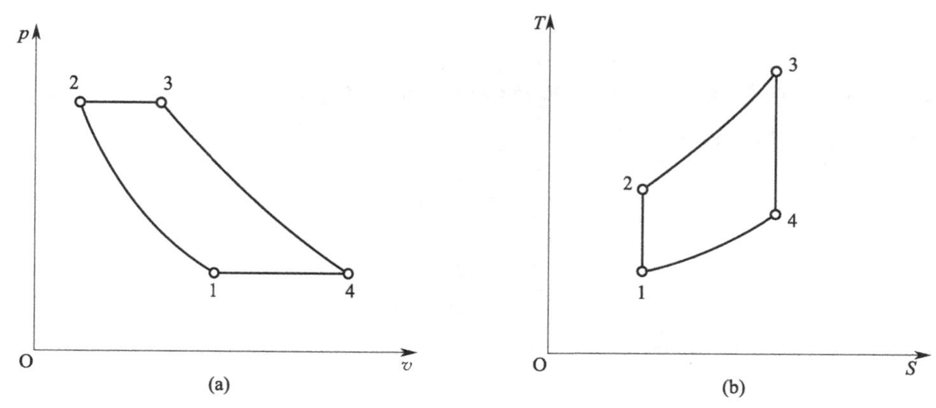

图 9-18 定压加热理想循环

传统布雷顿循环以空气与油或燃气混合燃烧后得到的烟气为工质，以直接燃烧作为热能获取方式，如图 9-19(a) 所示。太阳能布雷顿循环则需将燃烧室改为以太阳能为热源的主换热器，如图 9-19(b) 所示。目前，太阳能布雷顿循环主要用于碟式和塔式太阳能发电技术中。应用于太阳能热发电系统的布雷顿热机采用的是闭式布雷顿循环，这类循环完成做功后不直接排放，而是采用冷却器冷却后重新送回压缩机。采用闭式布雷顿循环的系统，除使用空气为工质外，还可以应用氦气、二氧化碳等其他气体工质。无论是开式布雷顿循环还是闭式布雷顿循环，图 9-18 给出的循环模型都是适用的。

(1) 理想布雷顿循环的热效率

循环的吸热量：

$$q_1 = h_3 - h_2 = C_p(T_3 - T_2) \tag{9-41}$$

循环的放热量：

$$q_2 = h_4 - h_1 = C_p(T_4 - T_1)\text{(取为正值)} \tag{9-42}$$

式中，C_p 为气体的比定压热容。

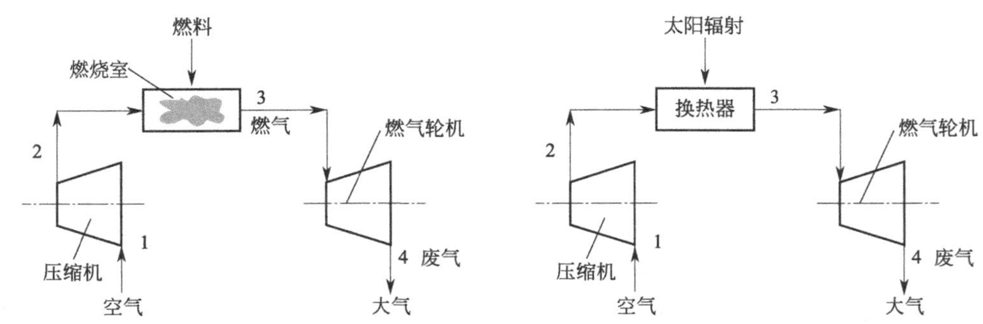

图 9-19　简单布雷顿循环与简单太阳能布雷顿循环装置

布雷顿循环的热效率为：

$$\eta_{t,B} = 1 - \frac{q_2}{q_1} = 1 - \frac{C_p(T_4 - T_1)}{C_p(T_3 - T_2)} = 1 - \frac{(T_4 - T_1)}{(T_3 - T_2)} = 1 - \frac{T_1\left(\dfrac{T_4}{T_1} - 1\right)}{\left[T_2\left(\dfrac{T_3}{T_2} - 1\right)\right]} \tag{9-43}$$

$$\kappa = C_p / C_V \tag{9-44}$$

式中，κ 为工质的比热比，又称为绝热指数，对空气有 $\kappa = 1.4$；C_p 为比定压热容；C_V 为比定容热容。由绝热过程 1—2 和 3—4，有：

$$\frac{T_4}{T_3} = \left(\frac{p_4}{p_3}\right)^{\kappa} \tag{9-45}$$

$$\frac{T_1}{T_2} = \left(\frac{p_1}{p_2}\right)^{\kappa} \tag{9-46}$$

由定压过程 2—3 和 4—1，又有：

$$p_4 = p_1 ; p_3 = p_2 \tag{9-47}$$

因此：

$$\frac{p_4}{p_3} = \frac{p_1}{p_2} \tag{9-48}$$

可见：

$$\frac{T_4}{T_3} = \frac{T_1}{T_2} \tag{9-49}$$

即：

$$\frac{T_4}{T_1} = \frac{T_3}{T_2} \tag{9-50}$$

于是，由式(9-43) 有：

$$\eta_{t,B}=1-\frac{T_1}{T_2} \tag{9-51}$$

从式(9-51) 可以看出，布雷顿循环的热效率仅取决于压缩过程的始、末态温度。但值得注意的是，在这里要将式(9-51) 与卡诺循环的热效率表达式区别开来，式(9-51) 中的 T_1 和 T_2 只不过是循环中 1 点和 2 点的温度，并非吸热过程和放热过程的热源温度。

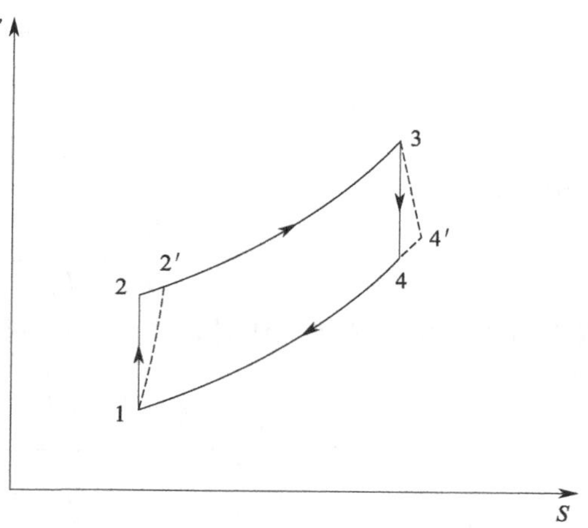

图 9-20　燃气轮机装置实际循环的 T-S 图

(2) 实际布雷顿循环热效率

实际燃气轮机装置循环中的各个过程都存在着不可逆因素，这里主要考虑压缩过程和膨胀过程存在的不可逆性。因为流经叶轮式压气机和燃气轮机的工质通常在很高的流速下实现能量之间的转换，这时流体之间、流体与流道之间的摩擦不能再忽略不计。所以，尽管工质流经压气机和燃气轮机时向外散热可忽略不计，但其压缩过程和膨胀过程都是不可逆的绝热过程，如图 9-20 所示。

燃气轮机的摩擦损失通常用相对内效率来度量，即：

$$\eta_T=\frac{实际膨胀做出的功}{理想膨胀做出的功}=\frac{w'_T}{w_T} \tag{9-52}$$

所以，燃气流经燃气轮机时实际做功为：

$$w'_T=h_3-h_{4'}=\eta_T(h_3-h_4) \tag{9-53}$$

压气机的摩擦损失用压气机的绝热效率来衡量，即：

$$\eta_{C,s}=\frac{w_{C,s}}{w'_C}=\frac{h_2-h_1}{h_{2'}-h_1} \tag{9-54}$$

所以实际压气机耗功为：

$$w'_C=h_{2'}-h_1=\frac{h_2-h_1}{\eta_{C,s}} \tag{9-55}$$

压气机实际出口空气焓值 $h_{2'}$ 为：

$$h_{2'}=h_1+\frac{h_2-h_1}{\eta_{C,s}} \tag{9-56}$$

循环吸热量 q'_1 为：

$$q'_1=h_3-h_2=h_3-h_1-\frac{h_2-h_1}{\eta_{C,s}} \tag{9-57}$$

循环净功量 w'_0 为：

$$w'_0=w'_T-w'_C=\eta_T(h_3-h_4)-\frac{h_2-h_1}{\eta_{C,s}} \tag{9-58}$$

实际循环的热效率为：

$$\eta_{\mathrm{i}}=\frac{w_0'}{q_1'}=\frac{\eta_{\mathrm{T}}(h_3-h_4)-\dfrac{h_2-h_1}{\eta_{\mathrm{C,s}}}}{h_3-h_1-\dfrac{h_2-h_1}{\eta_{\mathrm{C,s}}}} \tag{9-59}$$

又因为：

$$\frac{T_2}{T_1}=\frac{T_3}{T_4}=\pi^{\frac{k-1}{k}},\tau=\frac{T_3}{T_1},\pi=\frac{p_2}{p_1} \tag{9-60}$$

取工质为定比热理想气体时，式(9-59) 可改写为：

$$\eta_{\mathrm{i}}=\frac{\eta_{\mathrm{T}}(T_3-T_4)-\dfrac{T_2-T_1}{\eta_{\mathrm{C,s}}}}{T_3-T_1-\dfrac{T_2-T_1}{\eta_{\mathrm{C,s}}}}=\frac{\dfrac{\tau}{\pi^{\kappa}}\eta_{\mathrm{T}}-\dfrac{1}{\eta_{\mathrm{C,s}}}}{\dfrac{\tau-1}{\pi^{\kappa}-1}-\dfrac{1}{\eta_{\mathrm{C,s}}}} \tag{9-61}$$

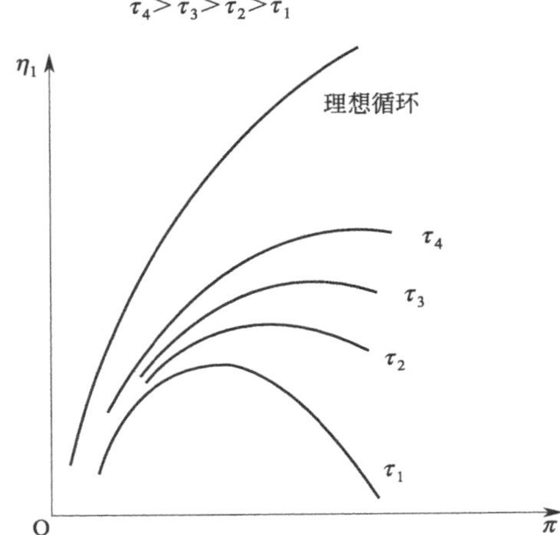

图 9-21　燃气轮机装置实际循环的热效率

式中，π 为增压比，τ 为增温比。

如图 9-21，分析上式可得：

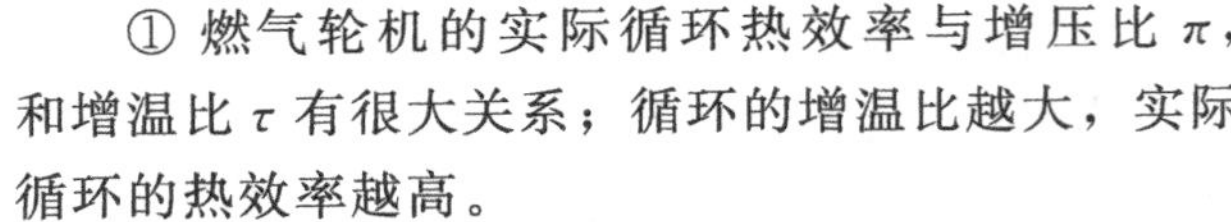

① 燃气轮机的实际循环热效率与增压比 π，和增温比 τ 有很大关系；循环的增温比越大，实际循环的热效率越高。

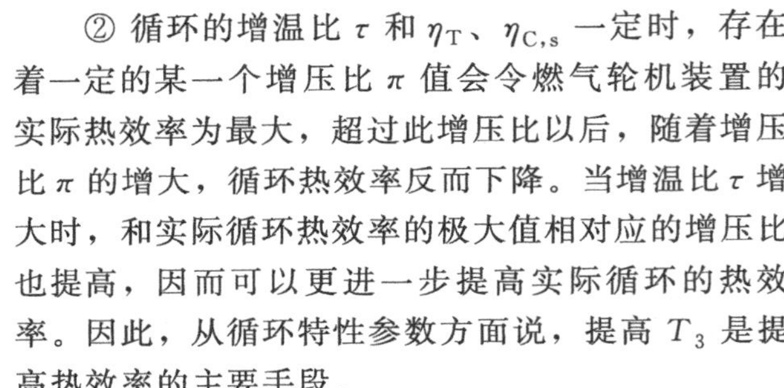

② 循环的增温比 τ 和 η_{T}、$\eta_{\mathrm{C,s}}$ 一定时，存在着一定的某一个增压比 π 值会令燃气轮机装置的实际热效率为最大，超过此增压比以后，随着增压比 π 的增大，循环热效率反而下降。当增温比 τ 增大时，和实际循环热效率的极大值相对应的增压比也提高，因而可以更进一步提高实际循环的热效率。因此，从循环特性参数方面说，提高 T_3 是提高热效率的主要手段。

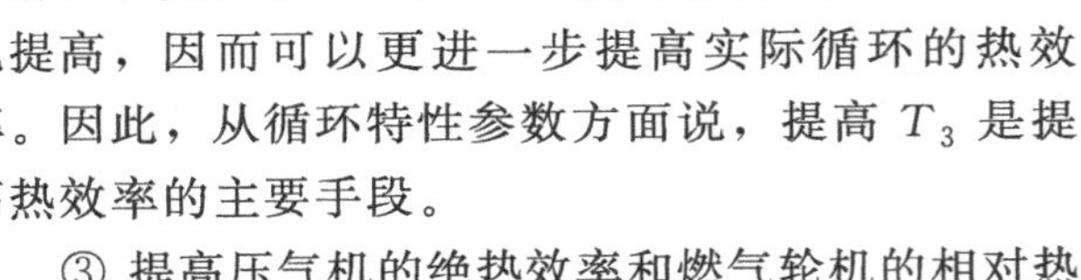

③ 提高压气机的绝热效率和燃气轮机的相对热效率，即减小压气机中压缩过程和燃气轮机中膨胀过程的不可逆性，内部热效率随之提高。目前，一般压气机绝热效率在 0.80～0.90 之间，而燃气轮机的相对内效率在 0.85～0.92 之间。

9.4.5　斯特林循环

为了提高小型太阳能热发电系统的效率，需要寻找更为适宜和有效的热机，斯特林发动机是较适合的一种，也称为热气机。如图 9-22 所示，斯特林循环热机包括膨胀机、加热器、回热器、冷却器和压缩机基本部件。斯特林发动机的工质是密闭在气缸内的，故不能像内燃机或燃气轮机那样通过燃料的燃烧输入热量，并用排气来释放热量。其吸热和放热过程都是通过壁面的传热实现的，因此它与内燃机不同，是一种“外燃机”。因此，任何热源（包括太阳能）都可以用来从外部加热气缸内的工质。斯特林发动机效率高、噪声小、排气污染少，可利用各种热源，因而有很广泛的应用前景，近年来许多国家都在深入研究。但与布雷顿和朗肯热机相比，斯特林热机发展的成熟度还有很大差距，主要受制于各部件商业化程度。目前，斯特林机已成为碟式太阳能热发电系统的重点研究方向和未来发展趋势。

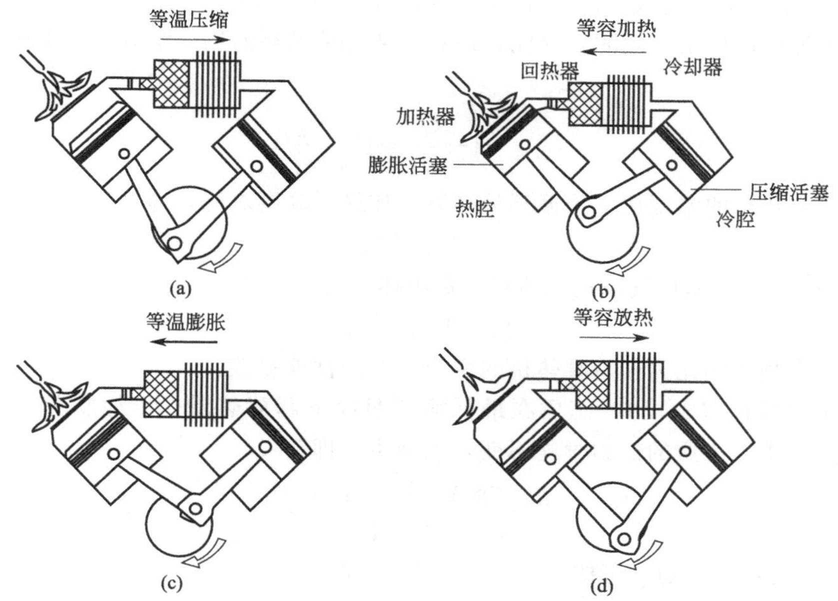

图 9-22 斯特林热机的结构及工作过程示意图

按照斯特林循环工作的热气机是一种外部供热的闭式循环往复式发动机，其理想循环由等温压缩、等容加热、等温膨胀和等容放热 4 个过程组成（见图 9-22 和图 9-23）。

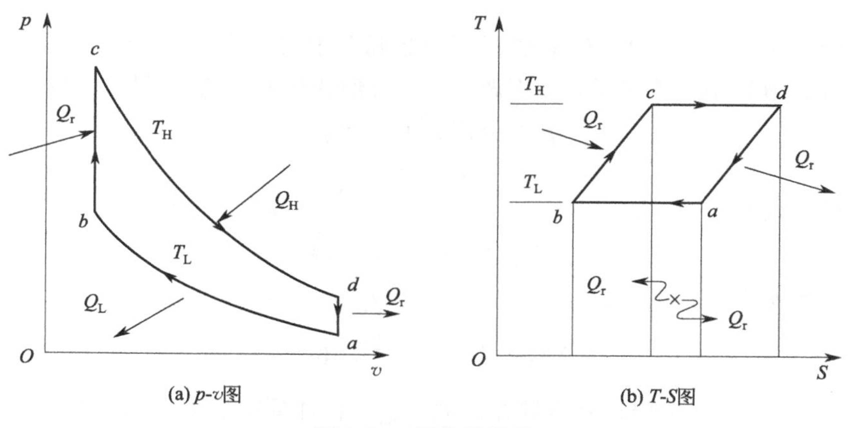

图 9-23 斯特林循环

① 等温压缩过程 a—b：左活塞（膨胀活塞）和右活塞（压缩活塞）同时向上推动，使工作气体在等温（T_L）下被压缩到最小容积，同时放热 Q_L。

② 等容加热过程 b—c：左活塞向下运动而右活塞向上运动，工作气体从冷腔流向热腔，在等容下从回热器中吸收热量 Q_r，使空气温度由 T_L 提高到 T_H。

③ 等温膨胀过程 c—d：左活塞继续加热 Q_H，两个活塞受到工作气体的压力同时向下运动，等温膨胀做功。

④ 等容放热过程 d—a：左活塞向上运动而右活塞向下运动，工作气体从热腔流向冷腔，在等容下向回热器释放热量 Q_r，使空气温度由 T_H 降低到 T_L，于是整个系统回到初始状态。

如果在 d—a 过程中气体释放给回热器的热量全部在 b—c 过程中被气体收回，且气体

的温度也由 T_L 回复至 T_H（实际上是不可能的），那么，斯特林循环中的两个等容过程与卡诺循环两个等熵过程是等效的。因此，理论上斯特林循环的热力学效率与卡诺循环效率相等，即：

$$\eta_{t,S}=1-\frac{Q_2}{Q_1}=1-\frac{T_L}{T_H} \tag{9-62}$$

定义斯特林热机的温度比 τ 为循环最高温度和最低温度之比，即：

$$\tau=T_{max}/T_{min} \tag{9-63}$$

容积压缩比 γ_V 为循环气缸最大体积与最小体积之比，即：

$$\gamma_V=V_{max}/V_{min} \tag{9-64}$$

温度比和容积压缩比为斯特林热机的两个重要的性能参数。

对等温压缩过程（a—b），工质在最低循环温度下释放热量，压缩功相当于释放的热量。在这一过程中，工质的热力学能不变，熵减少，即：

$$p_b=p_aV_a/V_b=p_a\gamma_V \tag{9-65}$$

$$T_b=T_a=T_{min} \tag{9-66}$$

过程 a—b 的传热量 Q_{ab} 可按式(9-67) 计算，即：

$$Q_{ab}=\text{压缩功 }W_{ab}=\int_a^b p_a\mathrm{d}V=\int_a^b \frac{R_gT_a}{V}\mathrm{d}V=R_gT_a\ln\frac{V_b}{V_a}=R_gT_a\ln\frac{1}{\gamma_V} \tag{9-67}$$

过程 a—b 的熵的变化为：

$$\Delta S_{ab}=S_b-S_a=R_g\ln\frac{1}{\gamma_V} \tag{9-68}$$

在等容加热过程 b—c 中，热量通过回热器筛网传给工质，工质温度从 T_{min} 升高到 T_{max}。由于在该过程中工质仅吸热而不做功，故其熵和热力学能都增加，即：

$$p_c=p_bT_c/T_b=p_b/\tau \tag{9-69}$$

$$V_c=V_b \tag{9-70}$$

过程中吸收的热量为：

$$Q_{bc}=C_V(T_c-T_b) \tag{9-71}$$

过程中熵的变化量为：

$$\Delta S_{bc}=S_c-S_b=C_V\ln\frac{1}{\tau} \tag{9-72}$$

在等温膨胀过程 c—d 中，外热源在高温 T_{max} 下向循环系统供热。同时，工质对外膨胀，即做功。做功量等于外热源供给系统的热量，这个过程中，工质的热力学能不变而熵增加，即：

$$p_d=p_cV_c/V_d=p_c/\gamma_V \tag{9-73}$$

$$T_d=T_c=T_{max} \tag{9-74}$$

过程中工质的吸热量为：

$$Q_{cd}=\text{膨胀功 }W_{cd}=\int_c^d p_c\mathrm{d}V=\int_c^d \frac{R_gT_c}{V}\mathrm{d}V=p_cV_c\ln\gamma_V=R_gT_c\ln\gamma_V \tag{9-75}$$

过程中熵的变化为：

$$\Delta S_{cd}=S_d-S_c=R_g\ln\gamma_V \tag{9-76}$$

在等容放热过程 d—a 中，工质将热量给予回热器网片，工质的温度从 T_{max} 降到 T_{min}。

过程中工质对外不做功，其热力学能和熵均减少，即：

$$p_a = p_d T_a / T_d = p_d / \tau \tag{9-77}$$

$$V_d = V_a \tag{9-78}$$

过程中工质的热量为：

$$Q_{da} = C_V (T_d - T_a) \tag{9-79}$$

过程中工质熵的变化为：

$$\Delta S_{da} = S_d - S_a = C_V \ln\tau \tag{9-80}$$

理想斯特林循环中的 b—c 和 d—a 为回热过程。极限回热条件下，工质在过程 b—c 中从回热器网片得到的热量，全部由工质在 d—a 过程中给予网片的热量供给。过程 b—c 中工质不从外界吸热，过程 d—a 中工质不向外界放热。这样，对理想斯特林循环而言，工质从外界热源吸收的热量为：

$$Q_1 = Q_{cd} = R_g T_c \ln\gamma_V \tag{9-81}$$

工质在 T_{min} 下向外界环境释放的热量为：

$$Q_2 = |Q_{ab}| = R_g T_a \ln\gamma_V \tag{9-82}$$

则循环的热效率为：

$$\eta_{t,S} = \frac{Q_1 - Q_2}{Q_1} = \frac{R_g T_c \ln\gamma_V - R_g T_a \ln\gamma_V}{R_g T_c \ln\gamma_V} = 1 - \frac{T_a}{T_c} = 1 - \tau \tag{9-83}$$

式(9-83) 说明，在相同的温度范围内，斯特林循环热效率与卡诺循环热效率相同。

尽管理论上斯特林循环和卡诺循环等效，但实际斯特林循环由于存在种种不可逆因素，回热器的效率也不可能达到百分之百，其热效率要低于同温下卡诺循环的理论热效率。目前，商业化的斯特林发动机的热效率可达 30%～45%。

9.4.6 联合循环

由上述分析可知，布雷顿循环尽管具有较高的平均吸热温度，但平均放热温度太高，而朗肯循环虽具有接近环境的平均放热温度，平均吸热温度却远低于聚光型太阳能集热器可以达到的最高温度。联合循环是将具有较高平均吸热温度的顶循环和具有较低平均放热温度的底循环结合起来，可以避免上述缺点，从而提高系统的热效率。

布雷顿-朗肯联合循环是典型的联合循环，以气体为高温工质、蒸汽为低温工质，由燃气轮机的排气作为蒸汽轮机装置循环的加热源。目前，燃气轮机装置循环中燃气轮机的进气温度虽高达 1000～1300℃，但排气温度在 400～650℃范围内，故其循环热效率较低。而蒸汽动力循环的上限温度不高，极少超过 600℃，放热温度约为 30℃，却很理想。若将燃气轮机的排气作为蒸汽循环的加热源，则可充分利用排气排出的能量，使联合循环的热效率有较大的提高。目前，如采用回热和再热的措施，这种联合循环的实际热效率可达 47%～57%。图 9-24 为布雷顿-朗肯联合循环的例子，是简单燃气轮机装置定压加热循环和简单朗肯循环的组合。在理想情况下，燃气轮机装置定压放热量可全部由余热锅炉予以利用，产生水蒸气。所以，理论上整个联合循环的加热量即为燃气轮机装置的加热量 Q_{in}，放热量即为蒸汽轮机装置循环的放热量 Q_{out}。

表 9-5 给出了 4 种循环的平均吸、放热温度及等效卡诺循环热效率计算值。

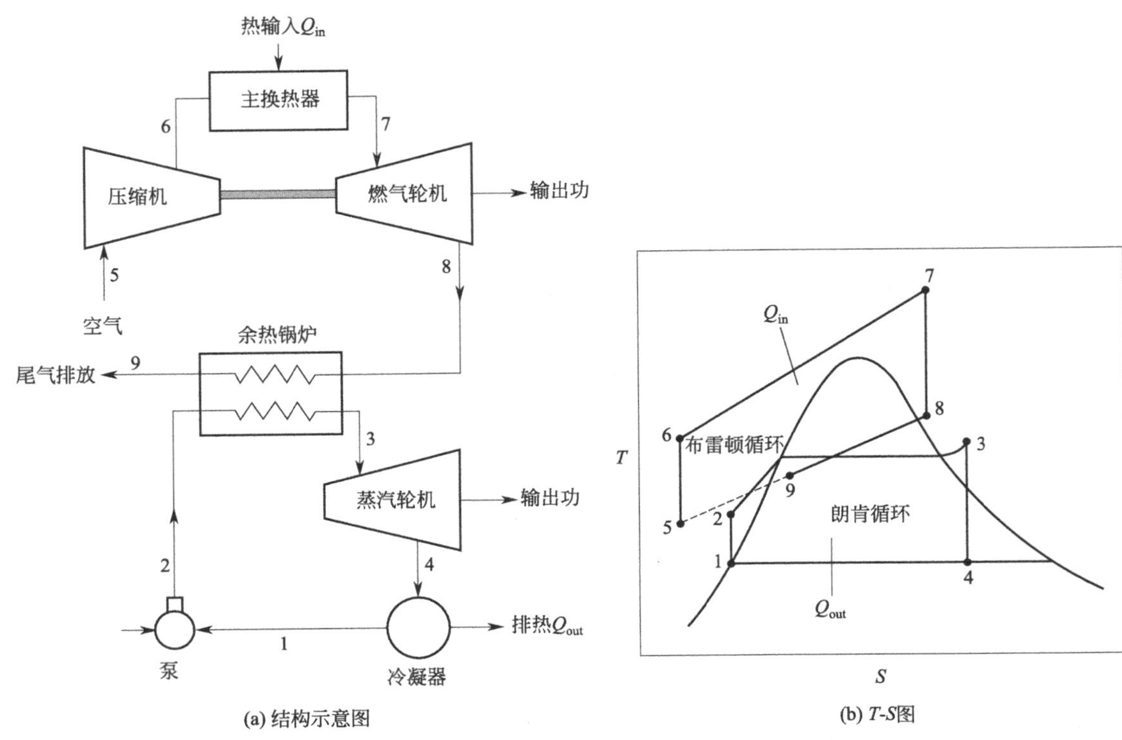

(a) 结构示意图

(b) T-S图

图 9-24 布雷顿-朗肯联合循环

表 9-5 4 种循环的参数

循环模式	燃气轮机循环	蒸汽朗肯循环	再热蒸汽朗肯循环	布雷顿-朗肯联合循环
平均吸热温度/K	1000	600	680	1000
平均放热温度/K	520	300	300	300
等效卡诺循环热效率/%	48	50	56	70

各种单循环的工作温度范围是构成联合循环时必须考虑的因素。高温循环适合作联合循环的顶循环，中、低温循环适合作联合循环的底循环。文献给出了各种热力循环的运行范围，如图 9-25 所示。

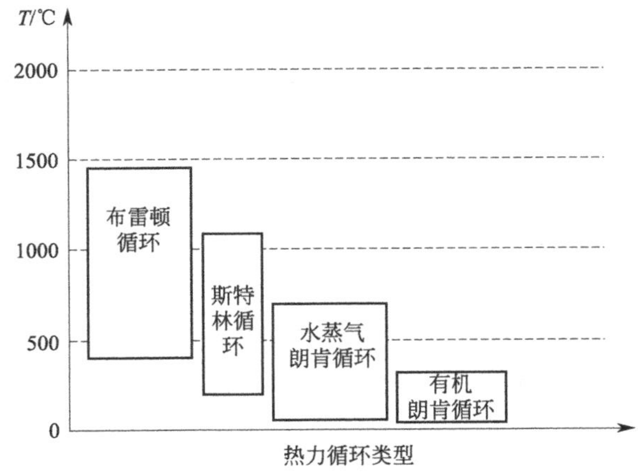

图 9-25 各种热力循环的工作温度范围

按照高低温循环的温度范围，联合循环可以设计成下面几种组合：布雷顿-朗肯联合循环（见图 9-24）、布雷顿-斯特林联合循环、布雷顿-有机朗肯联合循环等。各种理论联合循环都得到了广泛研究，特别是在太阳能和余热等中低温热源利用技术中，但都还存在一定的技术瓶颈。布雷顿-朗肯联合循环是各种联合循环中技术最为成熟的一种，在太阳能热利用领域也得到了广泛关注。

9.5 太阳能热发电循环的热力学优化分析

太阳能热发电系统一般包括聚光子系统、集热子系统、储热子系统和发电子系统四个子系统，如图 9-26 所示。涉及能量转换的两个关键部分是集热子系统（集热器）和发电子系统（热机部分）：前者主要将太阳辐射转变为热能而作为热机的热源，而后者从前者获得热量并将其中一部分转变为功，另一部分由冷凝器排出环境。整个太阳能热发电系统的总效率 η 为集热器的集热效率 η_c 和热机效率 η_t 的乘积，即：

$$\eta = \eta_c \eta_t \tag{9-84}$$

实际装置还须考虑机械、电机效率等。

按照卡诺定律，理论上热机能达到的最高效率为同条件下卡诺热机的热效率 $\eta_{t,ideal}$，即：

$$\eta_{t,ideal} = \frac{T_H - T_L}{T_H} \tag{9-85}$$

式中，T_H 为高温热源可能达到的最高温度，对于太阳能热发电系统，主要是太阳能集热器中流体介质所能达到的温度，K；T_L 为低温热源的温度，K；对于太阳能热发电系统主要是冷凝器的温度，对气冷式冷凝器即为空气温度，对水冷式冷凝器则为冷却水温度。

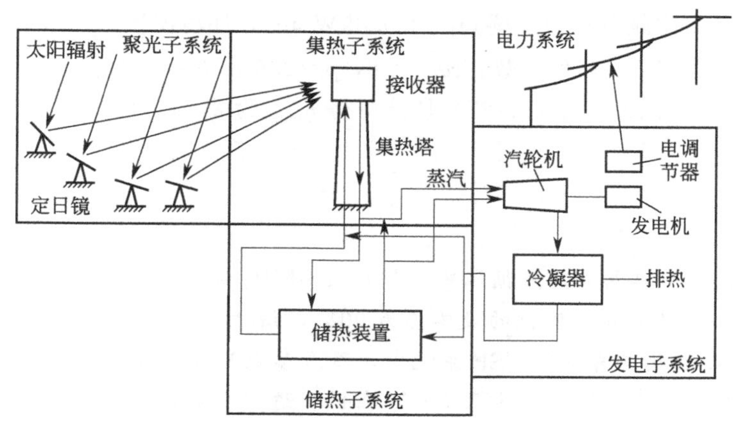

图 9-26　太阳能热发电系统

提高热源温度可提高热机循环效率，但是热源温度提得过高，不仅对结构材料的要求更加苛刻，而且使建造成本增加。因此，无限制地提高热源温度是不适宜的。而就太阳能集热

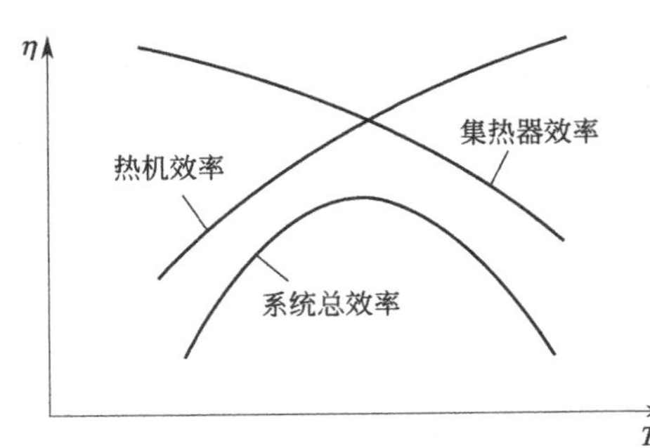

图 9-27　太阳能热发电系统中效率与温度的关系

器而言，它的集热效率 η_c 将随介质温度升高而降低。随着温度增加，η_t 与 η_c 的变化如图 9-27 所示。由图可知，对于太阳能热发电系统必然存在一个最佳温度使系统的总效率最大。

太阳能热动力系统的集热效率为：

$$\eta_c=\frac{Q_u}{Q_{b,a}}=\rho\tau\alpha F-\frac{U_L}{Q_{b,a}C}(T_r-T_a)$$
$$=\rho\tau\alpha F\left[1-\frac{U_L}{\rho\tau\alpha FQ_{b,a}C}(T_r-T_a)\right] \tag{9-86}$$

式中，$Q_{b,a}$ 为集热器开口面积上的直射辐射量；ρ 为集热器的反射率；τ 为集热器盖板的透射率；α 为吸收器的吸收率；F 为截取因子，即由反射面反射的辐射能量与吸收器截获的那部分能量之比；U_L 为吸收器的传热损失系数(包括对流及辐射损失)；C 为聚光比；T_r 为吸收器温度；T_a 为环境温度。

这时用 T_r 近似代替介质的温度，并假定环境温度等于热机的冷凝温度，于是太阳能热动力系统的理想总效率为：

$$\eta_{max}=\eta_c\eta_{t,ideal}=\left(\frac{T_r-T_a}{T_r}\right)\left[1-\frac{U_L}{\rho\tau\alpha FQ_{b,a}C}(T_r-T_a)\right]\rho\tau\alpha F \tag{9-87}$$

由式(9-87) 可以看出，要达到高的效率，要求吸收器具有较大的聚光比和较小的传热损失系数。在给定的环境温度和一定的太阳辐照度的条件下，总效率为最大时的吸收器温度(最佳温度)，$T_{r,(opt)}$ 可按下法求得，取：

$$\frac{d\eta_0}{dT_r}=0 \tag{9-88}$$

解式(9-88) 可得：

$$T_{r,(opt)}=\sqrt{\left(Q_{b,a}C\frac{\rho\tau\alpha F}{U_L}+T_a\right)T_a} \tag{9-89}$$

将 $T_{r,(opt)}$ 代入式(9-87) 即可计算出理想情况下的最大总效率 η_{max}。

例如，聚集型太阳能热动力系统 $Q_{b,a}=0.8\text{kW/m}^2$，环境温度 $T_a=305\text{K}$，聚光比 $C=3.0$，$U_L=2\text{W/(m}^2\cdot\text{K)}$。其他参数：$\tau\alpha=0.8$，$\rho=0.9$ 及 $F=0.94$。由式(9-89) 代入数据计算可得 $T_{r,(opt)}$ 为 584K，由式(9-87) 计算可得 η_{max} 为 21%。

习题

1. 如图 9-9，在简单朗肯蒸汽循环中，锅炉在 6MPa 和 550℃温度下产生蒸汽，冷凝器在 10kPa 下运行。如果泵和汽轮机的效率均为 90%，请估算循环效率。

2. 如图 9-10，在热朗肯循环 CSP 系统中，蒸汽参数为 6MPa、390℃，高压透平膨胀后压力降为 1.3MPa；然后，蒸汽再热至 390℃在低压透平中膨胀，出口压力降为 16kPa；冷凝器出口蒸汽冷却至饱和水，泵和透平的效率为 80%。试计算：①系统循环效率，2 个透平的输出功，CSP 系统的输入热量；②按太阳辐射 900W/m² 计算，CSP 系统效率为 40%时，蒸汽质量流量为 1kg/s，计算集热器面积是多少？

3. 如图 9-11，一级抽汽回热朗肯循环中，主蒸汽参数为 6MPa、600℃，冷凝器内维持压力 10kPa，蒸汽质量流量 80kg/s；蒸汽发生器内温度 1400K，冷凝器内冷却水温度 25℃，抽汽压力 0.5MPa。试计算：①两台水泵的总功耗；②汽轮机做的功；③循环热效率；④各过程及循环做功能力的不可逆损失。

4. 如图 9-18，燃气轮机装置的定压加热理想循环，空气进入压气机时温度 37℃、压力 100kPa，压气机增压比 $\pi=12$，空气排出燃气轮机时的温度 497℃。若环境温度 37℃、压力 100kPa，空气比热容取定值 [$\kappa=1.4$，$C_p=1005\text{J}/(\text{kg}\cdot\text{K})$]，试求：①压缩每千克空气的压气机耗功；②每千克空气流经燃气轮机所做的功；③燃烧过程和排气过程的换热量；④循环的热效率。

5. 如图 9-23，试分析斯特林循环并计算循环热效率及循环放热量 q_2。已知循环吸热温度 $t_\text{H}=527℃$，放热温度 $t_\text{L}=27℃$，从外界热源吸收的热量 $q_1=200\text{kJ/kg}$。设工质为理想气体，比热容为定值。

第 10 章

太阳能热发电系统

10.1 太阳能热发电基本组成

典型的太阳能热发电站由聚光集热子系统、换热子系统、热动力发电子系统、蓄热子系统、辅助能源子系统和监控子系统组成（如图 10-1 所示），主要部件有聚光器、接收器、热交换器、储热器、控制系统、发电机组等。

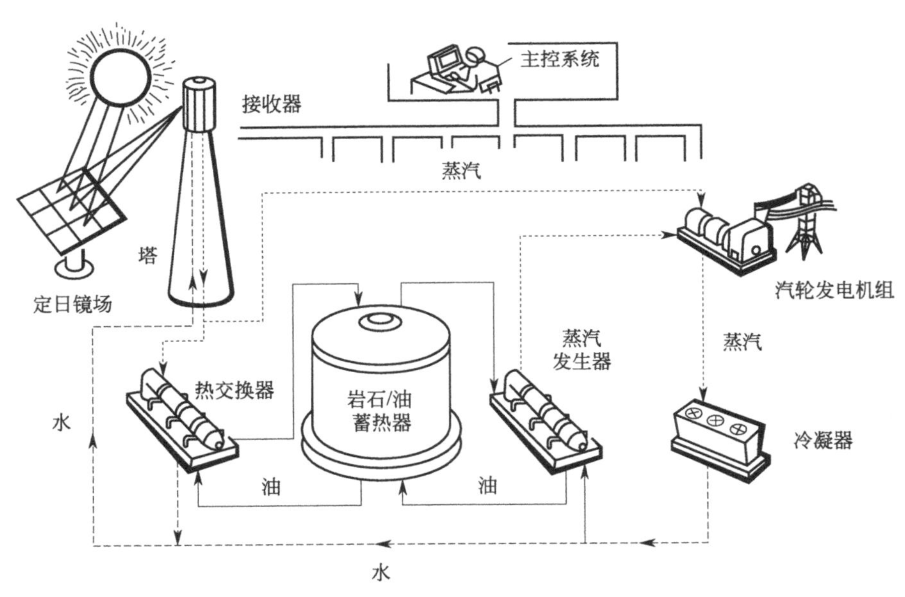

图 10-1 典型的太阳能热发电站示意图

(1) 聚光集热子系统

聚光集热子系统是系统的核心，主要部件包括聚光器和接收器。一般多个聚光集热单元组成一个标准的聚光集热器，多个聚光集热器组装在一起构成太阳能集热阵列，主要由反射镜、支撑机构、跟踪系统组成。聚光器实现将低密度的太阳光收集起来，聚焦到聚光集热器，将太阳能转化成热能并储存在热传输介质（如导热油、水或熔盐）中。聚光器一般分为平面反射聚光和曲面反射聚光，应满足以下要求：较高的反射率、良好的聚光性能、足够的刚度、良好的抗疲劳能力、良好的抗风能力和抗腐蚀能力、良好的运动性能、良好的保养维护和运输性能。

（2）换热子系统

换热子系统由预热器、蒸汽发生器、过热器和再热器等换热器组成，主要作用是将热传输介质中的热能传递至发电系统，驱动热机做功，再带动发电机发电。当热传输介质为熔盐或导热油时，此时为双回路系统，即接收器中的介质被加热后，进入换热子系统并将热能传递给发电工质，高温高压的发电工质再进入发电子系统。

（3）热动力发电子系统

太阳能发电子系统主要由动力机和发电机等设备组成，与传统火力发电系统基本相同。可应用于太阳能热发电系统的动力机包括：蒸汽轮机、燃气轮机、低沸点工质汽轮机、斯特林机等。动力发电装置的选择，主要根据聚光集热装置可能提供的工质参数而定。一般，当太阳能集热温度等级与火力发电系统基本相同时，可选用现代汽轮发电机组；工作温度在 800℃以上时可选用燃气轮发电机组。对于小功率（通常在几十千瓦以下）、工作温度要求高的系统可选用斯特林发动机；低温发电系统则可选用低沸点工质汽轮发电机组。目前商业化太阳能电站一般采用朗肯循环，利用换热系统产生的高温高压蒸汽推动汽轮机发电。

（4）蓄热子系统

由于地面上的太阳能受季节、昼夜和云雾、雨雪等气象条件的影响，具有间歇性和随机不稳定性。为了保证太阳能热发电系统稳定发电，需设置蓄热装置。蓄热子系统的作用是在太阳辐射较强时将太阳能集热场多余的热量储存起来，在辐射不足或夜晚无太阳辐射时释放供给换热系统利用。蓄热的方法主要有显热储存、潜热储存和化学热储存三种方式(参见本书第 12 章)。

（5）辅助能源子系统

辅助能源子系统的作用是在太阳辐射不足或夜晚时，采用辅助能源系统供热，以维持热动力发电站稳定运行。辅助能源子系统由一套和发电机组功率相匹配的备用加热器或锅炉构成。当蓄热不足或在夜间时，辅助能源子系统切入系统替代太阳能集热场开始工作，保证电厂的持续运行；当蓄热充分或白天辐射强度足够时，辅助能源子系统自动切出系统依靠太阳能热发电。发电子系统需要配备专用装置，用于太阳能集热场与辅助能源系统之间的切换。

（6）监控子系统

监控子系统包括跟踪系统和检测系统。跟踪系统保证聚光器跟踪太阳光视位，聚光系统越大，对跟踪精确度要求越高。检测系统主要是对太阳辐射量、环境温度和风速等影响太阳能收集的外界环境变量以及发电子系统的热、电工况进行记录、分析。

10.2 槽式太阳能热发电系统

10.2.1 系统工作原理

典型抛物槽式太阳能热发电站主要分为槽式太阳能集热场和发电装置两部分。整个太阳集热场是模块化的，由大面积的东—西或南—北方向平行排列的多排抛物槽式集热器阵列组成。太阳能集热器由多个集热单元串联而成，一个标准的集热单元由反射镜、集热管、控制系统和支撑装置组成。反射镜为抛物槽形，焦点位于一条直线上，即形成线聚焦，集热管安装在焦线上。反射镜在控制系统的驱动下东—西或南—北向单轴跟踪太阳，确保将太阳辐射聚焦在集热管上。集热管表面的选择性涂层吸收太阳能传导给管内的热传输流体。热传输流体在集热管中受热后，依次通过过热器、蒸汽发生器、预热器等一系列热交换器释放热量，加热另一侧的工质水产生高温高压过热蒸汽，经过热交换器后的热传输流体则进入太阳能集热场继续循环流动。过热蒸汽推动汽轮发电机组产生电力，过热蒸汽经过汽轮机做功后依次通过冷凝器、给水泵等设备后再继续被加热成过热蒸汽，构成常规的朗肯循环。

槽式太阳能热发电是目前最成熟、成本最低的太阳能热发电技术，在美国和欧洲均有多家商业化运行的槽式电站。目前的主要问题是当系统集热温度高于400℃时，峰值集热效率急剧下降。由于其几何聚光比低及集热温度不高等条件的制约，槽式太阳能热发电系统中动力子系统的热转功效率偏低，通常在35%左右，光电转换效率通常低于16%。因此，单纯的抛物槽式太阳能热发电系统在进一步提高热效率、降低发电成本方面的难度较大。

10.2.2 主要装置

(1) 槽形抛物面聚光器

槽式太阳能聚焦集热装置由抛物面反射镜、太阳能接收器、跟踪控制系统和支撑机构组成，其中反射镜和太阳能接收器为该系统的主要装置，如图10-2所示。具有高精度和高反射率的抛物面反射镜放置在一定结构的支架上，构成槽式太阳能热发电系统的聚光器，用于收集太阳能并将其反射到放置在焦线处的太阳能接收器上。槽式系统太阳能接收器通常采用玻璃金属太阳能集热管。槽式太阳能热发电系统中，聚光器只能收集直射光线，必须利用跟

(a) 反射镜及支撑机构

(b) 太阳能接收器

图10-2 槽式太阳能聚焦集热装置

踪装置和相应的控制系统来调节聚光器和入射光线的角度，以使系统在光照期间充分获得太阳辐射能量。

① 反射镜 反射镜由反射材料、基材和保护膜构成，分为表面反射镜面和背面反射镜面。表面反射镜面是在基材（成型的金属或非金属）床面蒸镀或涂刷一层具有高反射率的材料，或对金属表面进行加工处理而成，如薄铝板表面阳极氧化、不锈钢板表面抛光或薄铁板表面镀铜后镀铑。这类反射镜面直接与空气接触，因此必须再涂上一层保护膜以防止氧化，例如在氧化铝上镀一层氧化硅或喷涂一层硅胶。这种表面反射面的优点是消除了透射体的吸收损失，反射率较高；缺点是容易受磨损或灰尘作用而影响反射率。背面反射镜面是在基材（透射体）的背面涂上一层反射材料。这种类反射镜的优点是本身可以擦洗，经久耐用；缺点是太阳光必须经过二次透射，即阳光透过透射材料，经背面反射材料反射，再透过透射材料反射回去，从而增加了整个聚光系统的光学损失。在槽式太阳能热发电中，常用的是以反射率较高的银或铝为反光材料的抛物面玻璃背面镜，银或铝反光层背面再喷涂一层或多层保护膜。

反射镜基材可分为表面镜基材和背面镜基材两类。表面镜基材有塑料、钢板、铝板等。当金属板作为反射板时，可兼作基材使用。背面镜基材有玻璃、透明塑料、石英等。背面镜基材要求有很高的透射率，表面需要平滑和不容易老化、损伤。玻璃性质优良，但玻璃具有密度大、易破碎的缺点。透明塑料虽然具有透光率高、质量轻及不容易破碎的优点，但是缺点是容易老化，使透光率很快下降。因此，必须开展材料研究，提高塑料的抗老化能力。石英虽然是一种高级背面镜基材，但是价格昂贵，不适宜在太阳能应用中使用。用作反射材料的有金属板、箔和金属镀膜。表 10-1 给出了几种常用反射材料的反射性能。

表 10-1 常用反射材料的反射性能

序号	材料名称	总反射比	漫反射比	镜面反射比
1	镀银膜	0.97	0.05	0.92
2	德国阳极氧化铝	0.93	0.05	0.08
3	430 不锈钢	0.56	0.13	0.43
4	304 不锈钢	0.60	0.38	0.22
5	扎花铝(表面有氧化层)	0.82	0.69	0.13
6	扎花铝(表面无氧化层)	0.84	0.77	0.05
7	热漫镀锌彩涂钢板 33/百亮度 60	0.72	0.68	0.04
8	不锈钢镀膜玻璃(膜面)	0.45		
9	蒸镀铝膜(新鲜膜)	0.95	0.03	0.92
10	普通铝板	0.72	0.52	

表面镜的反射材料在基材表面，直接与太阳光、雨水和空气接触，日久容易损坏或变质，所以表面必须有一层保护膜。通常可用 SO、SO_2 等无机物的镀膜或用透明塑料薄膜作为保护膜，前者在空气中时间长，容易氧化发生质变，其耐久性随镀膜条件的不同而相差很大，后者在紫外线下容易老化。添加氟化物的塑料可以延长老化的过程。当用铝作为反射材料时，可用阳极氧化膜作为表面镜的保护膜。

② 支架 支架是反射镜的支撑机构，槽式系统中常采用钢结构支架。目前使用的支架主要有管式支架和扭矩盒式支架，尤其是后者已逐步发展成熟。与反射镜接触的部分要尽量与抛物面反射镜相贴合，防止反射镜变形和损坏。支架要求具有良好的刚度、抗疲劳力及耐候性等，以达到长期运行的目的。支架还要求质量尽量小、制造简单、成本低、集成简单和

寿命长。

(2) 太阳能接收器

槽型抛物面反射镜为线聚焦装置，聚集太阳能在焦线处成一线型光斑带，太阳能接收器（通常为集热管）放置在此光斑上，用于加热太阳能吸热管内的介质。所以，集热管必须满足5个条件：①吸热面的宽度要大于光斑带的宽度，以保证聚焦后的阳光不溢出吸收范围；②具有良好的吸收太阳光的性能；③在高温下具有较低的辐射率；④具有良好的导热性能；⑤具有良好的保温性能。目前，槽式太阳能集热管使用的主要是直通式金属-玻璃真空集热管，另外还有热管式真空集热管和空腔集热管等。

① 直通式金属-玻璃真空集热管　直通式金属-玻璃真空集热管已在槽式太阳能热发电站得到广泛使用。典型金属-玻璃真空集热管如图10-3所示，它由一根表面带有选择性吸收涂层的金属管（吸收管）和一根同心玻璃管组成，玻璃管与金属管密封连接，玻璃管和金属管中间形成环形真空。这类集热管的主要优点是：a. 热损失小；b. 可规模化生产，需要时进行组装。缺点是：a. 运行过程中，金属与玻璃的连接要求高，很难做到长期运行过程中保持夹层内的真空；b. 反复变温下，选择性吸收涂层因与金属管膨胀系数不统一而易脱落；c. 高温下，选择性吸收涂层存在老化的问题。

这种结构的真空集热管需要解决如下几个问题：a. 金属与玻璃之间的连接问题；b. 高温下的选择性吸收涂层问题；c. 金属吸收管与玻璃管线膨胀量不一致问题；d. 如何最大限度增大集热面的问题；e. 消除夹层内残余或产生的气体。

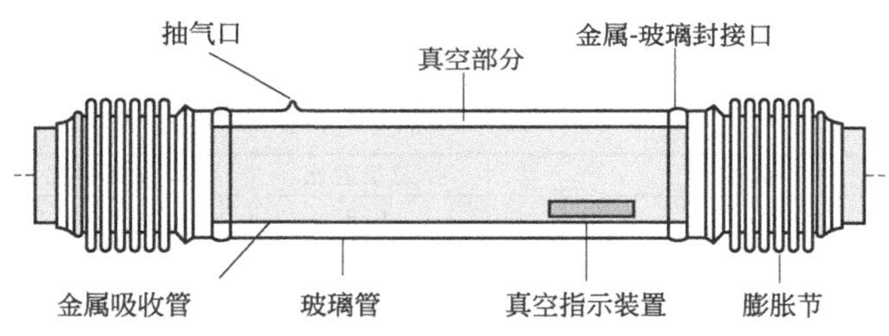

图10-3　典型金属-玻璃真空集热管

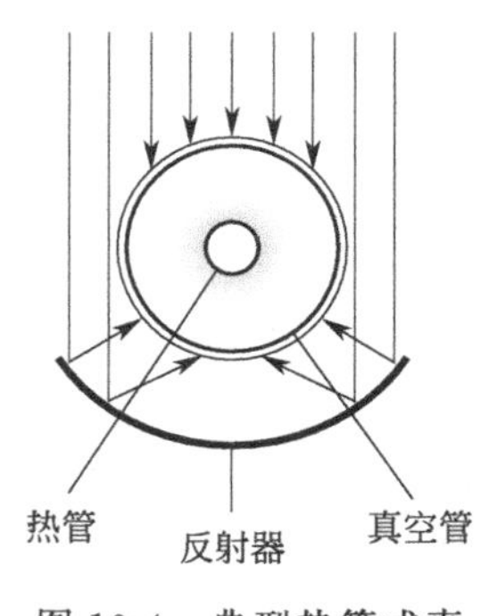

图10-4　典型热管式真空管结构示意图

② 热管式真空管　热管式真空管集热器同时运用了热管和真空管技术，是一种新型的中温太阳能集热装置。典型热管式真空管结构如图10-4所示，它由玻璃套管（外管）、热管（内管）、支撑架、新型玻璃金属密封件、水夹套组成。热管外镀有特殊的选择性涂层，能有效吸收太阳辐射，提高接收器的集热效率。阳光照射或者通过聚光器反射到真空管选择性涂层上，产生热量后传给热管，热管获得热量后通过冷凝段传给集热介质。热管与玻璃套管之间抽成真空，能有效防止热量通过对流方式散发出去。

这种集热管具有以下优点：a. 热管热阻小，可提高集热器输出能量；b. 由于热管的单向传热效应，当太阳能辐照较低时可减少被加热工质向周围环境散热；c. 防冻性能好，在冬季夜间零下20℃时，热管本身不会冻裂；d. 系统可承受较高压力、不容易结垢；e. 采用机械密封装置代替玻璃与金属间的过渡装置，制造简单，易于安装和维修，大大降低了制造成本。

③ 空腔集热管　空腔集热管的结构为一槽形腔体，外表面包有隔热材料，内部设有金属管簇，如图 10-5 所示。聚焦后的太阳光进入腔体后，由于腔体的黑体效应，可充分吸收太阳能转换为热能，再传递至金属管内的集热工质。空腔集热管的优点为：经聚焦的辐射热流几乎均匀地分布在腔体内壁；与真空管接收器相比，具有较低的投射辐射能流密度，也使开口的有效温度降低，从而使得热损降低。腔体式接收器既无须抽真空，也无须涂覆光谱选择性涂层，只需传统的材料和制造技术便可生产，同时也使其热性能容易长期维持稳定。

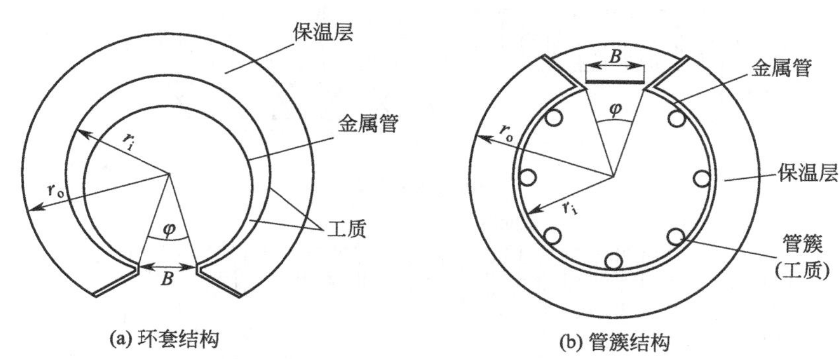

图 10-5　空腔集热管结构示意图

(3) 集热工质选择

已有的研究表明，所选用的集热工质对槽式太阳能热动力发电站的性能具有重要影响。集热工质决定了集热器可以运行的温度，从而决定了热力循环系统的初始温度和热力循环效率，而且还涉及储热装置及其储热材料的选用、防凝固等工程问题。目前槽形抛物面聚光集热器可选用的集热工质有 3 种，即水、高温油和熔盐。

① 水　在 200℃以下的工作温度，维持水液相所需要的工作压力是中等的。因此，在槽形抛物面聚光集热器中，可采用水和乙二醇的混合物或高压水作集热工质。

已有的运行经验表明，对 200℃以上的工作温度，在太阳能热发电站中选用高温油作集热工质，存在不少的制约因素。因此，尽管水在很高的工作温度下压力很高，仍可选用水作高温集热工质，在槽式接收器中直接产生过热蒸汽（DSG）。DSG 蒸汽工作压力增加到 100bar（$1bar=10^5Pa$）以上，这时接收管需要采用高压接头和高压管道，从而增大聚光集热器以及整个集热器阵列的造价。但由于 DSG 消除了传热介质的蒸汽发生热交换器和与传热介质循环相关的所有部件，集热器的热损失减少、通过更高的操作温度和压力提高了动力循环效率，以及减少泵送功率，因此降低了整个电站投资成本。

根据接收器连接方式的不同，DSG 可分为一次通过式、分段注入式和再循环式 3 种系统形式（如图 10-6 所示）。

a. 一次通过式：工质保持很高的质量流率通过接收管，以避免管内产生汽水分层现象，全部给水从接收管入口进入，在其流动过程中不断被加热，最后转变成过热蒸汽，如图 10-6(a) 所示。这种加热方法的主要难点在于其加热过程受外部工况变化的影响很大。而最大的危险之处在于集热管蒸发段和过热段之间分界面的轴向位置很不稳定，随运行情况的变化而变动，从而导致接收管壁内产生巨大的温度和热应力的瞬态变化，使接收管遭受过激的热疲劳。此外，由于加热过程易受外部工况变化的影响，难以保证所产生的过热蒸汽温度处在所希望的数值范围以内。

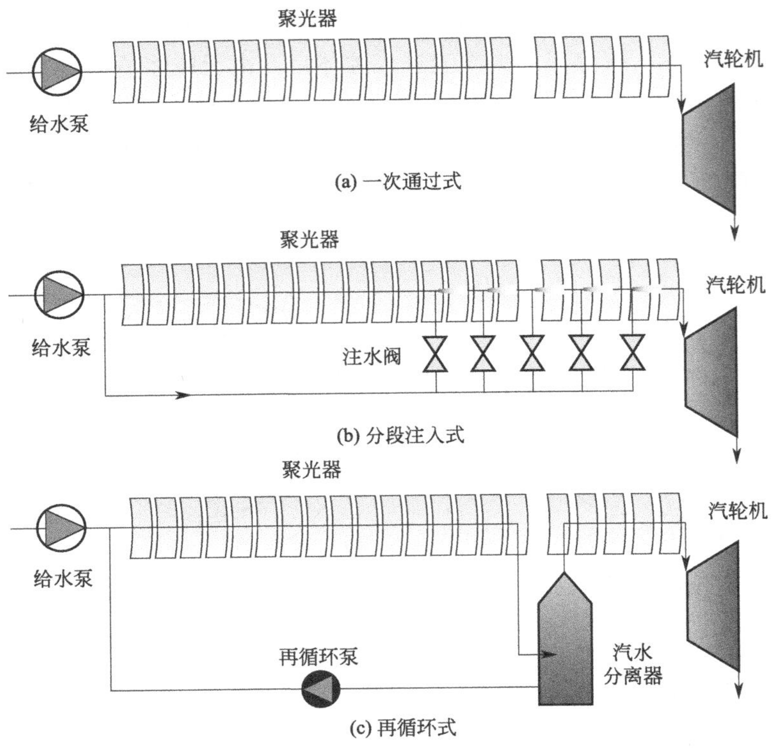

图 10-6　DSG 接收器流动加热方式原理示意图

b. 分段注入式：在接收管的蒸发段和过热段，将给水沿其流动方向分散多处注入接收管内，如图 10-6(b) 所示。这种方法能够在一定程度上防止接收管蒸发段中的流动过程出现汽水分层状态，对集热管出口过热蒸汽参数具有良好的可控性。但目前注入法还很难实际应用，主要原因是尚无可用的测量技术，用于测定沿接收管蒸发段中工质的蒸汽含量，也就无法确定不同位置处相应合适的注入水量。

c. 再循环式：在接收管蒸发段的末端设置汽水分离器，这是最保守的一种方法，如图 10-6(c) 所示。分离出来的水，通过再循环泵返回接收管的入口端，进行再循环加热。这样，给水将以高于系统产生蒸汽所需要的流率进入接收管。也就是说，给水中只有一部分在预热段和蒸发段转变为蒸汽，过多的给水保证了很好地环周润湿接收管壁，而不产生汽水分层现象，使得流体与接收管之间具有大致相同的换热系数。这样，就能保证在接收管壁中不会产生很高的温差，也就不会产生很高的热应力，不致损坏集热管。但系统必须增设再循环水泵，同时采用性能优越的 PI 控制器，控制缓冲储水槽的水位，以调节给水流量。从而，水位可能变化很大，而温度波动可以保持很小。此外，缓冲储水槽对系统具有一定的缓冲储热功能。

综上所述，以上 3 种可用流动加热方法的主要优缺点总结如表 10-2 所示。

表 10-2　3 种可用的流动加热方法的比较

流动加热方法	主要优点	主要缺点
一次通过式	①费用最低； ②简单易行	①可控性较差； ②稳定性较差
分段注入式	①较好的可控性； ②良好的流动稳定性	①系统复杂； ②较高的投资； ③目前技术尚难实际应用

续表

流动加热方法	主要优点	主要缺点
再循环式	①较好的流动稳定性； ②较好的可控性； ③具有一定的缓冲储热功能	①系统复杂； ②较高的投资； ③较高的附加费用

② 高温油　高温油 VP-1 是 73.5%二苯醚和 26.5%联苯的共晶混合物，凝固点温度为 12℃，工作温度为 395℃，密度（300℃）为 815kg/m^3，黏度（300℃）为 0.2mPa·s，比热容（300℃）为 2319J/(kg·K)。

LUZ 公司在其槽式太阳能热动力发电站中，选用了高温油 VP-1 作集热工质。高温油在 395℃以下仍然保持液相，不产生裂解，不产生高压，因此集热管尽管工作温度高，但工作压力低，这样集热管的设计与加工都要更加简易。避免了采用水作工质，在高温下集热管需要承受很高的压力。

高温油 VP-1 作为集热工质存在以下问题：

a. 凝固点温度较高。高温油 VP-1 的凝固点温度为 12℃，为了防止当管道温度低于 12℃时 VP-1 在管道中凝结，因此要求在管线中配置辅助加热系统。

b. 高温下存在安全风险。VP-1 在高于其沸腾温度下运行时，需要用氮、氩或其他惰性气体加压，或者说必须用无氧气层包覆。因为高压高温油雾要与空气形成爆炸性混合物，可能产生对环境的安全风险。

c. 系统的泵耗功率大。高温油相对于水具有较高的黏度，因此在循环管路中具有较大的压力损失，循环泵功率消耗大。

d. 制约热力循环效率。VP-1 的工作温度不得超过 395℃，否则高温油将产生裂解，从而工作性能将迅速降低。因此，以 VP-1 作集热工质，经蒸发器产生的蒸汽温度大约为 375℃，相对而言，循环初始温度较低，制约朗肯循环热效率。同时还需考虑由于汽轮机的入口温度较低，为了避免汽轮机乏汽中过大的水分含量，蒸汽需要再热，或者降低蒸汽入口压力。否则，由于汽轮机末级叶片的水蚀作用，汽轮机的寿命将缩短，热效率将降低。

e. 油设备的运行与维修费用高。根据多年来的实际运行经验，与高温油相关的运行设备价格较高，且每年都需要进行一定的更新，因此其运行与维修费用高。

目前，市面上尽管还有比 VP-1 工作温度稍高而凝固点温度更低的高温油，但由于其价格过于昂贵，大型槽式太阳能热动力发电站很少选用。

③ 熔盐　表 10-3 列出可以选作槽形抛物面聚光集热器集热工质的熔盐组成及其热物理性质。由表可见，三元熔盐的凝固点温度明显低于二元熔盐。对槽形抛物面聚光集热器，可以选用 Hitec XL 作集热工质，凝固点温度为 120℃，但其价格较高。

表 10-3　可选作集热工质的熔盐成分和热物理性质

特性参数	太阳盐	Hitec	Hitec XL	$LiNO_3$ 混合物
组成成分	60%$NaNO_3$/40%KNO_3	7%$NaNO_3$/53%KNO_3/40%$NaNO_2$	7%$NaNO_3$/45%KNO_3/48%$Ca(NO_3)_2$	
凝固点温度/℃	220	142	120	120
上限工作温度/℃	600	535	500	550
密度(300℃)/(kg/m^3)	1899	1640	1992	
黏度(300℃)/mPa·s	3.26	3.16	6.37	
比热容(300℃)/[J/(kg·K)]	1495	1560	1447	

熔盐用作槽形抛物面聚光集热器的集热工质，在实际工程中主要障碍是，熔盐的凝固点温度高，在夜间或连阴雨天期间无太阳辐射条件下，必须设法防止熔盐在集热系统中由于向环境散热而凝固。这对槽式太阳能热发电站来说，将带来更多的困难和增加附加投资。所以，选择熔盐作槽形抛物面聚光集热器的集热工质，关键是防凝固保护技术。目前实际可用的防凝固保护方法有以下两种：

a. 集热工质小流量循环：夜间集热工质以很小的流量在集热器回路中循环，使管路中的熔盐保持在它的凝固点温度以上。这种防凝固保护方法，一般采用熔盐自身储热和设置天然气加热器两种辅助加热源。

b. 设置辅助电加热器：对集热器回路和管道大范围地设置跟踪电加热器。当管路中工质温度降低到熔盐凝固点温度以下时，启动辅助电加热器，维持熔盐在最低温度 150℃。此外，在集热器阵列中，配置电加热设备，用于在熔盐进入设备之前对集热器阵列及管道预热，使过渡热应力降至最小。同时，用于在熔盐循环设备损坏之后将凝固的熔盐熔化。

以上两种防凝固保护方法通常都是联合使用。但还需指出，为了保证电站的安全运行，以熔盐作集热工质的太阳能热发电站，系统中必须设置辅助电加热设备。

(4) 跟踪机构

为提高集热管、聚光器的集热效率，聚光集热器应跟踪太阳。槽型抛物面反射镜根据其采光方式，分为东西向和南北向两种布置形式。东西放置只做定期调整；南北放置时，一般采用单轴跟踪方式。南北向放置时，除了正常的平放东西跟踪外，还可将集热器做一定角度的倾斜，在倾斜角度达到当地纬度时，效果最佳，聚光效率提高达 30%。

相对于塔式太阳能热发电站镜场中每台定日镜都必须做独立的双轴跟踪，槽式太阳能热发电中的多个聚光集热器单元只做同步跟踪，跟踪装置大为简化，投资成本大为降低。跟踪方式分为开环、闭环和开闭环相结合 3 种控制方式。开环控制由总控制室计算机计算出太阳的位置，控制电动机带动聚光器绕轴转动，跟踪太阳。优点是控制结构简单，缺点是易产生累积误差。闭环控制每组聚光集热器均配有一个伺服电动机，由传感器测定太阳位置，通过总控制室计算机控制伺服电动机，带动聚光器绕轴转动，跟踪太阳。其优点是精度高，缺点是大片乌云过后，无法实现跟踪。采用开闭环控制相结合的方式则克服了上述两种方式的缺点，效果较好。

10.2.3 典型槽式太阳能热发电站介绍

(1) LUZ 公司 SEGS Ⅵ 槽式太阳能电站

1983～1991 年的 8 年间，LUZ 公司在美国加州（加利福尼亚州，简称加州）沙漠地区相继建成 9 座槽式太阳能热动力发电站，总装机容量 353.8MW。图 10-7 所示为 LUZ 公司 SEGS Ⅵ电站系统原理。

从一次能源供给方式上看，这实际是一座太阳能与天然气联合的双能源联合循环发电系统。SEGS Ⅵ电站的聚光集热器阵列，每行由 24 台 LS-3 型聚光集热器组成，每台集热器长 4m，回路总长度为 96m。集热器工质为高温油 VP-1，即二苯醚和联流出苯的混合物。其接收器采用高真空集热管，可将工质加热到 393℃。从聚光集热器阵列出口的高温集热工质，大部分依次进入太阳能过热器、蒸汽发生器和预热器回路，小部分进入太阳能再热器，各自经过换热后，汇集到膨胀箱，再经给水泵增压，送回聚光集热器阵列进行再加热。蒸汽回路

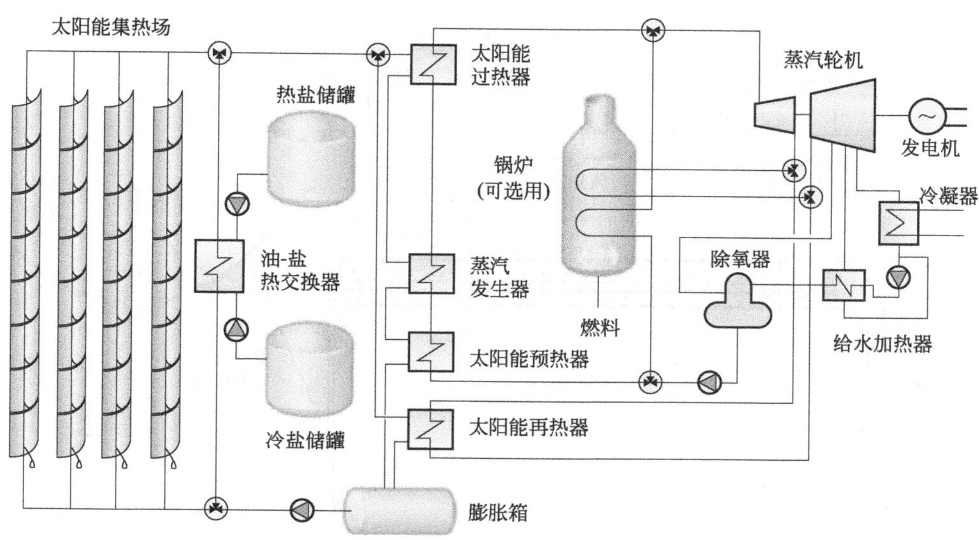

图 10-7 LUZ 公司 SEGS Ⅵ电站系统原理

中并联有天然气锅炉，由系统根据需要控制锅炉的启停，与太阳能互为补充，产生足量的额定工况蒸汽，驱动汽轮发电机组发电。汽轮发电机组为凝汽式汽轮机组。表 10-4 列出了 LUZ 公司 SEGS Ⅵ槽式太阳能热发电站的基本参数值。

表 10-4 LUZ 公司槽式太阳能热发电站基本参数值

参数		SEGS Ⅵ	参数		SEGS Ⅵ
电站容量/MW		30	年运行小时数/h		3019
机组额定容量/MW		33	太阳能发电效率/%		37.7
发射镜总面积/m^2		188000	天然气发电效率/%		39.5
反射镜数目/面		960000	太阳能依存率/%	设计	76
集热温度/℃		393		实际	65.9
汽轮机热循环方式		再热	峰值太阳能热电转换效率/%		22.2
蒸汽参数/(℃/bar)	太阳能	371/100	年平均太阳能热电转换效率/%		12.4
	天然气	510/100	平均年净发电效率/%		8.5
集热工质	型号	导热油 VP-1	电站比投资/(美元/kW)		3870
	总量/m^3	500	发电成本电价/[美分/(kW·h)]		11
最佳光学效率/%		76	总投资/亿美元		1.16
集热器年平均效率/%		50	占地面积/10^3m^2		655
年净发电量/10^6kW·h		90.6	投入运行年份		1988

LS-3 型聚光集热器是以高温油作集热工质最后开发的一个型号，其性能也最佳，如图 10-8 所示。它的集热管采用直径 70mm 的不锈钢管，表面采用磁控溅射涂覆高温选择性吸收涂层，阳光吸收率 0.96，红外发射率 0.19。不锈钢管外套玻璃罩管，直径 115mm，表面涂覆双层减反膜，阳光透过率为 0.965。玻璃罩管和不锈钢管通过可伐合金（铁镍钴合金）进行接封，夹层内抽真空，放置 3 种不同的消气剂，使管内真空得以长期保持。抛物面反射镜为玻璃背面镜，采用高透过率的低铁白玻璃，热弯成型。镜面背面镀银、镀铜后，再涂 3 层保护层。每面镜片由 4 个圆形托盘托付在支架上，镜片与托盘之间用高强度黏结剂黏附成一体。支架上装有太阳辐射传感器，通过微型计算机控制液压传动机构，驱动支架跟踪太阳视位置。若遇恶劣天气，支架自动翻转，镜面开口朝下，使镜面和集热管均可得到保护。

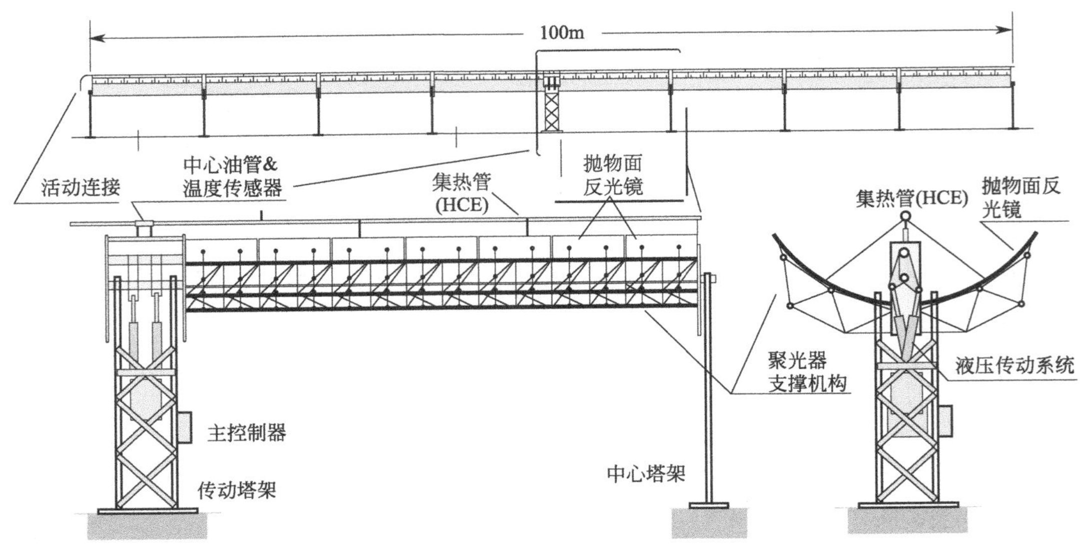

图 10-8　LS-3 型太阳能集热器的示意图

从发展状况来看，这种槽式太阳能热发电站的经济数据已可与常规能源热力发电厂相竞争，从而为槽式太阳能热发电站的商业应用开辟了美好的前景。

(2) Spanish-German 联合工程公司 INDITEP 槽式太阳能电站

2008 年 12 月，Spanish-German 联合工程公司根据 INDITEP 计划，在西班牙 Guadix 建成一座槽式太阳能直接产生蒸汽（DSG）热动力发电实验电站。这是继 20 世纪 80 年代 LUZ 公司在美国加州相继建成 9 座槽式太阳能热动力发电站之后，槽式电站的又一成功范例。由于是直接产生蒸汽，技术上则更为先进。它的成功，进一步验证了槽式太阳能热动力发电站商用发电的实际可行性。

图 10-9 所示为槽式太阳能直接产生蒸汽 $5MW_e$ 热动力发电实验电站系统原理。电站主要参数值列于表 10-5。

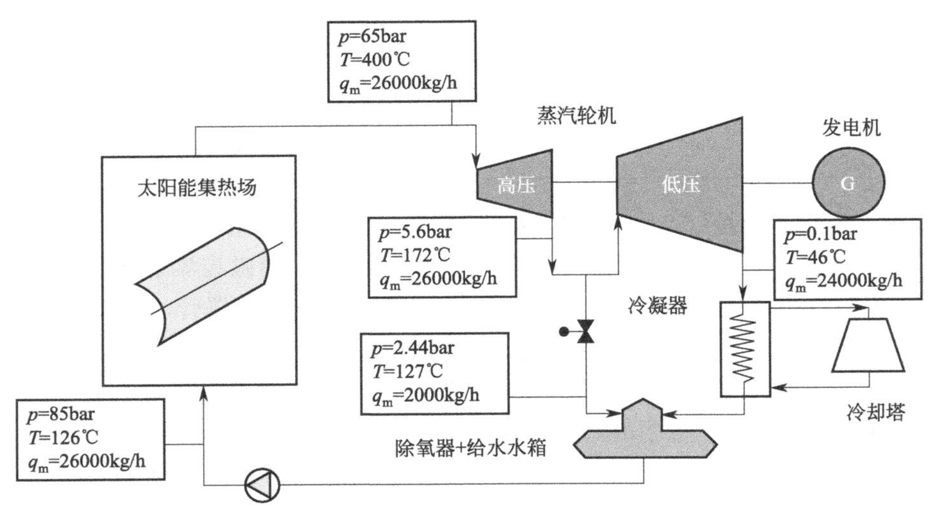

图 10-9　槽式太阳能直接产生蒸汽 $5MW_e$ 热动力发电实验电站系统原理

表 10-5 电站主要参数值

电站主要参数	数值	电站主要参数	数值
电站总功率/MW_e	5.472	电站总效率/%	26.24
电站净功率/MW_e	5.175	电站净效率/%	24.9
净热耗/[kJ/(kW·h)]	14460		

聚光集热器阵列的总体布置见图 10-10，为再循环式连接。全场集热器阵列由 70 台专门研发的 ET-100 槽型抛物面聚光集热器组成，每 10 台集热器串接成一行，共 7 行并联成阵列。聚光集热器为水平南北向布置，配置单轴跟踪装置，这样可以收集更多的太阳辐射能。聚光镜面为低铁白玻璃镀银背面镜。由集热管直接产生蒸汽，各集热器回路的工质入口端再接至电站热动力发电装置。

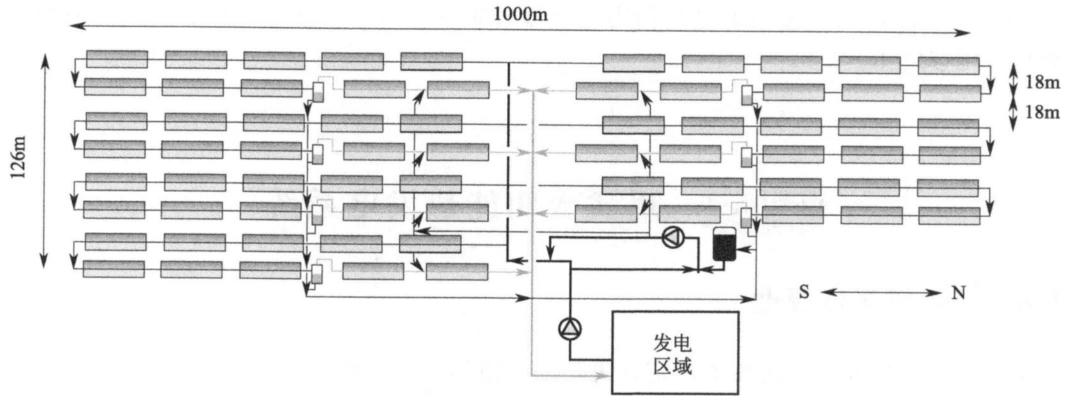

图 10-10 聚光集热器阵列总体布置

单行聚光集热器回路的布置及其各加热段的蒸汽参数值见图 10-11。从高压给水入口算起，沿工质流动方向的前 3 台集热器为水预热段，后 5 台为蒸发段，最后 2 台为过热段。从蒸发段出口的湿蒸汽，经汽水分离器分离，分离后的饱和蒸汽再经过热段加热成过热蒸汽，送往汽轮机，推动汽轮发电机组发电。汇流在分离器底部储水槽中的饱和水，经再循环泵送回到前级预热段再循环加热。各加热段的工质参数值一并示于图 10-11 中。

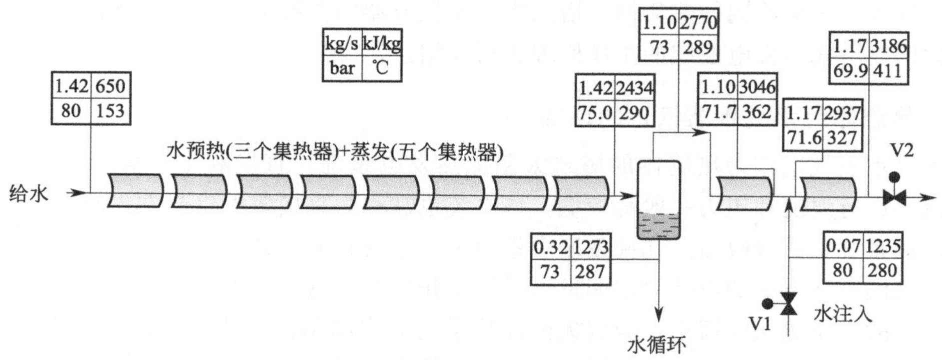

图 10-11 单行聚光集热器回路的布置及其各加热段的蒸汽参数值

为了保证过热段的蒸汽出口参数基本恒定，运行中控制集热器的入口给水流量。夏季太阳辐射强度高，给水流量为 1.42kg/s，冬季太阳辐射强度减弱，相应地降低给水流量，大约 0.4kg/s。所以聚光集热器阵列的平均集热效率也是变化的，夏季大致为 60.8%，冬季大致为 30%。电站 6 月和 7 月发电量最高，大约为 1650MW·h；12 月发电量最低，大约为 100MW·h，年平均发电量为 10452.7MW·h。每行产生的过热蒸汽出口参数，由设置在过热段的两台聚光集热器中间的注水器做微调，注入水量由控制系统根据预定的过热蒸汽温度进行控制，使得各行集热器的过热蒸汽出口温度尽可能相同或相近，并接近额定值。

集热器选用南北向水平布置。集热管之间的挠性连接采用专门设计的球节。由图 10-11 可见，镜场总尺寸为 0.126km^2，每兆瓦发电功率的场地占有面积约为 0.0252km^2/MW_e，这与塔式电站的平均比发电功率占地面积估值 0.0243km^2/MW_e 相比，显然两者基本相当。相邻聚光集热器之间节距为 18m，计算得相邻集热器之间的空间距离为 6.6m，足可使冬日上午 9：00 至下午 15：00 的时间区段内，相邻聚光集热器之间不产生屏遮，并更能满足安装和日常维修之用。

10.3 塔式太阳能热发电系统

10.3.1 系统工作原理

塔式太阳能热发电系统主要由定日镜阵列、集热系统、蓄热系统、发电系统、控制系统等部分组成。塔式热发电工作的基本原理是利用独立跟踪太阳的定日镜群，将阳光聚集到固定在塔顶部的接收器上，用以产生高温，加热工质产生过热蒸汽或高温气体，驱动汽轮机发电机组或燃气轮机发电机组发电，从而将太阳能转换为电能。

太阳能塔式热发电系统采用多个平面反射镜来汇聚太阳光，这些平面反射镜称为定日镜。许多定日镜同时把太阳光反射到接收器上，接收器安装在高塔上。许多定日镜组成庞大的定日镜场，其面积非常大，所以塔式系统的聚光比通常在 200～1000 之间，系统最高运行温度可达到 1000℃以上。太阳能塔式热发电系统中，用于吸收太阳热能的热流体通常有水、熔盐、空气等。对应不同的热流体，塔式太阳能接收器的类型也不同。以下将对使用不同热流体的太阳能塔式热发电系统的工作原理进行介绍。

(1) 热流体为水（水蒸气）的系统

以水（水蒸气）作为热流体的塔式太阳能热发电系统，直接利用聚焦的太阳能生产蒸汽，热流体运行温度和压力一般都较低，该系统也被称为直接蒸汽生产方式的塔式太阳能发电系统。该系统中的接收器是几种系统中最简单、最便宜的一种。

直接蒸汽生产方式的塔式太阳能发电系统工作原理如图 10-12 所示。给水经给水泵送往位于塔顶部的太阳能接收器中，吸收太阳能热量变成饱和蒸汽（或继续被加热为过热蒸汽）后，成为朗肯循环汽轮机的做功工质，进入蒸汽轮机中做功，带动发电机发电。蒸汽轮机的排汽被送往凝汽器中凝聚成水后，通过给水泵重新送往接收器中。为保证生产蒸汽的稳定性，常常设置蒸汽蓄热系统，在阳光充足的时候，将多余的蒸汽热量储存在蓄热罐中，从而保证系统运行参数的稳定。以水（水蒸气）为热流体的接收器的吸热管中的热流密度通常低

于 $200kW/m^2$，但这些吸热管仍经常发生泄漏，导致泄漏的主要原因是入射太阳辐射的瞬变特性和分布不均。

目前，采用直接蒸汽生产方式的塔式太阳能热电站包括意大利 0.75MW 的 Eurelios 电站、西班牙 1.2MW 的 CESA-Ⅰ电站、美国 10MW 的 Solar I 电站、西班牙 11MW 的 PS10 电站（图 10-12）等。

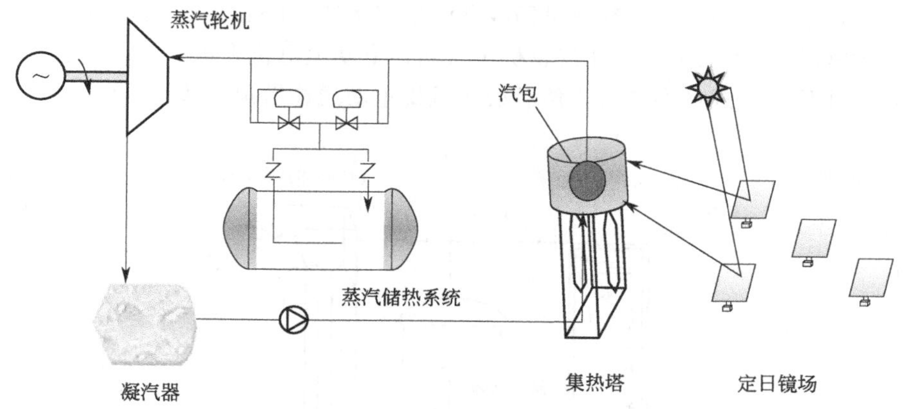

图 10-12 PS10 电站直接蒸汽生产方式的塔式太阳能发电系统工作原理

(2) 热流体为熔盐的系统

在热流体为熔盐的塔式热发电系统中，接收器的工作介质采用液态熔盐，熔盐在接收器中加热到 600℃左右或更高温度后，输送到高温储热装置，在热交换装置将水加热成高温蒸汽后进入低温储热装置保存（约 280℃）。熔盐泵再把低温熔盐液送入接收器加热，参见图 10-13。这种方式避免了直接蒸汽生产方式的塔式太阳能发电系统的接收器泄漏，同时可以获得更高的工质温度。

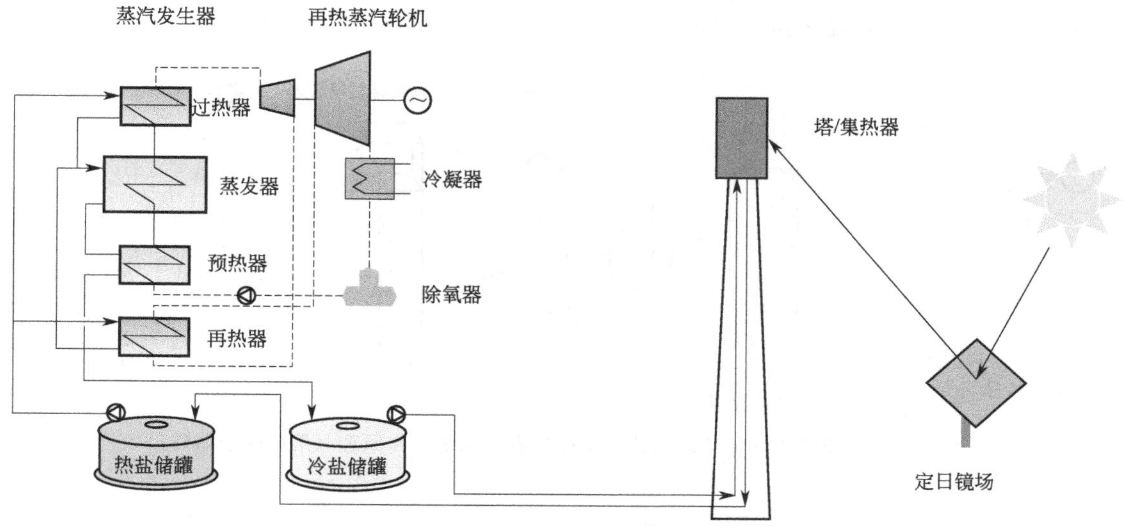

图 10-13 热流体为熔盐的塔式热发电系统工作原理

使用熔盐作为热流体的塔式太阳能发电站有美国的 MSEE 电站及 Solar Ⅱ电站、西班牙的 Solar TRES 电站等。

(3) 热流体为空气的系统

以空气作为吸热介质的塔式太阳能发电系统，可达到更高的集热温度，接收器通常采用腔体式结构。以空气作为吸热介质的塔式太阳能发电系统可以采用以下两种工作方式。

一种工作方式是将接收器中产生的热空气应用于朗肯循环热电系统，见图 10-14。在该系统中，接收器周围的空气以及来自送风机的回流空气在接收器中吸收来自太阳能镜场的太阳辐射，被加热后的热空气被送往热量回收蒸汽生产系统（heat recovery steam generation，HRSG），HRSG 中产生的蒸汽送往汽轮机中做功，带动发电机发电。热空气在 HRSG 中将热量传递给工质后，变成低温空气，然后被送风机重新送往塔顶的接收器中。

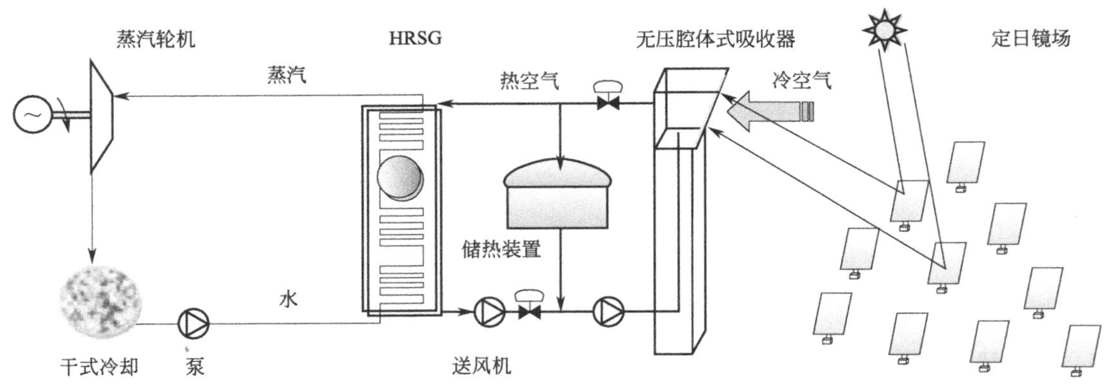

图 10-14　以空气为热流体的塔式太阳能热发电系统工作原理（采用朗肯循环）

另一种工作方式是将接收器中产生的热空气应用于布雷顿循环-朗肯循环联合发电系统。直接把高压空气加热到 1000℃以上去推动燃气轮机，推动燃气轮机后的气体仍有较高温度，再通过热交换器加热水生成水蒸气，水蒸气再去推动汽轮机，有效利用热量。也可以把经过腔体式接收器加热后的高压空气直接送入燃烧室，进一步加热后进入燃气轮机发电，燃气轮机的排汽进入底部朗肯循环进行发电，见图 10-15。

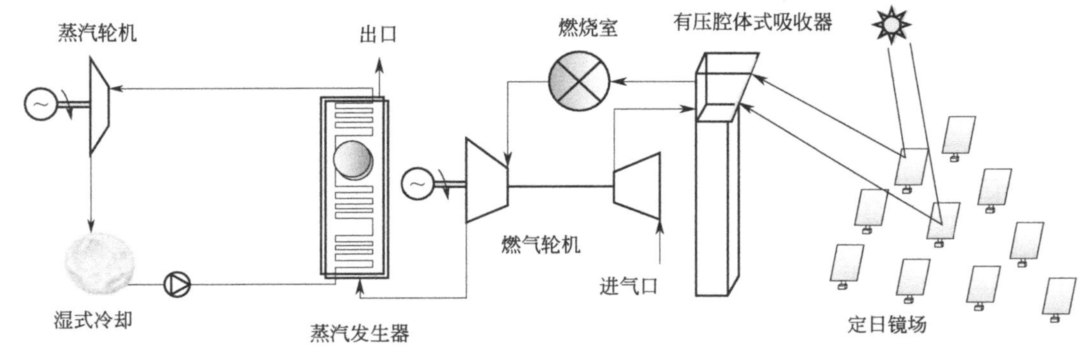

图 10-15　以空气为热流体的塔式太阳能热发电系统工作原理（采用联合循环）

10.3.2　主要装置

(1) 塔式聚光装置

塔式太阳能发电系统又称为集中型系统，塔式太阳能聚光装置主要由定日镜阵列和集热塔组成，如图 10-16 所示。定日镜阵列由大量安装在现场上的大型反射镜组成。定日镜在镜场中的位置是固定的，所以每台定日镜的中心点与塔顶接收器之间的相对位置也是固定的。这就是说，镜场中的每台定日镜对塔顶接收器的反射光路，各自固定不变。这种跟踪太阳视位置的方式称为定点跟踪，于是就有了定日镜之称。定日镜是塔式太阳能热动力发电站的关键部件，它占有电站投资的主要部分和占据电站的主要场地。每台定日镜都配有太阳跟踪机构，对太阳进行双轴跟踪，准确地将太阳光反射集中到一个高塔顶部的接收器。

图 10-16　塔式太阳能聚光装置

① 定日镜阵列的布置方式　定日镜阵列的投资成本一般占整个塔式系统总投资成本的 40%～50%，因此定日镜阵列的合理布置不但可以更有效地收集和利用太阳辐射能，而且也为降低投资成本和发电成本提供条件。

定日镜阵列分布在塔的周围，布置方式主要有按直线排列和辐射网格排列两种。直线排列为定日镜沿直线布置，整个截面保持均匀的矩形间距。一般多采用辐射网格排列（见图 10-17），定日镜沿着从塔中心的同心圆发出的径向辐射交错布置，其优点是没有定日镜沿着与塔架的辐射方向直接放置在相邻环中的另一个定日镜的正前面，避免了较大的光学阻挡损失。在北方纬度较高地区，太阳高度低，在塔南部的定日镜利用率低，定日镜分布在塔北部较合适；在低纬度地区可在塔四周分布定日镜。

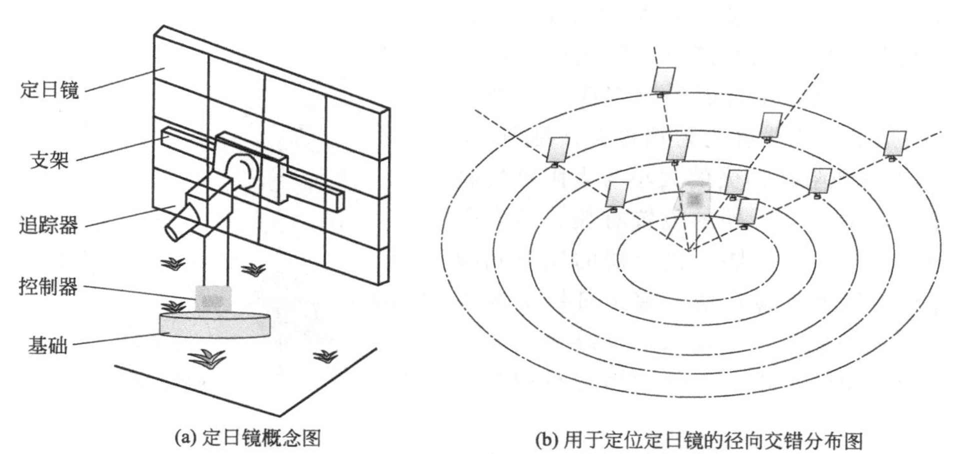

图 10-17　定日镜阵列

② 定日镜之间间距　由于定日镜要通过二维跟踪机构对太阳的高度角和方位角进行实时跟踪，因此在定日镜场布置时，要考虑到定日镜旋转跟踪过程中所需要的空间大小，避免

相邻定日镜之间发生机械碰撞。此外，定日镜阵列的布置还要考虑到在安装、检修及清洗定日镜、更换传动箱等部件时所需要的操作空间，确保各种工艺过程的实施。为此，相邻定日镜之间、前后排定日镜之间都要留有足够的间距。

③ 接收器与镜场之间的配合　由于在塔式太阳能热发电系统中，定日镜阵列中成百上千个定日镜同时将能量聚集到接收器开口处，因此接收器内受热面要由耐热强度较高的合金钢材料制成，价格比较昂贵。为了使定日镜所汇集的能量能够被有效地接收，同时又不过多地增加受热面管材的成本，在塔高一定的条件下，需要定日镜阵列布置与接收器尺寸之间有较好的配合。已有研究表明，定日镜阵列的布置范围应受接收器开口的大小、开口的倾斜角度、受热面的高度、受热面的周向布置范围以及受热面相对接收器开口的深度这些关键参数的限制。

④ 定日镜阵列的优化　定日镜阵列的优化是指如何选取定日镜的尺寸、个数、相邻定日镜之间以及定日镜与接收塔之间的相对位置、接收塔的高度、接收器的尺寸和倾角等各项参数，充分利用当地的太阳能资源，在投资成本最少的情况下，获得最多的太阳辐射能。

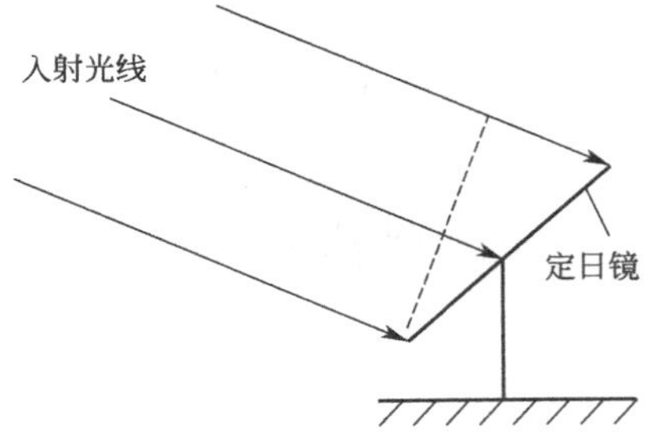

图 10-18　余弦损失示意图

定日镜在接收和反射太阳能的过程中，存在余弦损失、阴影和阻挡损失、大气衰减损失和溢出损失等。为此，在布置定日镜阵列时，要考虑到这些损失产生的原因，并适当加以减免，从而收集到较多的太阳辐射能。

a. 余弦损失。为将太阳光反射到固定目标上，定日镜表面不能总与入射光线保持垂直，可能会有一定的角度。余弦损失就是由这种倾斜所导致的定日镜表面面积相对于太阳光可见面积的减少而产生的（见图 10-18）。余弦效率大小与定日镜表面法线方向和太阳入射光线之间夹角的余弦成正比，因此，定日镜在布置时，要尽可能地布置在余弦效率较高的区域。

b. 阴影和阻挡损失。阴影损失发生在定日镜的反射面处于相邻一个或多个定日镜的阴影下而不能接收到太阳辐射能时，当太阳高度较低的时候尤其严重。接收塔或其他物体的遮挡也可能对定日镜阵列造成一定的阴影损失。而当定日镜虽未处于阴影区下，但其反射的太阳辐射能因相邻定日镜背面的遮挡而不能被接收器接收所造成的损失称为阻挡损失（见图 10-19）。阴影损失和阻挡损失的大小与太阳能接收的时刻和定日镜自身所处的位置有关。沿太阳的入射光线方向或沿向塔上接收器的反射光线方向，计算相邻定日镜在所考察定日镜上的投影从而得到损失的大小。通常，可以通过调整相邻定日镜之间的间距大小来适当减小相互之间的遮挡。

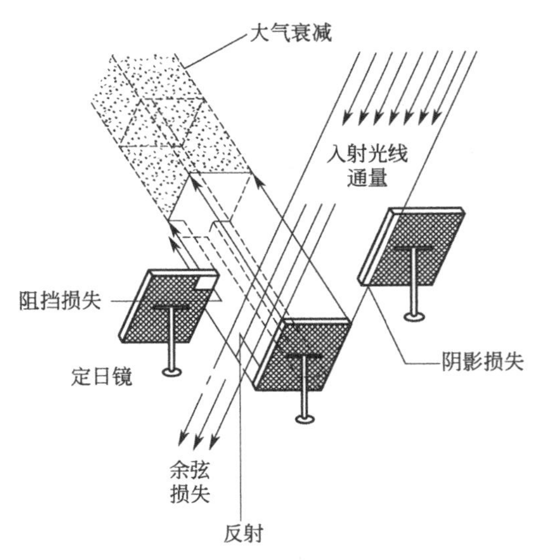

图 10-19　阴影损失和阻挡损失

c. 衰减损失。从定日镜反射至接收器的过程中，太阳辐射能因在大气传播过程中的衰减所导致的能量损失称为衰减损失。衰减的程度通常与太阳的位置（随时间变化）、当地海拔高度以及大气条件（如灰尘、湿气、二氧化碳的含量等）所导致的吸收率变化有关。一般来说，在当地气象条件一定的情况下，太阳辐射能的衰减与距离有关，定日镜距接收器越远，衰减损失越大。

d. 溢出损失。自定日镜反射的太阳辐射能因没有到达接收器表面而溢出至外界大气中所导致的能量损失称为溢出损失。定日镜在目标靶上所形成光斑的大小与以下因素有关：

ⅰ. 定日镜面变形误差，其中包括表面小尺度误差或不平整、定日镜制造和安装、定日镜支撑结构刚度等偏离设计值等原因所导致的定日镜反射面的变形等，这些因素都会导致像的分散、变形和光线的漫反射。

ⅱ. 定日镜的跟踪误差将导致像的扩大和偏移。

ⅲ. 太阳散角将导致光线发散。

(2) 太阳能接收器

在塔式太阳能热发电系统中，太阳能接收器位于中央高塔顶部，是实现塔式太阳能热发电最为关键的核心技术。它将定日镜所捕捉、反射、聚集的太阳能直接转化为可以高效利用的高温热能，加热工作介质至500℃以上。它为发电机组提供所需的热源或动力源，从而实现太阳能热发电的过程。目前，不少国家相继投资对该技术的研究，起步较早的欧、美及以色列等国在该技术上已经取得重大突破。对接收器的主要要求是：能承受一定数值的太阳光能量密度和梯度，避免局部过热等现象；流体的流动分布与能量密度分布相匹配，附带有蓄热功能，效率高，简单易造，成本经济。

塔式太阳能接收器分为间接照射太阳能接收器与直接照射太阳能接收器两大类。

① 间接照射太阳能接收器　间接照射太阳能接收器也称为外露式太阳能接收器，其主要特点是接收器向载热工质的传热过程不发生在太阳照射面，工作时聚光入射的太阳能先加热受热面，受热面升温后再通过壁面将热量向另一侧的工质传递。管状接收器属于这一类型，根据结构不同可分为空腔型和外部受光型。

如图10-20(a) 所示，管状接收器由若干竖直排列的管子组成，这些管子呈环形布置，形成一个圆筒体。管外壁涂以耐高温选择性吸收涂层，从塔体周围定日镜聚光形成的光斑直接照射在圆筒体外壁，以辐射方式使得圆筒体壁温升高。载热工质从竖直管内部流过，在管内表面，热量以导热和对流的方式从壁面向工质传输，从而使载热工质获得热能成为可加以利用的高温热源。这种接收器可采用水、熔盐、空气等多种工质，流体温度一般为100～600℃，压力不大于120atm（1atm＝101325Pa），能承受的太阳能能量密度为1000kW/m^2。

空腔型接收器是采用众多的排管束围成具有一定开口尺寸的空腔［如图10-20(b) 所示］。经定日镜阵列反射的太阳辐射从空腔开口入射到空腔内部管壁上，在空腔内部进行换热，由于空腔黑体效应，将强化换热过程。所以，这种空腔型接收器的热损失较小，适合于现代高参数的蒸汽或燃气发电循环。

外部受光型接收器是采用众多排管束围成一定直径的圆筒，受光表面直接暴露在外，经定日镜反射的太阳辐射，投射到接收器表面进行换热［如图10-20(c) 所示］。和空腔型相比，由于其吸热体外露于周围环境之中，存在较大的热损失，因此接收器热效率相对较低。但是，它可以更容易地接受镜场边缘上定日镜的反射太阳辐射，因此更适用于大型塔式太阳能热动力发电站。

② 直接照射太阳能接收器　直接照射太阳能接收器也称容积式接收器。如图10-21所

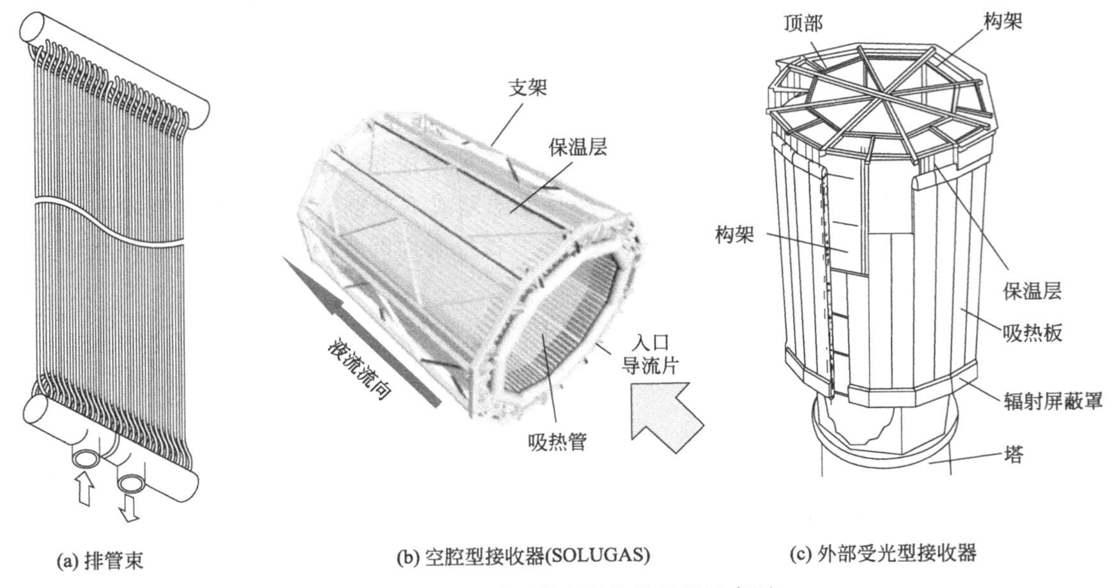

(a) 排管束　(b) 空腔型接收器(SOLUGAS)　(c) 外部受光型接收器

图 10-20　间接照射太阳能接收器示意图

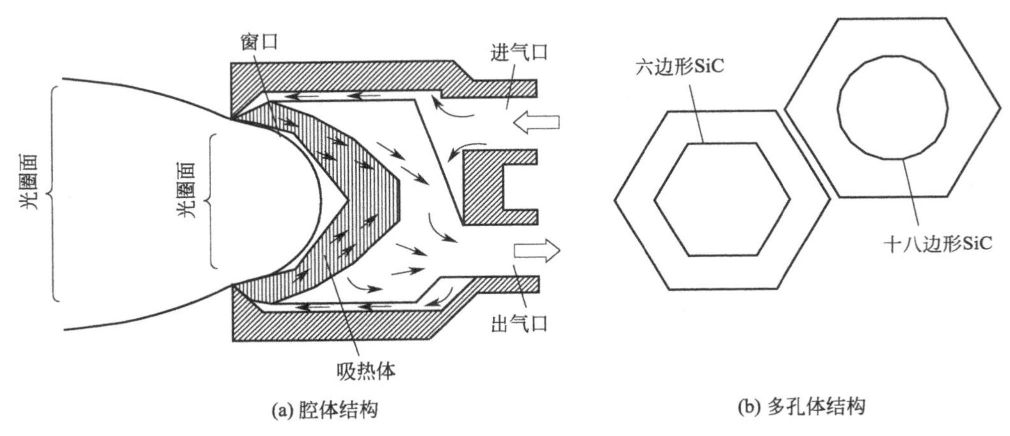

(a) 腔体结构　(b) 多孔体结构

图 10-21　容积式太阳能接收器

示，这类接收器的共同特点是接收器向工质传热与入射阳光加热受热面在同一表面发生，同时，容积式接收器内表面具有接近黑体的特性，可有效吸收入射的太阳能，从而避免了选择性吸收涂层的问题。但采用这类接收器时，由于阳光只能从其窗口方向射入，因此定日镜阵列的布置受到一定限制。由于多采用空气作为传热介质，因此容积式太阳能接收器具有环境好、无腐蚀性、不可燃、容易得到、易于处理等特点，其最主要的优点是结构简单。但采用空气载热存在热容量低的缺点，一般来说，其性能不会高于管状接收器。

容积式太阳能接收器主要包括无压容积式接收器和有压容积式接收器两种，两者的结构大体相似，区别在于有压容积式接收器加装了一个透明石英玻璃窗口。一方面，使聚集的太阳光可以射入接收器内部，另一方面，可以使接收器内部保持一定的压力。提高压力后，在一定程度上带来的湍流可有效增强空气与吸收体间的换热，以此降低吸收体的热应力。有压容积式接收器具有换热效率高的优点，代表着未来发展方向。但窗口玻璃要同时具有良好透光性和耐高温及耐压的要求，在一定程度上制约了它的发展。近年来，以色列在该技术上有了较大的进展，采用圆锥形高压熔融石英玻璃窗口，内部主要构件为安插于陶瓷基底上的针状放射形吸收体，可将流经接收器的空气加热到 1300℃，所能承受的平均辐射通量为 5000～10000kW/m^2，压力为 1.5～3MPa，热效率可达 80%。

由金属、陶瓷或其他具有特定孔隙率的材料制成的丝网、泡沫等多种多孔互锁形状安装在接收器内空腔内，因此聚焦的太阳辐射能沿结构深度方向被吸收，加热空腔内的多孔材料。同时，传热介质流过多孔材料并与多孔材料强制对流换热，将太阳辐射转换为热能并传递给传热介质。图 10-22 比较了管状接收器和容积式接收器的换热情况。最后，由于容积效应，接收器照射侧的温度会低于出口温度。

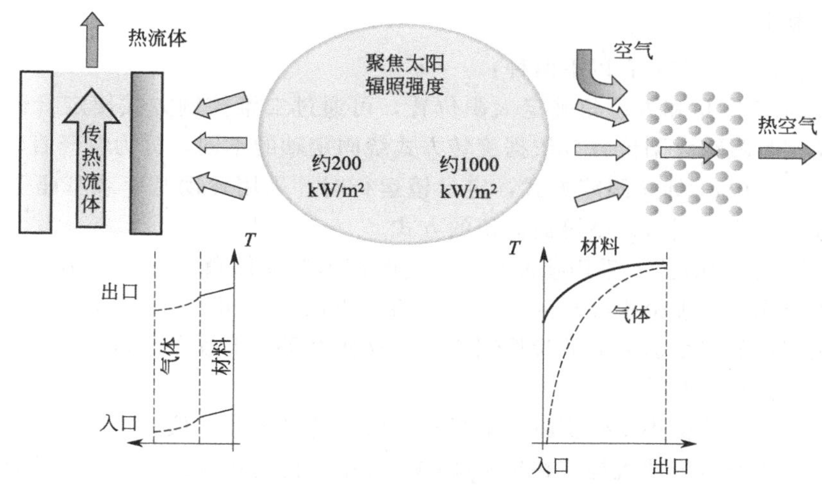

图 10-22　管状接收器和容积式接收器的换热情况

容积式接收器的多孔结构可以是金属或陶瓷。当需要高于 800℃的温度时，适宜选择陶瓷。容积式接收器能够提高出口温度：

a. 对于金属，可实现最低 800℃和最高 1000℃的温度。

b. 使用 SiSiC 陶瓷可获得 1200℃，使用 SiC 可获得 1500℃。

c. 也可以使用具有较高温度范围的其他陶瓷，例如氧化铝陶瓷，其熔点约为 2000℃。主要缺点是白色的，但可以掺杂或涂覆以增加它们的吸收性，保持良好的机械性能。

(3) 储热装置

塔式太阳能热动力发电站的储热装置，根据系统所选用的集热工质的不同，存在着两种可用的储热循环设计，即混合盐储热和空气堆积床储热。

① 混合盐储热　单纯的混合盐潜热储热设计可用于塔式发电。这里考虑的是混合盐集热储热，即混合盐既是集热工质，又是储热介质，为一种显热储热。

塔式太阳能热动力发电站的混合盐集热储热装置，通常采用双储罐储热系统，即两个不承压的开式储罐。其工作过程是，冷储罐中的冷盐，通过泵送往塔顶接收器，经太阳能加热至高温，储于热储罐中。需用时，将储存的热盐送往蒸汽发生器，加热水变成过热蒸汽，然后再返回冷储罐。这种储热设计具有以下两个优点。

a. 混合盐的运行工况接近常压，因此接收器不承压，允许采用薄壁钢管制造，从而可以提高传热管的热流密度，减小接收器的外形尺寸，以致降低接收器的辐射和对流热损失，使接收器具有较高的集热效率。

b. 从功能上看，这里的混合盐兼有集热和储热的双重功能，使得集热和储热系统变得简单和高效。一般储、取热效率大于 91%。

② 空气堆积床储热　当系统集热工质选用空气、氦或其他气体工质时，则其储热方式可以采用空气堆积床显热储热。这是一项古老而又成熟的储热技术，在冶炼工业中早有应用，其可能的储热温度主要取决于所选用的储热材料。

由实验研究可知，堆积床储热的运行特性取决于两个基本因素，即床体的形状和堆积球的大小，这也是堆积床储热技术设计的关键。

(4) 跟踪机构

目前，定日镜运转方式有以下两种：

① 通过太阳高度角和方位角确定太阳位置，可通过二维控制方式使定日镜旋转，改变其朝向，以及实时跟踪太阳位置。依据旋转方式绕固定轴的不同，分为绕竖直轴和水平轴旋转两种方式，即方位角-仰角跟踪方式，定日镜运行时，采用转动基座或基座上部转动机构调整定日镜方位变化，同时调整镜面仰角的方式。

② 自旋-仰角跟踪方式，采用镜面自旋，同时调整镜面仰角的方向来实现定日的运行跟踪，这是新的聚光跟踪理论推导出的一种新的跟踪方法，也叫“陈氏跟踪法”，即利用行与列的运动来代替点的二维运动的数学控制模式，这样由子镜组成光学矩阵镜面的控制可以由几何级数减少为代数级数。

由于平面镜位置的微小变化都将造成反射光较大范围的明显偏差，因此目前采用的多是无间隙齿轮传动或液压传动机构。在定日镜的设计中，传动系统选择的主要依据是消耗功率最小、跟踪精确性好、制造成本最低、能满足沙漠环境要求、具有模块化生产可能性。定日镜传动系统设计的特点和原则是输出扭矩大、速度低，箱体要有足够强度，体积小，有良好密封性能，有自锁能力。为保证反射镜长距离上的聚光效果，齿轮传动方式在风力载荷下不能有晃动；保证设备在沙漠环境中的工作寿命和高的工作精度；在底座上安装了限位开关，限位夹角为 180°。

10.3.3　典型塔式太阳能热动力发电站介绍

(1) 美国 Solar Ⅱ 塔式太阳能热动力发电站

美国 Solar Ⅱ 电站是在总结 Solar Ⅰ 电站试验运行经验的基础之上，为了推进塔式太阳能热动力发电站商用化进程而建设的先导性工程，如图 10-23 所示。电站设计容量为 10MW，建于美国南加州 Mojive 沙漠地区。1996 年 4 月建成，同年 6 月并网发电，并进入长年试验与评估阶段。

Solar Ⅱ 电站建设的目标是，提供一座以熔盐为集热储热工质的塔式太阳能热动力发电站的示范性设计。经过试验运行，澄清了发展塔式太阳能熔盐热动力发电系统在经济和技术上的若干不确定性，使工业界能够充满信心地去发展适宜于商用规模（30～100MW）的塔式太阳能热动力发电站。

① 电站系统　美国的 Solar Ⅱ 塔式太阳能试验电站于 1998 年投运。该电站采用硝酸盐作为集热器的吸热介质。Solar Ⅱ 是在 Solar Ⅰ 的基础上加以改进的试验电站，电站的运行

图 10-23 美国 Solar Ⅱ电站

验证了熔盐技术的应用可以降低建站技术和经济风险，极大地推进了塔式太阳能热发电站的商业化进程。电站由聚光系统、集热系统、蓄热系统、蒸汽生产系统及发电系统组成。液态290℃的冷盐被泵从冷罐中抽出送往位于集热塔顶部的集热器中，冷盐在集热器中被镜场聚焦的太阳辐射加热到565℃后，流回到地面，并被储存在热罐中。热罐中的热盐被抽到蒸汽发生器中用于生产高压过热蒸汽后，又被送入冷罐中。蒸汽发生器中产生的蒸汽用于驱动常规朗肯循环的汽轮发电机组。硝酸盐蓄热系统可保证夜间及多云时候的电力生产。

② 聚光集热装置　Solar Ⅱ电站共有定日镜1926台，其中：镜面面积$40m^2$的小型定日镜1818台，这是在Solar Ⅰ电站中用过的；面积$95m^2$的大型定日镜108台，这是新设计的。总镜面面积$82980m^2$。镜场为椭圆形，东西长约760m，南北长约580m。在平均太阳直射辐射强度为$500W/m^2$下，约有42MW的聚光能力。定日镜采用双轴跟踪，当定日镜和接收器表面最大距离为300m时，其跟踪误差为0.51m。定日镜表面用自走式喷水车做定期清洗，以保证镜面清洁，具有较高的反射率。中央动力塔高91m。接收器为熔盐管式圆柱外部受光型，高6.2m，直径5.1m，由24个排管束组件构成，采用直径7.68cm钢管制作。

③ 储热装置　储热系统是2个钢制的储罐，1个冷盐槽，1个热盐槽，每个储罐占地9.2m×12.5m，可存放1500t熔盐。储热介质为$NaNO_3$(60%)+KNO_3（40%）的混合盐，单位体积储热容量为500～700$kW \cdot h_{th}/m^3$。储存的热量可以满足机组满负荷运行3h。由于Solar Ⅱ电站采用了这一储热系统，使其发电效率有所提高。

④ 蒸汽生产系统和发电系统　蒸汽生产系统包括预热器、蒸汽发生器和过热器3个主要设备，参见图10-24。U形管、单壳程的预热器将10MPa/260℃的给水加热到接近其饱和温度310℃。蒸汽发生器用于将饱和状态的给水蒸发以产生高品质的饱和蒸汽。U形管、单壳程的过热器可生产10MPa/535℃的过热蒸汽。565℃的热盐提供蒸汽生产系统所需要的热量。热盐由一台离心单级热盐泵抽出后，依次送往过热器的壳侧、蒸汽发生器的管束、预热器的壳侧，放热降温到290℃后又回到冷罐。

过热蒸汽温度需被限制在510℃，其调节通过在进入汽轮机的进汽管道上喷入给水实现。虽然Solar Ⅱ电站使用的汽轮机的进汽温度被限制在510℃，但电站设计的蒸汽发生器可用于生产535℃的蒸汽，证明熔盐蒸汽发生器可满足现代朗肯循环汽轮机的需要。

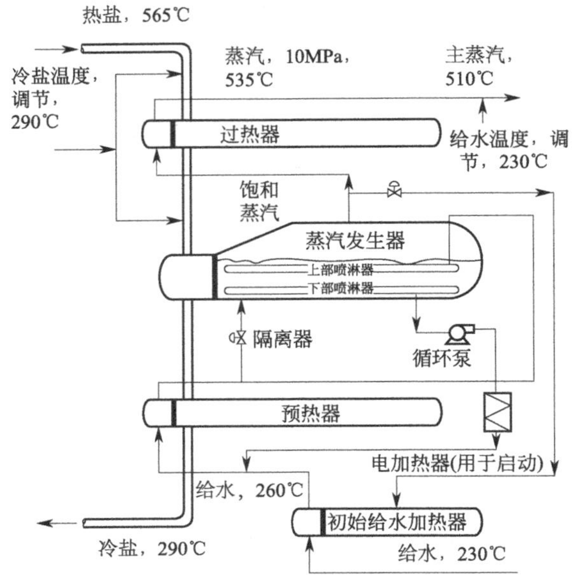

图 10-24　Solar Ⅱ电站的蒸汽生产系统

使用的汽轮机为非再热汽轮机，其额定输出功率为 12.8MW。蒸汽生产系统及发电系统的相关技术参数见表 10-6。

表 10-6　蒸汽生产系统及发电系统的相关技术参数

项目名称	技术参数和主要说明
蒸汽产生器组成	预热器、罐式蒸发器、过热器
蒸汽产生器热负荷/MW	35.5
热传导流体	硝酸熔盐(60%$NaNO_3$ 和 40%KNO_3)
进口盐温度/℃	565
出口盐温度/℃	290
给水进口温度/℃	260

⑤ 电站发电效率与部件效率　美国 Sandia 国家实验室对 Solar Ⅱ电站在 1998～1999 年的 14 个月的运行数据的整理分析表明，电站的峰值效率情况见表 10-7。

表 10-7　电站的峰值效率情况

参数	Solar Ⅱ目标值/%	Solar Ⅱ实际值/%	商业电站预测值/%
镜面反射率	90	90±0.45	94
集热场效率	69	63±3.8	71
集热场可用率	98	94±0.3	99
镜面清洁度	85	93±2	95
吸收器效率	87	88±1.8	88
储热效率	99	99±0.5	>99
总的集热效率(以上各部分乘积)	50	43±2.3	55
蒸汽循环效率	34	34±0.3	42
供电率(净功率/总功率)	88	87±0.4	93
电站峰值效率	15	13±0.4	22

(2) 西班牙 PS 10 塔式太阳能热动力发电站

已建成的塔式太阳能热动力发电站的热动力循环，如美国的 Solar Ⅰ、欧盟的 Eurelios

和 CESA-Ⅰ等，全都采用过热蒸汽。运行结果表明，由于蒸发器和过热器中工质的换热系数相差很大，难以进行控制。从接收器管束寿命和易于调控上考虑，饱和蒸汽接收器的蒸汽出口温度明显低于过热蒸汽，这就降低了接收器自身的技术风险。此外，较低的运行温度使储热问题更容易解决，大为减少了对常规能源的依赖。

在这样的技术背景下，欧盟提供发展资金支持。研发饱和蒸汽接收器，组建共同发电和动力再匹配联合循环系统。这就是西班牙 COLON SOLAR 计划，开发建造 PS 10 塔式太阳能热动力发电站。PS 10 塔式太阳能热动力发电站，建于西班牙 Senililla，北纬 37.4°，东经 6.23°，2006 年建成投入试验运行。这是世界上第一座塔式太阳能热动力发电商业应用示范电站。

① 电站系统　图 10-25 为 PS 10 塔式太阳能热动力发电站系统原理图。该电站设计为独立塔式太阳能热动力发电站，规划电站额定容量为 11MWe，占地 60000m^2。系统为饱和蒸汽朗肯循环发电。电站主参数值示于表 10-8。

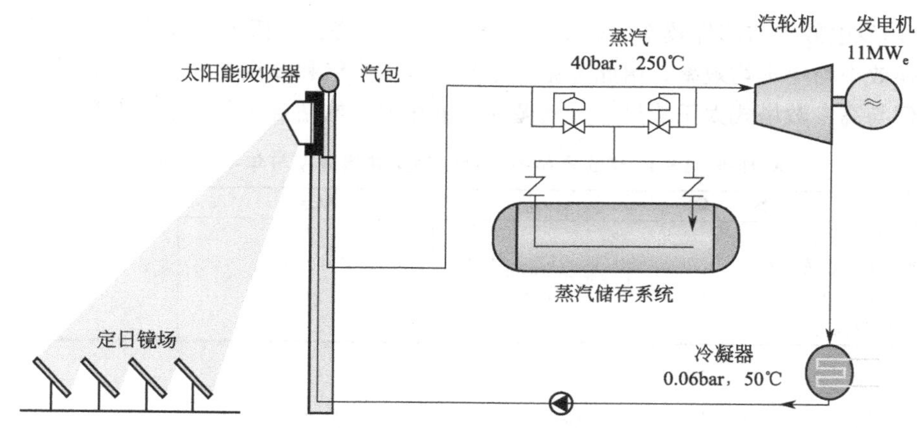

图 10-25　PS 10 塔式太阳能热动力发电站系统原理

表 10-8　电站主参数值

电站主参数	数值	电站主参数	数值
电站额定功率	11.02MWe	储热容量	15MWe
蒸汽参数	230℃、40bar	发电机	6.3kV、50Hz
定日镜总面积	75504m^2	电站年总发电量	23.0GW·h
塔顶接收器	空腔型　180°	电站比投资	3500 欧元/kW
中央动力塔高度	90m		

② 聚光集热装置　电站共有定日镜 624 台，全部布置在镜场的北象限，参见图 10-26。单台定日镜的镜面面积为 121m^2，这样定日镜总面积为 75504m^2。塔顶接收器为专门研发的饱和蒸汽空腔接收器，由 4 排 4.8m×12m 管束组成。

③ 储热装置　电站储热系统采用饱和蒸汽蓄热器，储热容量为 15MW·h$_{th}$，可供电站 50%负载下运行 50min。

④ 热动力循环装置　尽管为饱和蒸汽循环发电，汽轮机额定效率为 30.7%。汽轮机乏汽排入水冷凝汽器，凝结压力为 0.06bar。凝结水经 2 级高压加热器、除氧器和 1 级低压加热器预热，加热到 245℃，再与汽鼓中回流的水混合，将给水加热至 247℃。发电机参数：额定电压 6.3kV，频率 50Hz。

图 10-26 西班牙 Abengoa 塔式太阳能热动力发电站全貌，PS 10（11MW）和 PS 20（20MW）

⑤ 电站发电效率与部件效率 表 10-9 列出了 PS 10 塔式太阳能热动力发电站及其各部件的额定转换效率与年平均效率。由此可见，尽管该电站为饱和蒸汽循环发电，显然初始循环温度较低，但与高参数塔式太阳能过热蒸汽循环发电相比，电站各主要性能参数数据毫不逊色。

表 10-9 PS 10 塔式电站各部件的额定转换效率与年平均效率

参　数	额定值	年平均值
聚光装置光学效率/%	77.0	64.0
塔顶接收器与热传输效率/%	92.0	90.2
电站热电转换效率/%	30.7	30.6
电站总发电效率/%	21.7	15.4

10.4 碟式太阳能热发电系统

10.4.1 系统工作原理

碟式太阳能热发电系统包括聚光器、接收器、热电转换装置、跟踪控制系统、蓄热系统、电力变换装置和交流稳压装置，参见图 10-27。碟式太阳能热发电借助于双轴跟踪，抛物型碟式镜面将接收的太阳能集中在其焦点的接收器上，接收器吸收这部分辐射能并将其转换成热能。在接收器上安装热电转换装置，比如斯特林发动机或布雷顿循环热机等，从而将热能转换成电能。单个碟式斯特林发电装置的容量范围在 5～50kW 之间。用氦气或氢气作工质，工作温度达 800℃，因此斯特林发动机能量转换效率较高。碟式系统可以是单独的装置，也可以由碟群构成以输出大容量电力。

碟式太阳能热发电系统工作原理见图 10-28。碟式太阳能发电系统的聚光器是一个旋转抛物面形状的装置。抛物面由反射性极强的材料制成，能很好地反射太阳光。它由太阳跟踪系统驱动进行跟踪，时刻对准太阳，可以将投射到其表面的太阳光通过反射汇聚到抛物面的焦点位置。接收器被安置在聚光器的焦点处，把汇聚的太阳能接收到接收器的腔体内部。接收器内部安装有斯特林发动机的加热器，进入接收器的太阳能将通过加热器转化为热能，为发动机的工质所吸收，达到为发动机提供热源的目的。斯特林发动机是系统中十分重要的关键部件，是将吸收的热能转化为动能的动力装置。在斯特林发动机的末端连上一个发电机，就可以把发动机输出的轴功转化为电能，发出的电通过电力交换装置以及交流稳压装置后输出。由于太阳能只在白天存在，且对天气变化极为敏感，因此碟式太阳能系统还需要采用储能装置、蓄电池以及补充能源几种方式，从而使用户能得到稳定的电能，整个碟式太阳能热发电系统就是这样将太阳能转化为电能的。碟式系统的聚光比可以达到 3000，运行温度达到 900～1200℃。因此，在 3 种太阳能热发电方式中，碟式太阳能热发电可以达到最高的热效率，光电转换效率可高达 29%。

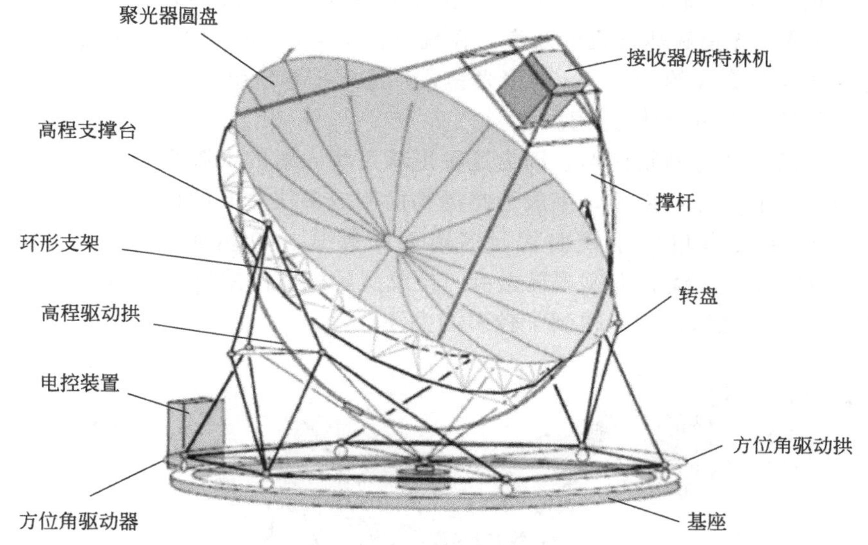

图 10-27 碟式太阳能热发电系统构成

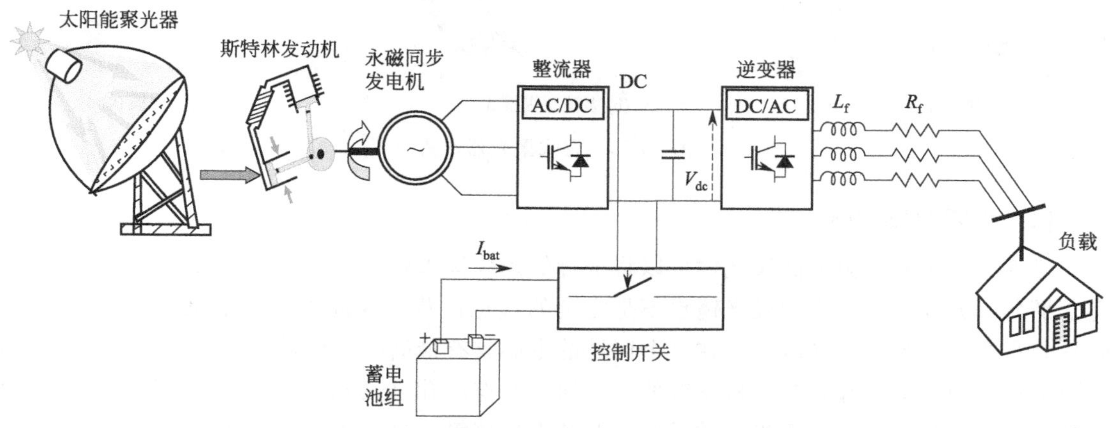

图 10-28 碟式太阳能热发电系统工作原理图

10.4.2 主要装置

(1) 碟式聚光装置

碟式太阳能聚光器的主体是碟状抛物面聚焦型反射镜，为点聚光型集热器，其聚光比高达数百到数千，可以产生非常高的温度。碟式抛物面镜直径一般在10～20m之间，聚光比为1000～4000。聚光镜一般采用具有较强光反射功能的铝或银镀在玻璃或塑料的正面和背面、或正面贴有反光薄膜的铝材制成。整个聚光镜由若干面板组成，用高强度黏接剂或螺钉固定在托盘上，形成1个坚固连续的薄壳结构，通过装在盘内圆的中心支撑与基座相连。

由于此类反射镜以2个自由度聚焦太阳光，因此该类聚焦系统以2个旋转轴跟踪太阳的运动。聚光装置基座可做仰角转动和方位转动。仰角转动和方位转动均各由直流伺服电动机和减速齿轮组成，齿轮箱的输出轴与中心支撑相连，分别驱动反射镜的仰角和方位。伺服电动机由脉宽调制电源供电，并由微机进行控制，可以实现缓冲启动、正反向运行及电制动作用。

碟式热气机发电系统的聚光镜大小取决于功率输出所需的最大日照强度（通常为$1000W/m^2$）以及聚光镜和热气机的效率。在现行技术下，1套5kW输出功率的碟式太阳能热气机发电系统需要直径约为5.5m的聚光镜，1套25kW输出功率的碟式太阳能热气机发电系统需要直径约为10m的聚光镜。

聚光镜理想的形状是抛物面形，因为这种形状可将入射的太阳光聚焦在抛物面焦点上一个很小的区域内。而实际使用中，一般可将抛物面制成多块分开的镜面。目前研究和应用较多的碟式聚光器主要有玻璃小镜面式、多镜面张膜式、单镜面张膜式等几种形式（图10-29）。由于单镜面和多镜面张膜式聚光镜一旦成型后极易保持较高的精度，以及施工难度低于玻璃小镜面式聚光器，因此得到了较多的关注。

(a) 玻璃小镜面式

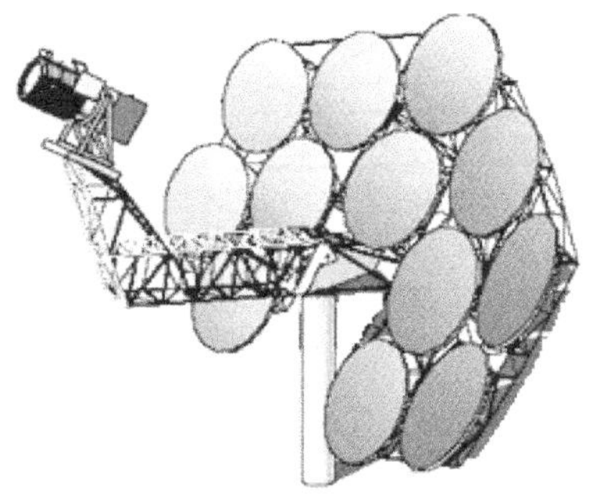
(b) 多镜面张模式

(c) 单镜面张模式

图10-29 碟式聚光器形式

（2）太阳能接收器

尽管一个完善的抛物面聚光镜可以将平行的光线聚焦到一点，但由于太阳光线之间并非完全平行，另外，现实中的聚光镜也不是完全的理想形状，因此阳光不是聚焦在一个点上，而是分布在一个很小的区域内。在这个区域的中心具有最高的光通量，而从中心到边缘光通量则呈指数型下降。碟式热气机系统的接收器是开有小孔（聚光口）的空腔型接收器。热电转换装置的接收器放置在聚光口的后面，避免直接接触经过聚焦的高强度的太阳光，聚光口和热头之间的空腔外面采用绝热材料覆盖，减少热量的损失。接收器的聚光口经过优化设计，使其直径大到有足够的阳光通过，同时使损失的辐射和对流的热量限制到允许的程度。

目前，接收器将太阳辐射热量传递给热气机工质的形式有以下两种：

① 直接受热管接收器　这种结构中，热气机的热头将通过工质的一些小直径受热管直接置于接收器内，经过聚焦的太阳光辐射下，受热管形成了接收器的表面。图10-30(a)所

示为直接加热方式。聚焦的入射太阳辐射直接投射到热气机加热管上，吸收太阳辐射能，加热工质，驱动斯特林发电机组发电。直接加热方式的优点是，日落之后可以在加热管的背面燃烧天然气，从而热动力发电机组可能全天连续运行。

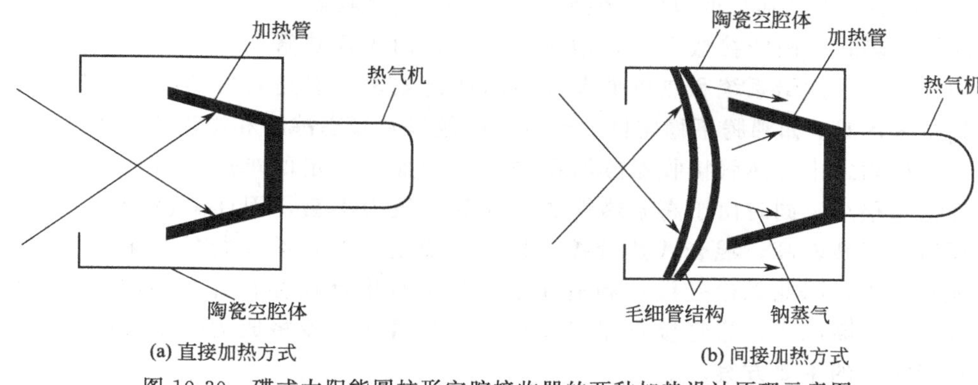

图 10-30　碟式太阳能圆柱形空腔接收器的两种加热设计原理示意图

② 间接受热管接收器　图 10-30(b) 所示为间接加热方式，它使用了液态金属作为传热介质。根据液态金属相变换热性能机理，利用液态金属的蒸发和冷凝将热量传递至斯特林热机。间接受热式接收器具有较好的等温性，可延长热机加热头的寿命，同时提高热机的效率。在对接收器进行设计时，可以对每个换热面进行单独的优化。这类接收器的设计工作温度一般为 650～850℃，工作介质主要为液态碱金属钠、钾或钠钾合金（它们在高温条件下具有很低的饱和蒸气压力和较高的汽化潜热）。间接受热式接收器包括池沸腾接收器、热管接收器以及混合式热管接收器等。

a. 池沸腾接收器。如图 10-31 所示，池沸腾接收器通过聚集到吸热面上的太阳能加热液态金属池，其产生的蒸气冷凝于斯特林热机的换热管上，从而将热量传递给换热管内的工作介质，冷凝液由于重力作用又回流至液态金属池，随即完成一个热质循环。

b. 热管接收器。如图 10-32 所示，热管接收器采用毛细吸液芯结构将液态金属均布在加热表面上。受热面一般加工为拱顶形，上面布有吸液芯，这样液态金属均匀地分布于换热表面。吸液芯结构可有多种形式，如不锈钢丝网、金属毡等。分布于吸液芯内的液态金属吸收太阳能量之后产生蒸气，蒸气通过热机换热管将热量传递给管内的工作介质，蒸气冷凝后的冷凝液由于重力作用又回流至换热管表面。

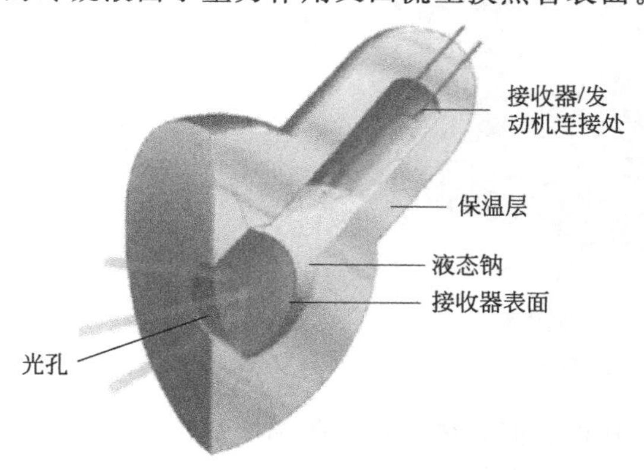

图 10-31　池沸腾接收器示意图

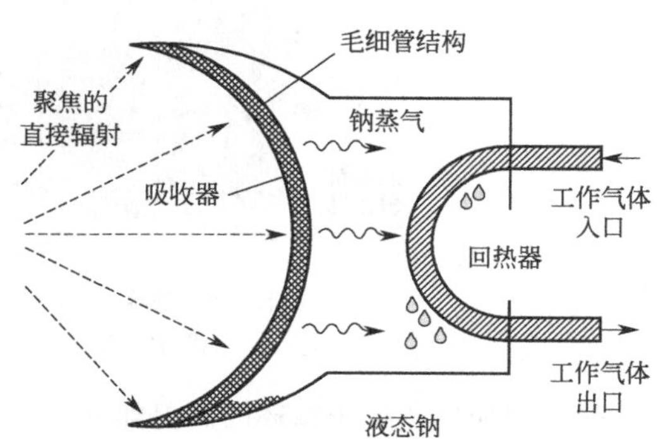

图 10-32　热管接收器示意图

c. 混合式热管接收器。太阳能热发电系统若要连续而稳定地发电，必须考虑阳光不足时或夜间运行的能量补充问题，其解决方案有蓄热和燃烧两种。在碟式太阳能热发电系统中多采用燃料燃烧的方式来补充能量，即在原有的接收器上添加燃烧系统。混合式热管接收器就是由热管接收器改造而成的以气体燃料为能量补充的接收器。

在间接受热式太阳能接收器中，池沸腾接收器由于换热管与金属蒸气直接换热，且温度均匀性好，因此给系统和热机带来很高的运行效率，但是对传热机理研究的相对缺乏给设计带来困难，如沸腾不稳定性、热启动问题以及膜态沸腾和溢流传热引起的传热恶化等仍处于探索之中。热管接收器虽然在加工上增加了一定的难度，但是可将液态金属充装量降低到很小，同时由于高温热管的研究资料较为丰富，因此给设计也带来了很大方便，运行可靠性较高。混合式热管接收器可以满足系统连续运行的需求，但由于结构复杂、成本较高，因此无论是设计制造还是实际运行中都还存在许多问题亟待研究。随着研究开发的不断深入，热管接收器以及混合式热管接收器将成为未来解决碟式太阳能热发电热能接收的主要方案。

(3) 热电转换装置

在碟式太阳能热动力发电系统中，热机可以考虑多种热力循环和工质，包括布雷顿循环和斯特林循环。斯特林机的热电转换效率可达 40%。斯特林机的高效率和外燃机特性使得它成为碟式太阳能热动力发电系统的首选热机。

① 斯特林发动机　斯特林循环是将热能转换成电能和机械能效率最高的循环。碟式太阳能热动力发电装置的热电转换主要是采用自由活塞式斯特林发动机作为原动机，它是一种外部加热闭式循环活塞式发动机，其构造如图 10-33 所示。斯特林发动机主要由热腔、加热器、回热器、冷却器和冷腔组成。斯特林发动机气缸一端为热腔，另一端为冷腔。工质在低温冷腔中压缩，然后流到高温热腔中迅速加热，膨胀做功。燃料在气缸外的燃烧室内连续燃烧，通过加热器传给工质，工质不直接参与燃烧，也不更换。

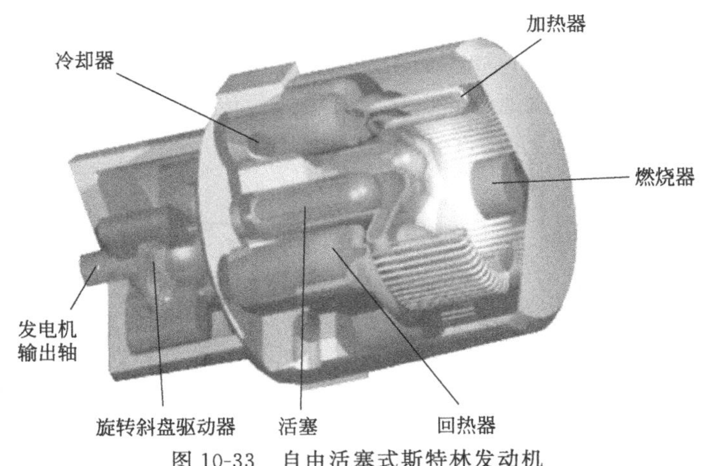

图 10-33　自由活塞式斯特林发动机

热腔和加热器处于循环的高温部分，因此通常称它们为热区；冷腔和冷却器处于循环的低温部分，称为冷区。斯特林发动机的理想工作过程以斯特林循环为基础。斯特林循环是一种理想的热力循环，由两个等温过程和两个等容过程组成，具体工作过程参见本书

9.4.5 节。

根据工作空间和回热器的配置方式不同，期特林发动机可以分为 α、β 和 γ 三种基本类型：

a. α 型斯特林发动机的结构最简单，加热器、回热器、冷却器两侧配备了热活塞和冷活塞，热活塞负责工质的膨胀，冷活塞负责工质的压缩，当工质全部进入其中一个气缸时，一个活塞固定，另一个活塞压缩或膨胀工质。

b. β 型斯特林发动机在同一个气缸中配备了配气活塞和动力活塞。配气活塞负责驱动工质在加热器、回热器和冷却器之间流通；动力活塞负责工质的压缩和膨胀，当工质在冷区时压缩工质，当工质在热区时让工质膨胀。

c. γ 型斯特林发动机的动力活塞和配气活塞分别处于配气气缸和动力气缸内，配气活塞同样负责驱动工质流通，动力活塞单独完成工质的压缩和膨胀工作。理论上，γ 型双作用的斯特林发动机具有最高的机械效率，并且有很好的自增压效果。

② 燃气轮机　典型的单轴燃气轮机主要由压气机、燃烧室、动力透平和输出/辅助齿轮等组成。压气机有轴流式和离心式两种，轴流式压气机效率较高，适用于大流量的场合。在小流量时，轴流式压气机因后面几级叶片很短，效率低于离心式。功率为数兆瓦的燃气轮机中，有些压气机采用轴流式加一个离心式作末级，因而在达到较高效率的同时又缩短了轴向长度。燃烧室系统包含燃料喷嘴、冷却空气和燃烧室内壁等。燃烧系统分常规燃烧系统（扩散式火焰）和干式低排放燃烧（预混合稀薄燃烧）系统两种。

根据太阳能热发电的特点，许多研究机构陆续开放了用于闭式气体布雷顿循环的涡轮机。桑迪亚（Sandia）国家实验室开发的超临界 CO_2 布雷顿循环中的 125kW$_e$ 和 100kW$_e$ 的动力涡轮原型机，由 Barber-Nichols 公司设计。该测试回路中包含两个动力涡轮-交流发电机-压缩机（TAC）单元（如图 10-34 所示），均以 75000r/min 的速度运行。这 2 个 TAC 单元几乎相同，其中一个单元驱动一个主压缩机，另一个驱动更大的再压缩机。东京工业大学和韩国多个研究机构也开发了实验室规模的测试回路和用于超临界 CO_2 动力循环的涡轮原型机，其中韩国科学技术研究院（KAIST）构建并运行

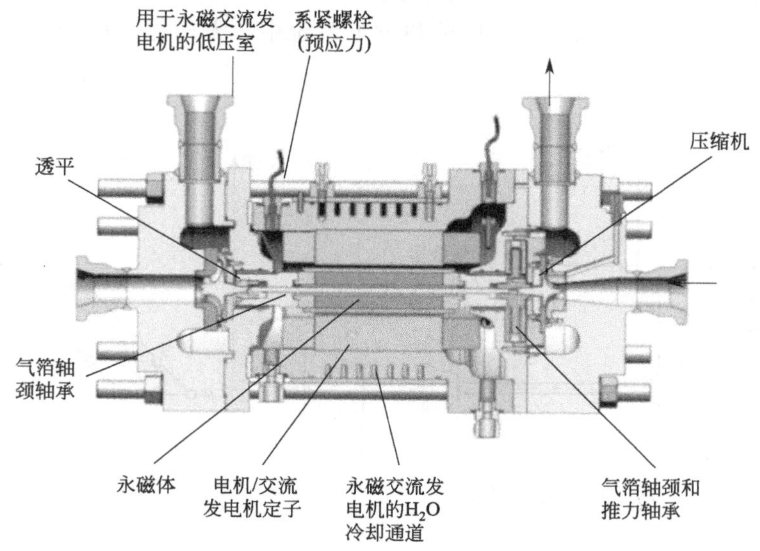

图 10-34　动力涡轮-交流发电机-压缩机原型机示意图（Barber-Nichols 公司设计）

了实验室规模的测试回路，并发布了在临界点附近运行的26kW超临界CO_2泵的数据。电动离心泵以4428r/min的转速运行，入口压力为80bar，压力比为1.18，质量流量为4.49kg/s，测得的等熵效率低于50%。

回收燃气轮机排放的废热是提高系统效率的重要途径。如图10-35所示，采用回热器将原本释放到环境中的较高温度的排气热量用于加热压缩机出口处工质，减少工质较低温度段的吸热量，提高循环平均吸热温度，降低循环平均放热温度，使循环热效率增大。回热式燃气轮机的压比约为2.5，入口温度约为850℃。燃气轮机用于碟式布雷顿循环的预测热效率超过30%。

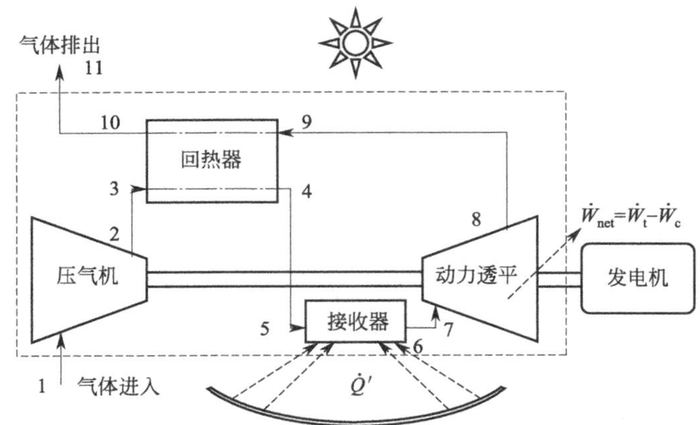

图10-35　回热式太阳能布雷顿碟式热发电系统

布雷顿循环工作性能的改善，还可以采取改进热力循环工作模式的方法来进行。常见的是基于回热的分级压缩、中间冷却、再热循环系统，其装置原理图和T-S图如图10-36所示。分级压缩、中间冷却可以有效降低压缩机功耗。在燃气轮机入口温度受限的情况下，再热可以提高汽轮机出口的排气温度，扩大了回热的温度范围。采用回热、分级压缩、中间冷却、再热循环的布雷顿热机的热效率可以达到39%～43%，而同功率范围内的简单布雷顿热机的热效率仅为25%～32%。在太阳能热发电系统中，太阳能热用于替代（或补充）来自燃料的热输入。

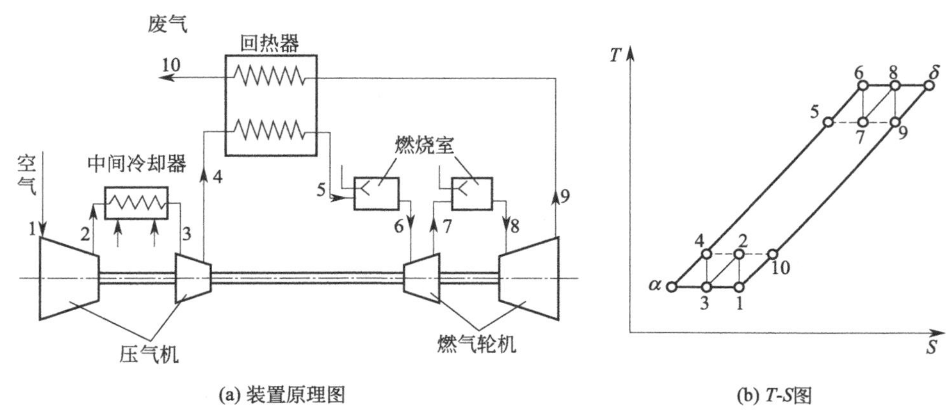

图10-36　基于回热的分级压缩、中间冷却、再热循环系统

(4) 跟踪机构

跟踪机构的作用是使聚光器的轴线始终对准太阳，碟式集热系统有 3 种方式：极轴式全跟踪；高度角-方位角式太阳跟踪；三自由度并联球面装置的二维跟踪。与单轴跟踪装置相比，双轴系统投资较大，机构复杂，体积庞大，能耗较多，设备维护不方便，但其跟踪精度更高。

跟踪太阳的方法有很多，但不外乎采用光电跟踪、根据视日运动轨迹跟踪和混合跟踪 3 种方式。混合跟踪由于具有较高的跟踪精度，因此在碟式集热系统实际应用中采用较多。目前，太阳跟踪装置的精度最高已经达到 0.01°。

10.4.3 典型碟式太阳能热发电站介绍

国际上现有的碟式斯特林发电系统中，比较有代表性的包括 SAIC/STM 公司的 SunDish 系统、SBP 公司的 EuroDish 系统、SES 公司的斯特林发电系统、WGA 公司的 ADDS 等。以上 4 种系统的相关性能参数见表 10-10。其中，SES 公司的斯特林发电系统是 4 种系统中年均发电效率最高的系统。以下将重点介绍 SES 公司的斯特林发电系统的有关情况。

表 10-10 4 种典型斯特林发电系统的性能参数对比

参数	公司名称			
	SAIC/STM	SBP	SES	WGA
额定功率/kW	22	10	25	9.5
峰值净输出功率/kW	22.9	8.5	25.3	11.0
峰值净效率/%	20	19	29.4	24.5
年净效率/%	14.5	15.7	24.6	18.9
年发电量/kW · h	36609	20252	48129	17353

图 10-37 是 SES 公司的斯特林发电系统的照片。该系统的主要技术参数见表 10-11。在 1000W/m^2 的太阳辐射强度下，每套系统的发电功率大约为 25kW。系统所使用的斯特林发动机为 Kockums4-95 型和 SES/USAB4.95，参见图 10-38。Kockums 4-95 斯特林发电系统包括以下子系统：接收器（将聚焦的太阳能传递给发电机的工作流体）、斯特林发动机（将热能转换为旋转机械能）、发电机、冷却系统（将废热释放到大气）以及控制系统（对系统的运行进行控制和监测）。SES 公司的斯特林发电系统的特点包括：平衡设计的专利技术，即利用聚光镜的质量来平衡位于焦点处的能量转换装置 PCU；在反射面开了一个沟槽，便于将 PCU 降到地面进行检修；模块式设计，便于主要部件的制造和安装。

图 10-37 SES 斯特林发电系统

表 10-11　SES 公司的斯特林发电系统的主要技术参数

部件	参数	数值
聚光集热装置	类型	近似抛物面
	反射面划分区域数	82
	玻璃镜面面积/m^2	91.0
	有效镜面面积/m^2	87.7
	干净玻璃镜面反射率	0.91
	装置最高点离地面高度/m	11.9
	装置最大宽度/m	11.3
	装置质量(包括集热器、基架、支撑结构、玻璃镜面、驱动结构以及 PCU 撑架)/kg	6760
	跟踪控制方案	开环控制
	焦距/m	7.45
	吸收因子	0.97
	DNI 为 1000W/m^2 时的峰值聚光比/sun	7500
能量转换单元 PCU	集热器孔径/cm	20
	发动机类型	Kockums4-95
	气缸数	4
	发动机工作容积/cm^3	380
	发动机转速/(r/min)	1800
	工作流体	氦
	功率控制方式	变压
	发电机形式	3ϕ/480V

SES 公司的斯特林 SES/USAB4.95，它是一种四缸双作用式 α 型斯特林发动机。经过了菲利普公司到瑞典 Kockums 公司的演变，再到最终被 SES 公司完全继承并获得生产许可，这期间做过大量的实验测试，并不断进行改进，其机型结构已经颇为成熟。该斯特林机最初的设计是使用直接照射式太阳能集热器，SNL 公司为了改善该集热头处温度分布的不均匀性，曾针对 SES/USAB4.95 研制过回流式钠热管结构的太阳能集热器。

(a)Kockums 4-95

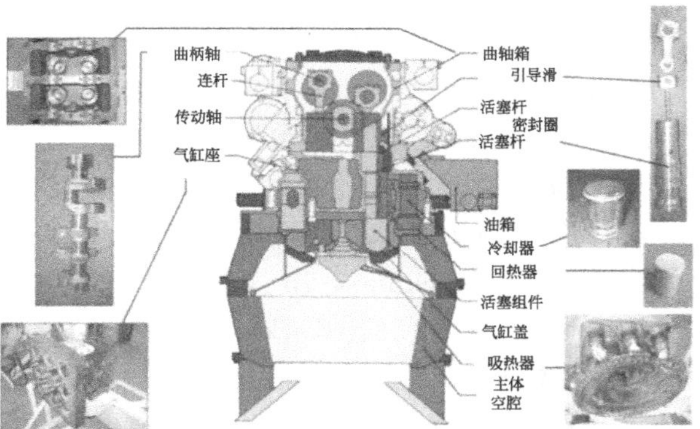

(b)SES/USAB4.95

图 10-38　SES 系统的斯特林发动机

SES 系统在不断地监测下运行并进行相关改进维修。运行情况表明，在 1000h 的运行中，系统的可用率超过 98%。图 10-39 给出了系统从太阳能输入到电功率输出的能量流瀑布图的计算实例，显示了太阳能转化为电能过程中各部件的损失。结果表明，聚光集热效率约为 75.7%，斯特林循环热效率为 40.7%，系统总效率为 27.8%。

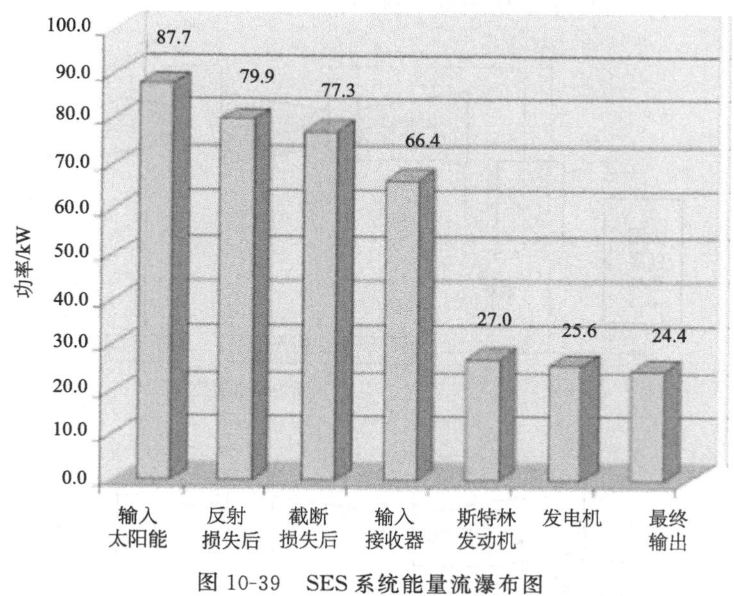

图 10-39 SES 系统能量流瀑布图

10.5 集成式太阳能发电系统

10.5.1 概述

太阳能热发电产生清洁电力，具有很多的优点，但其自身又存在诸多的缺点。首先，太阳能具有不稳定性，受天气变化以及季节变化的影响较大。单纯的太阳能电厂需要配备储能装置，而储能装置的价格又比较昂贵。其次，建立单独的太阳能电厂需要的资金较多，在缺乏政府补贴的情况下仍难以具有市场竞争力。我国化石燃料发电量所占的比例很高，采用太阳能与化石能源集成的发电技术，可以实现能源“互补”，提高发电效率和系统的稳定性，并减少温室气体的排放。例如，将太阳能与煤的集成，可以在现有的朗肯循环基础上增加太阳能的作用。这种做法通过在原有火力发电机组的基础上增加太阳能集热装置，避免了建立单纯的太阳能电厂所需要投入的大量成本，也可以减少原有火力电站的煤炭消耗量，具有良好的经济效益和环境效益。

太阳能与传统能源混合发电技术的集成系统为太阳能热发电技术的发展提供了新的途径，具有巨大的潜力。以下将对太阳能光热利用与不同能源形式集成发电的情况进行介绍，包括太阳能与燃煤互补发电系统、太阳能-燃气互补的联合循环（ISCC）发电系统、太阳能重整化石燃料、太阳能与地热集成发电系统等。

10.5.2 太阳能与燃煤互补发电系统

太阳能与燃煤互补发电系统是将太阳能集热器与普通的燃煤电厂集成，利用太阳能加热水或蒸汽，以减少相同数量电能生产时的耗煤量。该系统可在原有火力发电机组基础上集成，也可在新建电厂中考虑集成方案。根据太阳能在燃煤系统中的作用，可以分为太阳能辅助燃煤发电系统的给水回热加热和锅炉受热面加热工质两种。

太阳能与燃煤互补发电厂中常使用的三种不同布置方案，如图 10-40 所示。

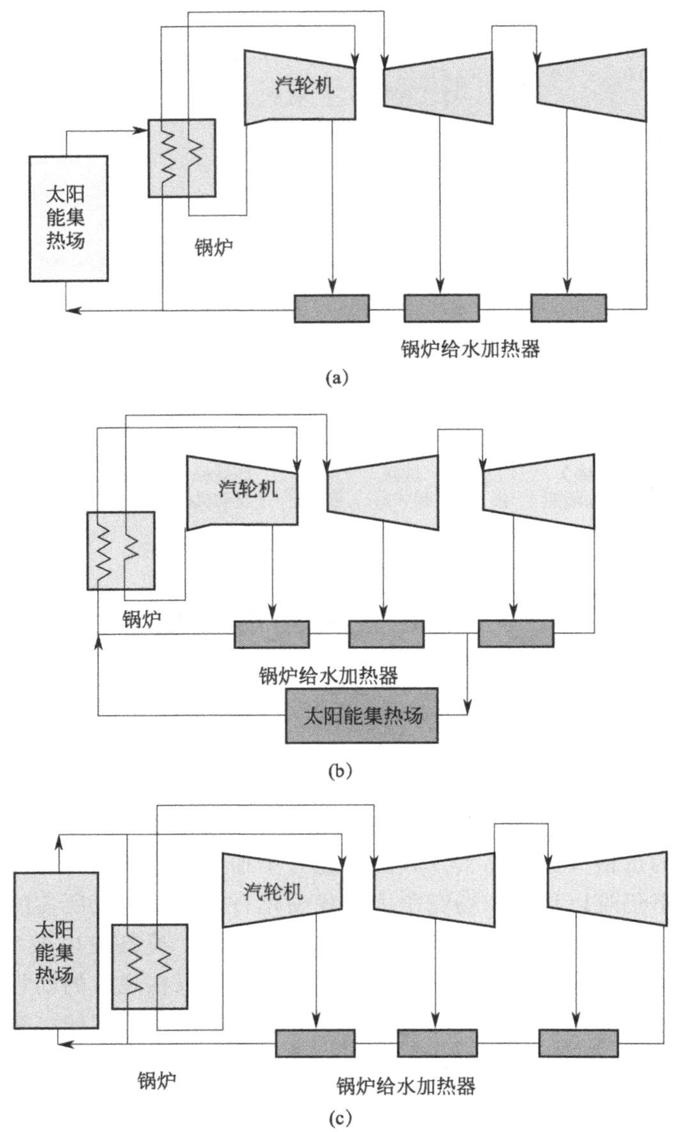

图 10-40　太阳能辅助给水加热回热方案

① 太阳能辅助锅炉汽包　在这种布置中，太阳能集热场与锅炉并联运行，如图 10-40 (a) 所示。在燃煤发电厂中，给水经回热系统加热后，将被送往锅炉中继续加热、蒸发及过热，生产出满足汽轮机进汽要求的蒸汽。可利用太阳能（约 400℃）将来自锅炉省煤器的给水转化为饱和蒸汽，然后将其返回到化石燃烧锅炉的汽包中。太阳能集热器辅助锅炉加热工质，将减少锅炉的燃料消耗并减少污染物排放。

② 太阳能与给水相结合　在这种布置中，利用太阳能（约 300℃）作为热源预热给水，而不是使用从涡轮机抽出的蒸汽，如图 10-40(b) 所示。太阳能场与发电厂给水加热器并联连接。太阳能加热可以将给水温度提高到锅炉所需温度，通常为 220℃左右。蒸汽不需要从涡轮机中抽出，而在其中进一步转换。因此，与集成改造之前的系统相比，使用相同数量的

煤该系统产生更多的输出功。通过这种方式，传统的燃煤电厂将升级为更大容量的系统，而不会产生大量成本。

③ 太阳能辅助过热器　这种布置涉及利用太阳能产生部分过热蒸汽，然后将其注入汽轮机，如图 10-40(c) 所示。太阳能集热场与锅炉并联运行。

在上述三种布置中，太阳能与给水的组合是最容易实现的。这种太阳能辅助技术可以应用于装机容量低于 300MW 的燃煤电厂，提高电厂的容量。与单纯的太阳能热发电站不同，这种太阳能混合发电技术不需要太阳能储能设备。此外，燃煤电厂现有的给水加热器与太阳能驱动的给水加热器并联运行，即使在低太阳辐射的情况下，也能保证混合发电厂满负荷运行。

10.5.3　太阳能与燃气联合的发电系统

(1) 太阳能整体联合循环系统

太阳能整体联合循环系统（integrated solar combined cycle system，ISCCS），是在燃气-蒸汽联合循环的基础上，投入太阳能集热系统取代蒸汽朗肯循环中的某一段来加热工质的热发电系统。ISCCS 系统与辅助燃煤系统一样，都是太阳能作为辅助能源的化石燃料发电系统。

目前，以槽式太阳能集热技术为主，图 10-41 是槽式太阳能与整体联合循环系统集成的 ISCCS 示意图。系统循环过程为：从凝汽器来的给水，经除氧后被送至余热回收系统（即余热锅炉）及太阳能集热器场分为两路。一路进入太阳能蒸汽发生器，利用槽式集热器吸收的太阳能实现预热、蒸发及过热，再并入余热锅炉产生过热蒸汽；另一路直接进入余热锅炉，利用燃气轮机高温余热和燃料燃烧产生的热量继续加热。两路给水共同生成过热蒸汽。太阳能蒸汽发生器取代了部分燃气-蒸汽联合循环中余热锅炉的蒸汽产生量，进入蒸汽轮机高压缸发电。

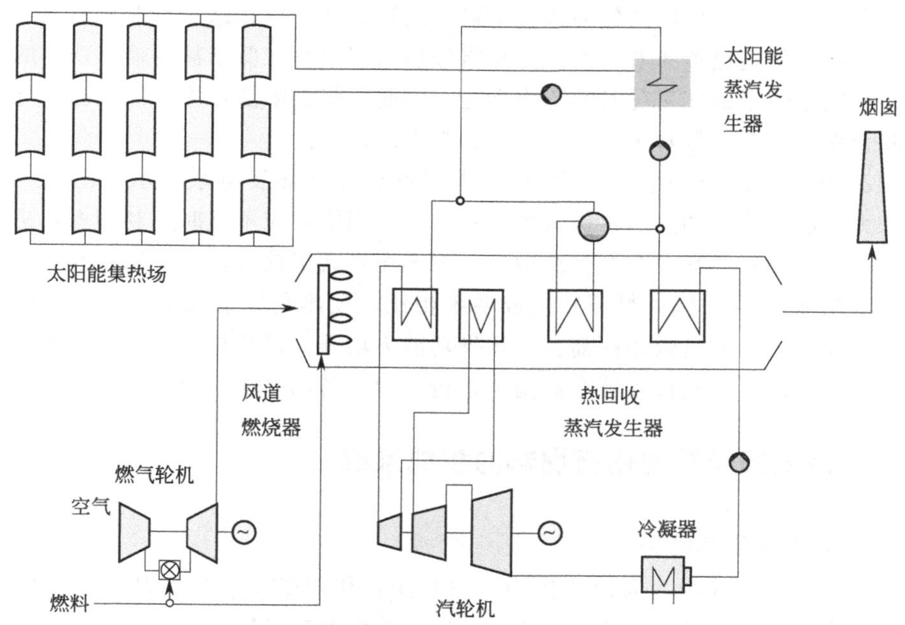

图 10-41　槽式太阳能与整体联合循环系统集成的 ISCCS 示意图

燃气轮机排气与太阳能共同完成给水的预热、蒸发和过热。因此，与常规的联合循环电厂相比，ISCCS 发电技术具有诸多优点，主要如下：

① 发电热效率高。由于太阳能辅助技术，蒸汽参数（温度、压力）明显提高，ISCCS 电厂的效率要高于单纯的太阳能槽式集热电厂和常规的联合循环电厂。目前采用 ISCCS 的电厂净热效率可达 60%以上，高于常规大型天然气-蒸汽联合循环发电厂的热效率（一般为 45%～50%），有望达到 65%～70%。

② 具有优越的环保特性。ISCCS 系统采用可再生能源（太阳能）与清洁能源（天然气）作为主要燃料，太阳能对周边环境无任何污染物排放，而天然气作为清洁能源其各种污染物排放量都远低于国际先进的环保标准，能满足严格的环保要求。

③ ISCCS 项目本身为太阳能热发电与天然气联合循环发电的结合体，通过利用太阳能热，还可以引入生物质燃料作为辅助热源，使资源得以充分综合利用，从而使 ISCCS 项目具有延伸的产业链。

④ 减少对电网的影响。ISCCS 项目利用燃气轮机作为稳定负荷，可避免纯太阳能热发电项目受外部环境影响、负荷变化大、对电网产生较大冲击等问题。

(2) 利用太阳能预热空气的集成系统

布雷顿循环的热效率取决于循环的增温比，但增温比不能任意提高，因为高速旋转的叶轮设备对高温敏感，过量的热量输入会导致设备受损。因此，装置的设计会依据最高燃气轮机入口温度，设计一个最大热负荷。此外，以布雷顿循环模式工作的热机还有一个特点，即功率降低对循环的热力学性能影响非常大。例如，当功率为额定功率的 50%时，汽轮机的热效率只有满功率运行时的 75%；而当负荷降到额定功率的 30%时，热效率只有设计热效率（名义热效率）的 50%。

以上两个特点对太阳能布雷顿循环的影响尤甚。为避免温度过高对设备的损害，太阳能布雷顿热机必须按照预期可以达到的最大辐射量进行设计，尽管这一辐射热量在绝大多数时候是无法实现的。而这也意味着，太阳能布雷顿热机多数是在低于额定输出功率的情况下运行，其工作性能远低于最佳工况时的工作性能。因此，将太阳能作为辅助热源，与天然气等常规能源联合作为热源，是解决上述问题的有效方法之一。

图 10-42 为一个太阳能预热空气的燃气-蒸汽联合循环热发电系统示意图。压气机出来的空气进入太阳能集热场加热后再进入燃烧室，当太阳能供应不足时则利用燃料进入燃烧室补燃，这样可节省化石燃料。在此系统中，一般选用塔式集热装置，可以将空气加热到更高的温度。与太阳能-燃煤（朗肯循环）集成系统相比，预热空气系统中，工质被加热到更高的温度，太阳能部分的发电效率提高。工质做功能力增强，系统热效率增加，系统投资的回收期限也进一步降低，但是接收器在高温下运行，对设备的材质要求比较高。

10.5.4 利用太阳能重整化石燃料的集成系统

(1) 太阳能重整燃气循环

太阳能重整燃气循环中，太阳能作为高温热源提供甲烷重整所需的热量，转化成化学能，以更高的品质提高系统的效率。图 10-43 为太阳能重整燃气系统示意图。该系统选用水与甲烷发生重整反应。系统循环过程为：首先，系统流程分为两路，一路是甲烷，重整前的

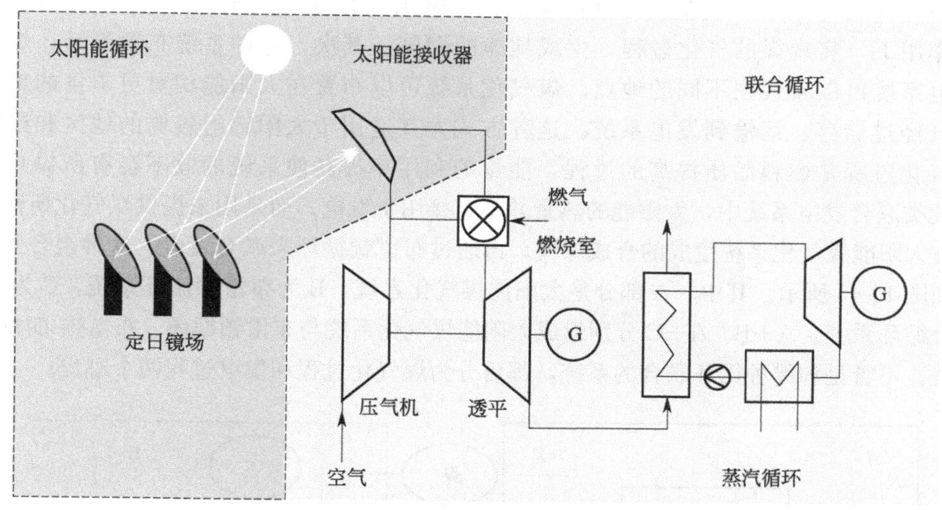

图 10-42　塔式太阳能与整体联合循环系统集成的系统示意图

甲烷在预热器中预热后进入混合装置；另一路是水，经过水处理的给水与冷凝器过来的冷凝水混合，先后经过省煤器、蒸发器预热、蒸发，生成饱和气体后进入混合装置。其中，预热由上级的合成气体来完成。预热后汇成一路进入过热器。最终进入反应器，在太阳能的作用下重整。生成合成气体 H_2O、CO_2 和 CO 预热下一级的反应物后，经冷凝器进入燃烧室，然后通过布雷顿循环或者布雷顿—朗肯联合循环发电。

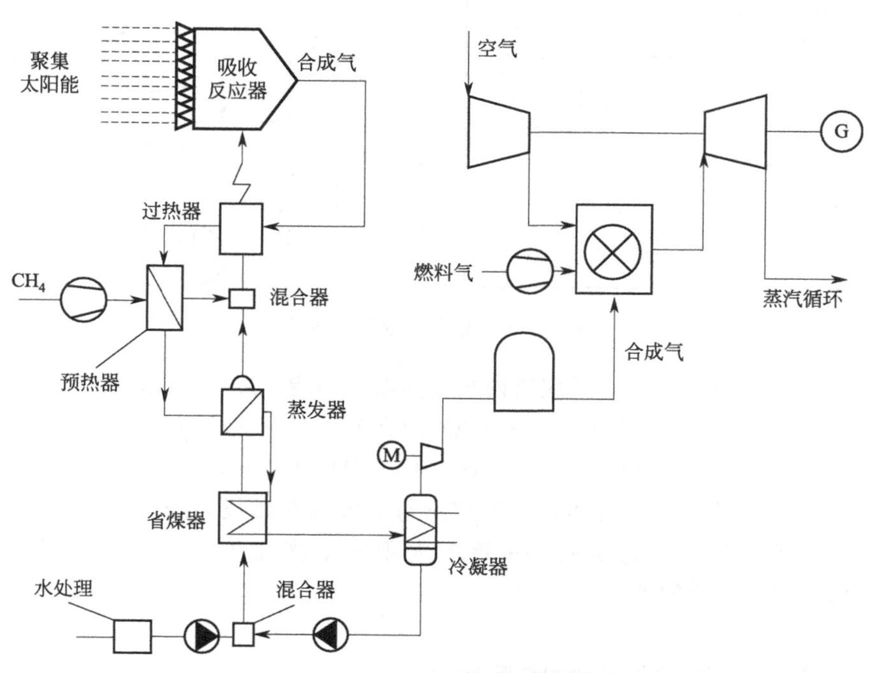

图 10-43　太阳能重整燃气系统

（2）太阳能-煤气化联合发电循环

太阳能-煤气化联合发电循环是化石燃料高效利用的重要途径之一，具有很好的应用前景。太阳能煤气化系统具有以下特点：首先，最突出的特点是完全消除了 CO_2 污染。太阳能高温作用下，实现煤的气化过程，生成纯净的燃气。其次，这种系统布置灵活，煤气化系统和发电系统可以布置在不同的地点。煤气化系统可以布置在太阳能相对更丰富的地区，生成的燃气经过储存、运输到发电系统。这种方式尤其适用于太阳辐射较弱的地区和国家。此外，煤气化过程是燃料品质提高的过程，能量的利用率提高使系统的效率会有所提高。

在此类联合发电系统中，太阳能的热量并不直接用于发电，而是用来提供煤气化所需要的热量，通过太阳能煤气化系统生成的合成煤气，再通过布雷顿循环来联合发电。这种混合发电系统的流程如图 10-44 所示。其中，A 部分是太阳能煤气化系统，B 为布雷顿循环系统，C 为布雷顿-朗肯联合循环系统。A+B、A+C 分别组成太阳能煤气化系统与布雷顿循环、布雷顿-朗肯循环的联合系统。不管是和哪种循环联合的系统，都可分为煤气化过程和发电过程两个过程。

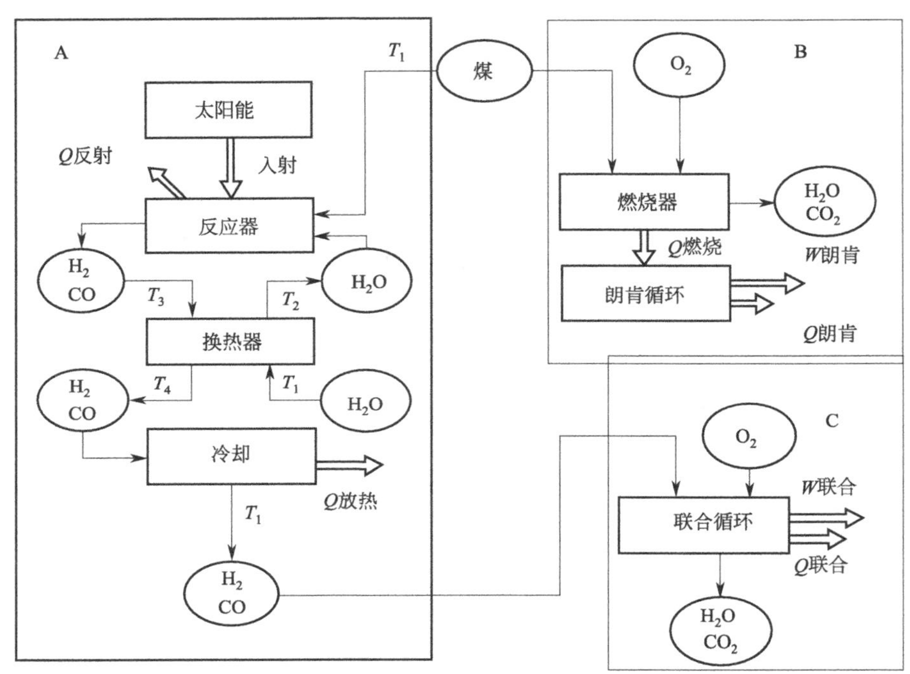

图 10-44　太阳能-煤气化系统

① 煤气化过程　在太阳能热反应塔内吸收高温太阳能，发生的反应为：

$$C(固)+CO_2 \longrightarrow 2CO;C(固)+2H_2 \longrightarrow CH_4 \tag{10-1}$$

$$CH_4+H_2O \longrightarrow CO+3H_2;CO+H_2O \longrightarrow CO_2+H_2 \tag{10-2}$$

② 发电过程　生成的合成气体送入燃烧室与氧气混合燃烧，进入燃气轮机发电，最后排出气体 H_2O 和 CO_2。研究表明，系统中太阳能聚光比为 2000，接收器运行温度为 1077℃，最后得到的系统的效率为 50%。

10.5.5　太阳能与地热混合发电系统

地热能是地球内部隐藏的能量，其蕴藏量很丰富，单位成本低于开采化石燃料或核能。建造地热电厂时间短且较为容易，但热效率低，仅有 30% 的地热能用来推动涡轮发电机，且地热井的热流具有不同的热力学特性，产量也很不稳定。所以，在有丰富地热资源且日照比较充足的地方建立太阳能-地热集成发电系统能够保证原有的地热循环持续稳定地供电，而且还可以增加日产电量。

太阳能与地热集成的发电系统主要由地热井、汽水分离器、汽轮机以及发电机组成，可采用以下 3 种方案：

方案一：见图 10-45(a)，将太阳能集热场置于地热井和第一个分离器之间，从热井中流出气体和液体的混合物流经太阳能集热场而被加热，加热后的流体流经汽水分离装置，分离出其中的蒸汽用来发电。

方案二：见图 10-45(b)，将太阳能集热场置于第一个与第二个分离器之间。从地热井流出的混合物经过第一个汽水分离装置，分离出来的蒸汽进入汽轮机，带动发电机发电；分离出来的液体进入太阳能集热器，被加热为气体，进入第二个汽水分离装置，分离出蒸汽用于发电。

方案三：见图 10-45(c)，汽轮机的乏汽经冷却水冷凝后，被送入太阳能集热场中预热，然后再连同地热井中的汽水混合物进入汽水分离器，经汽水分离后，蒸汽进入汽轮机发电。

上述方案中，因为地热源会持续地提供热量，可以保证汽轮机在阳光不充足时安全运行，所以储热装置可以不再使用，这将增加混合电厂的灵活性。

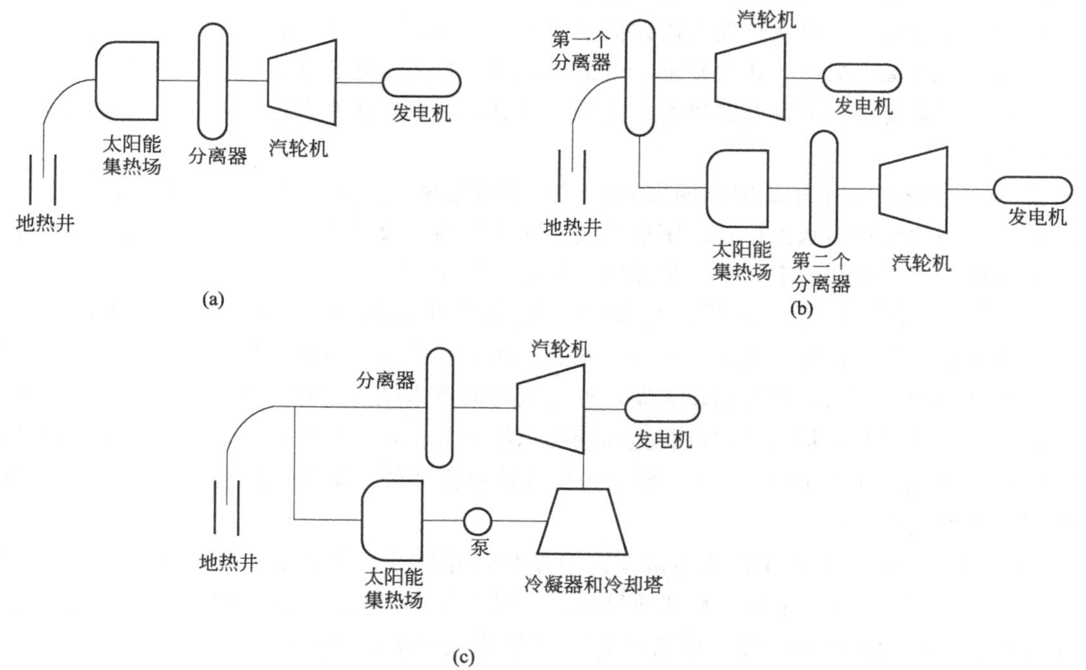

图 10-45 太阳能-地热集成发电系统的 3 种集成方案

10.6 太阳能发电系统设计方法

10.6.1 总体规划

(1) 一般规定

太阳能热发电站应根据发电站生产、施工和生活需要，结合站址及其附近的自然条件和城乡及土地利用总体规划，对站区、施工区、水源地、取排水管线、辅助燃料管线、交通运输、出线走廊等进行统筹规划，并应以近期建设目标为主，兼顾远期建设目标。

总体规划应贯彻节约集约用地的原则，控制站区、站前建筑区及施工区用地面积。站址应利用非可耕地和劣地，保护植被，不破坏原有水系，减少土石方开挖量，减少房屋拆迁和人口迁移。电站的站外设施包括交通运输、供排水、辅助能源供应、输电线路、施工区等，应在确定的站址和站内各个主要工艺系统的基础上，根据电站的规划容量和站区自然条件，统筹规划、全面协调。

在总体规划的基础上，以工艺流程合理为原则，结合各生产设施及工艺系统的功能，紧凑合理、因地制宜地进行电站总平面布置，并满足防火、防爆、环境保护、劳动安全和职业卫生的要求。电站与燃机、火电厂和其他形式电厂联合运行时，宜联合建设部分公用设施。

(2) 站址选择

太阳能热电站站址选择与电源布局、电站后期安全运行维护紧密相关，而且对电站的施工进度和投资起到关键影响作用。和常规燃煤电厂及其他可再生能源发电方式不同，太阳能热电站的站址选择有其特殊性。太阳能资源分布的区域性、自然条件及社会条件的差异性对太阳能热电站的技术经济性影响重大，其选址是一项复杂而系统的工作。对太阳能热电站项目进行预可行性研究，可在早期阶段评估预选项目场地的可行性。太阳能热电站站址选择力求详细周全，从宏观层面的相关政策、电源点布局、并网输电条件、交通条件等，到微观层面的站址太阳能资源、水资源的供给、土质、气象等，都应在考虑范围之内。具体包括以下主要内容：

① 满足国家可再生能源中长期发展规划、交通运输、接入系统、城乡规划、土地利用总体规划、环境保护与水土保持、军事设施、矿产资源、文物保护、风景名胜与生态保护、饮用水源保护等方面的要求，并应按照国家规定的程序进行。

② 研究电网结构、电力负荷、太阳能资源、辅助能源供应、水源、交通及大件设备运输、环境保护、出线走廊、地形、地质、地震、水文、气象、用地与拆迁、施工以及周边企业对电站的影响等因素，拟订初步方案，通过全面的技术经济比较和分析，对站址进行论证和评价。该方案通常包括对项目进行全面的技术经济分析，评估现场参数和财务参数以确定潜在的技术配置。如图 10-46 所示，整个分析方法是循环的，单个参数的调整可能会影响整体结果，需要迭代进行。

③ 站址宜选择在太阳能资源丰富、太阳光照时间长且日变化小、风速小的地区。直接法向辐照度（DNI）决定了发电量和项目收益，因此应该有足够大的太阳辐照度使项目获得预期的回报。微气候在特定位置可能对 DNI 产生重大影响。如果使用来自更大区域的分析结果而不是评估每个潜在站址的特定 DNI，可能会导致错误的结果。为了覆盖整个季节周期，至少需要完整一年的现场 DNI 测量数据进行项目的可行性分析。

④ 水源主要用于发电系统的湿式冷却系统，与干式冷却系统相比更加有效并且投资更少，经济优势明显。供水水源应落实可靠，并应符合下列规定：

a. 当采用直流供水的电站时，站址宜靠近水源，并应考虑取排水设施对水域航运、环境、养殖、生态和城市生活用水等的影响。

b. 当采用江、河水作为供水水源时，其取水口位置必须选择在河床全年稳定的地段，且应避免泥砂、草木、冰凌、漂流杂物、排水回流等的影响。

c. 当采用地下水作为水源时，应按照国家和电力行业现行的供水水文地质勘察规范的要求，提出水文地质勘探评价报告，并应得到有关水资源主管部门的批准。

⑤ 站址宜选择在场地开阔、地势平坦的地区，应有满足建设所需的场地面积和适宜的建站地形。不应选择在强烈岩溶发育、滑坡、泥石流地区或发震断裂地带及9度以上地震区，避免压覆重要矿产资源。避开地质灾害易发区和采空区影响范围，当局部区域无法避开地质灾害易发区和采空区影响范围时，应进行地质灾害危险性评估，并采取相应的防范措施。

⑥ 应考虑达到规划容量时接入电力系统的出线走廊条件。需要连接到具有足够电压水平的高压电力线，具体取决于适用的电网规范和电压水平。与电网公司共同确定可行的接入点，考虑整个电网容量规划和接入位置的容量。与电网的距离应保持最小，因为每公里的输电线路需要额外的投资，较大容量的电站可采用更长的输电线路。考虑输电线路建设的土地和环境影响问题。

⑦ 选址进行环境影响评估研究。污染物排放符合国家和项目所在地空气环境、水环境、声环境、海洋环境功能区划，并根据当地总体规划，结合环境、水源、交通、地质等条件全面考虑。应避开饮用水水源保护区、自然保护区、名胜古迹和风景游览区、生态敏感与脆弱区和社会关注区，避开空气污染严重的地区，避开鸟类栖息区和候鸟迁移路线。电站排水口应选择水文、水力、地质及扩散条件好的水域。

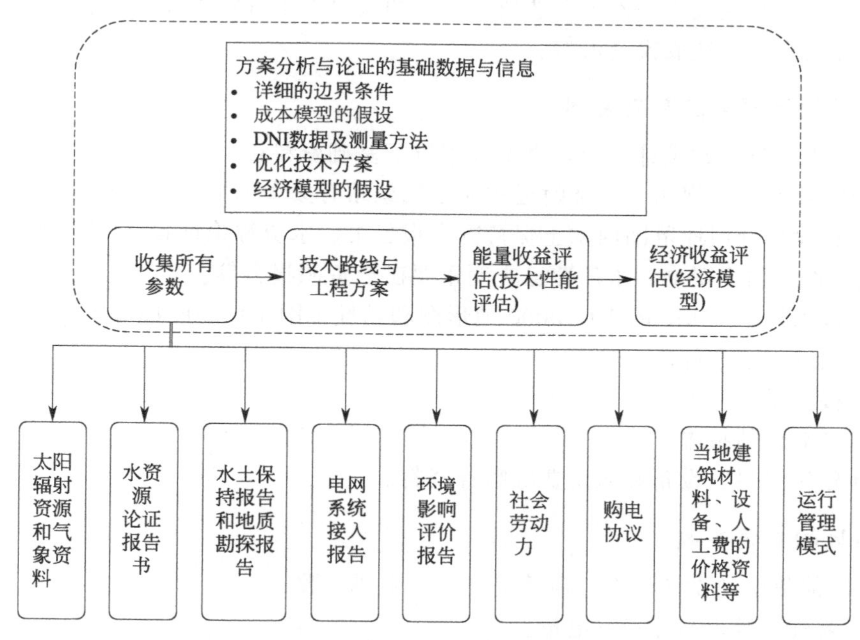

图 10-46 太阳能热电站站址选择分析方法

10.6.2 太阳能电站概念设计

（1）电站设计点

“设计点”指的是太阳能热发电系统中，用于确定太阳能集热和发电系统设计参数的具体时刻及其对应的气象条件和太阳能辐射参数等。设计点是太阳能热发电站设计中特有的概念，在常规火力发电系统和光伏系统设计中没有这个概念。

设计点是太阳能热发电站设计的首要参数，可根据其确定聚光场面积、吸热器功率、储热容量、发电机组额定容量、电站年发电量和各个设备的效率等关键参数。一般设计点不用当地气象条件的峰值和极端太阳角度来规定。对于一个带有储热系统的大型电站，设计点一般会考虑集热场的输出功率等于汽轮发电机满负荷运行的热输入功率。

例如，某太阳能热发电站的设计点时刻为春分日正午，可根据以下两种方式选定设计点：①太阳法向直射辐照度＝春分日当地多年平均太阳法向直射辐照度，环境温度＝当地30年平均环境温度；②太阳辐照及环境条件：太阳辐照度＝ $1000W/m^2$，环境温度＝当地30年平均春分日环境温度。以上两种方式差别在于：

① 当太阳辐照度高于设计点设定的辐照度时，方案①集热场输出热量的过剩部分可输入储热器，不影响汽轮机的满负荷运行。对于方案②，太阳辐照度已经设定为地球表面可以达到的最高值，不存在这种情况。

② 当太阳辐照度低于设计点设定的辐照度时，汽轮机无法满负荷运行。而方案②的设计使得集热场的输出永远无法直接使汽轮机满负荷运行，只能靠储热或辅助能源系统的运行来实现。

因此，方案①比方案②更为合理。但在方案②中，集热场输出的能量不会“过余”，而方案①有此可能。对于太阳辐照季节分布非常不均衡的地区，年平均太阳辐照度低，而瞬时太阳辐照度高，在某些气象条件下会造成集热场的输出大于汽轮机和储热器的需求，此时就必须关闭部分聚光场，造成投资浪费。

(2) 电站设计需要的基础资料

在开展太阳能热电站设计之前，需要收集以下基础资料：

① 太阳能热发电站现场、场址附近和当地气象站有关太阳辐射资源和气象资料。

② 项目建设选址用地范围内水土保持方案报告书、水资源论证报告书、地质勘察报告、地质灾害危险性评估说明书、未压覆已查明重要矿产资源报告等。

③ 场址范围外扩10km的1∶50000地形图和场址范围1∶2000地形图。

④ 工艺供气供水条件。

⑤ 电网接入系统报告。

⑥ 环境影响评估报告。

⑦ 当地建筑材料、设备和人工费等财务资料。

(3) 设计的主要参数

通过太阳能热电站设计计算，需要确定以下主要参数：

① 电站装机容量，预计年发电量。

② 聚光器：包括聚光方式、聚光场面积、聚光器类型与结构参数、跟踪模式。聚光方式可分为塔式、槽式、碟式、菲涅尔式等，确定聚光场投向吸热器的最大功率、单个聚光器采光口面积和尺寸，确定镜场的跟踪控制模式，确定开环/闭环设计精度时的工作风速和保护风速。

③ 吸热、传热工质：可选用水/水蒸气、导热油、熔盐等，确定其最高工作温度。

④ 接收器：包括接收器的形式、材料、结构参数及工艺。接收器结构形式包括腔体式、柱面或真空管；结构参数如塔式系统中的腔体直径、柱面尺寸，槽式系统的真空管长度、直

径等；接收器工艺参数包括工质进口温度、出口压力、出口温度、流体流量。

⑤ 储能装置，包括储热罐数量、储热容量、温度、材料种类、循环泵种类和数量，可供汽轮机满负荷发电的时间。

⑥ 热交换器：包括预热器、蒸发器、过热器、再热器等的换热形式、容量、结构参数、工艺，传热流体回路设备（循环泵、膨胀箱等），热流体进出口温度、压力、流量，冷流体进出口温度、压力、流量，额定换热量。

⑦ 辅助能源：是否有辅助加热系统、辅助燃料类型（燃油或天然气）、辅助燃料年用量和来源。

⑧ 发电动力装置：动力设备的类型及工艺参数。如蒸汽朗肯循环中汽轮机额定进汽参数（主蒸汽压力和温度）、额定功率、额定热输入、最低稳定负荷、机组热效率、冷凝模式及年耗水量等。

⑨ 电站控制：聚光场的控制方式、发电循环全场控制方式。

⑩ 电站效率估算：聚光场年平均效率、聚光场年最高效率、吸热器年平均效率、发电循环效率、电站年平均效率等。

⑪ 发电量估算：在典型太阳辐照及气象条件下电站启动时间和年发电量。

⑫ 电站上网：太阳能热发电站接入电网系统的电压等级、升压模式、变压器功率，上网电压、电流、时段等。

⑬ 项目建设期年最大取水和运行期间年取水总量。

⑭ 电站寿命期：一般为25年。

（4）年发电量计算

基于项目所在地的太阳辐照资源和气象条件，根据项目预期的电站容量要求，计算电站聚光场面积、年发电量等。电站的年发电量与设计点光电转换效率、聚光场面积、发电时数有关，具体计算过程如下。

① 采用设计点方法计算　计算年发电量的关键点在于确定集热场的输出功率，它由太阳辐射资源、聚光场面积、吸热器功率以及光热转换效率决定。聚光过程与吸热、储热、换热和发电过程紧密相关，需要在系统能量平衡的基础上进行耦合计算。在典型时刻（例如设计点）下，聚光场面积取决于热机额定输入和储热器额定输入以及电站在设计点的运行模式。一般要求是，在设计点条件下聚光场提供能量给吸热器，吸热器输出的功率应不小于热机的额定输入与储热器额定输入之和，这时的电站基本保证白天满负荷发电和夜间数小时发电。此时储热器额定输入功率应为储热器的容量除以储热器充热运行时数。

② 太阳能场裕度系数　太阳能场裕度系数（solar multiple，SM）是指太阳能集热场在设计工况的输出热功率 $Q_{\text{th,solarfield}}$ 与发电系统在设计工况的输入热功率 $Q_{\text{th,powerblock}}$ 的比值，即：

$$SM=\left.\frac{Q_{\text{th,solarfield}}}{Q_{\text{th,powerblock}}}\right|_{\text{design}} \tag{10-3}$$

该参数反映了太阳能集热场的规模与发电系统设计热功率之间的关系。通常，独立太阳能电站的太阳能场裕度系数SM取值应大于1，这样可以获得更长的发电系统额定工况工作区间。然而，对于无蓄热的槽式太阳能电站，较大的SM值意味着太阳能场生产出更多的超出发电系统发电所需求的热量。SM取值大于1的太阳能场配置可以使发电模块在更长的时段内工作在额定工况点，但单位发电量的投资会更高。

③ 年发电量计算　计算年发电量的基本思路是，在给定的地理位置、气象条件、太阳辐照条件、太阳能场裕度系数、汽轮机容量和储热容量下，确定聚光场面积和太阳能热发电系统的年平均发电效率。图 10-47 为年发电量计算过程。先确定辐照和气象条件，然后假设一个聚光场面积。考虑能量转换效率，将聚光场的输出作为吸热器的输入，吸热器的输出功率应等于热机和储热器所需额定输入功率之和。如果该条件不满足，那么需要重新假设聚光场面积，直到满足要求。在确定聚光场面积后，即可根据聚光效率、吸热器效率和发电效率等计算出系统效率，然后计算得出系统年发电量。

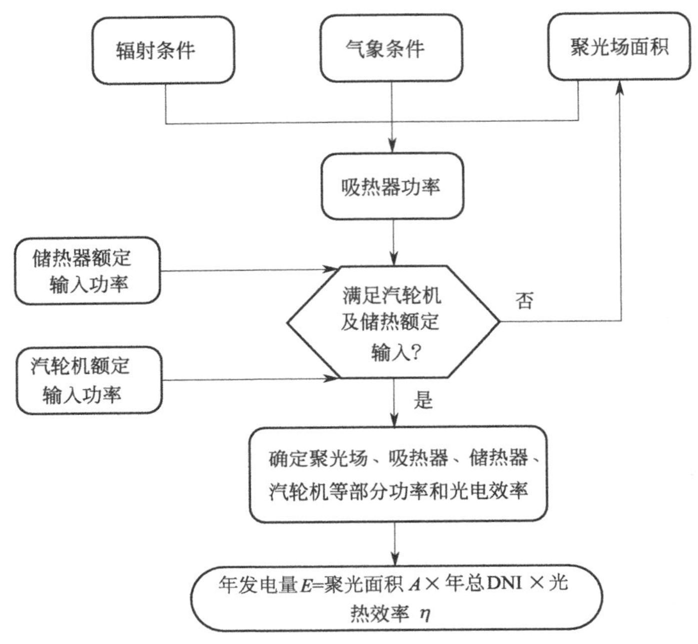

图 10-47　年发电量计算过程

太阳能集热场在设计点输出的能量可同时供满负荷的储热和发电，而不是在超出汽轮机容量需求后，储热器才开始储能。当太阳辐射较低或夜间，太阳能集热场不能产生足够的能量来满足汽轮机负荷要求时，储热器将放热，弥补太阳辐射的不足。实际上由于气象条件、太阳辐照和太阳位置等的变化，任何计算方法均无法保证任何时刻储热器和汽轮机同时满足额定输入。只能尽量使设计点具有足够的代表性，设计点的时刻一般取春分日正午、年平均太阳辐照度及年平均气象条件，也可以采用计算机模拟方法进行全年工况仿真与设计点的优化。当太阳辐照低于年平均值时，储热器或汽轮机处于非额定负荷工作状态；当太阳辐照高于年平均值时，集热场输出的能量多于储热和发电的需要，此时需要关闭一部分聚光器，导致设备不能充分利用。因此，设计点的条件选取很重要。

④ 年发电量计算实例　已知某地年总 DNI＝2383kW·h/m^2，年平均太阳辐照度为 650kW/m^2，年平均环境温度为 15℃。带 5h 储热的 50MW 塔式电站汽轮机参数见表 10-12。本工程采用汽轮机容量为 50MW，动力循环为朗肯蒸汽循环（图 10-48），循环热效率为 34%。

表 10-12 汽轮机参数

序号	内容	单位	数据
1	功率范围	MW	30～50
2	滑压工作范围(负荷)	%	30～110
3	蒸汽参数范围	MPa	3～9
4	额定功率	MW	50
	主汽压力	MPa	9.2
	主汽温度	℃	360～383
	额定进气量	t/h	226

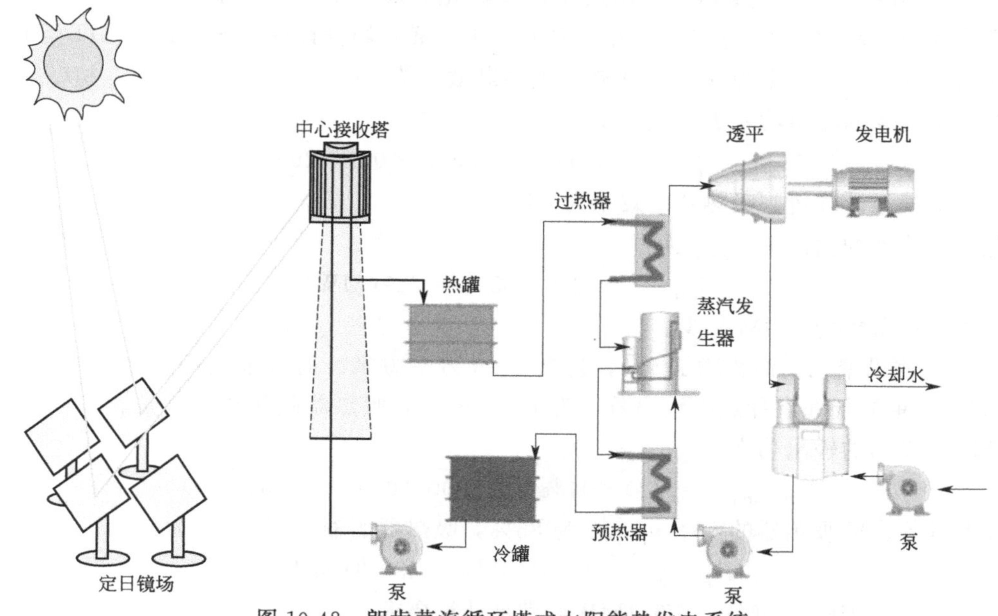

图 10-48 朗肯蒸汽循环塔式太阳能热发电系统

分析和求解：

取设计点为夏至日正午（6 月 21 日 12 点），太阳辐照度取年太阳平均辐照量 2383kW/m²，设计点中设计 DNI 取 900W/m²，环境温度取年平均环境温度 15℃。要求集热场在设计点的输出功率大于发电机组需要的输入功率加储热功率，以太阳倍数（SM）表示集热场在设计点的输出功率与发电机组所需的输入功率之比。

储热量为汽轮机满发 5h，求该电站的定日聚光场面积和年发电量。本工程采用汽轮机容量为 50MW，动力循环为朗肯蒸汽循环，循环热效率为 34%。故额定输入热功率为汽轮机容量与循环热效率之比，即 50MW/34%＝147MW。储热器额定输入热功率计算：

每天需要的储热量＝5h×147MW＝735MW·h。设每天的充热时间长为 8h，那么充热功率为 735MW·h/8h＝92MW。

可得在设计点需要吸热器输出功率为：

147＋92＝239（MW）

SM ＝239MW/147MW＝1.6

可通过 System Advisor Model (SAM) 软件在相应的界面输入关键参数，计算出所需定日镜面积、集热塔几何结构参数及年发电量等参数。定日镜面积及年发电量的计算基本原理如下所述：

a. 假设需要定日聚光场面积为 10 万平方米，腔体式吸热器开口为 35m×35m。通过聚光场设计软件 Solar PILOT 等得到聚光场在设计点的输出效率为 68%，吸热器的截断效率为 100%。

此时镜场的输出功率 $P_{\text{concentrator}}$ 为：

$P_{\text{concentrator}}=68\%\times100\%\times100000\times0.9=61.2\ (\text{MW})$

对塔式吸热器热损进行模拟计算，得到吸热器的效率为 90%，此时吸热器的输出 P_{receiver} 为：

$$P_{\text{receiver}}=61.2\times90\%=55.1(\text{MW})$$

与所需的吸热器输出功率比较：239MW/55.1MW≈5。

b. 考虑到聚光场面积基本与输出成正比及聚光场尺度变大后的聚光场效率降低，再次假设聚光场面积增加 5 倍，达到 50 万平方米。通过聚光场设计软件 Solar PILOT 等得到聚光场在设计点的输出效率为 63%，吸热器的截断效率为 95%。

此时聚光场的输出功率 $P_{\text{concentrator}}$ 为：

$$P_{\text{concentrator}}=63\%\times95\%\times500000\times0.9=269(\text{MW})$$

由热损模拟计算得到吸热器的效率为 85%。

此时吸热器的输出 P_{receiver} 为：

$$P_{\text{receiver}}=269\times85\%=229(\text{MW})$$

该结果比所需的 239MW 少。

c. 再次假设聚光场面积增加 9%，达到 54.5 万平方米。通过聚光场设计软件 Solar PILOT 等得到聚光场在设计点的输出效率为 $\eta_{\text{hel}}=61\%$，吸热器截断效率为 $\eta_{\text{int}}=94\%$。

此时聚光场的输出功率 $P_{\text{concentator}}$ 为：

$$P_{\text{concentrator}}=61\%\times94\%\times545000\times0.9=281.3(\text{MW})$$

此时计算出的吸热器的效率 η_{receiver} 为 85%，吸热器的输出 P_{receiver} 为：

$$P_{\text{receiver}}=281.3\times85\%=239.1(\text{MW})$$

该结果比所需的 239MW 多 0.1MW，满足计算要求。

根据得到的聚光场面积和定日镜布置原则，由 SAM、Solar PILOT 等软件，可得到塔式定日境场的布置图（图 10-49）。

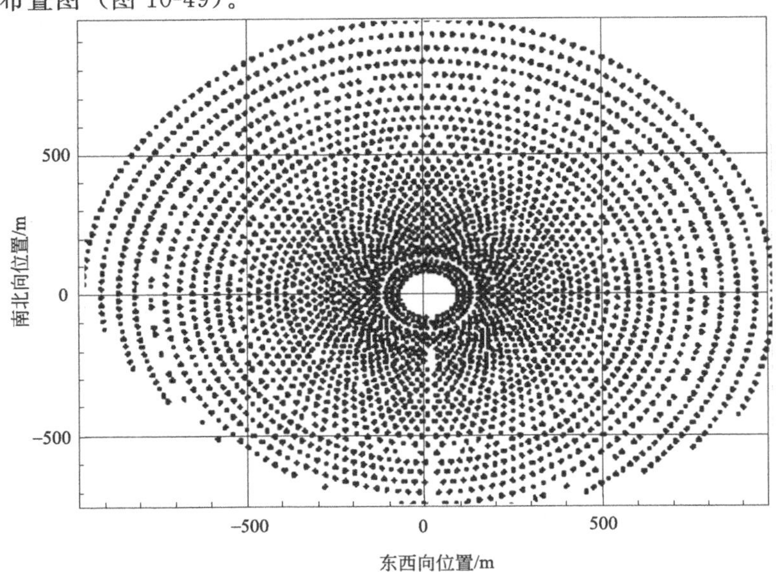

图 10-49　塔式定日镜场布置图

d. 将电站的聚光场面积54.5万平方米代入前设计点的能量平衡计算式，逐项计算得到表10-13。

表10-13　例题设计点时的能量平衡

序号	项目	投入功率	损失	剩余/输出
1	设计点投入聚光场的太阳总辐照度	490.5MW		
2	聚光过程： 遮挡及阴影，余弦，镜面反射率，大气传输损失，吸热器截断效率		209.2MW	281.3MW
3	投入吸热器功率	281.3MW		
4	吸热过程： 反射，对流，辐射，导热		42.2MW	239.1MW
5	投入汽轮机及储热功率	239.1MW		
6	输入给储热器		90.3MW(消耗)	148.8MW
7	传输管路热损		1.8MW	147MW
8	输入汽轮机功率	147MW		
9	蒸汽循环损失		97MW	
10	输出电功率			50MW
11	损失： 辅助系统的消耗和损失(额定运行条件)		汽轮机 100kW 聚光场及通信 20kW DCS 20kW 循环泵 2000kW 其他 100kW	
12	电站净输出			47.8MW

于是，系统总效率为：

$$\eta_T=\eta_{hel}\eta_{receiver}\eta_{turbine}=61\%\times85\%\times34\%=17.6\%$$

预计系统总发电量为：

$$E=2383\times17.6\%\times545000=2.29\times10^8(kW\cdot h)$$

系统满发时数为：

$$满发时数=2.29\times10^8/(5\times10^4)=4580(h)$$

10.7 太阳能热发电系统的技术经济分析

技术经济分析是研究如何应用技术选择、经济分析、效益评价等手段，为制定正确的技术政策、科学的技术规划、合理的技术措施及可行的技术方案等提供依据，或对具体项目的实施作出经济综合评价，以促进技术与经济的最佳结合及技术进步与经济发展的协调统一，提高技术实践活动的经济效益。太阳能热发电工程初次投资费用高，而运行与维修费用低，涉及太阳能集热场和发电区的诸多参数，因此客观上存在着很多需要进行经济分析的内容。

10.7.1 技术经济分析的任务与步骤

技术经济分析的任务就是对各个技术方案进行经济评价，选取技术先进、经济合理的方案，即最佳方案。技术经济分析要达到以下几个主要目的：

① 通过技术经济分析，预先分析、比较各种技术方案的可行性及其优劣，进行方案评价选优，为项目决策提供依据。

② 通过技术经济分析，揭示技术方案实施中的各种矛盾或薄弱环节，提出改进措施，以保证先进技术的成功应用，充分实现其经济效益。

③ 通过技术经济分析，正确评价技术方案的实施效果，反馈技术应用、改进更新需求方面的信息，推动技术创新。

项目方案的技术经济比较是一项复杂的工作，一般可按下列步骤进行：

① 依据相应的法规、规范及设计者的实践经验，参考类似的工程设计方案，建立能够完成规定任务的各种可能的技术方案。

② 分析各个方案的特点和技术上的先进程度。

③ 放弃那些明显不符合要求或在经济、技术上不合理的方案。

④ 根据具体条件，明确对选择方案有决定意义的因素和指标，并分析确定哪些因素可以通过数字来衡量，哪些不能用数字来衡量。

⑤ 研究和核实方案比较时所要采用的各种指标和相关原始数据的可靠程度。

⑥ 将不同方案归化到具有可比条件。

⑦ 核算不同方案的投资、年运行费用、产值、原材料消耗、利润及占用劳动力情况等。

⑧ 选择某种技术经济比较方法对各个方案进行技术经济上的比较与评价。

⑨ 对各个方案进行全面分析、综合衡量。根据具体要求，抓住主要矛盾，决定取舍，做出选择。

10.7.2 太阳能热发电工程技术经济分析特点

太阳能热发电工程技术经济分析具有其自身的特点，主要包括以下几个方面：

(1) 选定比较目标

将太阳能利用装置和选定的比较目标，归到具有相同可比的基础之上。以槽式太阳能热动力发电站为例，若选定的比较对象为燃煤热力发电厂，显然，燃煤热力发电厂可以全天候供电，而槽式太阳能热动力发电站只限于晴天发电，两者存在差异。为了将两个对比系统归化到处于相同可比的基础之上，对槽式太阳能热动力发电站，必须配置一定容量的辅助能源系统，或组成联合循环发电。

(2) 计算发电成本

太阳能热发电站成本电价是电站运营期内收入和成本相等时的上网电价。电站的收入即为上网电价与上网发电量的乘积，电站的成本由固定资产折旧、运营维护成本、财务费用及税费等组成。全寿命周期成本电价模型是基于全寿命周期电站成本分析法建立的模型，全寿命周期成本是在电站寿命期内发生的直接、间接及其他有关费用的总和。从电站的全寿命周期去考虑成本问题，不仅考虑电站的初始投资，也考虑电站整个周期的支持成本，包括运营、维修、折旧等。采取的方法是通过基于现有案例的假设和参数，将全寿命周期的成本折现为现值。根据上述成本电价影响因素，建立全寿命周期太阳能热发电成本模型，如图 10-50 所示。

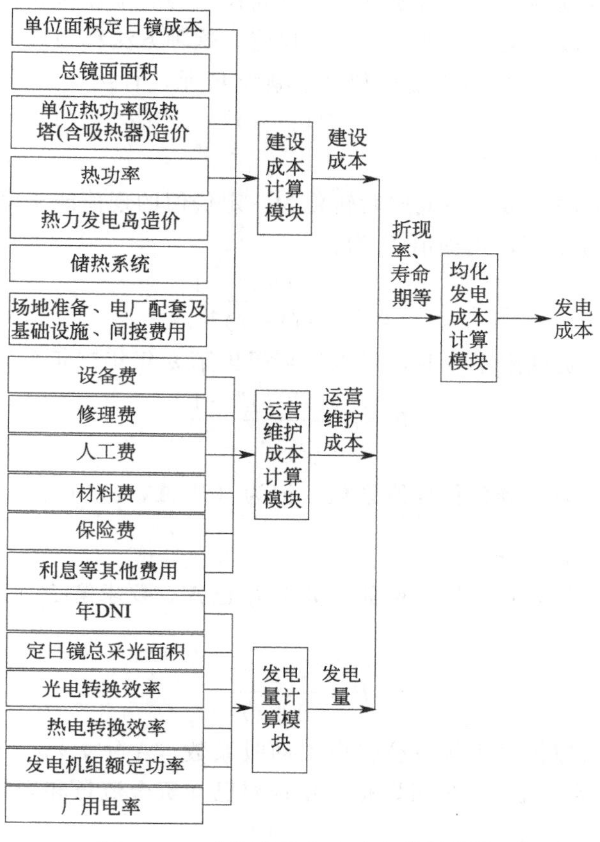

图 10-50　太阳能热发电成本模型结构

(3) 估算使用寿命

根据项目所在地和现有案例的实际情况，估计两个对比装置各自的使用寿命。目前，各种太阳能热发电技术总体上尚处于商业应用开发的前期，还未经过真实寿命期的考核，因此在评定其使用寿命时，宜作偏保守的估计。

(4) 计算年发电量

以年平均概念进行计算太阳能热发电站在使用寿命期内的年有用能量收益和年发电量，也可以利用模拟软件和太阳辐射数据，获得更为准确的年发电量。计算中考虑太阳能装置在其使用寿命期内，由设备老化而导致的集热效率的逐年降低。

10.7.3　经济分析方法

现值分析是目前工程经济分析中最常用的一种经济分析方法。

(1) 现值分析原理

项目的初次投资和运行费用是两个不同时间区段上的两个不同的经济行为。随着时间的推移，资金的价值是在变化的。若投资来自于银行贷款，则需逐年向银行支付利息，若将资金存入银行，则可获得银行存款利息。只有当投资所获得的纯利润不低于银行贷款利息时，贷款投资才能认为是合理的。这就需要将不同时间投入的资金和所获得的效益折算到同一时间的价值，才能具有比较意义，即当前的等值现值，这种方法称为现值分析。

设现有资金 P 元，到 n 年后本金与利息总额为 F 元，有：

$$F=P(1+i)^n \tag{10-4}$$

式中，i 为折现率。

也可以把一笔等值的年金向前或向后转化为一定价值的现值或未来值。已知一笔等值的年金为 A，投资期限为 n 年，则现值 P 为：

$$P=A\frac{(1+i)^n-1}{i(1+i)^n} \tag{10-5}$$

而且，当年金和投资期限不变时，可以计算得出第 n 年年末年金的未来值 F 为：

$$F=A\frac{(1+i)^n-1}{i} \tag{10-6}$$

式中，$\frac{(1+i)^n-1}{i(1+i)^n}$为等额分付现值系数，记为（$P/A$，$i$，$n$）；$\frac{(1+i)^n-1}{i}$为等额分付终值系数，记为（$F/A$，$i$，$n$）。

当有需要时，可以把公式反用。例如，如果 F 已知，要求解 P，换句话说，n 年后的 F 折算到现值为：

$$P=\frac{F}{(1+i)^n} \tag{10-7}$$

由上述公式，还可以推导出等额分付资本回收系数（A/P，i，n）、等额分付偿债基金系数（A/F，i，n）等。这样，就可以很方便地对已知资金流量和未知资金流量进行转换。

（2）电站年平均发电成本电价

能源领域的从业者有时可能会对能源的使用方法进行成本对比。某一项目有多种具有竞争力的主要技术，需要选择一种初始资本成本和持续运营成本较低的技术。化石能源技术和可再生能源技术之间更是如此，前者具有较大的持续燃料成本，而后者的持续运营成本相对较低，初始成本较高。

每单位能源输出的平准化成本提供了一种把所有的成本要素融合成一种每单位成本度量的方法。对于太阳能发电项目，如果某一项目的预计平均发电量已知，单位以 kW·h 计，那么可以以年为基准，对所有的成本求和，并除以年发电量，从而计算 1kW·h 电量的成本，这样就可以准确地计算资本偿还、持续运营成本以及该项目经济周期最后阶段的投资收益（ROI）。

太阳能热发电站的年平均发电成本电价 LCOE，可按下式计算：

$$\mathrm{LCOE}=\frac{Y_0+Y_1+Y_2}{E_{\mathrm{net}}} \tag{10-8}$$

式中，E_{net} 为电站年净发电量，kW·h；Y_0 为年度投资成本，元；Y_1 为运营成本，元；Y_2 为投资收益，元。

可以利用项目的折现率以及应用于（A/P，i，n）的项目经济周期计算年度资本成本，运营成本包括燃料成本、维修成本、电站员工的工资成本、税收成本、保险成本、不动产成本等。在更完整的平准化成本计算中，在扣除燃料、厂房折旧以及资本偿还利息等后对收益进行征税，而投资收益以经营收益的百分比计。

习题

1. 查阅文献，从技术、经济与产业等方面，对比太阳能热发电和光伏发电的优缺点。

2. 结合聚光型太阳能集热器与热机循环的特点，分析太阳能热发电的实现途径和基本原理。简述各种太阳能热发电技术的优缺点。

3. 考虑压缩机和透平的损失，画出图10-35所示太阳能热发电系统的 T-S 图，写出该系统热效率的计算公式，并对比简单循环分析回热器对系统性能的影响。

4. 某电厂的年发电量为 20×10^8kW·h，初始资本成本为35亿元，预计经济周期为20年，无残余价值。该电厂资本成本的偿还利率为7%，总运营成本为2.0亿元/年，投资人的年收益预计为运营成本和资本偿还成本之和的10%。以元/（kW·h）计，该电厂的平准化成本是多少？

5. 已知某地年总DNI=1850kW·h/m^2，年太阳平均辐照度为750W/m^2，年平均环境温度为15℃，带4h储热的50MW塔式电站，每天的充热时长为6h，汽轮机容量为50MW，额定输入热功率为150MW。求电站的定日聚光场面积和年发电量。（根据经验数据估算聚光场、接收器效率）

第11章

太阳能工业热过程、海水淡化及化学应用

化石燃料枯竭和气候变化问题推动了太阳能技术的发展。目前太阳能热利用技术的重点是用于供热和发电。然而，随着工业化的不断发展，以及对能源替代和气候变化问题的日益重视，太阳能工业热过程、太阳能海水淡化、太阳能热化学等技术的应用也获得越来越广泛的关注。本章将对这些太阳能热利用技术进行介绍。

11.1 太阳能工业热过程

11.1.1 工业热过程特征

工业热利用是太阳能应用的重要方式之一，包括中高温灭菌、巴氏杀菌、干燥、水解、蒸馏和蒸发、洗涤和清洁以及综合利用等。低温的工业用热可以由太阳能提供。约40%的工业热都在环境温度到180℃之间的范围内，可以通过平板集热器、太阳池、真空管集热器、低聚光比聚光集热器等提供中温及中高温水平（80～240℃）的热量。然而，为了实现太阳能工业热应用，通常需要大量的初投资。

目前，许多工业过程都具备太阳能热应用的良好条件，包括食品、化工、非金属制品制造等工业领域。其中，在中等温度条件下使用热能的最重要的工业过程包括消毒、杀菌、干燥、水解、蒸馏、蒸发、洗涤和清洁以及聚合。表11-1给出了适合太阳能热利用的主要工业过程及所需的温度范围。食品行业的加工生产和储存需要较高的能耗以及较长的运行时间，例如牛奶（乳制品）、肉类加工和啤酒生产等，这就为太阳能热利用创造了有利条件。在食品和纺织工业中，来自太阳能的热能常被用于干燥、烹饪、清洗等用途。上述应用的温度可能会随着环境温度和低压蒸汽相应温度的不同而变化。

前面章节介绍的集热器及其他太阳能系统组件的工作原理也适用于工业过程的太阳能热应用。但是，设计太阳能工业过程加热系统时，要考虑工业热利用过程的一些特殊性。其中，最主要的是该过程的应用规模及太阳能辅助能源供应和工业过程一体化。与热水和采暖

过程相比，太阳能工业过程加热系统的热负荷较为恒定。由于环境温度、补水温度的季节性变化以及生产负荷的波动，也会造成热负荷的微小变动。因此，设计中应考虑热负荷与太阳能的时间匹配关系。

表 11-1　适合太阳能热利用的主要工业过程及所需的温度范围

工业	过程	温度/℃
奶制品	加压	60～80
	灭菌	100～120
	干燥	120～180
	浓缩	60～80
	锅炉给水	60～90
罐头食品	灭菌	110～120
	巴氏杀菌	60～80
	烹饪	60～90
	漂白	60～90
纺织	漂白、染色	60～90
	干燥、脱脂	100～130
	染色	70～90
	固定	160～180
	压熨	80～100
造纸	蒸煮、干燥	60～80
	锅炉给水	60～90
	漂白	130～150
化学	肥皂	200～260
	合成橡胶	150～200
	热处理	120～180
	水预热	60～90
肉类	洗涤、消毒	60～90
	烹饪	90～100
饮料	洗涤、消毒	60～80
	巴氏杀菌	60～70
面粉及副产品	灭菌	60～80
木材副产品	热扩散光束	80～100
	干燥	60～100
	水预热	60～90
	制备纸浆	120～170
砖和砌块	固化	60～140
塑料	制备	120～140
	蒸馏	140～150
	分离	200～220
	延伸	140～160
	干燥	180～200
	混合	120～140

在太阳能工业热处理中，为使系统在低辐射和夜间条件下提供工业过程所需的热水或蒸汽，一般需配置蓄热系统以及常规能源供应装置，并且考虑这些装置、太阳能集热器与工业过程的相连接问题。图 11-1 为太阳能系统与常规能源供热系统的连接方式。

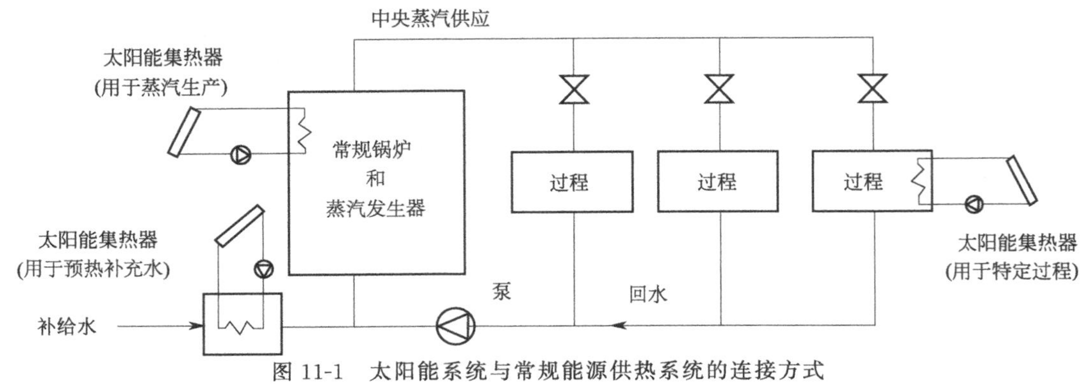

图 11-1 太阳能系统与常规能源供热系统的连接方式

11.1.2 空气和水系统

设计一个工业热过程时，需要考虑使用的能源类型及热量传递时的温度。例如，食品加工过程中的清洗环节需要热水，那么太阳能系统就可以作为液体加热器；当某过程需要采用热风烘干时，太阳能系统就可以设计成一个空气加热器；如果需要采用蒸汽驱动消毒装置，太阳能系统就要采用可以产生蒸汽的聚光型集热器。为了保证足够高的集热效率，需要考虑流体在集热器入口的温度。此外，必须考虑太阳辐射的不稳定性和间歇性特点，满足特定工业过程的温度范围和能量供应时间。用于太阳能工业热过程的空气和水系统的热分析类似于第 5 章中的描述，在此不再赘述。

采用太阳能空气加热器的两类应用分别为开式和闭式再循环系统。在开式系统中，利用太阳能加热外部空气，满足工业应用需求后排入大气，这一过程不会产生污染物和循环风。例如喷漆、烘干以及向医院供应新鲜空气等。在空气再循环系统中，热利用过程的部分再循环空气和外部空气相混合后，送至太阳能集热器中加热。例如太阳能干燥过程，利用热空气干燥如木材、粮食作物等材料。在这种情况下，可通过调整供应空气的温度和湿度从而控制干燥速度，提高产品质量。

采用太阳能水系统的两种应用分别为直流排放系统和循环水系统。直流排放系统主要用于食品工业的清洁过程，这主要是因为清洁过程会产生大量的污染物，水无法循环利用。

许多工业过程的场地面积小但能源消耗大，因此，集热器的安装位置也是一个问题。当现场安装面积不足时，可在邻近的建筑物或场地内安装，但会导致管道输送距离过长并增加热损失，故必须在系统设计中综合考虑。另外，在可行的情况下，可将集热器安装在厂房屋顶上，但要避免相邻集热器的遮挡问题。然而，集热器的安装面积受屋顶面积、形状和方向等因素的影响，还要考虑既有建筑屋顶结构对集热器阵列的承载能力。

当配备辅助能源加热器时，太阳能集热系统与辅助能源加热器可采用串联或并联的连接方式。如图 11-2 所示，串联系统中，太阳能用于预热传热工质流体，辅助加热器用于补充能源输入或提升流体温度。若储热水箱中的液体温度高于负荷所需温度，三通阀（也称为调温阀）可将其与冷却后的回流液体相混合，达到所需温度。图 11-3 所示的是并联辅助加热器系统，图 11-4 为并联辅助蒸汽锅炉加热系统。流体分流分别经太阳能集热系统和辅助能源系统加热后，混合达到所需温度送至负荷端。串联时集热器的工作温度低于平均温度，效率更高，因此串联结构要优于并联结构。

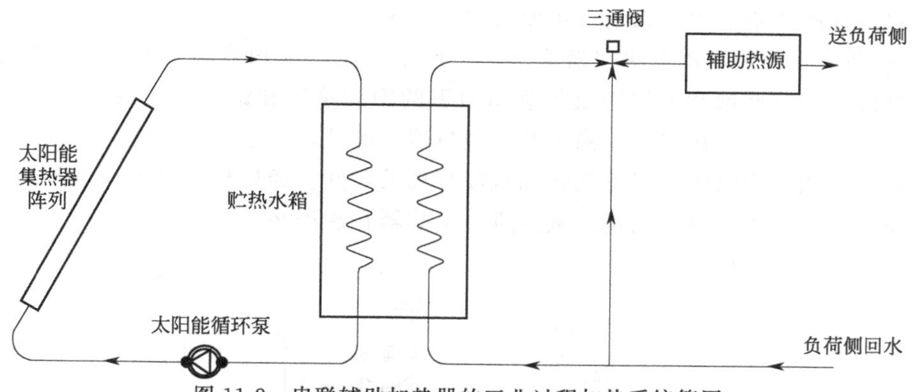

图 11-2　串联辅助加热器的工业过程加热系统简图

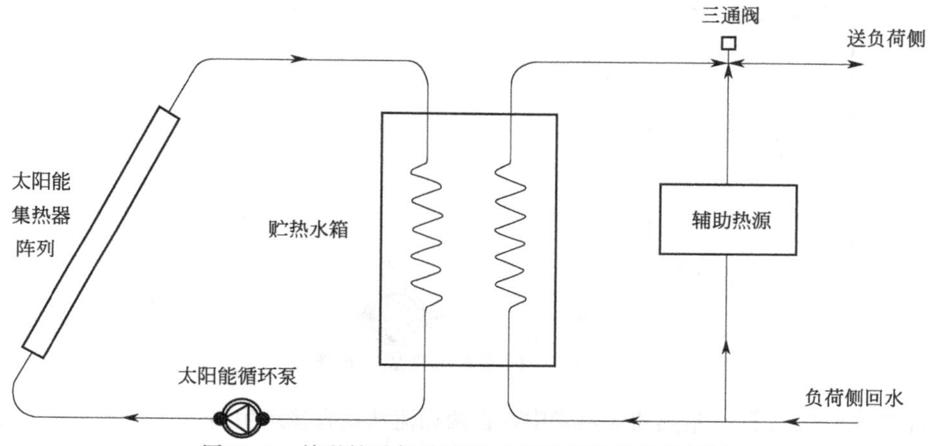

图 11-3　并联辅助加热器的工业过程加热系统简图

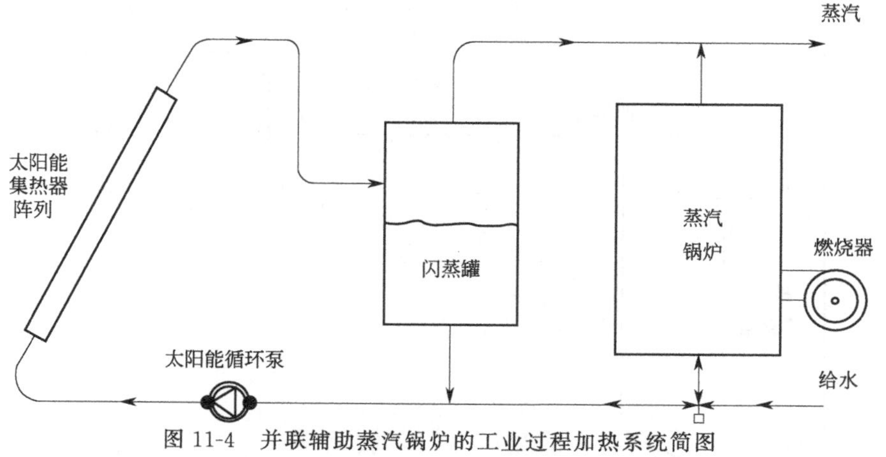

图 11-4　并联辅助蒸汽锅炉的工业过程加热系统简图

11.1.3　太阳能蒸汽发生系统

抛物面槽式太阳能集热器常用于制取蒸汽，可在不严重降低集热器效率的情况下产生温度相对较高的蒸汽。低温蒸汽可用于工业用途、消毒，并为海水淡化蒸发器提供动力。

使用抛物面槽式集热器制取蒸汽主要有以下 3 种方法：

① 闪蒸蒸汽　即加压水在集热器中加热，产生的高压饱和液体进入低压闪蒸罐，由于压力的突然降低，这些饱和液体变成闪蒸压力下的饱和蒸汽和饱和液的现象，如图 11-5 所示。在此系统中，水被加压以避免沸腾并在集热器中循环，通过闪蒸阀而进入闪蒸罐发生闪蒸。闪蒸罐的作用是提供流体迅速汽化和汽液分离的空间。经处理的给水输入系统用于维持闪蒸过程持续进行，闪蒸罐中的饱和液体进入集热器再次循环。

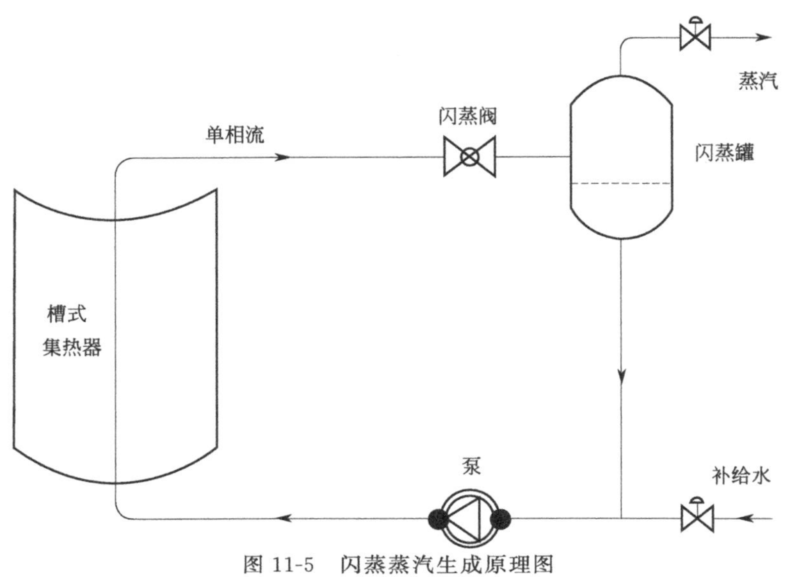

图 11-5　闪蒸蒸汽生成原理图

② 直接或原位蒸腾　集热器吸热管中存在两相流从而直接产生蒸汽，如图 11-6 所示。原位沸腾是指没有使用闪蒸阀的类似系统配置，其中过冷水加热至沸腾而在吸热管中直接产生蒸汽。

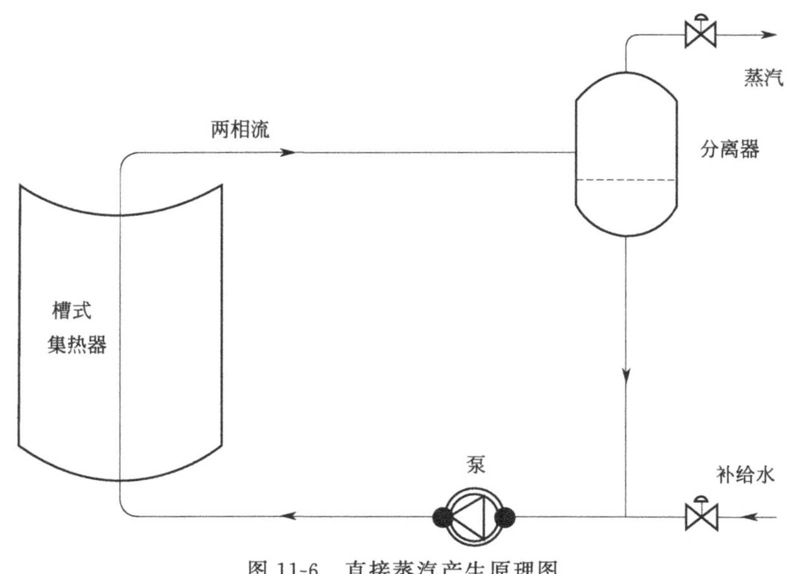

图 11-6　直接蒸汽产生原理图

③ 蒸汽发生器　传热流体在集热器中循环被加热，在蒸汽发生器中与给水进行热交换而产生蒸汽，如图 11-7 所示。在此系统中，传热流体在集热器中循环，该系统耐冻结、耐

腐蚀且系统压力低、操作简单。

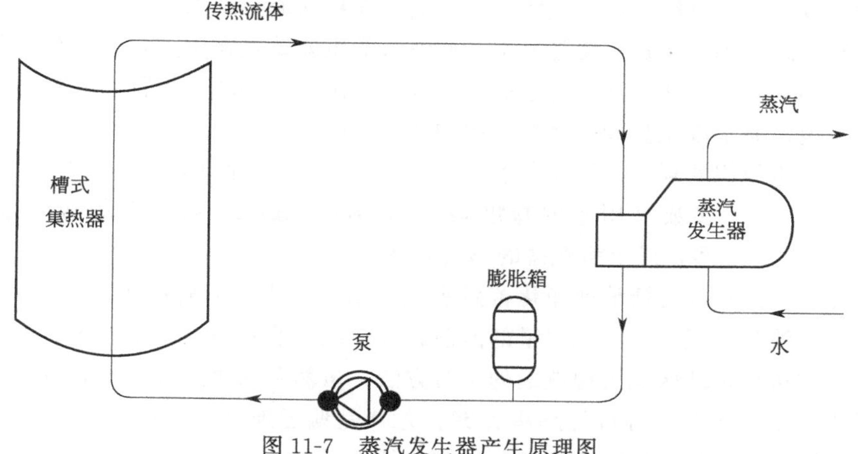

图 11-7　蒸汽发生器产生原理图

前两种系统各有利弊。尽管这些系统都使用水作为传热流体，但是原位沸腾系统更具优势。闪蒸系统在工质中使用了显热交换，使水经过集热器的温差相对较高。随着温度的快速上升，为防止温度达到沸点，需要相应地增加系统运行压力。提高操作温度又会降低太阳能集热器的热效率。增加系统压力需要设计更加强大的集热器组件，比如接收器和管路。防止沸腾所需的传输蒸汽压差由循环泵提供，经过闪蒸阀后直接消散。在原位系统里，当集热器里的水沸腾时，系统压力将下降，可大大降低泵耗电量。此外，潜热传递过程使太阳能集热器的温升最小化。原位沸腾的劣势在于可能出现许多稳定性问题，并且在实际中即使用了很好的水处理系统，接收器的结垢仍不可避免。在多排集热器阵列中，流动不稳定性会导致受影响的集热器发生流动损失。

蒸汽发生器系统广泛使用导热油作为传热工质，克服了上述水工质系统的不足。该系统的主要不足在于传热流体的特征。导热油不易盛纳且大多是易燃的液体，暴露在空气中分解后将大大降低燃点温度，若渗漏到某些保温箱中会导致燃烧温度远低于已测的自燃温度。导热油相对昂贵且存在潜在的污染问题，故不适合食品工业应用。与水相比，导热油的传热性能较差，在环境温度中黏度更高但不浓稠，且比热容和热导率都低于水。这些特性意味着相对于水系统而言，要实现等量的能量传输，蒸汽发生器系统需要更高的流速、更大集热器温差以及更大的泵功率。此外，由于传热系数更低，所以接收管和集热器的液体温差更大。

11.2　太阳能海水淡化技术

11.2.1　概述

水是维系生命不可缺少的物质，目前淡水供应已成为世界许多地区日益严重的问题。地球上的水 97.3%都是海水，只有 2.7%（约 $3600\times10^4\ km^3$）的淡水资源，这些淡水资源又有 3/4 被冻结在地球两极和高寒地带的冰川中。人类在日常生活、农业生产和工业生产过程中离不开淡水资源。全球水资源总消耗量中，70%用于农业灌溉，20%用于工业生产，10%

用于人们日常生活。然而，工业化的迅猛发展和全球人口不断增加，都导致对淡水需求的大幅增加。除此以外，工业废物和大量污水的排放还导致河流与湖泊的污染。

唯一近乎取之不竭的水资源便是海水，而海水的主要缺点在于其含盐量高，无法满足人类生产、生活的需要。因此，淡化海水是解决淡水资源短缺问题一个行之有效的途径，前景广阔。一般来说，海水淡化是指去除海水中的盐分，或从广义上来说，就是去除盐水中的盐分。根据世界卫生组织的规定，淡水的盐度容许极限为500mg/L，特殊情况下容许极限为1000mg/L。地球上大多数可用水的盐度均达到10000mg/L，而海水的盐度范围通常在35000～45000mg/L之间，以全溶解盐的形式存在。

海水淡化系统的目的是清洁或净化苦咸水或海水，提供总溶解度不高于500mg/L容许极限的水。海水淡化过程需要消耗大量的能源，致使成本非常高。太阳能热驱动的淡化海水技术被认为是解决偏远地区水资源缺乏的可行方法，虽然目前生产成本不具备竞争优势，但仍有可能成为未来更加广泛可行的解决方案。尤其是偏远地区往往缺少饮用水和传统能源（如热能和电网），太阳能可能成为这些区域唯一的选择。

海水淡化技术根据工作原理可分为热法（即利用热能驱动海水发生相变）和膜法（即利用电能驱动渗析产水）。热法工艺是利用热能实现海水蒸馏，再将其冷凝以产生淡水，而热能可以来自传统的化石能源或非传统的太阳能或地热能等。所有海水淡化工艺均必须对未经处理的海水进行化学预处理，防止结垢、发泡腐蚀、生物滋长和污染，此外，还须进行化学后处理。

图11-8给出了太阳能海水淡化技术的分类。太阳能既能够产生驱动相变过程所需的热能（包括多效沸腾、多级闪蒸），也能够产生驱动薄膜工艺的电力（包括反渗透、电渗析）。因此，太阳能海水淡化系统可分为两类，即直接集热系统和间接集热系统。其中，直接集热系统利用太阳能在太阳能集热器上产生馏出物，包括太阳能蒸馏器和加湿/除湿，而间接集热系统则具有两个子系统，分别用于太阳能集热和海水淡化，包括多级闪蒸（MSF）、多效沸腾（MEB）、蒸汽压缩（VP）等。据统计，海水淡化主要采用的处理过程是多级闪蒸和反渗透，分别占全球海水淡化工艺的44%和42%。就目前而言，常规的太阳能海水淡化主要以热法为主，因此，本书主要介绍热法太阳能海水淡化技术。

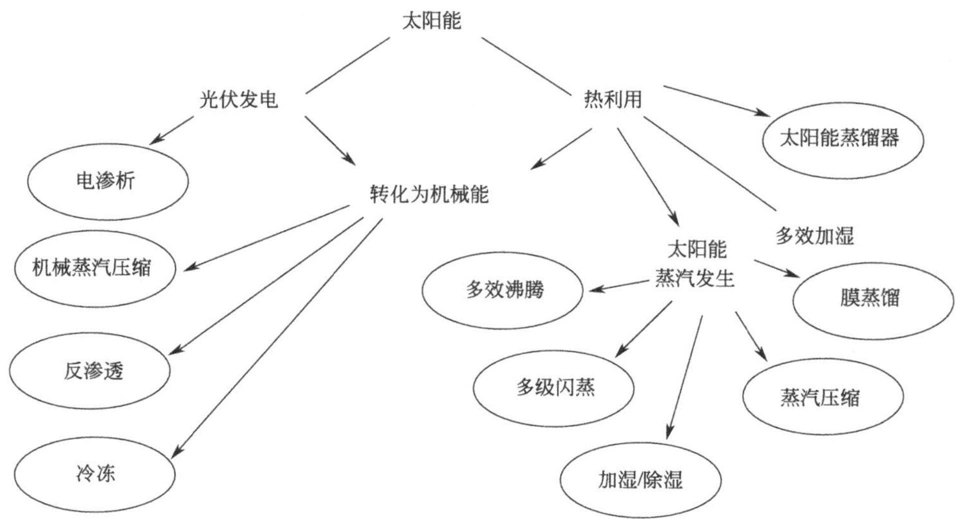

图11-8 太阳能海水淡化技术的分类

太阳能海水淡化技术，在短期内将仍以蒸馏方法为主。利用太阳能发电进行海水淡化，虽在技术上没有太大障碍，但经济上仍不能跟传统海水淡化技术相比。

11.2.2 直接集热系统

(1) 太阳能蒸馏器分类

典型的海水淡化直接集热系统是太阳能蒸馏器。根据传统太阳能蒸馏器的各种改进和运行模式，可将太阳能蒸馏系统分为两大类，即被动式太阳能蒸馏系统和主动式太阳能蒸馏系统。

被动式太阳能海水淡化系统，是指不存在任何利用电能驱动的动力部件（如水泵和风机等），也不存在利用附加的太阳能集热器等主动集热部件的系统。这种装置完全在太阳光的作用下被动进行蒸馏，由于设计简单、取材方便、费用低，因而被人们广泛采用。在被动式装置中，应用最为广泛的是单级盘式太阳能蒸馏器（也称为温室型蒸馏器），因其综合成本较低而被大量使用。

被动式太阳能蒸馏器，特别是盘式太阳能蒸馏器，由于装置内的传热传质过程主要由自然对流引起，因而效率不高。虽然某些装置采取了一些强化传热传质的措施，但由于受到盘中海水热惰性大及水蒸气的凝结潜热未被充分利用等不利因素的影响，使得装置的运行温度难以提高，致使装置单位面积的产水率不高，也不利于利用其他余热驱动，限制了此类太阳能蒸馏器的推广应用。为此，萨利曼（Soliman）等人于1976年最先提出了主动式太阳能蒸馏器的概念。至今已有数十种主动式太阳能蒸馏器的设计方案。

主动式太阳能蒸馏系统，由于配备有其他的附属设备，运行温度大幅度提高，其内部的传热传质过程得以改善，加之大部分主动式太阳能蒸馏系统都能主动回收蒸汽在凝结过程中释放的潜热，因而这类系统能够得到比传统盘式太阳能蒸馏系统高一倍甚至数倍的产水量。因此，主动式太阳能蒸馏系统获得广泛的重视。

(2) 太阳能蒸馏器工作原理

太阳能蒸馏器利用温室效应使盐水蒸发。该装置包含一个水池，水池中有固定量的海水位于倾斜的玻璃罩内。图11-9(a) 为传统双斜面对称太阳能蒸馏设备（也被称为屋顶型或温室型太阳能蒸馏器）。图11-9(b) 为典型的太阳能蒸馏器，为南北朝向的非对称太阳能蒸馏器。太阳辐射穿过玻璃罩的顶盖，被涂黑的水池底吸收。随着玻璃罩内水温的升高，其蒸汽压力也增加。由此产生的水蒸气在玻璃罩顶盖表面冷凝，向下流入水槽。水槽将蒸馏水导向蓄水池。玻璃罩顶盖阻挡蒸汽散发并出现损耗，而且避免外界风进入接触和冷却盐水。蒸馏器中有一个密闭的水池，水池一般由混凝土镀锌铁皮或纤维增强塑料制成，顶盖为透明材料，如玻璃或塑料。水池的内表面为黑色，是为了有效吸收入射的太阳辐射。蒸馏器还包含一台设备，用于收集顺着顶盖流下的馏出物。

这种太阳能蒸馏器运行时几乎没有能耗，其运行和维修费用也不高，故生产淡水的成本主要取决于设备投资。因此，降低淡水生产成本的主要方法是：在不过分降低蒸馏器寿命和效率的前提下，尽可能采用简单的结构和便宜的材料以降低设备造价，还可利用顶盖的外表面收集雨水，以提高蒸馏器的全年淡水生产率。

随着科技的发展，可选用的材料增多，现已发展出多种形式的太阳能蒸馏器，并都在一些海水淡化厂中得到了应用。图 11-10 给出了常见的太阳能蒸馏器的一些基本形式。传统的盘式太阳能蒸馏器的产水量过低，大大限制了它的推广应用。

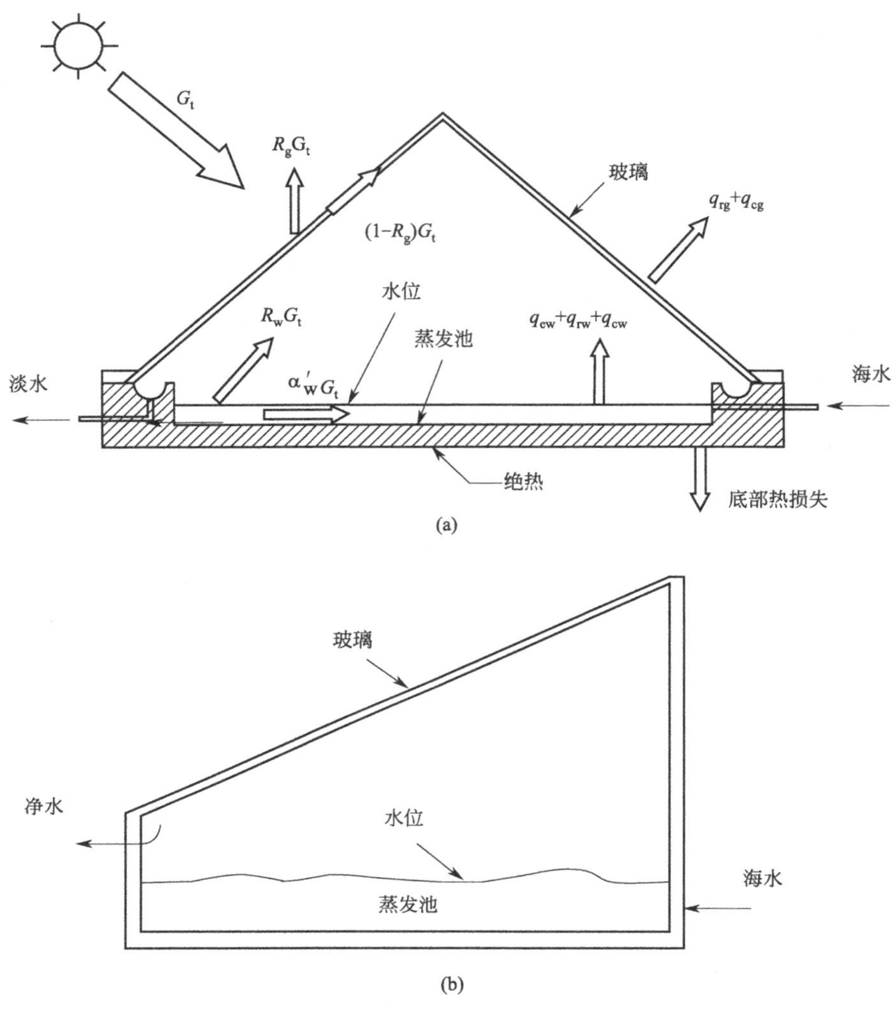

图 11-9　太阳能蒸馏器基本设计示意图

近几十年来，研究人员设计了多种为传统太阳能蒸馏器配备其他太阳能集热器的方案。比如有带平板集热器的太阳能蒸馏器、带 CPC 或槽式抛物面的太阳能蒸馏器等。这些设计方案确实大大提高了单位采光面积的产水量，但会造成单位产量的投资成本升高。综合分析传统太阳能蒸馏器产量过低的原因，主要存在三个严重缺陷：①蒸汽的凝结潜热未被重新利用，而是通过盖板散失到大气中；②传统太阳能蒸馏器中自然对流的换热模式，大大限制了蒸馏器热性能的提高；③传统太阳能蒸馏器中待蒸发的海水热容量太大，限制了运行温度的提高，从而减弱了蒸发的驱动力。因此，要提高太阳能蒸馏系统的产水率，必须从克服上述三个缺陷入手。为了充分利用蒸馏过程中蒸汽的凝结潜热，太阳能蒸馏器可采用以下主要改进措施：①将蒸馏器设计成具有多个蒸发面和凝结面的系统，前一级的凝结潜热传给后一级的蒸发面，依次类推，直至最后一级凝结面；②利用蒸汽的凝结潜热预热进入蒸发室的海水，从而使蒸汽的凝结潜热得以重复利用。

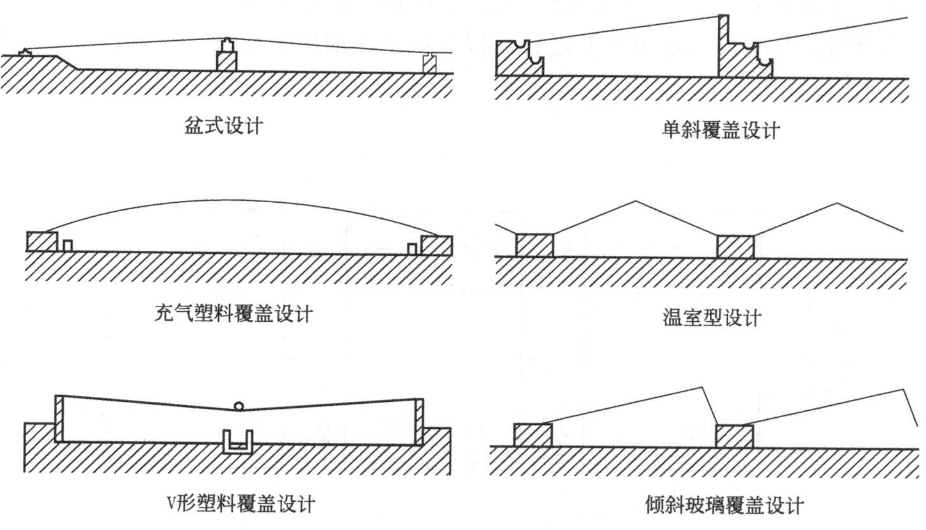

图 11-10 常见的太阳能蒸馏器设计

11.2.3 间接集热系统

间接集热系统包括两个独立运行的子系统，即能源收集子系统（如太阳能集热器、压力容器、风力涡轮机等）和利用收集到的能量进行海水淡化的子系统。基于热法的海水淡化工艺有多级闪蒸（MSF）、多效沸腾（MEB）和蒸汽压缩（VC），蒸汽压缩可分为热蒸汽压缩（TVC）或机械蒸汽压缩（MVC）。其他类型的工业淡化过程中并不包含相的变化，但是包含薄膜变化，为反渗透（RO）和电渗析（ED）。反渗透是利用电或轴功驱动泵，将盐溶液的压力增至所需压力，其大小取决于盐溶液中的盐浓度（一般约为 70bar）。电渗析需要使用电力对水进行离子化处理，在直流电场的作用下，使溶液中的离子做定向迁移，产生一部分含离子很少的淡水。

（1）多级闪蒸工艺

闪蒸淡化工艺是将原料海水加热到一定温度后引入闪蒸室，由于该闪蒸室中的压力控制在低于热盐水温度所对应的饱和蒸气压的条件下，故热盐水进入闪蒸室后即发生急速的部分汽化，从而使热盐水自身的温度降低，所产生的蒸汽冷凝后即为所需的淡水。多级闪蒸工艺是基于此原理，使热盐水依次流经若干个压力逐渐降低的闪蒸室，逐级蒸发降温，同时盐水也逐级增浓，直到其温度接近（但高于）天然海水温度。这一过程一般在 100℃左右温度条件下，必须有外部蒸汽供给。图 11-11 为多级闪蒸的原理图。当前的工业设备设计具有 10～30 级（每级的温降为 2℃），每日产水量为 60～100kg/m^3。

图 11-12 为多级闪蒸工艺的实际循环情况。该系统分为热回收区和热排放区两个部分。海水从热排放区输入系统中，在热排放区把热量排放出去，并在最低的可能温度条件下排出蒸馏产物和浓盐水。然后，将输入的海水与大量水混合，使其在系统内循环。水流过一系列换热器，温度升高。接着，水进入太阳能集热器阵列或传统的盐水加热器中，温度继续升

高，接近最大系统压力下的饱和温度。随后，水通过一个小孔进入第一级内，并降低压力。由于水处于较高压力条件下的饱和温度，因此变得过热，从而闪急蒸发。产生的蒸汽穿过一个金属丝网（除雾器），去除夹带的盐水滴，然后进入换热器中。在换热器中，蒸汽冷凝，滴入蒸馏物盘内。整个设备都重复此过程，因为盐水和馏出物在进入压力依次降低的后续阶段时都会发生闪蒸。

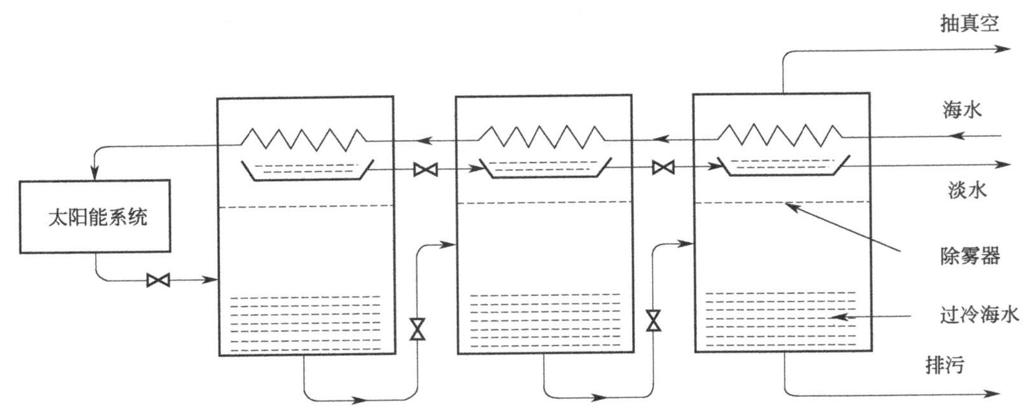

图 11-11　多级闪蒸（MSF）系统的工作原理

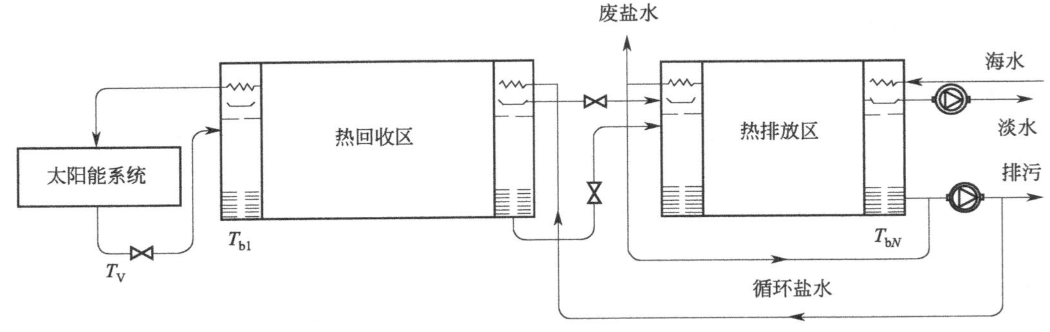

图 11-12　多级闪蒸（MSF）工艺的实际循环情况

根据容量方面的考虑，多级闪蒸是目前海水淡化工业中应用得最广泛的装置之一。其当前的技术发展水平为：每生产 $1m^3$ 淡水，需要消耗热能 221.9～276.3MJ、电能 3.4kW·h。因此，从用能状况来看，MSF 系统主要消耗的是热能，这为利用太阳能供热创造了条件。另外，由于 MSF 系统所需要的操作温度不高，最高温度 120℃左右，适当减少级数，还可在 90℃以下运行，利用现行的太阳能集热器很容易达到这个温度。多级闪蒸的缺点在于不同级要求精确的压力等级，这就要求具有过渡时间，以便使设备能正常运转。因此，需要利用储罐进行热缓冲，使太阳能热技术与多级闪蒸相适应。

多级闪蒸系统的公式为：

$$\frac{M_f}{M_d}=\frac{L_v}{C_p \Delta F}+\frac{N-1}{2N} \tag{11-1}$$

式中，M_d 为馏出物的质量流量，kg/h；M_f 为供水的质量流量，kg/h；L_v 为平均汽化潜热，kJ/kg；C_p 为所有液体流恒压条件下的平均比热容，kJ/(kg·K)；N 为总级数。

根据图 11-12 中所示的温度，闪蒸温度范围 ΔF 为：

$$\Delta F = T_h - T_{bN} = (T_{b1} - T_{bN}) \frac{N}{N-1} \tag{11-2}$$

式中，T_h 为最高盐水温度，K；T_{bN} 为最后一级的盐水温度，K；T_{b1} 为第一级的盐水温度，K。

（2）多效沸腾工艺

图 11-13 所示的多效沸腾（MEB）工艺也包含了许多部分。与多级闪蒸系统类似，多效系统亦是由多个单元组成，这些蒸发单元习惯上被称为“效”（effect）。多效蒸发系统是由单效蒸发器组成的综合系统。即将前一个蒸发器蒸发出来的二次蒸汽引入下一蒸发器作为加热蒸汽并在下一蒸发器中凝为蒸馏水。如此依次进行，各效的压力和温度从左到右依次降低，每一个蒸发器及其过程称为一效，这样就可形成双效、三效、多效等。至于原料水则可以有多种方式进入系统：逆流、平流（分别进入各效）、并流（从第一效进入）和逆流预热并流进料等。在大型脱盐装置中多用最后一种进料方式，其他进料方式多在化工蒸发中采用，多效蒸发过程在海水淡化和大中型热电厂锅炉供水方面都有采用。一般情况下，多效沸腾设备利用的外部蒸汽温度约为 70℃。

实现多效蒸发，必须保证后一效海水沸点比前一效蒸汽的凝结温度低，也就是为什么要求后效蒸发室的操作压力应比前一效低的原因，否则，就不存在传热温度差，蒸发将无法进行。第二效的加热室，实际上起着第一效二次蒸汽冷凝器的作用，当第二效因减压而引起海水沸点降低后，第一效的二次蒸汽仍可对第二效海水产生加热作用。同理，三效蒸发时，减压施于第三效，则第三效的减压传到第二效，第二效的又传到第一效；第三效的海水沸点低于第二效，第二效的又低于第一效。这样，在多效蒸发时，只需配备一套减压装置，即可保证全部操作的顺利进行。

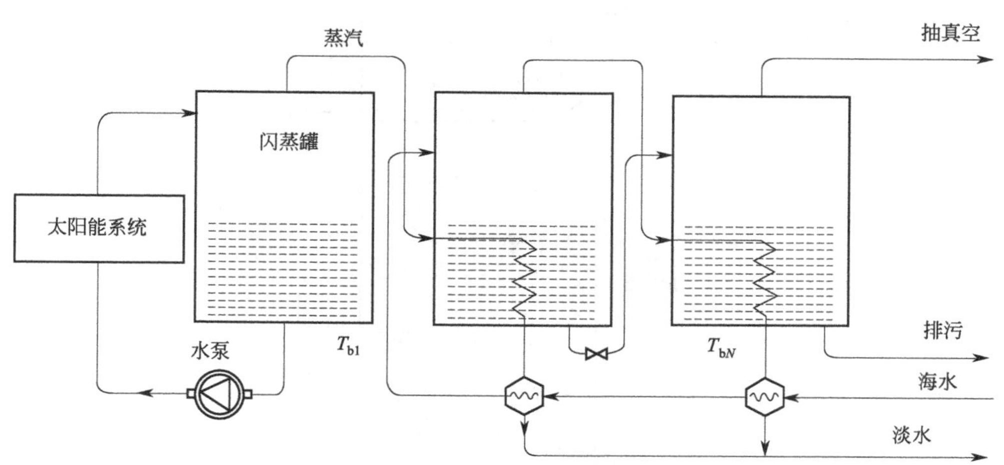

图 11-13　多效沸腾（MEB）系统的工作原理

多效沸腾设备可能有多种配置，这取决于所采用的传热配置和流程安排组合，早期设备为潜管式设计，仅有两级或三级。在现代系统中，薄膜设计解决了蒸发率低的问题。这种薄膜设计是供给液体以薄膜而非深水池的形式分布于加热表面。此类设备可能含有垂直管或水平管。垂直管的设计有两种类型，即升膜自然强制循环型垂直管或立式降膜垂直长管。如图 11-14 所示，在垂直长管中，盐水在直流管内沸腾，而蒸汽在外部冷凝。在降膜设计的水平管中，蒸汽在管内冷凝，而盐水在管外蒸发。

多效沸腾蒸发器的另一种类型是多级堆栈（MES）。该蒸发器是最适合太阳能应用的类型，且兼具许多优点。其中，最重要的优点包括：一方面是几乎可以在0%～100%产量之间稳定运行，即使发生突变，依然能够稳定运行；另一方面则是能够稳定地提供不同的蒸汽供应量。图11-15为一台多级（四级）堆栈蒸发器。将海水喷淋在蒸发器的顶部，海水滑落在每一级中水平布置的管束上形成一层液膜。在最上级（即最热级），蒸汽锅炉或太阳能集热系统产生的蒸汽在管内冷凝。由于通风喷射系统给设备造成的低压，液膜在管外沸腾，因此在低于冷凝蒸汽温度的条件下形成新的蒸汽。

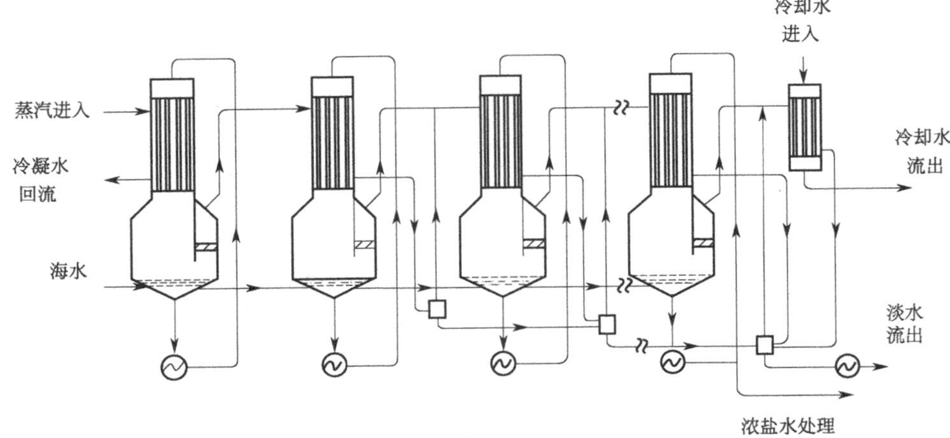

图11-14　垂直长管多效沸腾设备

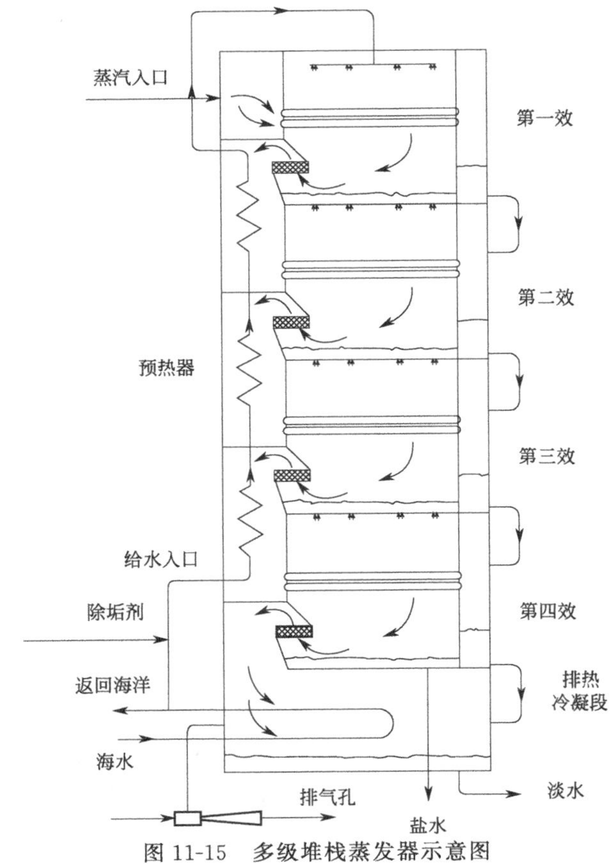

图11-15　多级堆栈蒸发器示意图

落入第一级平台上的海水经闪蒸冷却后经喷嘴进入压力较低的第二级。第一级中产生的蒸汽经管道输入第二级的管道内，然后冷凝形成部分淡水。此外，冷凝的热蒸汽使外部冷却器液膜在压力下降的情况下沸腾。蒸发-冷凝过程在设备中逐级重复，在每一级的管道内部产生了几乎相同量的产物。最后一级中产生的蒸汽由未经处理的海水冷却，在管束外冷凝。大部分温度较高的海水返回到海洋内，但是小部分用作设备的给水。给水经过酸处理后，其中的结垢化合物被破坏，然后流经一系列预热器，被喷淋到设备的顶部。其中，预热器利用每一级中产生的少量蒸汽逐渐升温。每一级中产生的水在设备后效蒸发室内闪蒸，这样便能够在冷却条件下从堆栈底部排出。浓盐水也能够从堆栈的底部排出。多级堆栈过程的运行操作非常稳定，而且能够自动调整至变化的蒸汽工况，因此该过程适合追踪负荷的应用场合。标准的产物纯度小于 5mg/L 总溶解固体，而且不会随着设备使用年限的增加而退化。因此，配备有多级堆栈型蒸发器的多效沸腾工艺非常适合太阳能应用。

（3）蒸汽压缩工艺

在蒸汽压缩（VC）设备中，热回收建立在利用压缩机增加一级产生的压力的基础上（详见图 11-16）。因此，冷凝温度升高，蒸汽用于为其所在级或其他级提供能量。与在传统的多效沸腾系统中一样，蒸汽压缩设备第一级产生的蒸汽用于压力较低的第二级的供热。而最后一级产生的蒸汽传到蒸汽压缩机中。蒸汽在蒸汽压缩机中被压缩，并在蒸汽返回到第一级之前升高其饱和温度。压缩机是系统的主要能量输入。单效的压缩蒸馏过程流程大致为：环境压力 p_1 和温度 T_a 下的海水，被引入蒸发室，由水中浸没的冷却盘管加热至饱和状态（p_1，T_1）；蒸发产生的饱和蒸汽（p_1、T_1），经压缩机压缩至（p_2，T_3），p_2 下的过热蒸汽进入蒸发室内的冷却盘管（也称加热盘管）；在冷却盘管的蒸汽先放热至饱和状态（p_2，T_2），并部分冷却形成饱和水，经与新进入的海水换热，再继续放出部分显热至（p_1，T_1）状态，最后以产品淡水的形式排出装置。

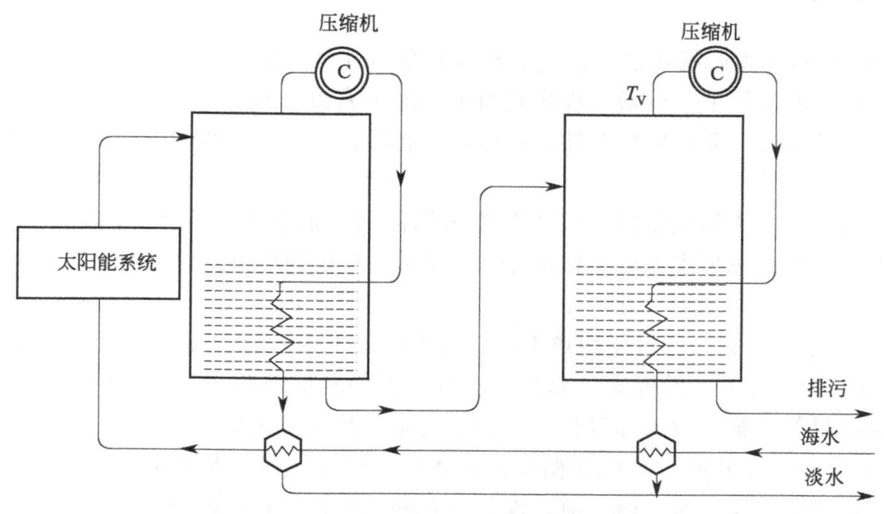

图 11-16 蒸汽压缩（VC）系统的工作原理

蒸汽压缩系统被细分为两大类，即机械蒸汽压缩机（MVC）和热蒸汽压缩机（TVC）。机械蒸汽压缩机系统采用机械压缩机压缩蒸汽，而热蒸汽压缩机则利用蒸汽喷射压缩机。机械蒸汽压缩系统相关的主要问题如下：

① 含有蒸汽的盐水进入压缩机中，腐蚀压缩机叶片。

② 由于压缩机容量有限，因此对设备尺寸也有限制。

常见的多效太阳能压缩蒸馏过程如图 11-16 所示。太阳能为压缩蒸馏提供初级能源，使装置在较高温度段运行，这样就可减少通过压缩机的蒸汽体积，提高压缩机的效率，从而减少换热器内外的压差。当换热器内外压差较小时，甚至可以用普通的风机类设备代替压缩机，降低整体装置的成本。

事实上，最理想的太阳能压缩蒸馏方案是将 VC 与 MSF 或 MEB 系统相结合，然后利用太阳能提供初级能源，形成太阳能 VC-MSF 混合系统。太阳能为 MSF 供热，在一定的级数上，利用 VC 恢复二次蒸汽的加热能力，使之再成为加热蒸汽，重复利用。这样就可以最大限度地提高装置的热功效率。在太阳辐射不足或夜间工作时，利用 VC 提供系统所需的全部能源，可以使系统全天候运行。

11.3 太阳能热化学应用

太阳能热化学技术是利用收集的太阳能热量来驱动高温吸热化学反应的过程。在高温化学反应器内将太阳能转换为化学能，继而可用于制取太阳能燃料。传统工业过程生产燃料依赖碳氢化合物资源，是高度能源密集和碳密集的过程，因此太阳能热化学技术被认为是制取燃料的理想过程。其中，氢因其清洁无污染、高效、可储存和运输等优点，被视为最理想的能源载体，目前许多国家都投入了大量的研究经费用于发展氢能源系统。

11.3.1 概述

图 11-17 显示了太阳能转换为太阳能燃料的基本过程。聚光型太阳能集热器把平行的太阳光聚集在很小的面积上，以增加吸热表面上的能量密度。这样在反应器内就能获得高温，从而驱动热化学反应，并制取可存储、可运输的燃料。理论上，该能量转换过程的极限效率是同等热机的卡诺效率。

一般来说，太阳能热化学应用可以分为太阳能制取能量载体和太阳能制取工业产品两种。太阳能热化学制氢技术的分类如图 11-18 所示。目前国内外广泛研究的太阳能热化学技术包括：

① 水的直接热分解　通过使用热工艺获得 1900～4000K 的高温，直接分解水。

② 化石能源（烃类）的提质　分为固态和气态物料的热化学过程，用于煤、甲烷和生物质等含碳物料的重整、裂解和气化，从而在气体产品中增加来自太阳能的能量输入。

③ 热化学循环水分解　热化学循环分为多步热化学循环和基于金属氧化物氧化还原对的循环。多步热化学循环基于硫、氯、溴等元素的化合物，这些反应物质经历一系列反应分解水，以在反应的不同阶段产生氢气和氧气。在金属氧化物循环中，氧化还原材料经历循环的还原和氧化反应，分别产生氧气和氢气。与水的直接热分解相比，热化学循环中的反应可在较低温度（800～2100K）下发生。

④ 太阳能热化学工业化应用　用于生产一些工业商品，并且在金属、水泥等工业领域

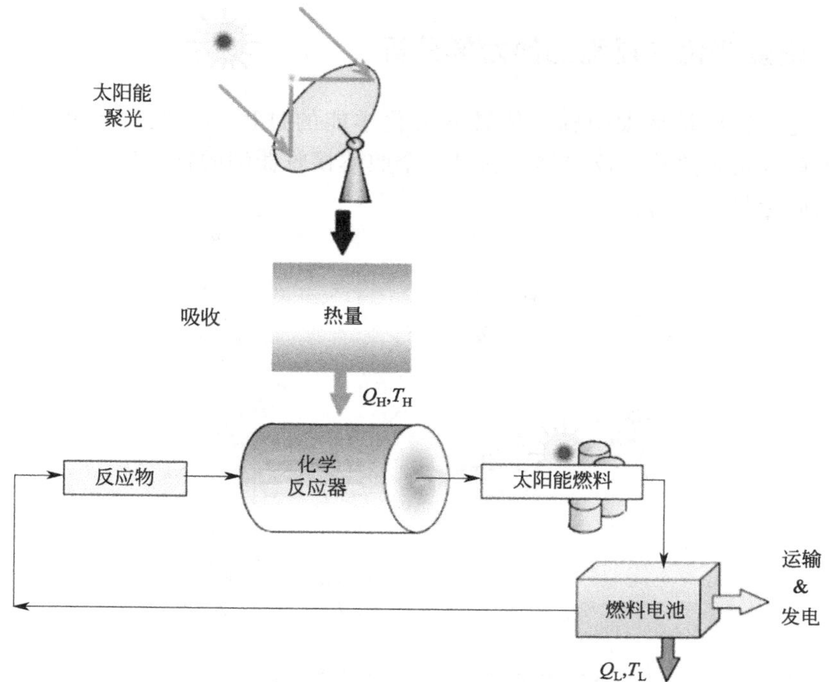

图 11-17 太阳能转换成太阳能燃料过程的示意图

有很大的应用潜力。铁、锌和铝等金属可以通过太阳能驱动的解离和还原反应进行生产。石灰可以通过石灰石的太阳能解离获得。报废汽车粉碎渣（ASR）、电弧炉粉尘（EAFD）等工业废弃物可以回收利用，有机废弃物和填埋气体可以通过太阳能热化学过程进行提质。富勒烯和碳纳米管可以通过甲烷的催化热分解或碳的蒸发来获得。

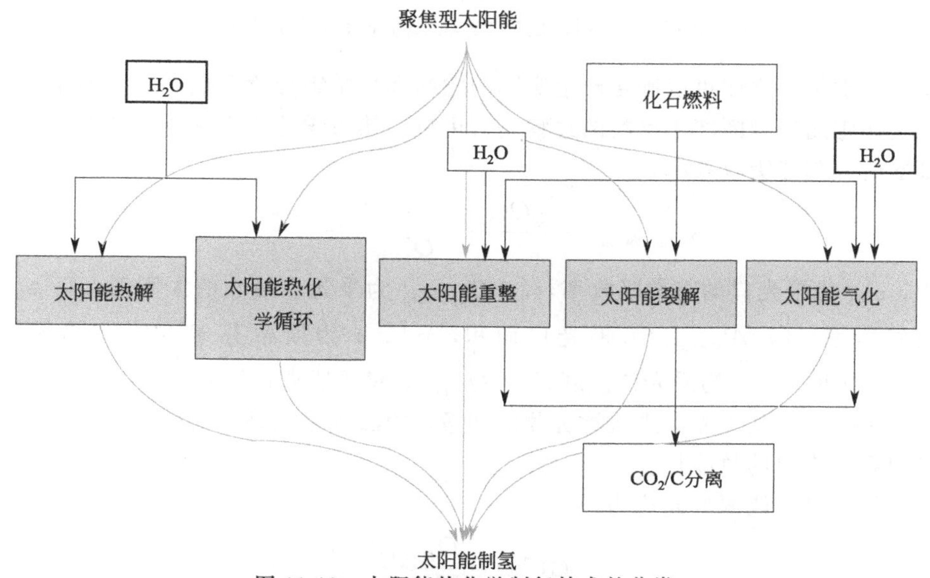

图 11-18 太阳能热化学制氢技术的分类

11.3.2 太阳能热化学过程的热力学分析

太阳能热化学转换是将太阳辐射能转变成化学能的过程，理想循环过程如图 11-19 所示。其中的关键设备是热化学反应器，它是一个腔体接收器型的化学反应装置，前端有个小的采光口，四周绝热。

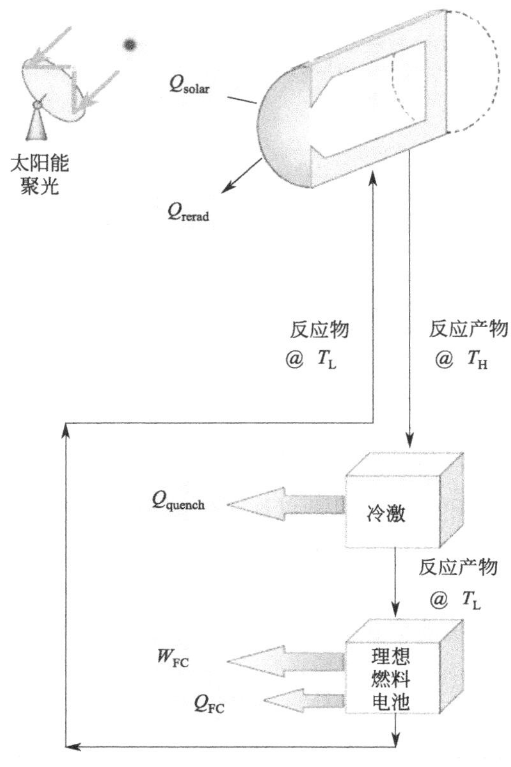

图 11-19 太阳能热化学理想循环过程的示意图

利用热力学第一定律可以确定产生实际的燃料和化学组分所需最小的太阳能的量，而热力学第二定律则用来判断产生燃料的过程是否可行。热力学分析方法具体如下：

接收器的太阳能吸收效率：

$$\eta_{absorption}=\frac{\alpha_{eff}Q_{aperture}-\varepsilon_{eff}A_{aperture}\sigma T^4}{Q_{solar}} \tag{11-3}$$

式中，α_{eff} 为采光口的有效吸收率，%；$Q_{aperture}$ 为采光口接收的太阳能，J；ε_{eff} 为采光口的有效发射率，%；$A_{aperture}$ 为采光口面积，m^2；σ 为斯蒂芬-玻尔兹曼常量，$5.67\times10^{-8}W/(m^2\cdot K^4)$；$T$ 为采光口温度，℃；Q_{solar} 为集热器吸收热量，J。

分子的第一项是从采光口进入被吸收的能量，第二项是向外辐射的能量损失；分母是由集热器投射到采光口的总能量。

采光口处的平均能源聚光比为：

$$C(\%)=\frac{Q_{aperture}}{IA_{aperture}} \tag{11-4}$$

式中，I 为投射到采光口的辐射强度，W/m^2。如假定由集热器投射来的能量全部进入采光口，即：

$$Q_{solar}=Q_{aperture} \tag{11-5}$$

接收器绝热非常好，近似于等温黑体，于是可得：

$$\eta_{absorption}=1-\frac{\sigma T^4}{IC} \tag{11-6}$$

式中，$\eta_{absorption}$ 为接收器的太阳能吸收效率，%。

接收器吸收的太阳辐射能用于驱动高温热化学反应，衡量反应进行程度的㶲效率为：

$$\eta_{exergy}=\frac{-\dot{n}\Delta G_{rxn}|_{T_L}}{Q_{solar}} \tag{11-7}$$

式中，$\Delta G_{rxn}|_{T_L}$ 为 T_L 温度下转化为反应物时可以从生成物中提取的最大能量，J/mol；$\dot{n}$ 为反应物的摩尔流量，mol/s。

利用第二定律，最大的㶲效率为卡诺循环效率：

$$\eta_{exergy,ideal}=\eta_{absorption}\eta_{carnot}=\left[1-\left(\frac{\sigma T_H^4}{IC}\right)\right]\left(1-\frac{T_L}{T_H}\right) \tag{11-8}$$

式中，$\eta_{exergy,ideal}$ 为理想情况下㶲效率，%；η_{carnot} 为卡诺循环效率，%；T_L 为化学反应初始温度，℃；T_H 为化学反应终止温度，℃。

由于温度越高向外辐射损失越强，当 $\eta_{exergy,ideal}=0$ 时，吸收的能量被全部发射出去，此时的温度称为滞止温度 $T_{stagnation}$。而效率最大时的温度由下式确定：

$$\frac{\partial \eta_{exergy,ideal}}{\partial T_H}=0 \tag{11-9}$$

反应器内达到化学平衡后，反应所需的能量为：

$$Q_{reactor,net}=\dot{n}\Delta H|_{R@T_L \to P@T_H} \tag{11-10}$$

式中，$\Delta H|_{R@T_L \to P@T_H}$ 为单位时间内化学反应的焓变，J/mol，R 表示反应物，P 表示生成物。

不可逆化学反应和向外的辐射损失，都会造成太阳能反应器内的不可逆性。计算如下：

$$Irr_{reactor}=\frac{-Q_{solar}}{T_H}+\frac{Q_{rerad}}{T_L}+\dot{n}\Delta S|_{R@T_L \to P@T_H} \tag{11-11}$$

式中，$\Delta S|_{R@T_L \to P@T_H}$ 为单位时间内的化学反应的熵变，J/(mol · K)。

生成物流出反应器后由 T_H 被迅速冷却到 T_L，冷却过程中的能量损失是：

$$Q_{quench}=-\dot{n}\Delta H|_{P@T_H \to P@T_L} \tag{11-12}$$

式中，Q_{quench} 为冷却过程中散失的热量，J；$\Delta H|_{P@T_H \to P@T_L}$ 为冷却过程中生成物的焓变，J/mol。

冷却过程中的不可逆损失为：

$$Irr_{quench}=\frac{Q_{quench}}{T_L}+\dot{n}\Delta S|_{P@T_H \to P@T_L} \tag{11-13}$$

式中，$\Delta S|_{P@T_H \to P@T_L}$ 为冷却过程中生成物的熵变，J/(mol · K)。

理想、可逆的燃料电池中，将太阳能反应的生成物再结合得到反应物，从而使整个系统封闭，并产生电能如下：

$$W_{FC}=\dot{n}\Delta G|_{P@T_L\to R@T_L} \tag{11-14}$$

式中，$\Delta G|_{P@T_L\to R@T_L}$ 为燃料电池反应中吉布斯自由能的变化，J/mol。

燃料电池恒温运行，向环境释放的热量为：

$$Q_{FC}=-T_L\dot{n}\Delta S|_{P@T_L\to R@T_L} \tag{11-15}$$

式中，$\Delta S|_{P@T_L\to R@T_L}$ 为燃料电池反应中熵变，J/(mol·K)。

燃料电池这个封闭系统的㶲效率就可以采用下式计算：

$$\eta_{exergy}=\frac{W_{FC}}{Q_{solar}} \tag{11-16}$$

能量守恒可表示为：

$$Q_{soalr}=Q_{rerad}+Q_{quench}+Q_{FC}+W_{FC} \tag{11-17}$$

系统循环的最大效率等于工作在 T_L 与 T_H 间的卡诺循环的效率：

$$\eta_{max}=\frac{W_{FC}+T_L(Irr_{reactor}+Irr_{quench})}{Q_{solar}}=1-\frac{T_L}{T_H} \tag{11-18}$$

11.3.3 太阳能热化学技术应用

(1) H_2O 直接热分解制氢

在概念上，太阳能热制氢的基本方法是通过将水加热到足够高的温度而使水分解（$\Delta G<0$），反应式为：

$$H_2O \longrightarrow H_2+\frac{1}{2}O_2 \tag{11-19}$$

太阳能热分解所需的温度非常高。据估计，在大气压下，反应的 ΔG 在 4300K 时达到零。热力学分析表明，在 1bar、2500K 时实际上只有 2.69% 的水解离产生氢气，在 0.05bar、2500K 时增加到 25%。因此，从热力学角度来看，高温和低压条件更有利于氢产率的提高。

由于太阳能热分解在非常高的温度下发生，因此在这种条件下使用如氧化锆和沸石等特殊材料。然而，氧化锆膜和陶瓷基多孔氧化锆膜材料在 2100K 下会快速烧结，不适合在高温条件下操作。因此，开发维持太阳能热分解所需的高温材料比较困难。基于这样的经验，人们致力于通过使用催化剂来降低太阳能热分解的温度。然而，实验研究表明，水在 Al_2O_3、SiO_2、$CaCO_3$、TiO_2 等固体酸性材料上分解时，反应在 1073K 时的峰值氢产率仅为 0.30%。

太阳能热分解的另一个问题与爆炸性氢-氧混合物的分离有关。热分解产物的分离有两种方法：在高温下直接分离，或通过快速冷却然后进行低温分离。高温分离通过分离微孔或金属/非金属膜中的氢、电扩散中的氧、高速喷射和离心来实现。低温分离使用辅助喷射并在水中引入热气体，通过冷却过程实现。然而，这些用于分离氢-氧混合物的方法尚未被成功证明，并且在分离上仍存在问题。

因此，高温的要求是太阳能热分解发展的阻碍，在目前的技术条件下不是可行的选择。通过电的形式提供一部分能量来降低水解离所需的温度或许是可行的替代方案。

(2) H_2S 热分解制氢

H_2S 是化学工业中广泛存在的副产品，由于其强烈的毒性，在工业中往往都要采用克劳斯（Claus）法将其去除，使硫化氢不完全燃烧，再使生成的二氧化硫与硫化氢反应而生成硫黄。

$$2H_2S+O_2 \longrightarrow 2H_2O+S_2 \tag{11-20}$$

这个过程成本昂贵，还将氢和氧结合生成水和废热，从而浪费了能源。对 H_2S 的直接热分解可以将有毒气体转化为有用的氢能源，一举两得。

$$2H_2S \longrightarrow 2H_2+S_2 \tag{11-21}$$

该反应的转化率受温度和压力的影响，高温低压有利于 H_2S 的分解。现有研究表明，在温度 1200K，压力 1bar 时，H_2S 的转化率为 14%；而当温度为 1800K，压力为 0.33bar 时，转化率可达 70%。氢与硫的分离往往通过快速冷却使硫单质以固态形式析出，这也会导致大量的能量损失。

(3) 金属氧化物的还原

金属是理想的太阳能储运载体，能燃烧产生高温热，或者通过燃料电池产生电，还可以水解产生氢气。还原金属氧化物的传统工艺能耗量大和污染严重，而与太阳能热化学过程相结合，能有效解决这个问题。金属氧化物的还原分为以下两步反应过程：

第一步反应过程为：

$$M_xO_y \longrightarrow xM+0.5yO_2 \tag{11-22}$$

$$M_xO_y+yC \longrightarrow xM+yCO \tag{11-23}$$

$$M_xO_y+yCH_4 \longrightarrow xM+y(CO+2H_2) \tag{11-24}$$

表 11-2 中列出了各种金属氧化物反应[式(11-22)～式(11-24)]的标准 ΔG_{rxn} 等于 0 的近似温度。其中，ZnO 的温度明显低于其他金属氧化物，是最有前景的物质，其直接热分解反应的显活化能为 310～350kJ/mol。反应产物需要冷却分离，避免金属再氧化；而冷却造成能量损失，其效率与惰性气体所占的组分以及表面温度有关。

采用 C 和天然气能有效降低还原反应温度，如表 11-2 所示。利用天然气（主要成分为 CH_4）作为还原剂，在一个反应中可以完成 CH_4 的重整和 ZnO 的还原。该反应有以下 3 个优点：①无需催化剂实现 CH_4 的重整，可以得到高质量的合成气体（摩尔比为 2∶1 的 H_2 和 CO），特别适合甲醇的合成；②采取适当的收集措施，能避免温室气体排放到环境中；③由一个反应完成 CH_4 的重整和 ZnO 的还原，提高了高温化学反应的效率。

表 11-2 反应式(11-22)～式(11-24)ΔG_{rxn} 为 0 时的温度(＊表示先转变为低价氧化物)

金属氧化物	$\Delta G_{rxn1}=0$	$\Delta G_{rxn2}=0$	$\Delta G_{rxn3}=0$
Fe_2O_3＊	3700K	920K	890K
Al_2O_3	＞4000K	2320K	1770K
MgO	3700K	2130K	1770K
ZnO	2335K	1220K	1110K
TiO_2＊	＜4000K	2040K	1570K
SiO_2＊	4500K	1950K	1520K
CaO	4400K	2440K	1970K

注：表中，ΔG_{rxn1}、ΔG_{rxn2}、ΔG_{rxn3} 分别对应反应式(11-22) ～式(11-24)。

第二步反应过程如式(11-25) 所示，是在 800～1100K 较低温度下的放热反应。在这个反应中，金属水解生成金属氧化物和氢气。金属氧化物再进入太阳能反应器中进行循环，氢气被收集作为能源使用。

$$xM+yH_2O \longrightarrow M_xO_y+yH_2 \tag{11-25}$$

基于金属氧化物氧化还原反应的热化学循环也可用作减少二氧化排放，从而获得碳和一氧化碳，如式(11-26)、式(11-27)。另外，可以通过水和二氧化碳的组合还原来生产合成气，如式(11-28)：

$$xM+\frac{y}{2}CO_2 \longrightarrow M_xO_y+\frac{y}{2}C \tag{11-26}$$

$$xM+yCO_2 \longrightarrow M_xO_y+yCO \tag{11-27}$$

$$xM+\frac{y}{2}CO_2+\frac{y}{2}H_2O \longrightarrow M_xO_y+\frac{y}{2}CO+\frac{y}{2}H_2 \tag{11-28}$$

金属氧化物循环可分为挥发性与非挥发性循环。在挥发性金属氧化物循环中，在第一步中形成的金属处于蒸气状态，必须迅速冷却以免与氧再结合。此外，对于非挥发性的金属氧化物，可以容易地除去热还原反应中产生的氧。

(4) 化石燃料的太阳能提质

采用太阳能氢、太阳能金属等太阳能燃料替代化石燃料是一个远期的目标，它的商业化应用还需要技术上和经济上的大量准备。一个中期的目标是发展太阳能/化石燃料混合反应过程技术。由于太阳能的输入，反应产物的发热量增加，数量上等于反应的焓差。采用太阳能热技术有以下优点：①避免污染物质的排放，降低环境污染；②气态产物没有污染；③增加了燃料的发热量，延长了化石燃料的使用寿命。

① 甲烷重整　通过太阳能驱动吸热的蒸汽或二氧化碳重整反应可以从甲烷中获得氢。二氧化碳或蒸汽重整的选择取决于所需的最终产物。如果氢是所需的最终产物，那么蒸汽重整是优选的；如果目标是生产甲醇，那么可以改变重整混合物中二氧化碳和蒸汽的比例，以获得合成气中最佳的 CO/H_2。

$$CH_4+H_2O \longrightarrow 3H_2+CO \quad \Delta H=206kJ/mol \tag{11-29}$$

$$CH_4+CO_2 \longrightarrow 2H_2+2CO \quad \Delta H=247kJ/mol \tag{11-30}$$

上述吸热反应在 923～1473K 的温度下进行。产物可用于各种工业应用，而一氧化碳可在水煤气变换反应中转化成氢。

$$CO+H_2O \longrightarrow CO_2+H_2 \quad \Delta H=-41kJ/mol \tag{11-31}$$

太阳能甲烷重整装置的设计点能量流程图如图 11-20 所示。可以看出，在该算例中，低热值（LHV）为 353kW 的进气甲烷被提质为 LHV 为 428kW 的太阳能燃料。因此，最终气体燃料中包含了 75kW 的太阳能。太阳辐射能转化为化学能的效率，定义为生产的气体燃料中所包含的太阳能与镜场收集的太阳能总输入量之比，图 11-20 所示的例子中该效率为 34%。

② 太阳能热裂解甲烷　甲烷裂解是在 800～1500K 条件下进行的吸热反应。热裂解反应如式(11-32) 所示。可以观察到，产生每摩尔氢消耗的能量是 37.8kJ/mol，远低于甲烷的蒸气（68.7kJ/mol）和 CO_2（123.5kJ/mol）重整过程消耗的能量。

$$CH_4 \longrightarrow C+2H_2 \quad \Delta H=75.6kJ/mol \tag{11-32}$$

在间接和直接加热的反应器中，已经验证了甲烷太阳热裂解的可行性。直接加热的反应器有涡流、颗粒流和龙卷风流动反应器；对于间接加热的反应器，已经用夹带的流动管式和流体壁式气溶胶反应器实现了该过程。

③ 煤气化　固体煤可在 1123～1883K 的温度范围内被水蒸汽气化，产生合成气。实际过程包括许多反应，如水蒸气转化反应、水煤气变换反应、氧化反应、甲烷化反应、Boud-

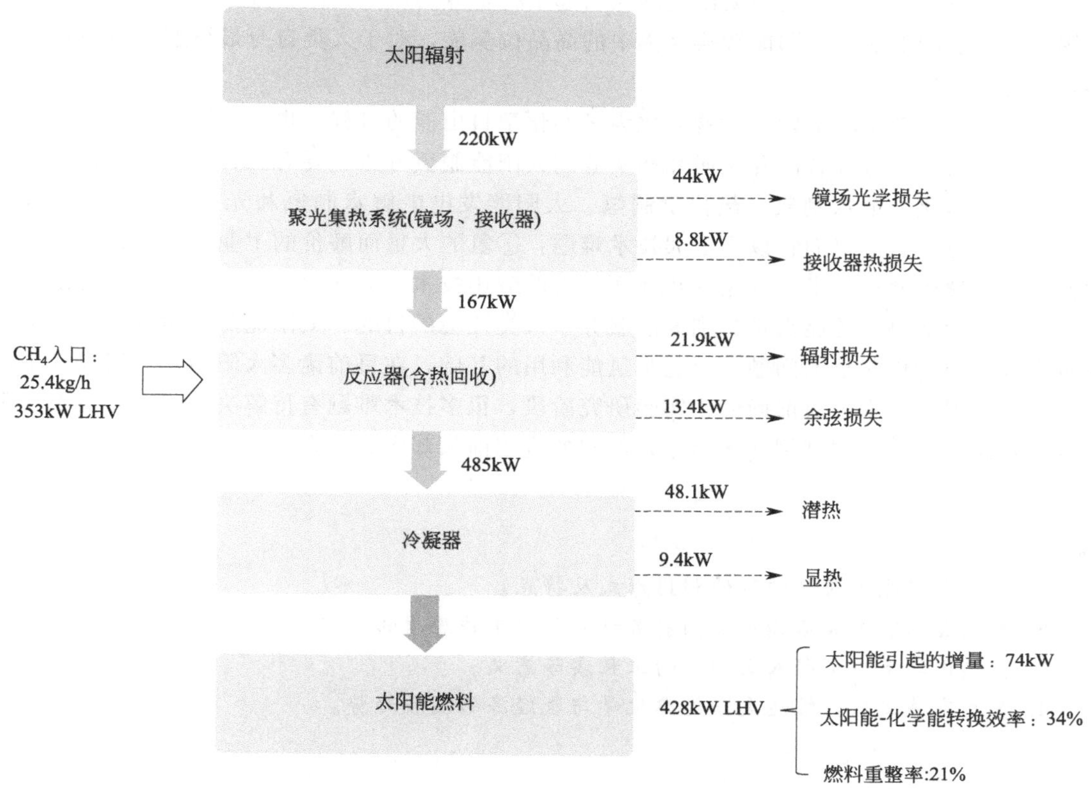

图 11-20　太阳能甲烷重整装置的设计点能量流程图

ouard 反应等。压力-温度条件决定了每个反应的程度，而反过来又决定了气体产物的组成。虽然该反应是一个复杂的过程，但整体可表示为式(11-33) 的形式。$x=1$，$y=1.4$ 和 $z=0.6$ 时，驱动该反应所需的能量为 104kJ/mol 或 4.5MJ/kg 干进料。炭气化所需的能量为 175kJ/mol。太阳能煤气化过程的㶲效率估计为 46%～50%。

$$C_xH_yO_z+(x-z)H_2O \longrightarrow \left(\frac{y}{2}+x-z\right)H_2+xCO \tag{11-33}$$

与甲烷重整和分解过程类似，用于煤气化的反应器可分为直接和间接加热的反应器。迄今为止开发的直接加热的反应器是涡流和流化床反应器，而填充床和夹带流反应器已经普遍用于间接加热。

11.3.4　太阳能制氢技术前景展望

氢是目前人们已知的自然界中最理想的燃料，具有广泛的应用前景。氢燃烧后生成水，不造成环境污染，不破坏生态平衡。氢和其他化石燃料相比，具有很多独特的优点。例如，氢可以长期储存，也可以远距离运输，因此可以在荒漠地区生产，输送到其他地方使用。氢的热值很高，可以广泛应用于不同用途的氢发动机，以应对石油的枯竭。

然而，氢的制取较为困难。自然界中的氢已与氧化合成水，要想得到氢，必须从水中分解制取。例如，工业中常用电能去分解水制氢，能耗大，只能作为生产少量工业原料的制备方法；也可采用煤、石油等常规燃料燃烧所产生的热去分解水制氢，但利用这些方法来制备氢燃料毫无意义。因此，利用太阳能制氢引起了科学界的广泛关注。太阳能取之不尽，用之不竭，将分散的低品位太阳能转换为集中的高品位氢能，对于人类自身最终解决能源和环境问题具有美好的前景。

太阳能制氢就是将太阳辐射能转化为氢的化学自由能的过程，也是太阳能热化学应用的重要途径。目前，世界各国开展研究和实验的太阳能制氢方法主要有五种，即光电化学分解水制氢、光催化分解水制氢、热化学制氢、太阳能发电电解水制氢和光生物化学分解水制氢。然而，氢能利用仍面临以下三大技术难题：①氢的大量而廉价的工业化生产技术；②氢的安全而便捷的储运技术；③氢的普及而经济的应用技术。应该说，这三大技术难题是并存的，必须全部解决，才能真正达到氢能服务于人类社会的目的。太阳能热化学制氢涉及了研究解决大量而廉价制氢的问题，但它是氢能利用的基础，在目前诸多太阳能热利用技术中是一项远未成熟的技术，目前尚处于实验研究阶段，很多技术难题有待解决。因此，虽然太阳能制氢相距大规模开发利用还很遥远，但它的应用前景却十分诱人。

习题

1. 简述太阳能工业热过程的利用形式及特点。
2. 对比太阳能多效蒸馏和太阳能多级闪蒸的工作原理的区别。
3. 在热化学反应中引入太阳能的工程实际意义。
4. 查阅有关文献，综述太阳能热化学与氢经济的发展趋势。

第12章

太阳能热储存

12.1 概述

太阳辐射会随天气情况等因素而产生随机性变化。为了使太阳能热利用装置能够相对连续而稳定地运行，若不借助于辅助能源，就必须对能量进行储存。以丰补歉是太阳能热储存的目的，在太阳能供热供冷工程和热发电工程中，系统负荷与太阳辐射能之间存在一定的定性关系。如图12-1所示，太阳能热储存的一般原理如下所述。

如图12-1(a)所示，在北半球，冬季寒冷，室外气温低，太阳辐射弱，人们需要采暖供热；夏季炎热，室外气温高，太阳辐射强，人们需要空调制冷。显然，室外气温、太阳辐射能量和人们的需求之间存在着某种矛盾。在不同气候中，采暖负荷和制冷负荷呈现出季节性变化，热水负荷则不会出现强烈的季节性变化。在温暖季节不需要供暖，而在寒冷季节太阳能不足以及时满足采暖负荷的需求，尤其是高纬度地区冬季的太阳辐射减弱。尽管跨季节储热系统能够改进太阳能的功能，但成本较高。当所需终端用水温度无法被满足时，则需要开启辅助能源。

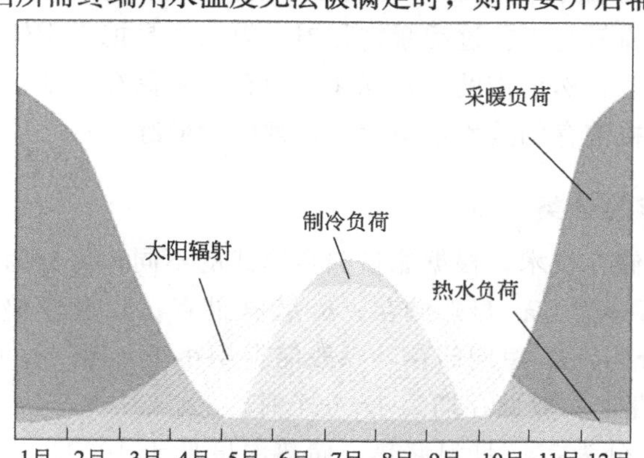

(a)供热供冷工程

图12-1

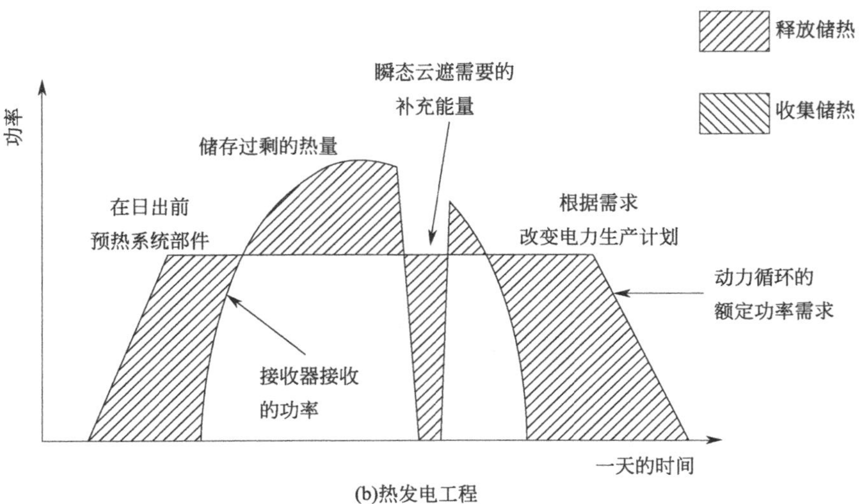

(b)热发电工程

图 12-1　太阳辐射强度与热负荷之间的关系

如图 12-1(b) 所示，太阳能热发电工程中，将白天太阳辐射强烈时多余的太阳能储存起来，到夜间、阴雨天、瞬时云遮太阳能不足时将储存的热量释放出来加以使用，这样太阳能作为发电系统的热输入就可以相对保证供给。特定的储存技术必须同时适应集热器出口温度和所收集能量的终端使用。为了使热发电系统在太阳能不可得期间能具有较高的热力学效率，能量必须储存在相对高的温度下。

12.2 太阳能热储存分类及技术特点

太阳能热储存可分为直接储存和间接储存两大类。第一类是将太阳能直接储存，即太阳辐射直接投射到蓄热体上，由蓄热体直接吸收，并储存在蓄热体中。例如，被动式太阳房中的集热蓄热墙、温室的围墙等，均属太阳能直接储存。这种储存方式的特点是短期、低温、显热储存，现存现用，通常与工艺过程紧密相连。第二类是把太阳辐射能首先转换为其他形式的能量，如热能、电能，然后借助于常规能量储存技术储存起来，间接达到储存太阳能的目的。因此，太阳能间接储存的技术本质就是常规能量储存。

(1) 太阳能热储存的分类

目前常用的太阳能储存技术，根据能量储存形式的不同，可分为以下几类：

① 根据储存形式可分为：a. 显热储存；b. 潜热储存；c. 化学储热。

② 根据储存期可分为：a. 短期储存，一般储存期小于 16h；b. 中期储存，一般储存期为 3～7 天；c. 长期储存，一般储存期为 1～6 个月。

③ 根据储热温度可分为：a. 低温储热，储热温度低于 100℃；b. 中温储热，储热温度在 100～200℃；c. 高温储热，储热温度在 200～1000℃；d. 超高温储热，储热温度大于 1000℃。

（2）太阳能热储存设计的一般要求

对储热材料的要求主要有：

① 储能密度高，即单位质量或体积的储热量大；

② 来源丰富，价格低廉；

③ 化学性能不活泼，无腐蚀，无毒，不易燃，安全性好；

④ 储热与取热的过程简单方便；

⑤ 能反复使用，储存性能长期稳定不变。

此外，一般应选择较小的工质流量和较大的热交换面积，以避免储热或取热过程中温度波动的幅度过大；选用导热性能好的金属（如铜、铝）制成散热片或散热管；在中、高温储热时，储热容器应采用良好和有效的隔热措施。

（3）太阳能储存系统的技术特性指标

太阳能储存系统技术特性的评价指标主要有：

① 在允许的储能损失条件下，储存能量的可储存持续时间；

② 储存单位能量所需要的储存容积；

③ 储能与释能的速率。

一个技术特性优良的储能系统，应该是在容许储能损失的条件下，储存时间长，单位体积的储存容量大，储存与释能速率快，使用寿命长，安全性能好。

目前，已开发了不少太阳能储存方法，不管是直接储存还是间接储存，应该说技术上基本可行，关键还在于它的经济性。总体而言，太阳能热储存的关键问题包括：储存温度、储存持续时间、储存的能量大小、充入与释出速率、运行与控制和经济性优化。

12.3　显热储存

12.3.1　显热储存原理

在热力学上，把物质由于温度升高或降低向环境吸收或释放的热量称为显热。利用物质的显热，实现储存热量的目的，称为显热储存。由热力学可知，物质的吸热或放热过程可以表示为：

$$dq = \rho(T, r) \cdot C(T)dT \tag{12-1}$$

式中，$\rho(T, r)$、$C(T)$分别为物质的密度和比热容。

严格地讲，物质的密度和比热容都是温度的函数。对不均匀介质，物质的密度还与坐标位置有关。在太阳能工程中，所用的显热储存材料大多是各向同性的均匀介质，而且储热温度多在中、低温工作区域，所以这里的 ρ 与 C，作为一级近似，二者均可视为常量。这样式（12-1）可以改写为：

$$dq = \rho C dT \tag{12-2}$$

若储热介质的温度从 T_1 变化到 T_2，则储存的热量为：

$$\Delta q = \rho C(T_2 - T_1) = \rho C \Delta T \tag{12-3}$$

式中，ΔT 为储热温差；ρC 为容积比热。

式（12-1）是适用于全部显热储存过程的基本公式。显然，储热温差越大，则显热储存的热量越多。但储热温差的数值不是可以任意选择的，主要取决于储热介质的使用温度极限。容积比热定义为单位体积的储热介质，温升1℃可能储存的热量。因此，在其他技术经济条件许可的情况下，应尽量选择容积比热大的物质作储热介质。表12-1列出了常用显热储存材料的某些热物理性能。

表12-1　常用显热储存材料的某些热物理性能

材料名称	密度 /(kg/m^3)	比热容 /[kJ/(kg·℃)]	容积比热 /[kJ/(m^3·℃)]	热导率 /[J/(m·℃·s)]	备注
水	1000	4.2	4180	2.1	热水系统
防冻液（35%乙二醇）	1058	3.6	3810	0.18	热水系统
砾石	1850	0.92	1700	1.2～1.3	太阳房
砂子	1500	0.92	1380	1.1～1.2	太阳房
干土	1300	0.92	1200	1.9	太阳房
湿土	1100	1.1	1210	46	温室
混凝土块	2200	0.84	1840	5.9	太阳房
砖	1800	0.84	1340	2.0	集热蓄热器
陶器	2300	0.84	1920	3.2	瓦
玻璃	2500	0.75	1880	2.8	透明盖板
铁	7800	0.46	3590	170	
铝	2700	0.90	2420	810	
松木	530	1.3	665	0.49	太阳房
硬纤维板	500	1.3	628	0.33	太阳房
塑料	1200	1.3	1510	0.84	地板花砖
纸	1000	0.84	837	0.42	沥青屋面料

显热储存通常选用液体或固体材料作储热介质，但能够很好地满足太阳能工程显热储存要求的材料并不多。经过长期研究与实践，对中低温太阳能显热储存，液体材料中以水为最佳，固体材料中以砂石为最佳。因为水和砂石比热容大，无毒、无腐蚀性、无环境污染，来源丰富，价格低廉。

显热储存的主要缺点是：

① 质量大和体积大。由于一般显热蓄热介质的储能密度都较小，故如要储存相当数量的热量，则所需蓄热介质的质量和体积都较大，因而所用蓄热器的容积也较大，所需隔热材料也较多。

② 输入和输出热量时的温度变化范围较大，并且热流也不稳定。因此，不易与用热器具的需求（恒温和恒定的热流）相吻合，往往需要采用调节和控制装置；对系统的隔热措施要求比较高。这些都提高了储热系统的成本。

12.3.2　液体显热储存

以液体作为显热储存，尤其是以水为储热介质，是诸多显热储存方式中应用最早和最普遍的一种方法，其储热理论和技术也最为成熟。水是最常用的储热介质。虽然水的成本可能非常低，但需要水箱、保温和支撑结构。水的显热储存被普遍使用，因为它：

① 物理、化学和热力学性质很稳定，无毒、不易燃，物性参数和使用技术都很清楚；

② 可兼作蓄热介质和传热介质，在储热系统内可以免去换热器；

③ 在常见的可用流体中具有最高的比热容；

④ 在使用温度范围内不发生相变，其汽-液平衡温度和压力适合于非聚焦太阳能集热器；

⑤ 来源丰富，价格低廉。

主要的缺点有：

① 水对金属有电解腐蚀性；

② 水易结冻且伴随体积膨胀，导致潜在的危害；

③ 水可能含有溶解氧，会导致腐蚀。

在液体显热储存中，减小冷热流体的混合是很重要的，否则会减小系统的烟。要使储存热量的利用最大化，需要保证输送温度满足或略超过需求温度，从而避免使用辅助能源加热。虽然可以分别使用冷热罐、可移动隔板或可拆卸膜将冷热流体分开，但最简单的方法是保持储热水箱内相对明显的自然分层，热流体在水箱上部，而密度更高的冷流体在水箱下部。

将热量充入储热器过程中，太阳能集热器的入口温度应保持尽量低，以提高集热效率。理论和数值研究表明，热分层能够改善储热水箱性能。对于完全分层的储热系统，太阳能集热器的入口流体总是处于可获得的最低温度下。相比之下，完全混合的储热系统输送给集热器的流体温度大大提高，使得集热器效率下降。储热水箱在进水、出水和取水时，将发生混水过程，这个过程根据用户热水使用习惯在每天内可能发生一次或多次。因此，将所需水量分到两个或更多个水箱，有助于在设计中结合一些水箱分层机制，防止进入最低水箱的冷水与最终水箱中的热水相混合。水储热系统性能分析可参见第 6 章内容。

12.3.3　固体显热储存

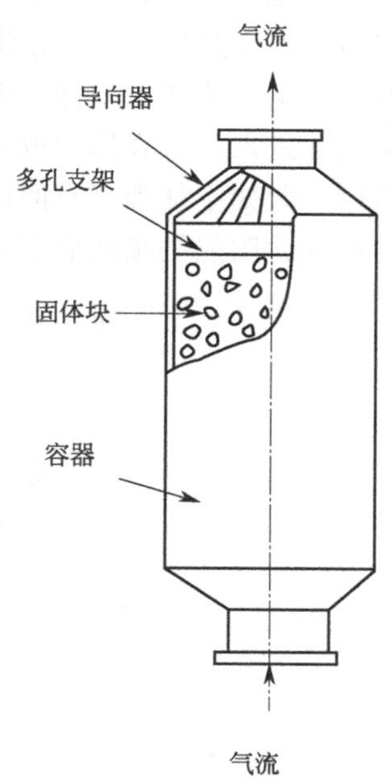

图 12-2　固体显热储热装置的结构

在太阳能工程中，固体显热储存用的材料大多是卵石、岩石、砂石和土壤。这些材料在中、高温下不产生相变或气化。它们的比热容比水低得多，但密度比水高，所以其比定容热容大约是水的 40%。岩石是用得最多的材料，所以又称它为卵石床储热装置，也可使用各种固体如废金属罐、钢珠、玻璃球，甚至用装水的玻璃瓶等。储热装置的结构如图 12-2 所示。容器内有盛放岩石的多孔支架，容器进出口两端装有导向器，以使空气进出时不发生偏流，提高传热效果。储热时气流向下流动，取热时方向相反。该系统不能同时加热和取热（热水储存系统则可）。

(1) 固体显热储存的优缺点

固体显热储存的主要优点为：

① 在中、高温下利用岩石等储热不需加压，对容器的耐压性能没有特殊要求；

② 空气作为传热介质，不会产生锈蚀；

③ 储热和取热时只需利用风机分别吹入热空气和冷空气，因此管路系统比较简单。

固体显热储存的主要不足之处为：

① 固体本身不便输送，故必须另用传热介质，一般多用空气；

② 储热和取热时的气流方向恰好相反，故无法同时兼作储热和取热之用；

③ 一般固体的密度比水大，但比热容却比水小，且颗粒之间一定存在空隙，因此储存同样多的热量时，所需使用的容器体积常较储热水箱大。

（2）堆积床显热储热

当系统集热工质选用空气、氦或其他气体工质时，则其储热方式可以采用空气堆积床显热储热。设计良好的堆积床储热装置与太阳能热利用系统的匹配性好。其理由是：空气和固体间的换热系数大，使得容器内的温度分层变得很明显；储热材料和容器的价格低廉；当空气不流动时，装置的导热损失小；当空气流动时，压力损失（压降）小。

空气流以一定的温度对卵石进行加热时，温度分层现象可在图 12-3 上看出。空气和卵石间的面积和换热系数的乘积相当大，意味着进入容器的高温空气很快就将能量放出来传给岩石。这样，靠近进口的岩石被加热，靠近出口处的岩石温度维持不变，而出口空气温度和初始岩石温度很接近。由图可知，经过 5h，温度的前峰才到达容器的进口空气温度，空气的出口温度才开始增加，即经过 5h 完成储热过程，容器内温度均匀一致。此时如让冷空气从底部进入，从容器中取热，空气出口温度提高到某一值，同样可维持 5h，直至放热过程结束。假如空气和卵石间的换热系数为无限大，储热和放热的温度前锋面应呈方波形。上述特点与太阳能供暖初始温度的要求相一致，白天储热，晚上放热。

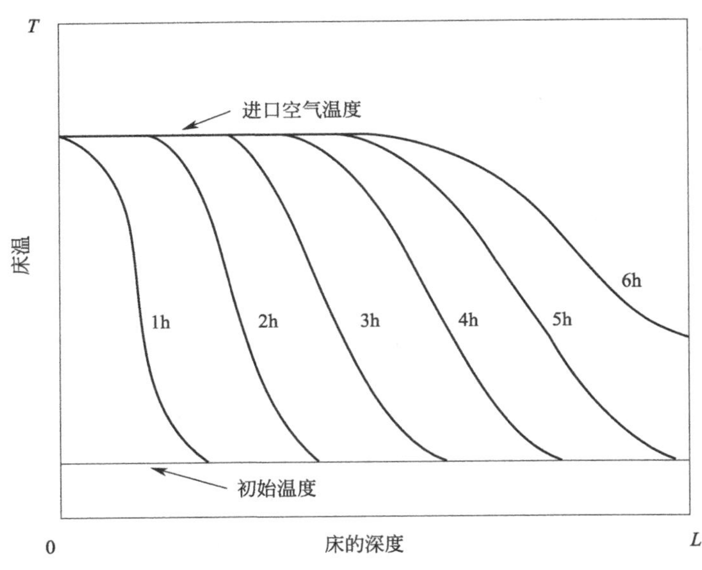

图 12-3　卵石床加热时的温度分布

实验研究可知，堆积床储热的运行特性取决于两个基本因素，即床体的形状和堆积球的大小，也是堆积床储热技术设计的关键。

① 床体形状　理想的堆积床应该是尽可能缩短空气流道长度，并使气体流动方向垂直于储热槽的横截面。所以，堆积床的形状大都选用近似扁平圆柱形。这样，在相同空气流速

条件下，大幅降低空气流经堆积床的阻力损失，从而降低风机功率消耗。

② 堆积球颗粒大小　最常用的堆积床储热材料是石球。一般说来，石球颗粒较小，则堆积床体的换热面积较大，空气与石球之间的换热速率增高。这样，既有利于储热、取热，也有利于堆积床体内部形成温度分层。若石球过小，形成流道不畅，则空气流动阻力增大，流速减慢，风机功率消耗也将增大；若石球过大，则热惰性增大，延长储热周期，影响储热、取热的瞬时特性。

将石球颗粒的平均直径 d_m 称为等效石球直径。通常采用下列经验公式进行计算，即：

$$d_m=\left(\frac{6V_0}{\pi n}\right)^{\frac{1}{3}}\text{(cm)} \tag{12-4}$$

式中，V_0 为石球颗粒的净体积，cm^3；n 为石球颗粒数。

石球颗粒的平均直径也可采用以下经验公式进行计算，即：

$$d_m=\frac{\mu(1-e)}{\rho v Re} \tag{12-5}$$

式中，e 为堆积床空隙率；μ 为空气黏滞系数，kg/(cm・s)；ρ 为石球密度，kg/cm^3；v 为堆积床中空气平均流速，cm/s；Re 为空气流动雷诺数。

根据经验，通常选用直径为 2～3cm 的石球或河卵石，颗粒大小尽量均匀，空隙率以30%左右为宜。

③ 堆积床的体积换热系数　堆积床内空气与石球之间的体积对流换热系数，推荐采用以下公式计算，即：

$$h_V=650\left(\frac{\rho v}{d_m}\right)^{0.7} \tag{12-6}$$

式中，d_m 为石球的平均直径，由式（12-4）或式（12-5）计算求得；ρ、v 分别为空气的密度、流速。

堆积床单位面积的换热系数为：

$$h=\left(\frac{V}{A}\right)h_V \tag{12-7}$$

式中，V、A 分别为堆积床体积、横截面积。

若堆积床的储热材料采用河卵石，其尺寸和形状不可能完全均匀一致，因此空气在卵石孔隙间的流动状态十分复杂，需要对堆积床和气体的能量平衡方程作联立数值计算。

（3）建筑蓄热体

建筑物中，太阳辐射和用热负荷具有不同步性，必须储存太阳能以使得太阳能利用率最大化。利用建筑物材质将热量吸收并储存起来，这些参与储热的部分称为蓄热体。短期储热解决的是太阳能和负荷的不同步性问题，将白天太阳辐射强烈期间收集的太阳能储存起来在晚上使用，也可以减少第二天早上对建筑物本身的预热。在设计储热特性时，必须考虑与建筑用途相关的使用模式，即住宅、机构、商业建筑等。蓄热体的热性能必须与被动式太阳能集热特征相匹配。蓄热体的最佳尺寸、位置和耦合方式取决于被动式太阳能特性的类型及其使用模式。一些被动式系统具有集成的储热功能，例如特朗伯（Trombe）墙。在其他系统中，储热结构可能是独立的，例如，将封装的相变材料适当地放置在直接受益型房屋的墙壁内。参见第6章被动式太阳房。

12.4 潜热储存

材料相变过程涉及材料状态的相互转化，包括气-液、气-固、固-液以及固相转化，如图12-4所示。物质产生相变时吸收或释放的热量称为相变潜热。利用物质的相变潜热进行储热的方法称为潜热储存，也称相变储热。常见的用于能量储存的相变材料是从固态转化到液态。转变到液相过程中，由于液相的出现及其带来的体积膨胀，会造成流体密闭性问题。“干”材料系统则可以避免这些问题，包括微胶囊化的固-液相变复合物和固-固有机相变化合物。微胶囊化的粉末态相变复合材料由包含在薄聚合物壳内的相变材料微粒组成。单个胶囊的直径为10μm至1mm，通常具有厚度小于1μm的不可渗透半刚性壳壁。内部相变材料通常是链烷烃化合物的共混物，占复合材料质量的80%～85%。混合内部的相变材料以获得相变温度。因为内部材料是多种材料的混合物，所以相变实际上在相对大的温度区间内发生，通常约10℃。

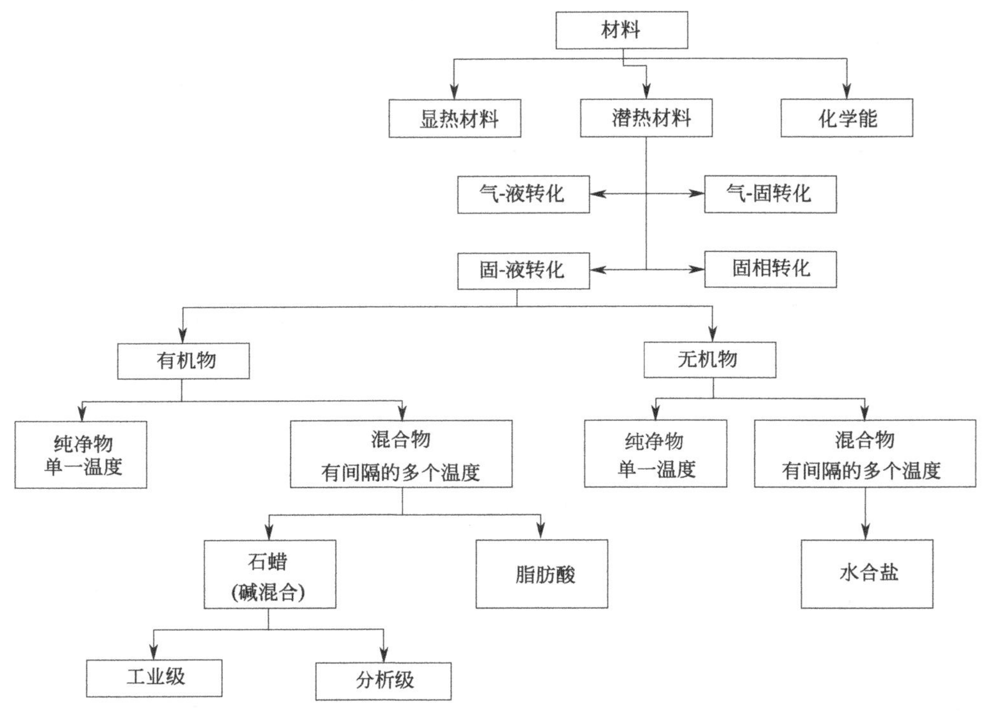

图12-4 材料潜热储存分类

从环境温度到约100℃以下的温度范围内，可进行可逆固态晶体结构转变的材料具有显著的转变热。转变温度可以通过由不同化合物构成固溶体来选择。这一转换过程可以在低于5℃的温度区间内完成，但是由于相变材料以颗粒形式存在，其有效热导率低于基体材料的热导率。热导率的降低程度取决于颗粒的堆积排列、颗粒形状和颗粒接触面积。总热导率一般为颗粒热导率的10%～25%。

目前，常用的潜热储存装置有胶囊型和管壳型两种结构，其典型结构如图12-5所示。

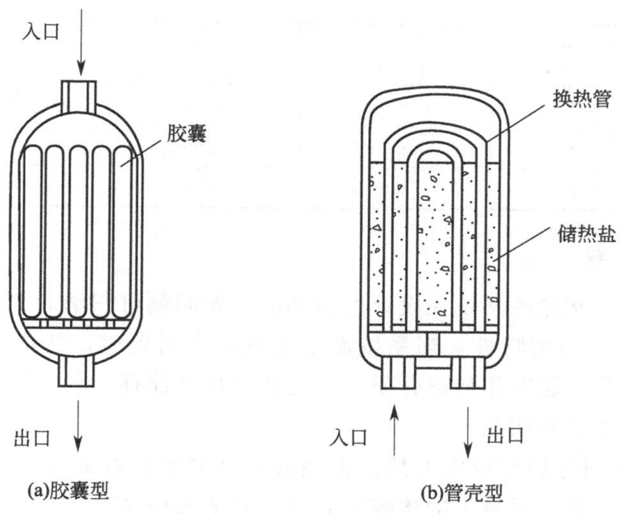

图 12-5　胶囊型和管壳型潜热储存装置典型结构

12.4.1　潜热储存原理

由物质相变潜热储存的基本关系式，计算在相变时吸收或释放的热量为：

$$Q_C = h_{PC} m \tag{12-8}$$

式中，h_{PC} 为物质的相变潜热；m 为物质的质量。

物质的相变过程有熔解与凝固、汽化与液化以及升华与凝华。对同一种物质，这几组过程是沿相反方向进行物理变化的两个可逆过程，且相变潜热相等，并存在以下关系：

熔解潜热＋汽化潜热＝升华潜热

熔解潜热 ＜ 汽化潜热 ＜ 升华潜热

实际工程应用中，由于物质汽化或升华时体积变化过大，对储热容器的技术要求过高，所以在选择潜热储存方式时，通常是采用熔解潜热进行潜热储存。

12.4.2　潜热储存的特点

(1) 主要优点

① 储能密度高　目前，潜热储存常用的相变材料的熔解潜热大多为几百～几千 kJ/kg。表 12-2 列出了常用显热储存材料与潜热储存材料的热物理特性和储热特性。由表中数据可以看到，在储存相同热量的条件下，相变材料所需的总质量往往只有水的 1/4～1/3 或岩石的 1/20～1/5，而占据的总体积只是水的 1/5～1/4 或岩石的 1/10～1/5。

② 储存或提取热量时的温度波动幅度小　一般相变材料在储热、取热的温度波动幅度通常只有 2～3℃。但石蜡相变储热的储取温度波动幅度较大，约为几十摄氏度。所以，只要相变材料选取合适，可以做到材料相变温度与用户用热温度要求基本符合，而不需要另设其他温度调控系统。这样，不仅使系统大为简化，且降低了储热成本。

表 12-2　在储热（10^6 kJ）相同的条件下，常用显热储存材料与潜热储存材料的热物理特性和储热特性

储热材料	比热容 /[kJ/(kg·℃)]	溶解热 /(kJ/kg)	密度 /(kg/m^3)	储材总质量 /kg	储材总体积 /m^3
水	4.2	—	1000	14000	14
岩石	0.84	—	2260	75000	33
相变材料	2.1	230	1600	4350	2.7

(2) 主要存在问题

利用相变材料进行储热的系统在设计上遇到的主要问题可归纳为如下几点：

① 由于相变材料本身的特性，当系统温度在其熔点附近时，往往固液两相并存，不宜泵送，故相变材料通常不能兼作传热介质。因此在收集和储存以及释放热量的过程中，一般都需要两个独立的流体循环回路。

② 要求相变材料同时具有较大的热扩散系数和比热容往往是不能实现的。对于相变储热材料来说，除要求它具有尽量大的熔解潜热外，还希望它有尽可能大的比热容。事实上，同时符合这两项要求的典型相变材料一般都只具有较低的热导率和热扩散系数。所以，通常需要设计和制作特殊的热交换器，因而造价较高。

③ 为了保证相变材料的凝固速率（也即放热速率）与取热速率协调一致，通常也需要对热交换器进行特殊的设计。

④ 对于分别用于供暖和空调的系统来说，由于两者的最佳放热温度并不相同，故一般需要采用两种不同的相变材料和两个分开的储热容器。此外，如果相变材料的储热和放热温度与环境温度之间的差别较大，则还需要对储热容器采取特殊的保温措施。

⑤ 由于相变材料（特别是无机盐水合物）常会发生过冷现象及晶液分离现象，所需添加的成核剂和增稠剂在经多次热力循环后可能受到破坏，相变材料对容器壁面的长期腐蚀会产生杂质等，这些都给系统的正常运行带来各种问题，要求分别进行特殊的处理。

12.4.3 潜热储热材料的选择

(1) 潜热储热材料应具有的特性

① 合适的熔点温度；

② 较大的熔解潜热；

③ 其固态和液态均具有较大的热导率、热扩散率和比热容；

④ 凝固时能快速结晶，不产生或只有微小的过冷；

⑤ 具有很高的化学稳定性，材料与容器壁之间不产生化学反应；

⑥ 具有较低的蒸气压；

⑦ 相变时体积变化很小，固态和液态下均能与储热容器壁面接触良好；

⑧ 不易燃，无毒；

⑨ 来源丰富，价格低廉。

(2) 常用潜热储存材料

目前已知能够基本符合以上各点要求的相变储热材料主要有两类，即无机盐水合物和有机盐类。

① 无机盐水合物 无机盐水合物简称水合盐。不少水合盐的熔点较低，可作太阳能采暖的相变储热材料。现将常用无机盐水合物相变储热材料的热物理性质列于表 12-3。由表中的数据可以看到，它们的储能密度大都在 120～300kJ/kg，与冰的熔解热相差不多。

采用水合盐，可以根据热负荷的温度和供热量的需求，选择合适的水合盐，通常都能做到供需协调。多数水合盐的熔点较低，与平板型集热器配合使用，可使热系统始终运行在较高的效率。水合盐的价格低廉，来源也比较丰富。

表 12-3 常用无机盐水合物相变储热材料的热物理性质

分子式	结晶水	熔点/℃	密度/(kg/m^3)	比热容/[kJ/(kg・℃)]		熔解潜热/(kJ/kg)	熔解熵/(kJ/℃)	无水盐含量/%
				固态	液态			
$Ba(OH)_2$	8-0	72	2130	1.17		301	270	54.5
$CaCl_2$	6-2	29.5	1680	1.46	2.30	170	123	50.5
$Ca(NO_3)_2$	4-2	39.7	1820	1.46		140	105	69.5
$Cd(NO_3)_2$	6-4	57	1870	1.55	2.10	127	112	63
$FeCl_3$	6-0	37				226	197	60
$Mg(NO_3)_2$	6-4	90	1460	2.26	3.68	160	113	58
$MgSO_4$	7-1	48	1460	1.51		202	157	49
$MgCl_2$	6-4	117	1560	1.59	3.68	172	90.4	47
$MnCl_2$	4-2	58	2010			178	107	63.5
$NaC_2H_3O_2$	3-0	58	1450	1.97	3.35	180	87.9	60.5
$NaOH$	1-0	64				272	46.9	69
Na_2CO_3	10-1	34	1440	1.88	3.35	251	237	37
Na_2HPO_4	12-2	36.5	1520	1.55	3.18	264	276	40
$Na_2S_2O_3$	5-0	49	1680	1.65	2.38	213	155	64
Na_2SO_4	10-0	32.4	1460	1.78	3.31	251	266	44
$Ni(NO_3)_2$	6-4	57	2050	1.59	3.10	152	139	63
$Zn(NO_3)_2$	6-4	36.4	2070	1.34	2.26	130	121	64

水合盐相变潜热储存的难点主要有：

a. 水合盐在其熔点附近很难泵送，系统中必须采用与相变储热材料熔点不同的中间载热介质，由此增加了热交换环节，从而降低了整个系统的热效率。

b. 水合盐在运行过程中常常会产生晶液分离，使其储热能力衰减，经过多次热力循环之后储热能力可至完全消失。目前有效的解决办法是在水合盐中添加适量的增稠剂，最常用的为硅胶衍生物。

c. 水合盐在密封储热容器中储能时加热，温度超过熔点，取热时再行冷却，则在其重结晶以前可能会在熔点以下显著过冷。这种过冷使相变材料的熔解潜热在熔点温度下并未释放出来，从而达不到在定点温度下作为熔解潜热储热的功能。因此，必须防止产生这种过冷现象。产生过冷现象的主要原因在于相变材料中没有引导结晶的“晶种”，或其温度和外界条件变化过于平缓。

目前防止过冷的常用方法有以下几种：

a. “自成核剂”法：将储存容器适当放大设计，这样可以装入比实际需要更多的相变材料，保证在最大储热量条件下容器中仍有一小部分未熔解，成为取热冷却过程中引导相变材料结晶的“晶种”。

b. “异质成核剂”法：在水合盐中加入与其原始晶体属于异质同晶型或部分异质同晶型的材料。它们在结晶形式、晶格间距及原子排列等方面必须与水合盐原始晶体大致相同，并且在加入后不显著影响水合盐自身的性质。例如，在十水硫酸钠中加入3%～4%的硼砂作异质成核剂，便获得了很大的成功。

c. 过温储存法：储热时将相变材料加热至略高于其熔点温度，取热再冷却时，一般相变材料会立即从储存容器壁面或成核剂的表面开始产生结晶。假定在容器壁面或异质材料表面存在着亚微观的裂纹，沉积其中的水合盐微小晶粒由于分界面处的表面张力，使其熔点温度略高于它的正常值。因此，当储热过程为过温储存时，这些微小晶粒便成为晶种而引导水合盐完成结晶。

② 有机盐类

适合于用作建筑物供暖的相变储热材料并不很多，主要有饱和烃类、某些结晶聚合物以及某些天然生成的有机酸。其中，最具有代表性的相变材料是C_nH_{2n+2}型饱和烃类，即C_nH_{2n+2}型石蜡。石蜡是从原油中精炼获得的或合成制备的有机材料，价格低廉且容易大量制备。人们对其储热性能的研究最多，并有不少的实际应用。

a. 石蜡的基本热物理性质主要有：

ⅰ. 石蜡有较宽的熔点温度范围，已知$C_{16}H_{34}$至$C_{60}H_{122}$型石蜡的熔点温度为20～90℃。

ⅱ. 热导率低。石蜡的热导率仅为24kJ/（m·℃·h）。

ⅲ. 熔解和凝固时体积变化大。通常，石蜡熔解时体积增大11%～15%。

ⅳ. 物理和化学性能稳定。

b. 石蜡潜热储存的特点主要有：

ⅰ. 石蜡的熔点温度随其分子式中所含CH_2基的数目多少而升降，因此在做储热设计时可以根据不同热负荷的需求选择合适型号的石蜡，从而使储热温度和热负荷要求温度之间做到良好的匹配。这一点，在太阳能建筑供暖系统中尤其具有特殊的意义。

ⅱ. 使用寿命期长。

ⅲ. 无毒，无腐蚀。

ⅳ. 来源丰富，价格低廉。

c. 石蜡潜热储存的问题主要有：

ⅰ. 石蜡的热导率较低，所以储热装置需要配置较大的热交换面积。

ⅱ. 石蜡溶解时体积膨胀增大，因此需要对储热容器及其系统做特殊设计。

ⅲ. 石蜡可燃且易流动，储热系统中需要设置一定的防火装置。

12.4.4 潜热储热材料的应用

水合盐常被用作采暖和空调系统的潜热储热材料，已获得广泛研究。水合盐的单位体积熔化热高，热导率高［$MgSO_4 \cdot 7H_2O$为0.4～0.6W/(m·K)，几乎是有机链烷烃的2倍］和熔化体积变化小（<1%）。水合盐通常具有腐蚀性，相变过程中吸收和释放水分，并且具有复杂的溶化行为，倾向于形成部分水合的晶体，从而对性能产生不利影响。这些缺点意味着水合盐通常不适合用于建筑。

为了能从热源有效且均匀地将热量吸收到相变材料，需要高热导率。金属合金通常具有高的热导率[4～18W/(m·K)]，并且其单位体积的潜热大于烃类。金属合金已被用于一些高性能系统，如电子芯片冷却系统。金属相变材料的密度比有机相变材料高，从而导致系统变得相对更重。例如，合金 Bi/Pb/Sn/In 的密度大约是正二十烷的12倍。

石蜡具有许多适于温度控制和储热应用的理想特性，尽管封装不完全时可能有发生火灾的危险。低熔点石蜡在接近环境温度（约25℃）的范围内发生相变，常被用于采暖和温室加热。在0～100℃的使用温度范围内，石蜡具有良好的总成本效益，并且比其他 PCM 具有更好的通用性。虽然石蜡具有适于温度控制和储热应用的许多理想性质，但其热导率低（约为水合盐的一半）、在熔化和凝固过程中体积变化大（约10%的体积膨胀或收缩）、易导致液相泄漏、润湿能力高和可燃，都是其重要的缺点。可以利用金属填料、金属基体结构（蜂窝或薄带）、翅片管和铝屑等改善石蜡基相变材料热导率低的问题。为了克服熔化和凝固时体积变化的问题，可以使用弹性罐体以及不同形状的罐体。纯石蜡非常昂贵，因此潜热储存仅采用工业级石蜡。工业级石蜡通常是许多烃类混合物，因此没有明显的熔点。石蜡是稳定的化学品，但应该隔绝热空气以防止缓慢氧化。

非石蜡有机物包括多种有机材料，例如脂肪酸、酯、醇和二醇。约70种非石蜡有机物的熔点在7～187℃范围内。非石蜡有机物的一些特征是：熔化热高、热导率低、闪点低、易燃、不同程度的毒性和高温下的不稳定性。熔点为31～38℃的非石蜡有机物适合用于供热，其熔化时产生的热量与石蜡和水合盐相当。非石蜡有机物的熔化凝固特性优异，没有任何过冷，它们的主要缺点是成本比石蜡高约2～2.5倍。市场销售的49.3% $MgCl_2 \cdot 6H_2O$ 和50.7%（质量分数）$Mg(NO_3)_2 \cdot 6H_2O$ 的共晶混合物含有添加剂，能够诱发结晶和防止过冷。这种共晶在经历1000次加热和冷却循环后都是稳定的。因为其附着了 $MgCl_2 \cdot 6H_2O$，与塑料或低碳钢（优选有镀层的）相容性好，但不与不锈钢相容，两种组分均会对铝产生严重腐蚀。

脂肪酸的二元混合物，如月桂酸-羊蜡酸、月桂酸-棕榈酸、月桂酸-硬脂酸、棕榈酸-硬脂酸，具有良好的化学稳定性。然而，它们自身及其共晶混合物的长期稳定性尚未通过广泛的热寿命循环测试来验证。

相变材料通常热导率低，在0.33～0.18W/(m·K)范围内，因此通过加入材料来改善在熔化和凝固、吸热和放热过程中的热传递。对于有机相变材料和无机相变材料，使用填充材料可以增强传热。这些填充材料可以是铝的粉末、泡沫、织物或蜂窝等形式。使用填充材料增加了潜热储热体的重量，但是减小了其体积。根据实际的应用场合优化填料体积，以获得最好热性能。

12.5 化学储热

在化学工程中，存在这样一种吸热和放热的可逆化学反应，表示为：

$$AB+Q \rightleftharpoons A+B \tag{12-9}$$

这里，AB 为化合物，Q 为促使化合物 AB 分解为 A 和 B 所需外加的热量，称为反应热。这个化学反应是可逆的，当 A 和 B 化合成 AB 时，放出相同数值的热量 Q。这就为人们提供了一种新的热储存方法，利用可逆的吸热和放热化学反应储存热量，称为可逆化学反应热储存，简称化学储热。

12.5.1 可逆化学反应热储存原理

(1) 理论简述

在温度-组分平衡相图上，伴随升温而出现的任何反应式相变，都必然有吸热和正的熵变过程发生。因此任何可逆热化学反应，吸热过程必定在高于放热过程的温度下发生，除非对系统另外做功。

在温度 25℃和压强 1.01×10^5 Pa 的正常状态下，假定反应前、后反应物和生成物的比定压热容不变。存在着一个可逆反应的平衡温度，定义为：

$$T_{cr}=\frac{\Delta h_{298}^{0}}{\Delta S_{298}^{0}} \tag{12-10}$$

这里，Δh_{298}^{0} 和 ΔS_{298}^{0} 分别表示在上述正常状态下热化学反应前、后的焓增和熵增，也称反应焓和反应熵。这样，当过程温度 T 大于热化学反应的平衡温度 T_{cr} 时，进行吸热反应；当 T 小于 T_{cr} 时，进行放热反应。

(2) 反应热的计算

反应生成物和反应物的焓差，称为化学反应热。根据物理化学的基础理论，有：

$$\Delta h_{T}^{0}=\Delta h_{298}^{0}+\int_{0}^{T}\Delta C_p\,\mathrm{d}T \tag{12-11}$$

这里，ΔC_p 为反应物和生成物的比定压热容之差，通常它是温度的高次方函数，所以一般都假定为温度的多项式，其各项系数可查表得到，式中的积分项即可积分求解。而 Δh_{298}^{0} 也可查表得到。这样，对一特定的热化学反应，即可将查得的数据代入式（12-11)，从而求得其化学反应热。

(3) 反应平衡温度的计算

反应平衡温度是表明化学反应特征的重要参量。一些简单的化学反应，其反应平衡温度大多为定值。尤其是在太阳能工程中涉及的热化学反应，更是如此。根据物理化学的基础理论，热化学反应的等温方程为：

$$\Delta G=\Delta h_{298}^{0}+\int_{0}^{T}\Delta C_p\,\mathrm{d}T-T\Delta S_{298}^{0}-T\int_{0}^{T}\frac{\Delta C_p}{T}\mathrm{d}T+R_g T\ln\gamma_p \tag{12-12}$$

式中，G 为吉布斯函数；γ_p 为任意状态下生成物和反应物的分压比；R_g 为气体常数。

当可逆反应达到平衡时，$\Delta G=0$，$\gamma_p=K_p$，K_p 为反应过程的定压平衡常数。于是可由式(12-11) 解得热化学反应的平衡温度 T_{cr}。在一级近似下，假定 $\Delta C_p=0$，$\gamma_p=1$，就是说化学反应物及其产物的比定压热容和分压都相同，或者说化学反应物及其产物均为固态，即得式（12-10)。

(4) 反应速率

化学反应速率属于化学动力学问题。一般情况下，化学反应速率取决于反应物的浓度和温度。但迄今为止，尚无成熟理论进行精确的计算，需要深入研究的读者，可参阅化学动力学的有关专著。

12.5.2 可逆化学反应热储存的特点

(1) 主要优点

① 储能密度高，是显热储存或潜热储存的 2～10 倍。

② 可以在环境温度下储热，它能实现在几乎没有损耗或极少损耗的条件下进行长期的热储存。因此，可以方便地实现太阳能的季节性热储存，将夏季多余的太阳能储存到冬季使用。

③ 可以用作化学热管输送热量。

④ 通常储热材料费用不高。

⑤ 可以长期储热。

(2) 主要缺点

① 循环效率低。此处所谓循环效率，是指由储热器输出的能量与输入储热器的能量之比。由于在完成一个完整的循环过程中，存在着若干个能量损失的环节，诸如热交换与气体压缩等，故循环效率较低。

② 运转和维修要求高、费用大。由于热化学储热系统本身的复杂性，其运转和维修的要求较高，费用也较大。

目前，可逆化学反应热储存技术远未成熟，尚难实际应用，有待深入研究。

12.5.3 可逆热化学反应的选择

根据研究，已知的可逆热化学反应过程很多，但并非是所有的可逆热化学反应都适合用于太阳能储存，需要根据实际情况进行正确的选择。

(1) 技术选择要求

① 合适的反应平衡温度和反应热等热力学参数值。

② 化学反应过程必须可逆，而且不带有其他的副反应。

③ 化学反应必须具有足够快的正向和反向反应速率，能满足对储热和取热的速度要求。同时，反应速率不应随反应过程的进行而衰减过快。

④ 反应过程必须能够根据实际需要随时进行控制，方便、准确地启动与停止。

⑤ 反应物和生成物无腐蚀性、无毒、不易燃，反应过程稳定、安全。

⑥ 反应物和生成物储存简易。

⑦ 反应物和生成物来源丰富，价格低廉。

(2) 可供选择的热化学反应

实践经验表明，尽管已知的可逆热化学反应很多，但完全满足上述技术经济要求的反应较少。适合于中、低温太阳能热化学储存的热化学反应见表 12-4。

① 热分解反应热储存　热分解反应是中、低温太阳能热化学储存中最常用的一种热化学反应。常用的反应物有碳酸盐、硫酸盐、金属氧化物和金属氢氧化物等。这类化学反应多为复相反应，如固-气反应、液-气反应和固-液反应。复相反应的优点是生成物比较容易分

离，从而可以有效地防止逆反应同时发生。表 12-4 列出了固-气反应和液-气反应两种复相反应，而固-液反应的反应热过小，一般不采用。对太阳能热化学储存，比较理想的热化学分解反应形式是，反应物为固态，生成物为固态和气态，这样生成物易于分离。

表 12-4　适合于中、低温太阳能热化学储存的热化学反应

反应类别	反应方式	反应方程	反应温度/K
热分解反应	固-气	$MgCl_2 \cdot xNH_3$(固)⟶$MgCl_2 \cdot yNH_3$(固)+$(x-y)NH_3$(气)	415～550
		$CaCl_2 \cdot xNH_3$(固)⟶$CaCl_2 \cdot yNH_3$(固)+$(x-y)NH_3$(气)	310～460
	液-气	H_2SO_4(稀)⟶H_2SO_4(浓)+H_2O(气)	<500
		NaOH⟶NaOH(浓)+H_2O(气)	<500
		$NH_4Cl \cdot 3NH_3$(液)→NH_4Cl(固)+$3NH_3$(气)	约 320
催化反应	气-气	$2NH_3$(气)⟶N_2(气)+$3H_2$(气)	466
		CH_3OH(气)⟶CO(气)+$2H_2$(气)	415

从技术发展现状来看，应用热分解反应实现中、低温太阳能热化学储存在技术上是可行的，但对它的研究还远没有成熟，尤其是取热反应，需要研究的技术问题可以归纳为以下两点：

a. 反应速率衰减。实践表明，上述的可逆热化学反应，经过若干次储热、取热的循环反应后，过程的反应速率逐渐衰减。这主要是由于反应过程中反应物体积膨胀，若受到容器的制约，则会导致自身的增稠和结块，从而阻止反应物内部参加反应。

b. 增加额外的功耗。理想的热化学反应是，生成物为固体和气体，但气体储存需要压缩或液化，从而增加额外的功率消耗。若生成物不含气体，则一般不易分离。这就是说，技术上两者自身存在矛盾。

② 催化反应热储存　催化反应大多适用于气-气反应，即反应物和生成物均为气相。催化反应热储存的特点主要有：

a. 由于反应物和生成物均为气相，所以它的反应平衡温度具有一定的变化范围。

b. 在没有适当催化剂参与的情况下，生成物之间不产生化学反应。

c. 反应物和生成物均可长期储存。

典型的催化反应方程式为 NH_3 的分解反应：

$$2NH_3 \longrightarrow 3H_2 + N_2 \qquad (12\text{-}13)$$

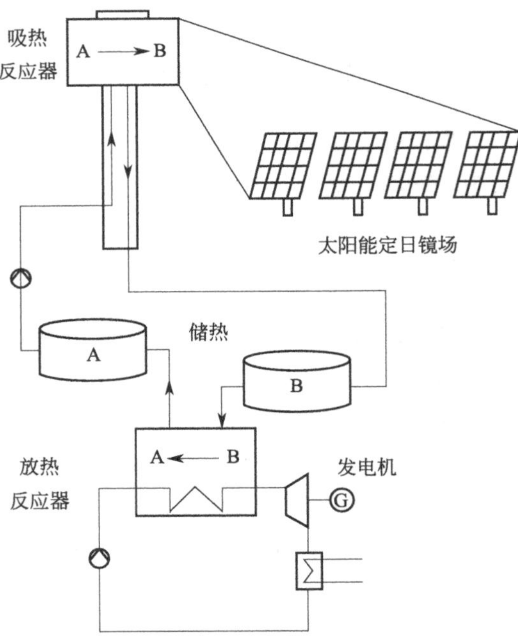

图 12-6　反应热储存系统的原理流程图

反应热储存系统原理流程如图 12-6 所示。通常将这一输热过程称为化学热管。高温太阳能工艺热用于驱动太阳能化学反应器中的吸热可逆反应。产物可以长期储存并远程运输到需要能源的用户处，进行放热逆反应，该过程产生的热量等于储存的太阳能。产生的高温热能可以应用于驱动热机循环发电。逆反应的生成物是原反应的反应物，返回太阳能反应器并重复上述过程。

12.6 太阳能热储存的经济性

现有研究表明，满足数天或更短时间内热负荷变化要求的短期太阳能热储存，在建筑物的采暖和空调系统中还是比较经济的。例如，在被动式太阳房中利用砖、石、混凝土墙等所构成的储热系统，实际上并不需要多少额外投资，因为在设计建筑物的墙体结构时，就已经把它们的费用计算在内了。基于储热水箱或岩石堆积床的短期太阳能热显热储存方式，其成本与常规能源相比较还是具有竞争力的，但是利用其进行长期储热在经济上并不合算。一般，跨季节储热器的成本与以被代替的冬季燃料支出费用相当。热水的长期、跨季节能量储存系统需要相当多的保温层，例如，丹麦“零能源房屋”使用了 0.5m 的绝热石棉用于长期保温。

目前，寻求经济而有效的长期储热方法是很有实际意义的课题。在太阳能采暖和空调系统中，利用土壤、地下含水层以及太阳池等来实现跨季度的长期储热，在经济上是很有吸引力的。当然，如果技术困难逐步得到克服，并且材料和系统的成本不断降低，则潜热储存和化学反应热储存等方式在长期储热方面可能具有更加广阔的发展前景。

在太阳能储热系统中，热能的储存应当与整个系统进行综合考虑。太阳能热利用系统的主要部件包括太阳能集热器、储热装置换热设备、用热设备、辅助能源加热设备和控制设备等。太阳能集热器性能与温度有密切关系，因而使得整个系统的效率及运行情况都与温度有关。例如，在太阳能热发电系统中，太阳能集热器应具有较高运行温度，否则热机循环效率必定不高，这样储热装置就应使用中温或高温储热介质。对于太阳能工业加热系统，如果要使用低温热水，那么直接用水储热最为合理；若换用其他储热介质则需要使用换热设备，在传热过程中将会损失一部分可应用的热能。

习题

1. 根据储存形式，太阳能热储存的主要方式有几种？请对比它们的优缺点。
2. 潜热储存的主要材料有哪几类，各有什么特点？
3. 结合太阳能的热化学转化过程，找出一种你认为最具有发展潜力的方式，并说明原因。

Preferences

参考文献

[1] 中国能源中长期发展战略研究项目组．中国能源中长期 (2030、 2050) 发展战略研究：可再生能源卷 [M] ．北京：科学出版社，2011.

[2] 西安热工研究院．热辐射工程热力学太阳能利用 [M] ．北京：电子工业出版社， 2015.

[3] 刘鉴民．太阳能利用：原理·技术·工程 [M] ．北京 电子工业出版社， 2010.

[4] 于军胜， 王军， 曾红娟．太阳能应用技术 [M] ．北京：电子工业出版社， 2012.

[5] John A Duffie, William A Beckman. Solar engineering of thermal processes [M] . Fourth Edition. John Wiley & Sons, Inc, Hoboken, New Jersey, 2013.

[6] 何梓年．太阳能热利用 [M] ．安徽：中国科学技术大学出版社，2009.

[7] 郑瑞澄，路宾，李忠，等．太阳能供热采暖工程应用技术手册 [M] ．北京：中国建筑工业出版社， 2012.

[8] 郑瑞澄．民用建筑太阳能热水系统工程技术手册 [M] ．北京：中国建筑工业出版社， 2006.

[9] 杨洪兴，周伟．太阳能建筑一体化技术与应用 [M] ．北京：中国建筑工业出版社，2009.

[10] 陆亚俊，马最良，邹华平．暖通空调 [M] ．2 版．北京：中国建筑工业出版社，2007.

[11] 张鹤飞．太阳能热利用原理与计算机模拟 [M] ．西安：西北工业大学出版社，2014.

[12] 代彦军，葛天舒．太阳能热利用原理与技术 [M] ．上海：上海交通大学出版社，2019.

[13] 王志峰．太阳能热发电站设计 [M] ．北京：化学工业出版社，2014.

[14] 饶政华，刘刚，廖胜明．太阳能热利用 [M] ．北京：机械工业出版社，2018.

[15] GB/T 51307—2018．塔式太阳能光热发电站设计标准．

[16] 肖刚，倪明江，岑可法，等．太阳能 [M] ．北京：中国电力出版社，2019.

[17] 钱颂文．热交换器设计手册 [M] ．北京：化学工业出版社，2002.

[18] 杨世铭，陶文铨．传热学 [M] ．4 版．北京：高等教育出版社， 2006.

[19] 王如竹，代彦军．太阳能制冷 [M] ．北京：化学工业出版，2007.

[20] 黄素逸，黄树红．太阳能热发电原理及技术 [M] ．北京：中国电力出版社，2012.

[21] 沈维道，童钧耕．工程热力学 [M] ．4 版．北京：高等教育出版社，2007.

[22] Kalogirou S A. Solar energy engineering: processes and systems [M] . Second Edition. Elsevier/ Academic Press, 2014.

[23] Rao Z H, Xue T C, Huang K X, et al. Multi-objective optimization of supercritical carbon dioxide recompression Brayton cycle considering printed circuit recuperator design [J] . Energy Conversion and Management, 2019, 201: 112094.

[24] Chen Rui, Rao Zhenghua, Liao Shengming. Determination of key parameters for sizing the heliostat field and thermal energy storage in solar tower power plants [J] . Energy Conversion and Management, 2018, 177: 385-394.

[25] Steinfeld A, Palumbo R. Solar thermochemical process technology. In Encyclopedia of Physical Science and Technology [J] . Meyers R A (Ed) , Academic Press 15, 2001: 237-256.

[26] Steinfeld A . Solar hydrogen production via a two-step water-splitting thermochemical cycle based on Zn/ZnO redox reactions [J] . International Journal of Hydrogen Energy, 2002, 27 (6) : 611-619.

[27] Steinfeld A. Solar thermochemical production of hydrogen : A review [J] . Solar Energy, 2006, 78 (5) : 603-615.

[28] Yadav D , Banerjee R . A review of solar thermochemical processes [J] . Renewable and Sustainable Energy Reviews, 2016, 54: 497-532.

[29] Vignarooban K, Xu X, Arvay A, et al. Heat transfer fluids for concentrating solar power systems-A review [J] . Applied Energy, 2015, 146: 383-396.

[30] IEA. Technology roadmap - Solar heating and cooling equipment [R] . International Energy Agency, 2012.

[31] IEA. Solar energy perspectives [R] . International Energy Agency, 2011.

[32] Sharma A K, Sharma C, Mullick S C, et al. Solar industrial process heating: A review [J] . Renewable & Sustainable Energy Reviews, 2017: 124-137.

[33] Behar O. Solar thermal power plants-A review of configurations and performance comparison [J] . Renewable & Sustainable Energy Reviews, 2018: 608-627.

[34] Jamar A, Majid Z A, Azmi W H, et al. A review of water heating system for solar energy applications [J] . International Communications in Heat and Mass Transfer, 2016: 178-187.

[35] Sakhaei S A, Valipour M S. Performance enhancement analysis of the flat plate collectors: A comprehensive review [J] . Renewable & Sustainable Energy Reviews, 2019: 186-204.

[36] Sabiha M A, Saidur R, Mekhilef S, et al. Progress and latest developments of evacuated tube solar collectors [J] . Renewable & Sustainable Energy Reviews, 2015: 1038-1054.

[37] Kalogirou S A. Solar thermal collectors and applications [J] . Progress in Energy and Combustion Science, 2004, 30 (3) : 231-295.

[38] Sarbu I , Sebarchievici C . Review of solar refrigeration and cooling systems [J] . Energy and Buildings, 2013, 67: 286-297.

[39] K Lovegrove, W Stein. Concentrating solar power technology: principles, developments and applications [J] . Woodhead Publishing, 2012.

[40] Kim D, Ferreira C A. Solar refrigeration options-a state-of-the-art review [J] . International Journal of Refrigeration, 2008, 31 (1) : 3-15.

[41] Zavoico A B. Solar power tower design basis document, revision 0 [R] . Sandia National Laboratories Technical Reports, 2001.

[42] Francis M Vanek, Louis D Albright. Energy systems engineering: Evaluation and implementation [M] . Third Edition. McGraw-Hill Education, 2016.

[43] Buker M S, Riffat S B. Building integrated solar thermal collectors-A review [J] . Renewable and Sustainable Energy Reviews, 2015, 51: 327-346.

[44] Mancini T, Heller P, Butler B, et al. Dish-stirling systems: An overview of development and status [J] . Journal of Solar Energy Engineering, 2003, 125 (2) : 135-151.

[45] He Y L, Qiu Y, Wang K, et al. Perspective of concentrating solar power [J] . Energy, 2020, 198: 117373.